"Se o livro que estivermos lendo não nos despertar com uma martelada no **crânio**, então por que lê-lo..."

Franz Kafka

Osmar José Leite da Silva

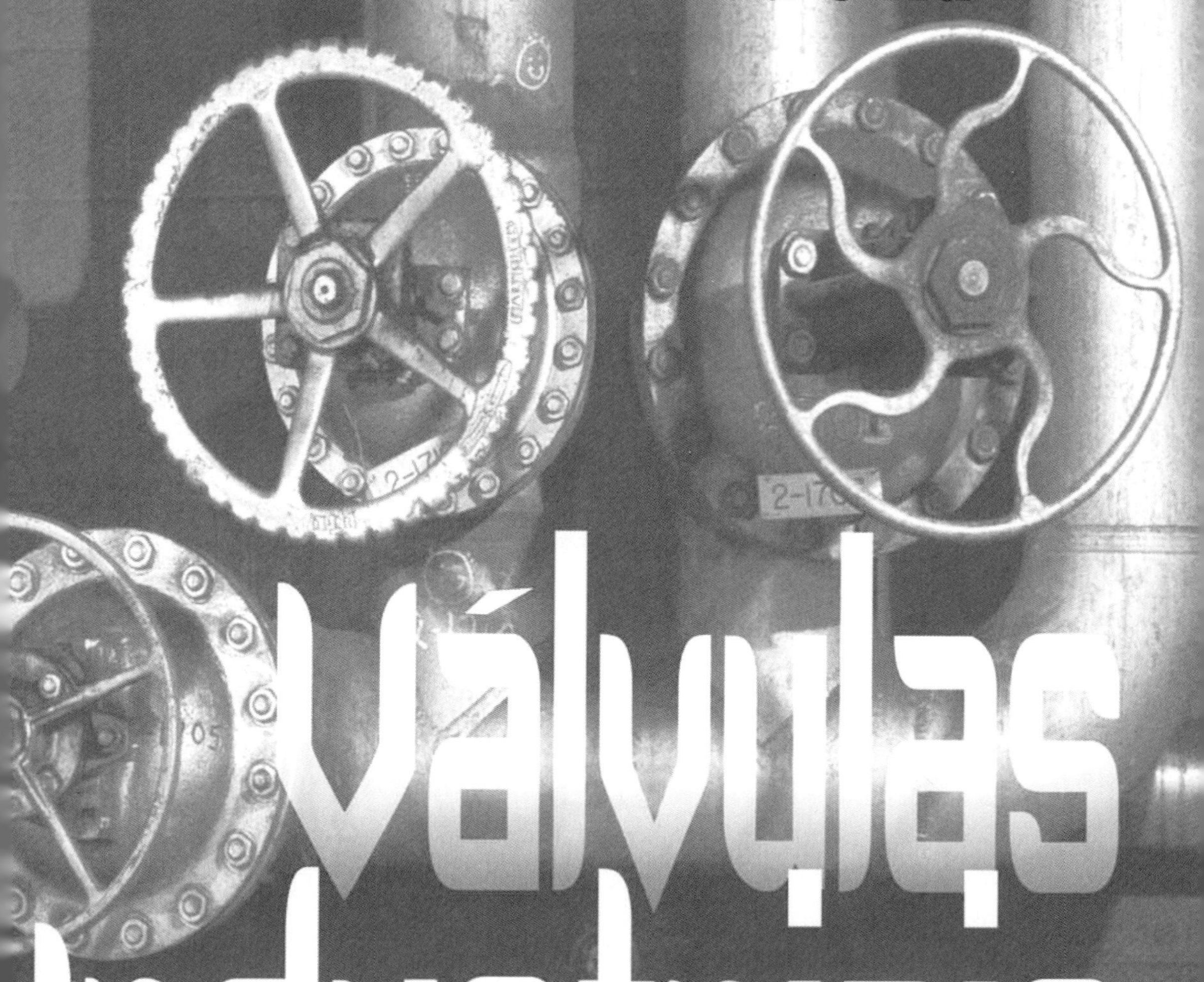

Válvulas Industriais

Copyright© 2008 by Osmar José Leite da Silva

Todos os direitos desta edição reservados à Qualitymark Editora Ltda.
É proibida a duplicação ou reprodução deste volume, ou parte do mesmo,
sob qualquer meio, sem autorização expressa da Editora.

Direção Editorial	Produção Editorial
SAIDUL RAHMAN MAHOMED editor@qualitymark.com.br	EQUIPE QUALITYMARK produção@qualitymark.com.br

Capa	Editoração Eletrônica
ARTES & ARTISTAS Renato Martins	ARAÚJO EDITORAÇÃO

1ª Edição: 2009	2ª Edição: 2010

CIP-Brasil. Catalogação-na-fonte
Sindicato Nacional dos Editores de Livros, RJ

S581v

    Silva, Osmar José Leite da

    Válvulas Industriais : Petróleo Brasileiro S.A. / Osmar José Leite da Silva — Rio de Janeiro : Qualitymark : Petrobras, 2008.
    504p.

    Inclui bibliografia
    ISBN 978-85-7303-918-4

    1. Válvulas. I. Petrobras. II. Título.

08-4784

CDD: 621.84
CDU: 62-3

2010
IMPRESSO NO BRASIL

Qualitymark Editora Ltda. Rua Teixeira Júnior, 441 – São Cristóvão 20921-405 – Rio de Janeiro – RJ Tel.: (21) 3295-9800 ou 3094-8400	QualityPhone: 0800-0263311 www.qualitymark.com.br E-mail: quality@qualitymark.com.br Fax: (21) 3295-9824

Dedicatória

Agradeço a Deus a oportunidade de revisar e ampliar este trabalho, pois mesmo durante os momentos mais atribulados Sua presença me fez perseverar e não desistir.

Agradeço ao Senhor por ter colocado pessoas e criado situações nos momentos apropriados da minha vida.

Reconheço que sem a ação do Senhor não conseguiria conciliar tantas atividades ao longo do tempo e compartilhar o meu conhecimento através desta segunda edição.

Soli Deo Gloria (Gloria somente a Deus).

"Bem sei que para ti nada é impossível e que nenhum dos teus planos pode ser impedido" Jó 42:2.

À Minha Família

Para meu pai e minha mãe
Por todo sacrifício e dificuldades
Que tiveram na vida
Para proporcionar a mim e a meu irmão
Oportunidades de ter uma vida digna.
Para minha amada esposa
Mariane e meus filhos Leonardo e Guilherme
Que abdicaram mais uma vez de um bom
tempo de minha companhia
E tiveram a paciência
Necessária para que eu pudesse
escrever.

Agradecimentos

"Eu aprendi que para se crescer como pessoa é preciso me cercar de gente mais inteligente do que eu."

William Shakespeare

Graças ao sucesso da primeira edição, ao longo dos últimos meses fui incentivado a iniciar uma revisão deste livro. Recebi durante este período inúmeras consultas a respeito dos temas abordados, o que motivou a ampliação do seu conteúdo, e me fez descobrir que revisar um livro didático é uma tarefa muito árdua.

No entanto, durante esta jornada recebi o incentivo de colegas da Industria de válvulas, Universidade Presbiteriana Mackenzie e Metodista, da Associação Brasileira de Manutenção (ABRAMAN), da Câmara Setorial de Válvulas Industriais (CSVI) da Associação Brasileira da Indústria de Máquinas e Equipamentos e de amigos e familiares, que abaixo estão listados.

A eles sou muito grato. São pessoas que contribuíram com material, apoio, sugestões e críticas nas diversas etapas da revisão deste livro.

O encorajamento destas pessoas a respeito da importância deste trabalho contribuiu para que eu pudesse vencer os desafios constantes, até que esta revisão se tornasse realidade.

Alfredo da Silva Coelho Sobrinho
Alexandre Gaziola
Carlos Alberto Rodrigues dos Santos
Carlos Henrique Hennig
Claudia Gomez Cabaleiro
Daniele Cecchelli
Elza Leite da Silva
Flávio Melo Cavalcante
Francisco Siestrup
Giampaolo Foshini di Donato

José Roberto Martins Rocha
Leonardo Weise Silva
Luis Claudio Michel
Marcelo Leite da Silva
Mariane Weise da Silva
Marcelo Salles
Nelson Bohemer Freire Junior
Nestor Ferreira de Carvalho
Oskar Coester
Osmar Bruno da Silva

Guilherme Weise Silva
João Albino Robles
Joaõ Bosco Santini
Joemir Avancini Rocha
José Cassio Magliari
José Eduardo Gorini Lobato de Campos

Paulo Cezar Correa Defelippe
Pedro Ariovaldo Lúcio
Ronaldo Ururahy Heyder Borba
Roseli Barbosa Santamaria
Walter Ribeiro
William Franca da Silva

Prefácio

Este livro é de um eminente especialista em manutenção, inserido no cenário das cobranças de bom desempenho e alta disponibilidade das plantas industriais.

Nas indústrias de petróleo, petroquímica, química, farmacêutica e alimentícia, dentre outras, os produtos são gerados, conduzidos, armazenados e transferidos aos consumidores através das tubulações e dos dutos.

Nas tubulações, os acessórios, que permitem e controlam a circulação dos produtos, nessas instalações, são as chamadas válvulas industriais.

As válvulas industriais destinam-se aos diferentes serviços de bloqueio e de controle. O projeto e a fabricação dessas válvulas são de domínio público e regulados por normas de organizações americanas, como o American Petroleum Industries (API), e internacionais, como a The International Organization for Standardization (ISO), as que mais utilizamos na Petrobras.

Essa padronização leva ao risco de inibir o conhecimento dos usuários, que se satisfazem com as especificações e com os requisitos técnicos que permeiam essas normas.

Não é o caso do Osmar, um apaixonado estudioso e pesquisador das características das válvulas industriais, que investiu sua competência em procedimentos que permitam tirar o melhor proveito, eficiente e seguro, nos serviços específicos de plantas de processo, terminais de recebimento e exportação, navios e plataformas de produção de petróleo.

Este livro é um compêndio da vida profissional de quem se especializou em manutenção e reparos de válvulas, no dia a dia de uma refinaria de petróleo complexa e pulsante como a Refinaria Presidente Bernardes – Cubatão (RPBC).

Os segredos de projeto e os porquês dos detalhes de construção dos vários tipos de válvulas, de bloqueio, de retenção e de controle são desvendados nesta obra.

Isso permite que os trabalhos de recuperação das válvulas, removidas ao fim de uma campanha operacional, sejam mais confiáveis para a garantia da continuidade da nova campanha.

Também o acompanhamento da inspeção de fabricação e a avaliação dos resultados dos testes de funcionalidade e de integridade das válvulas serão realizados com mais proveito, a partir dos conhecimentos transferidos neste livro.

Para o caso particular de válvulas atuadas, de controle ou não, a obra aborda os fundamentos dos atuadores pneumáticos e dos hidráulicos, com ênfase nas informações de falhas e correções típicas.

Um dos mais importantes capítulos é o destinado às válvulas de controle especiais da Unidade de Craqueamento Fluido Catalítico (UCFC) e da Unidade de Coqueamento Retardado (UCP).

Essas válvulas são muito críticas ao processo e de porte muito avantajado, chegando algumas a pesar quase 165 toneladas, trabalham em condições de temperatura elevadas, a mais de 500ºC, e são comandadas por atuadores eletro-hidráulicos de alta precisão.

Quanto às válvulas de alívio de pressão e de segurança, são abordados aspectos práticos de manutenção e de restauração das condições originais de projeto, regras, manuseio e de calibração.

O Osmar, um inventor premiado e cioso das suas responsabilidades perante a comunidade de "valvuleiros", coloca à disposição do leitor várias soluções já patenteadas, já testadas e consagradas na Petrobras.

Esta obra não é um livro de cabeceira, é, sim, um livro de consulta do dia a dia, daqueles profissionais que estudam, ensinam e trabalham com válvulas industriais.

João Bosco Santini Pereira
Petrobras
Engenheiro de Equipamentos Sênior
Consultor Sênior
Abastecimento-Refino

Comentário

A publicação deste livro visa preencher uma lacuna sobre o tema Válvulas Industriais, tema este carente de literatura especializada em língua portuguesa, tornando-se um registro importante para a comunidade de manutenção nas nossas indústrias com o equilíbrio adequado entre o tratamento de temas, desde o planejamento de manutenção até os de caráter técnico.

Esta publicação atende ao seu objetivo explícito, que é o de capacitar engenheiros e técnicos da indústria nos conceitos, nos conhecimentos e nas boas práticas no tratamento de válvulas industriais, ajudando-os a promover o aumento da confiabilidade das instalações.

Neste livro, Osmar consegue uma adequada aplicação prática para o aumento da confiabilidade destes equipamentos, combinando a teoria sobre válvulas industriais com os seus conhecimentos práticos, adquiridos nos últimos 25 anos, e com a sua experiência na participação/elaboração de vários treinamentos destinados aos profissionais do mercado de petróleo e gás, tornando esta publicação uma ferramenta de trabalho para todos os profissionais envolvidos no projeto, fabricação, instalação, planejamento, confiabilidade e manutenção de válvulas para tubulações e equipamentos industriais.

Tenho certeza de que esta obra agregará novos conhecimentos aos leitores e leitoras, gerando novas ferramentas e técnicas para atender a manutenção de válvulas e, consequentemente, atingir os objetivos da indústria pelo aumento da competitividade e da eficiência.

José Eduardo Gorini Lobato de Campos
Presidente da Associação Brasileira de Manutenção

Cadê a Minha Válvula?

Para meu amigo Osmar,

Como pude até hoje viver sem atentar para os detalhes de uma válvula? Essa menina está em toda parte: sua aplicação vai da culinária – ou não teríamos a praticidade da panela de pressão – até as naves espaciais, passando pela anatomia, pela botânica e por tantas outras áreas. Ou seja, todo mundo tem uma válvula, seja dentro de si ou perto de si.

E já que ela é quase uma celebridade, por que não colecionar válvulas? Imagine a estante da sua sala com um módulo cheio de válvulas em miniatura. E depois poder exibi-las com orgulho para os amigos. Ou então se tornar um grande colecionador de válvulas exóticas, com nomes estranhos como "válvula de raios catódicos". Que tal ter uma "termiônica"? Aposto como você não tem...

O desejo do aficionado por válvulas, sejam elas pequenas ou industriais, é estar perto delas, tanto que os maníacos pelo assunto, muitas vezes tomados pelo Transtorno Obsessivo por Válvulas, o TOPOV, chegam ao cúmulo de viajar e ao invés de posar ao lado de um monumento internacionalmente conhecido, como a Torre Eiffel, eles trazem para casa uma fotografia onde aparecem orgulhosamente empertigados diante de uma enorme válvula industrial, ou melhor, ao lado da simpática "válvula gaveta com bucha de acionamento externo". Não é lindo?

Qualquer dos dispositivos que, em instalações de máquinas a vapor, motores de explosão ou de combustão interna etc., permitem interromper ou regular a passagem de água, vapor, ar, gases, etc., por tubulações ou para órgãos da instalação. Sim, esta é a designação genérica para a palavra "válvula", conforme o dicionário Aurélio. Entretanto, ela é muito mais que isso. Falta sentimento nessa descrição. Pergunte para um topoviano o que é uma válvula e você verá seus olhinhos brilharem. Logo, ele puxará da carteira aquela foto toda amassada, da época em que ele ainda era apenas um menino que sonhava com válvulas. No retratinho, feito no dia em que ele ganhou sua primeira valvulinha, provavelmente estará o pai ou algum outro familiar também topoviano. Mas tudo isso tem lógica, pois o TOPOV, a meu ver, é genético.

Amar uma válvula pode não ser tão bizarro quanto parece. Mas normal também não é. Se você vier a conhecer um topoviano, acredite nele e afaste-se logo, antes que seja tarde e você passe a sonhar em ter, por exemplo, uma válvula de poça de mercúrio, nem que seja só para começar. Além de genético, temo que o TOPOV seja contagioso. Prova disso é eu estar aqui preocupada pelo fato de não ter a minha própria válvula de estimação. Eu também quero uma. Cadê a minha válvula? Acho que vou atrás de uma válvula borboleta, me parece ser mais meiga.

Claudia Cabaleiro
TÉCNICA DE INFORMÁTICA SÊNIOR
da Refinaria Presidente Bernardes Cubatão/Comunicação

Sumário

Introdução 1
   1. Uma Revolução Nacional, a história da Norma NBR-17827 1
   2. Considerações Gerais 3
1. Válvulas: Modelos e Principais Componentes 5
   1.1. Principais Tipos de Válvula 5
   1.2. Principais Componentes de uma Válvula 6
   1.3. Principais Tipos de Vedação 12
   1.4. Como Escolher uma Junta de Vedação 24
   1.5. Materiais Construtivos 36
2. Meios de Operação das Válvulas 37
   2.1. Sistemas de Operação 37
       2.1.1. Formas de Operar Válvulas Industriais e os Acessórios Mais Comuns que Facilitam essa Operação 37
   2.2. Sistemas de Operação Manual 38
       2.2.1. Volante 38
       2.2.2. Redutores de Engrenagem 39
       2.2.3. Caixa de Redução 39
       2.2.4. Volante de Impacto 40
       2.2.5. Alavancas 41
       2.2.6. Alavanca Deslizante 41
       2.2.7. Alavanca com Gatilho 41
       2.2.8. Acessórios para Operação Manual 42
   2.3. Sistema de Operação Motorizada 45
       2.3.1. Atuador Pneumático 46
       2.3.2. Atuador Hidráulico 47
       2.3.3. Atuador Eletro-Hidráulico 47
       2.3.4. Atuadores Elétricos 48
   2.4. Sistema de Operação Automática 49
3. Conceitos Importantes 51
4. Tipos de Manutenção de Válvulas 55
   4.1. Manutenção Corretiva 55
   4.2. Manutenção Preventiva 57

4.3. Manutenção Preditiva 57
4.4. Partial Stroke Test (PST) 58
5. Confiabilidade das Válvulas 66
6. Válvulas de Bloqueio 65
    6.2. Válvula Gaveta 65
        6.1.1. Principais Componentes da Válvula Gaveta 68
        6.1.2. Válvula de Alta Pressão – Pressure Seal 80
        6.1.3. Experiência Prática em Válvula Gaveta de Alta Pressão
        6.1.3. (Pressure Seal) 82
        6.1.4. Análise de Falhas 87
        6.1.5. Pontos para Ajuste das Válvulas Gaveta 90
    6.2. Válvula Guilhotina 90
    6.3. Válvula Delta 93
    6.4. Válvula Ocular 96
    6.5. Válvula Macho 99
        6.5.1. Principais Componentes da Válvula Macho 100
        6.5.2. Principais Modelos de Válvulas Macho 103
        6.5.3. Experiência Prática 110
        6.5.4. Análise dos Repetidos Travamentos com as Válvulas Macho 115
        6.5.5. Manutenção Preventiva Planejada em Válvulas Macho 118
        6.5.6. Análise de Falha 118
        6.5.7. Manutenção Corretiva não Programada em Válvula Macho 119
    6.6. Válvulas Esferas 122
        6.6.1. Principais Componentes da Válvula Esfera 123
        6.6.3. Manutenção Preventiva em Válvulas Esferas 138
        6.6.4. Análise de Falhas 138
        6.6.5. Experiência Prática 139
    6.7. Válvula Esfera Orbit 140
7. Válvulas de Alta Performance (FCC) 145
    7.1. Válvula Slide 145
        7.1.1. Principais Componentes da Válvula Slide 146
    7.2. Double Disc Slide Valve 154
    7.3. Pote de Selagem 155
        7.3.1. Desvantagens do Pote de Selagem 156
    7.4. Diverter Valve 157
        7.4.1. Vantagens da Diverter Valve 160
    7.5. Válvula Plug 160
    7.6. Válvula Borboleta para FCC 161
    7.7. Experiência Prática de Manutenção Não-programada em Válvulas
        de Alta Performance 161
        7.7.1. Inspeção, Sequência e Análise da Ocorrência 162
        7.7.2. Manutenção Preventiva em Válvulas de Alta Performance 165

  7.7.3. Análise de Falhas 165
  7.7.4. Manutenção Planejada em Válvulas de Alta Performance 165
8. Válvulas de Regulagem 167
 8.1. Válvulas Globo 167
  8.1.1. Principais Componentes da Válvula Globo 168
  8.1.2. Manutenção Preventiva em Válvulas Globo 176
  8.1.3. Análise de Falhas 176
 8.2. Válvulas Borboletas 177
  8.2.1. Principais Componentes das Válvulas Borboletas 178
  8.2.2. Principais Modelos de Válvulas Borboletas 183
  8.2.3. Manutenção Preventiva Planejada em Válvulas Borboletas 190
  8.2.4. Análise de Falhas 190
 8.3. Válvula Diafragma 191
  8.3.1. Principais Componentes da Válvula Diafragma 192
 8.4. Válvula de Diafragma Tubular (Mangote) 194
9. Válvulas de Retenção de Fluxo 199
 9.1. Válvulas de Retenção 199
  9.1.1. Principais Componentes da Válvula de Retenção 200
  9.1.2. Principais Modelos de Válvulas de Retenção 201
   9.1.2.1 Válvula de Retenção com Portinhola 201
   9.1.2.2 Válvula de Retenção Balanceada 202
   9.1.2.3 Válvula de Retenção de Pistão 203
   9.1.2.4 Válvula de Retenção de pistão com Mola 204
   9.1.2.5 Válvula de Retenção de Esfera 205
   9.1.2.6 Válvula de Retenção com Portinhoa Dupla ou Bipartida 205
   9.1.2.7 Válvula de Retenção de Pé 208
   9.1.2.8 Válvula de Retenção para Pequenos Diâmetros 211
   9.1.2.9 Válvula de Retenção para Ar e Gases – Disco Integral 211
 9.2. Análise de Falhas 213
10. Válvula de Controle 215
 10.1. Designação 215
 10.2. Coeficiente de Vazão – CV 216
 10.3. Tipos de Válvulas de Controle 217
 10.4. Principais Componentes de uma Válvula de Controle 218
 10.5. Válvulas Borboletas para Controle 224
 10.6. Válvula Esfera de Controle 226
 10.7. Válvula de Segmento Esférico 226
 10.8. Funcionamento de um Sistema "Anti-surge" 228
  10.8.1. Controle Anti-surge 229
11. Atuadores 231
 11.1. Atuador Pneumático Linear Tipo Mola-Diafragma 231
 11.2. Atuador Pneumático Rotativo Tipo Mola-Diafragma 233
 11.3. Atuador Pneumático Tipo Pistão – Linear 233

11.4. Atuador Pneumático Rotativo Tipo Pistão 234
11.5. Atuadores Elétricos 235
    11.5.1. *Alinhamento e Intertravamento* 237
    11.5.2. *Redes Industriais* 237
    11.5.3. *Controle Local* 238
    11.5.4. *Operação Manual* 239
    11.5.5. *Descrição dos Componentes Mecânicos* 240
    11.5.6. *Atuadores Multivoltas e ¼ de Volta* 240
    11.5.7. *Atuadores Multivoltas com Haste Ascendente* 241
    11.5.8. *Atuadores Multivoltas com Haste Fixa* 242
    11.5.9. *Manutenção Preditiva* 242
    11.5.10. *Vantagens do Acompanhamento da Curva de Torque* 243
11.6. Atuador Hidráulico 243

12. Válvula de Recirculação Automática ou Válvula de Fluxo Mínimo 245

13. Emissões Fugitivas em Válvulas 253
13.1. Vedação de Válvulas 253
13.2. Gaxetas 254
    13.2.1. *Controle de Emissões em Válvulas* 255
    13.2.2. *Programa de Controle das Emissões Fugitivas* 256

14. Válvulas de Segurança e Alívio 261
14.1. Válvulas de Segurança 261
    14.1.1. *Histórico* 261
14.2. Componentes de uma Válvula de Segurança 263
    14.2.1. *A Mola* 264
    14.2.2. *Bocal* 264
    14.2.3. *Discos* 266
    14.2.4. *Suporte do Disco* 268
    14.2.5. *Haste e Guia* 269
    14.2.6. *Anel de Ajuste* 269
    14.2.7. *Fole* 270
14.3. Materiais de Fabricação 271
    14.3.1. *O Corpo e o Castelo* 271
    14.3.2. *O Disco e o Bocal* 271
    14.3.3. *Suportes do Disco e Guias* 272
    14.3.4. *Molas* 273
    14.3.5. *Foles* 273
14.4. Nomenclaturas 274
14.5. Modelos de Válvulas de Segurança para Vasos de Pressão 278
    14.5.1. *Válvula de Segurança (Safety Valve)* 278
    14.5.2. *Válvula de Alívio (Pressure Relief Valve)* 280
    14.5.3. *Válvula de Segurança e Alívio (Safety Relief Valve)* 281
14.6. Válvula de Segurança Balanceada com Pistão ou Fole 283

14.7. Fenômenos Operacionais da Válvula de Segurança 285
    14.7.1. Chattering 285
    14.7.2. Simmering 285
    14.7.3. Flutting 286
14.8. Válvulas de Segurança para Caldeiras 286
    14.8.1. Elementos Constitutivos e suas Funções 286
    14.8.2. Blowndown 291
14.9. Manutenção, Inspeção e Testes de Válvulas de Segurança 296
    14.9.1. Inspeção 296
    14.9.2. Remoção, Transporte e Instalação 300
    14.9.3. Teste de Recepção 301
    14.9.4. Recondicionamento e Substituição de Componentes 303
    14.9.5. Inspeção após Desmontagem e Limpeza 303
    14.9.6. Causas de Mau Funcionamento e Desgastes 307
    14.9.7. Sobressalentes 313
    14.9.8. Lapidação 313
    14.9.9. Montagem 314
    14.9.10. Teste de Calibração 314
    14.9.11. Teste para Válvulas Despressurizadas 321
    14.9.12. Teste para Válvulas de Segurança que Trabalham em Caldeiras (Pré-teste) 323
    14.9.13. Teste de Integridade das Juntas 323
    14.9.14. Teste do Fole 323
    14.9.15. Tolerâncias da Pressão de Calibração 324
    14.9.16. Requisitos de Segurança Necessários 325
14.10. Tolerância do Código ASME para Vasos de Pressão 325
14.11. Tolerância do Código ASME para Caldeiras 326

15. Exemplo de Montagem Incorreta da Válvula de Segurança e Alívio 329

16. Especificação de Válvulas de Segurança 333
16.1. Dados Adicionais 333
16.2. Instalação 334
    16.2.1. Localização e Posicionamento 335
    16.2.2. Juntas e Parafusos 336
    16.2.3. Uso de Válvulas Múltiplas 336
    16.2.4. Manuseio e Armazenamento 337
16.3. Instalação de Válvulas de Bloqueio 338

17. Calibração no Campo (Teste On-line) 343

18. Linha de Manutenção 353

19. Teste de Recepção 355

20. Válvula de Segurança Tipo Piloto Operada 357

21. Proteção de Tanques Através de Dispositivos de Proteção contra a Sobre ou Subpressão Interna 361
21.1. Tanques (Introdução/Normas/Tipos) 361
21.2. Dispositivo de Emergência 362
21.3. Respiro Aberto 363
21.4. Respiro Livre, Perdas por Evaporação e Válvulas de Alívio de Pressão e Vácuo 364
21.5. Válvula de Pressão e Vácuo – PVRV 366
21.6. Causas de Entrada de Chama em Tanques (Fontes de Ignição) 373
21.7. Corta-chamas 375
21.7.1. Conceito MESG 376
21.7.2. Dispositivo para Determinação do MESG 377
21.7.3. Tipos de Combustão 379
21.8. Corta-chamas de Final de Linha e Combinado com PVRV's 381
21.9. Inspeção de Válvulas de Alívio de Pressão e Vácuo 383

22. Discos de Ruptura 385
22.1. Código ASME Relativo a Dispositivos de Disco de Ruptura 385
22.1.1. Terminologia sobre Disco de Ruptura do Código ASME 385
22.1.2. Requisitos de Performance de Discos de Ruptura 386
22.1.3. Requisitos de Aplicação ASME 386
22.2. Discos Convencionais 390
22.3. Discos Vincados 391
22.4. Disco Composto 392
22.5. Disco Reverso com Facas 393
22.6. Disco Reverso Vincado 394
22.7. Disco Plano 395
22.8. Dimensionamento de Discos de Ruptura 395
22.8.1. Certificação do Fabricante 396
22.8.2. Certificação de Dispositivos de Disco de Ruptura 396
22.8.3. Requisitos para Marcação em Discos de Ruptura 396
22.9. Instalação 397
22.10. Inspeção de Discos de Ruptura 399

23. Manutenção de Válvulas 401
23.1. Cuidados com o Recebimento e Preparação para Instalação 401
23.1.1. Inspeção de Recebimento 401
23.1.2. Controle de Qualidade 401
23.1.3. Armazenagem 401
23.1.4. Movimentação para Instalação 401
23.1.5. Regras para Instalação de Válvulas 401
23.2. Manutenção, Confiabilidade e Testes de Válvulas de Bloqueio (Travamento em Função do Desalinhamento da Tubulação) 402
23.3. Inspeção e Lubrificação 403

23.4. Vazamento em Válvulas 403
    23.4.1. Vazamentos nos Flanges 404
    23.4.2. Vazamento no Castelo 404
    23.4.3. Vazamento na Caixa de Selagem 404
    23.4.4. Vazamento pelo Obturador 405
23.5. Recomendações para Evitar Danos Pessoais ou Risco de Morte 405

24. Seleção da Válvula 407
24.1. Dados Adicionais para Especificação de Válvulas 408

25. Inspeção em Válvulas 411
25.1. Tipos de Inspeção 411
25.2. Critérios de Aceitação 411
25.3. Testes de Vedação 418
25.4. Considerações Específicas 419
25.5. Relatórios de Recuperação e Plaquetas de Identificação 419
25.6. Tabelas 419
25.7. Disposição da Embalagem de Válvulas com Diâmetro 457

26. Principais Normas de Válvulas 459
26.1. Normas da ABNT 459
26.2. Normas da ASME (American Society Mechanical Engineers) 460
26.3. ASTM (American Society Testing of Materials) 464
26.4. Normas API (American Petroleum Institute) 464
26.5. Normas do BSI (British Standards Institution) 466
26.6. MSS (Manufactures Standardization Society) 468
26.7. Normas de Válvulas de Segurança 469
26.8. Proteção de Tanques 470

Referências Bibliográficas 471

Sobre o Autor 475

Introdução

1. UMA REVOLUÇÃO NACIONAL, a história da Norma NBR-17827

A PETROBRAS como a maior indústria nacional e a oitava do mundo tem desenvolvido muitas ações na área de válvulas e acessórios de tubulação com o objetivo de melhorar a confiabilidade de suas instalações industriais e facilitar as relações técnicas e comerciais com seus fornecedores e prestadores de serviço de projeto, manutenção e inspeção de válvulas. Estas ações têm beneficiado todo o mercado nacional.

A partir de 2003, em função do grande número de novos empreendimentos na Petrobras, a área de Materiais promoveu um evento denominado Fórum de Válvulas, que reuniu os principais grupos de interesse por válvulas dentro da companhia.

Nesse evento, foram discutidos e identificados os principais problemas relativos a válvulas e sugeridas diversas ações para solucionar os problemas apresentados.

Um dos principais aspectos foi relativo às descrições técnicas das válvulas nas ordens de compra, que, devido a uma falta de padronização, dificultava muito as compras de maiores lotes de válvulas.

Para atacar esse aspecto de normalização foi criado o Programa de Engenharia de Padronização de Materiais (PEPM) que teve o objetivo de padronizar os grupos de materiais na Petrobras e a família escolhida para iniciar esse programa foi a de Materiais de Tubulação, que contempla as válvulas industriais.

Dentro do PEPM foi revisada a norma de Materiais de Tubulação da Petrobras N-76 e foi criada a norma de Válvulas Industriais N-2668, que identificou explicitamente os descritivos de compra de todas as principais válvulas utilizadas pelos serviços, fluidos, nos diversos materiais e classes de pressão utilizados na norma N-76.

A área de Materiais faz uma atividade de auditoria nos fabricantes de válvulas, no PGQMSA – Programa de Garantia de Qualidade de Materiais e Serviços Associados, avaliando os fabricantes nos aspectos de gestão de fabricação e identificou que faltava avaliar os fabricantes do ponto de vista de Engenharia de Produto.

Após a ocorrência de algumas falhas importantes de válvulas, que causaram prejuízos na Petrobras, e a observação dos grupos de inspeção nos fabricantes, constatou-se que faltava uma maneira de avaliar o produto válvula de modo a aferir a confiabilidade desse tipo de equipamento em operação.

Para suprir essa necessidade, a área de Materiais, em conjunto com as demais áreas de Negócio da Petrobras, constituiu um Grupo de Trabalho (GT) para elaborar uma Especificação Técnica de avaliação de projeto de válvulas.

Desse Grupo de Trabalho surgiu a proposta da norma Petrobras N-2827 denominada Homologação e Validação de Projeto de Válvulas Industriais.

Essa norma especifica critérios de avaliação dos projetos e de testes de protótipo de válvulas nos diversos tipos utilizados na Petrobras, estabelecendo requisitos que permitem aferir a confiabilidade desses componentes. Essa norma, apesar de inédita na Petrobras, seguiu uma filosofia já utilizada pelo Centro de Pesquisa da Petrobras na avaliação de válvulas submarinas e introduziu, entre outros aspectos, o conceito de Curva de Assinatura de Válvulas, que é uma forma de avaliar as características técnicas das famílias de válvulas, medidas nos protótipos e estendidas às válvulas da linha de produção.

Na implementação da norma N-2827 surgiu a necessidade de transformá-la em uma norma ABNT, para permitir que a verificação da conformidade das válvulas produzidas pelos fabricantes fosse feita por entidades independentes OCPs, sob a gestão do INMETRO.

Com o apoio do INMETRO, ABNT, PETROBRAS e da ABIMAQ, que representou os fabricantes de válvulas, a norma Petrobras N-2827 foi transformada na norma ABNT NBR-15827, que contempla todas as características definidas na norma PETROBRAS, mas utilizando apenas referências a normas internacionalmente aceitas. A norma NBR-15827 foi traduzida para o inglês e pode também ser utilizada por fabricantes internacionais.

Os fabricantes de válvulas foram convidados a obter a certificação de suas válvulas, com a NBR-15827, em três etapas:

- A primeira etapa será a verificação da conformidade de projeto com os critérios da NBR-15827.
- A segunda etapa será a relativa a testes de protótipo das famílias de válvulas.
- A terceira etapa será a verificação da Curva de Assinatura das Válvulas.

O fabricante que cumprir as três etapas terá suas válvulas certificadas com selo INMETRO de conformidade com a norma NBR-15827.

O resultado esperado será um grande salto de qualidade das válvulas, com aumento da confiabilidade das mesmas em operação e aumento da competitividade dos fabricantes que aderirem a essa norma, no mercado nacional e no internacional.

Osmar José Leite da Silva

Muitos fabricantes nacionais que inicialmente encararam essa norma como um empecilho em sua atividade comercial já mostraram seu engajamento e passaram a olhar a norma NBR-15827 como uma oportunidade de melhoria de seus produtos e uma forma de garantir sua sobrevivência em um mercado cada vez mais competitivo.

ABIMAQ – Associação Brasileira da Indústria de Máquinas e Equipamentos

e a

CSVI – Câmara Setorial de Válvulas Industriais

A Câmara Setorial de Válvulas Industriais (CSVI) da ABIMAQ – Associação Brasileira da Indústria de Máquinas e Equipamentos – foi fundada em 24 de janeiro de 1973 e congrega, atualmente, mais de 65 fabricantes de válvulas industriais, as quais se destacam como as mais representativas do setor, tendo capacidade tecnológica e produtiva para atender aos diferentes segmentos e atividades industriais, tais como: petroquímica, sucroalcooleiro, saneamento básico, química, farmacêutica, alimentícia, papel e celulose, petróleo e gás.

A CSVI, através da ABIMAQ, defende institucionalmente e politicamente os interesses do setor de Válvulas Industriais, buscando preservar e ampliar a capacidade empreendedora nacional.

Dentre os principais objetivos da CSVI destacam-se a interação entre fabricantes e mercado consumidor, o desenvolvimento tecnológico e qualitativo dos associados face aos novos desafios e requisitos do mercado, a participação na revisão e na elaboração de normas técnicas sobre válvulas junto à ABNT. Vale ressaltar que grande parte dessas empresas possui certificação ISO 9001:2000.

2. Considerações Gerais

As válvulas são equipamentos destinados a estabelecer, controlar e/ou interromper o fluxo de fluidos.

São amplamente utilizados em todos os processos industriais.

Existe uma grande quantidade de modelos de válvulas para os mais diferentes tipos de aplicação, esta grande variedade pode confundir os profissionais de engenharia no momento da especificação do modelo mais adequado e mesmo durante a manutenção destes equipamentos, criando condições para uma futura perda de produção e acidentes, muitas vezes fatais.

As válvulas representam, em média, cerca de 8% do custo total de uma instalação industrial e, dependendo do processo, como exemplo a indústria de petróleo e gás, chegam a significar de 20 a 30% dos custos de tubulação.

Como parâmetro numérico, gostaria de dar dois exemplos que traduzem a importância deste equipamento, sendo que em muitas ocasiões basta apenas uma válvula falhar para comprometer toda uma cadeia de produção industrial.

Em uma plataforma de petróleo que produz em média 180.000 barris/dia, esta possui aproximadamente 12.000 válvulas. Refinarias de petróleo de média capacidade possuem entre 80.000 e 95.000.

Este trabalho tem como finalidade contribuir para o desenvolvimento de estudantes e profissionais da área de Engenharia, preenchendo uma lacuna de referência e pesquisa sobre o tema.

Osmar José Leite da Silva

1. Válvulas: Modelos e Principais Componentes

1.1. Principais Tipos de Válvula

a) Válvulas de Bloqueio (*block-valves*)

São aquelas que trabalham em condições de total abertura e fechamento da passagem do fluido. Este modelo de válvula costuma ter sempre o mesmo diâmetro nominal da tubulação. Os modelos mais importantes são:

- Válvula Gaveta (*Gate-valve*).
- Válvula Esfera (*Ball-valve*).
- Válvula Macho (*Plug-valve*).
- Válvula *Two Port Diverter*.

b) Válvulas de Regulagem (*throttling valves*)

Controlam o fluxo do fluido e podem trabalhar em qualquer posição, inclusive em fechamento e abertura parciais. O diâmetro nominal de passagem do fluido é menor do que o diâmetro da tubulação.

- Válvula Borboleta (*Butterfly valve*).
- Válvula Agulha (*Needle valve*).
- Válvula Globo (*Globe valve*).
- Válvula *Slide* (*Slide-valve*).
- Válvula *Plug* de FCC.
- Válvula Diafragma (*Diafragma valve*).

c) Válvulas de Segurança (*relief, safety valves*)

São dispositivos auto-operados, que utilizam a energia do próprio fluido que controla, para sua operação.

- Válvula de Alívio (*relief valve*).
- Válvula de Segurança (*safety valve*).
- Válvula de Segurança e Alívio (*safety relief valve*).
- Válvula de Alívio de Pressão e Vácuo (*pressure vacuum relief valve*).

d) Válvulas de Retenção (*check valves*)

Utilizadas para impedir o retorno de fluido, inversão de fluido do sentido do escoamento. Caso isso ocorra, a válvula fechará automaticamente.

- Válvula de pé (*foot valve*).
- Valvula de retenção (*check valve*).
- Válvula de retenção e fechamento (*stop-check valve*).

e) Modelos à Prova de Fogo (*fire save*)

Uma válvula é considerada à prova de fogo quando é capaz de manter a vedação mesmo quando envolvida por um incêndio e os materiais empregados tenham alto ponto de fusão, mais de 1.100°C. Por essa razão, válvulas com o corpo ou peças internas de bronze, latões, ligas de baixo ponto de fusão e materiais plásticos não podem ser consideradas à prova de fogo, não podendo ser utilizadas onde se exija essa condição.

1.2. Principais Componentes de uma Válvula

a) CORPO (CARCAÇA): Parte principal da válvula na qual estão instalados todos os seus componentes, fixos e móveis. É o invólucro externo de pressão de uma válvula.

Fig. 1.1 – Corpo e castelo

b) CASTELO: É a tampa do corpo, a parte superior de uma válvula, que se desmonta para acesso dos componentes internos da válvula, e é o ponto de apoio do sistema de atuação, proporcionando o meio de vedar a saída do fluido de processo para o ambiente através da caixa de gaxetas. Os castelos podem ser:

b1) Castelo Aparafusado (*bolted bonnet*) – Utilizado para grandes válvulas, acima de 3".

As vantagens deste tipo de castelo são:
- Pode ser empregado em serviço de alta pressão e temperaturas em classes de 150, 300, 600, 800, 900, 1.500 e 2.500.
- Robusto.

As desvantagens deste tipo de castelo são:
- Custo bem mais elevado.
- Construção pesada.

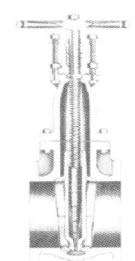
(Cortesia Crane)

b2) Castelo Rosqueado (*screwed bonnet*) – O castelo é rosqueado no corpo, sistema simples e barato utilizado em pequenas válvulas para serviços de baixa responsabilidade.

As vantagens deste tipo de castelo são:
- Construção compacta e leve.
- Baixo custo.

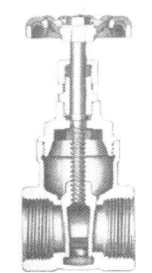
(Cortesia Crane)

b3) Castelo Porca de União (*union bonnet*) – Empregado em válvulas de até 2", para serviços severos ou altas pressões.

As vantagens deste tipo de castelo são:
- Construção compacta e leve.
- Custo relativamente baixo.
- Fácil manutenção da válvula.

As desvantagens deste tipo de castelo são:
- Não deve ser utilizado em serviços que contenham fluidos tóxicos ou perigosos.
- Uma vez danificada a rosca do corpo, danifica-se a válvula.

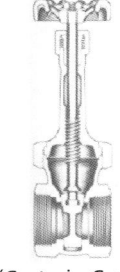
(Cortesia Crane)

c) **CONEXÃO:** Elemento pelo qual a válvula é instalada em tubulações e em equipamentos. É a região da válvula destinada à sua conexão com tubulações e com os equipamentos. Estas extremidades podem ser concebidas com formas construtivas. Em função da característica própria de um projeto de rede de tubulações ou de equipamentos, fatores como diâmetro, pressão e o tipo de fluido a ser manipulado, assim como as facilidades de manutenção, custo do investimento, devem ser considerados.

As extremidades mais comumente encontradas nas válvulas são:

c1) **Roscadas** – Utilizadas em válvulas de 4" ou menores, usadas em tubulações que permitam ligações rosqueadas, que poderão ser internas ou externas. Uma forma de conexão das mais econômicas, de fácil instalação, recomendada para válvulas de pequenos diâmetros face aos grandes peso e volume, tanto das válvulas como dos tubos. Outros tipos de extremidade são mais aconselháveis.

Para facilidade de manutenção recomenda-se que em locais estratégicos da tubulação se instalem sistemas de uniões (roscadas ou flangeadas), para rápida remoção das válvulas que eventualmente devam ser trocadas ou reparadas. As roscas normalmente empregadas para este tipo de conexão são padronizadas pela ABNT PB 14 (origem ISO R.7 e BS 21), normalmente conhecidas como roscas *Withworth Gas* ou BSP. Roscas da norma americana ANSI B 2.1 (NPT) também são largamente aplicadas, principalmente nas áreas de petroquímica e indústrias do petróleo.

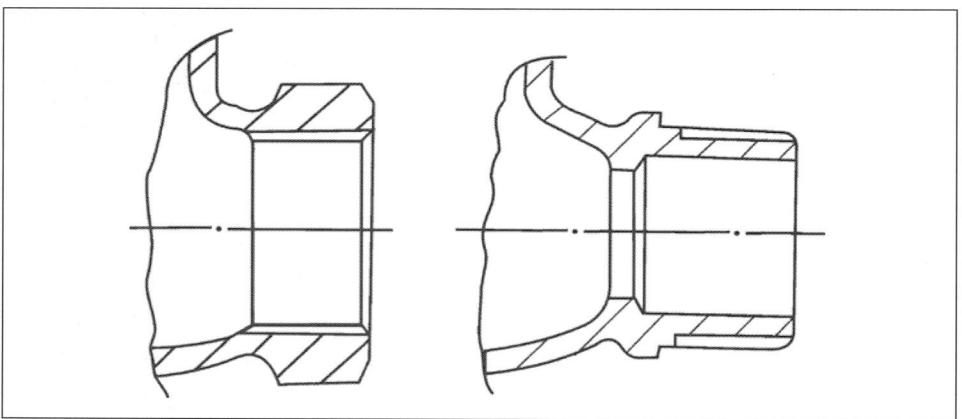

Fig. 1.2 – Tipos de união de rosca

c2) **Flangeadas** – O mais utilizado em vários materiais, usado em tubulações industriais acima de 2". São aquelas cuja ligação à tubulação ou equipamento é feita por flanges. O acoplamento é feito por meio de parafusos e porcas, proporcionando uma fixação rígida e segura. Existem diversos tipos de acabamento de flanges na face de acoplamento, tais como:

a) Face plana – Utilizada apenas em válvulas de classes de pressão 125 e 150.

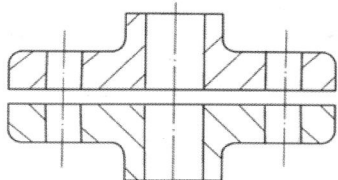

Fig. 1.3 – Face plana

b) Face com ressalto, com ou sem ranhura – Utilizada nas classes de pressão 125 a 600.

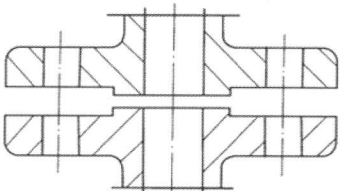

Fig. 1.4 – Face com ressalto

c) Face para junta de anel – RTJ – Utilizada nas classes de pressão 600 a 1.500.

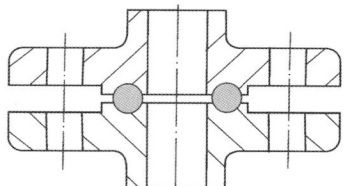

Fig. 1.5 – Face anel RTJ

d) Face macho e fêmea – Utilizada nas classes de pressão de até 600.

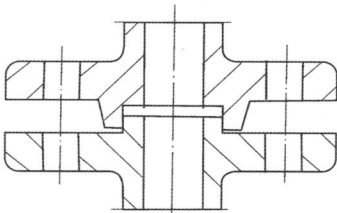

Fig. 1.6 – Face macho e fêmea

Válvulas flangeadas têm normalmente um custo inicial mais alto do que outros tipos de extremidade, porém as facilidades de instalação, de manutenção e reposição justificam plenamente o investimento, como também são aplicáveis para todos os diâmetros nominais. As normas mais utilizadas para este tipo de extremidade são a ANSI (americana) e DIN (alemã), a ISO (*International Organization for Standardization*) e a ABNT (Associação Brasileira de Normas Técnicas).

c3) **Solda de Topo** – Utilizada em válvulas acima de 2" em serviços onde haja necessidade de segurança absoluta, vapor em tubulações de classe de pressão igual ou acima de 1.500#*, fluidos muito perigosos, como hidrogênio, e altas temperaturas, acima de 550°C.

São aquelas cujas extremidades, tanto da válvula como da tubulação, são chanfradas (biseladas). As duas partes são justapostas e soldadas, formando um cordão de solda.

Válvulas com este tipo de extremidade são construídas em aços carbono, aços liga e inoxidáveis, sendo obedecidas normalmente as Normas ANSI e DIN. É importante observar que o processo de soldagem deve ser feito por profissional qualificado para que se tenha uma boa conexão entre as partes.

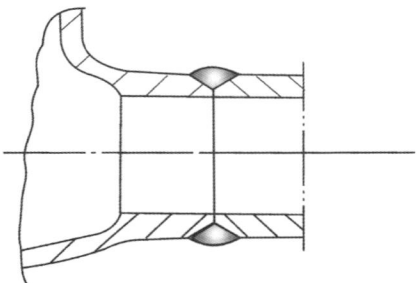

Fig. 1.7 – Solda de topo

c4) **Encaixe para Solda** – Utilizado em válvulas com menos de 2", o corpo da válvula deve ser do mesmo material da tubulação, componentes internos das válvulas não metálicos, como as sedes, devem ser desmontados na ocasião da soldagem da mesma na tubulação, a fim de evitar deformação pelo calor nesses componentes. A solda preenche as folgas existentes, formando um colar na extremidade.

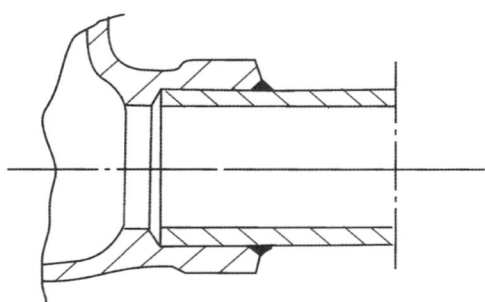

Fig. 1.8 – Encaixe e solda

---

* É a nomenclatura para libras.

1. Válvulas: Modelos e Principais Componentes

c5) Com Ponta e Bolsa – São largamente empregados em sistemas de redes públicas de distribuição de água, onde as válvulas e as tubulações têm em suas extremidades pontas ou bolsas que são conectadas entre si e selados com materiais que poderão ser de ligas metálicas de baixo ponto de fusão, massas plásticas, elastômeros, tipos de alcatrão etc.

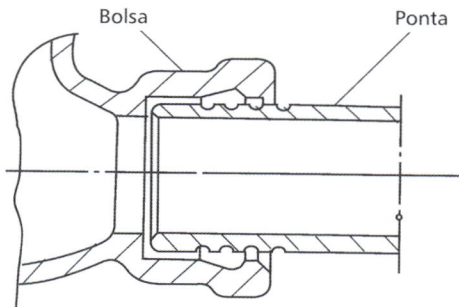

Fig. 1.9 – Ponta e bolsa

Normas de Construção de Conexões:
- SW (Engate para Solda): ASME-B16.11 (Nota 1).
- BW (Solda de Topo): ASME-B16.25.
- FL (Flangeada): ASME-B16.5 até 24", 26" a 36"; ASME-B16.47 série A, 38" a 42"; ASME-B16.47 série B e 22" MSS-SP-44.
- NPT (Rosca): ASME-B1.20.1 (Nota 1).
- Face-a-Face: ASME-B16.10 (Nota 2).

c6) Comprimento de Face a Face – Distância entre as faces dos flanges que é determinada de acordo com o tipo e a classe de pressão da válvula.
- Marcação MSS-SP-25.

d) OBTURADOR – Elemento móvel de vedação.

Fig. 1.10a – Obturadores

Fig. 1.10b – Obturadores

1.3. Principais Tipos de Vedação

a) Gaxetas – São elementos feitos com materiais deformáveis, próprios para efetuar as vedações junto às hastes das válvulas, formadas por trança de fibras sintéticas, carbono, grafite, PTFE etc., instaladas entre os bordos da caixa de selagem e a haste das válvulas, ajustadas através do aperto de uma peça chamada preme-gaxeta.

Material das gaxetas – O material das gaxetas deve primeiramente ser flexível, suportar as condições de pressão e temperatura e ser resistente ao meio que precisa ser contido. A vedação das gaxetas depende principalmente dos chamados materiais de bloqueio que fazem parte da composição química da gaxeta. Gaxetas devem ter baixa ou nenhuma porosidade, o que pode ser conseguido com anéis pré-moldados de grafite. Além disso, os anéis pré-moldados possuem as laterais que estarão em contato com as hastes planas e lisas, já as gaxetas trançadas terão laterais com 3 vezes menos contato do que os anéis planos. A vantagem de esses anéis serem de grafite é aliar as vantagens descritas acima com alta resistência química, alta capacidade de contenção para condições mais elevadas de pressão e temperatura, com igual ou melhor flexibilidade do que as gaxetas trançadas.

Fig. 1.11 – Gaxetas

Instalação das gaxetas – A quantidade de gaxetas para uma boa vedação é de 4 ou 5 anéis, preferencialmente 5. Mais do que 5 o aperto ficará comprometido e menos de 4 a vida útil será reduzida. As gaxetas têm a função de vedação e para que executem bem esse serviço é recomendável que elas sejam montadas entre materiais duros e pouco flexíveis, que podem até vir a colaborar com a vedação. Portanto, a recomendação de montagem para vazamento zero é como mostrado na Figura 1.11, onde podemos ver que os anéis pré-moldados, que irão promover a vedação são instalados entre um anel superior e outro inferior de gaxetas trançadas cuja finalidade é promover o aperto adequado e principalmente evitar que no aperto os anéis de vedação sejam trincados ou quebrados devido a possíveis folgas existentes entre os anéis da gaxeta e as laterais da caixa de gaxetas, que em muitas das vezes são irregulares, principalmente nas válvulas fundidas (método de fabricação da grande maioria das válvulas com diâmetro acima de 2 polegadas, aplicadas na indústria petroquímica e de celulose).

Antes da instalação das novas gaxetas é necessário garantir a remoção das que estão instaladas e executar uma boa limpeza da caixa de gaxetas. O processo mais garantido, rápido e eficiente é o que utiliza pressão de água aplicada com um bico sobre a caixa de gaxetas, que além de remover as gaxetas já executa a limpeza da região, sendo a pressão recomendada da ordem de 1.400 Kgf/cm^2. Essa máquina é conhecida como "máquina extratora de gaxetas". Existem no Brasil firmas especializadas nesse serviço. A remoção de gaxetas com ferramentas pontiagudas, na maioria dos casos, provoca riscos nas laterais da caixa de gaxetas e haste, o que poderá comprometer a vedação.

Aperto das gaxetas – O aperto das gaxetas é feito através dos prisioneiros ou estojos do preme-gaxeta. Esse aperto deve ser controlado através de torquímetro.

Aperto excessivo comprime demasiadamente os anéis e reduz a flexibilidade das gaxetas, transformando-as em buchas. No início é possível e até provável que se tenha vedação, pois ainda existe alguma flexibilidade, mas após pouco tempo começam a surgir os vazamentos devido à falta de flexibilidade das gaxetas. Reapertos repetem o ciclo até que os anéis percam totalmente a flexibilidade e aí não é mais possível vedação com as mesmas gaxetas.

Existe um ditado americano muito pronunciado nos tempos modernos pelo pessoal acostumado com serviços de campo, que diz: "antes comprar vedação, compre um torquímetro". Testes realizados em laboratórios e experiências de campo feitas nos EUA mostraram ser muito baixa a probabilidade de se obter vedação por mais de três anos, quando não se controla o aperto adequadamente, principalmente em válvulas classificadas como críticas do ponto de vista de vedação. A única maneira considerada adequada para controle de aperto é a utilização de torquímetro e o emprego do torque recomendado.

b) Caixa de selagem ou caixa de gaxetas – Tem por função proteger a válvula de vazamentos nos pontos onde a haste passa através do castelo; por diferentes bombas, onde é necessário ter um pequeno vazamento para dissipar o calor, o engaxetamento das válvulas deve ser estanque.

Em função de condições operacionais, a caixa de selagem pode apresentar características especiais como:

- *Anel lanterna* – Quando a pressão é negativa, o ar tende a penetrar na válvula. Para esses casos as gaxetas são separadas por um anel de lanterna bipartido, permitindo a entrada de um fluido de selagem com pressão positiva.
- *Câmara de refrigeração* – Utilizada para arrefecimento da caixa quando a temperatura de operação é elevada.

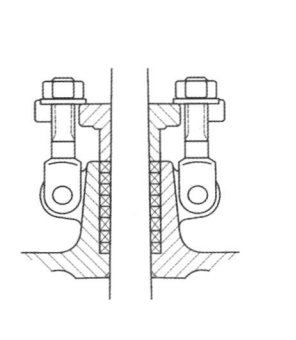

Fig. 1.12 – Caixa de gaxeta básica

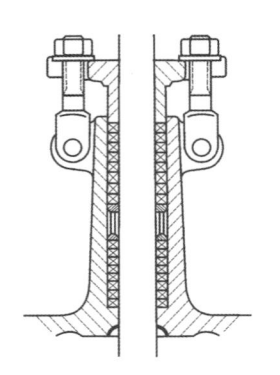

Fig. 1.13 – Caixa de gaxeta com anel lanterna

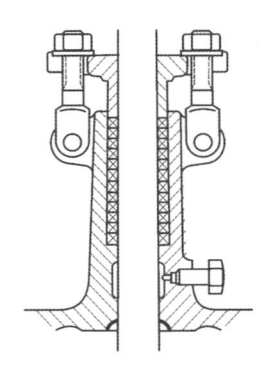

Fig. 1.14 – Caixa de gaxeta com câmara de refrigeração

Dimensões da caixa de gaxetas – Como já foi descrito anteriormente, o número de gaxetas recomendado é de 5 anéis, mas o que fazer quando a altura da caixa de gaxetas for para 8, 10 ,15 ou mais anéis de gaxetas? Nesses casos, a recomendação é preencher o espaço inferior às gaxetas com uma bucha de fibra carbono, de maneira a utilizar apenas 5 anéis de vedação (Fig. 1.15). A bucha não deve ser de material metálico, pois devido à diferença de dilatação térmica, com o tempo a bucha provavelmente vai dificultar a movimentação da haste podendo, inclusive, danificar os anéis de vedação da gaxeta.

A utilização das buchas de fibra de carbono além de servir para preenchimento de espaços excessivos da caixa de gaxetas também é recomendada quando se tem válvulas horizontais, pois essa bucha é dura e tem resistência mecânica suficiente para suportar o peso da haste da válvula, permitindo que as gaxetas possam fazer sua função de vedação.

As buchas de fibra de carbono são recomendadas principalmente para se engaxetar com sucesso hastes de sopradores de fuligem que, por serem horizontais, costumam jogar todo o peso da haste de acionamento sobre a caixa de gaxetas.

1. Válvulas: Modelos e Principais Componentes

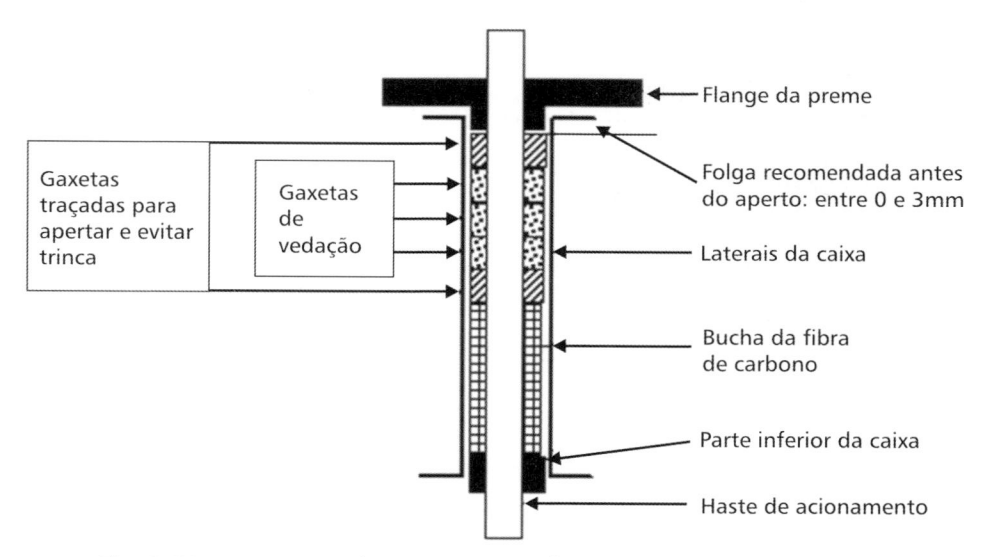

Fig. 1.15 – Montagem das gaxetas quando a altura da caixa de gaxetas é maior do que o espaço a ser ocupado por elas.

Deve ser lembrado ainda que após montado todo o dispositivo, a gaxeta deverá estar nivelada com o final da parte superior da caixa de gaxetas, não podendo haver gaxeta para fora da caixa nem distância maior do que 3 mm para dentro da caixa de gaxetas (Figura 1.15).

c) Molas Prato – Qualquer bom fabricante de válvulas, em função da especificação dos prisioneiros ou estojos do preme-gaxeta e condições operacionais pode fornecer o torque adequado para a vedação das gaxetas que estão sendo utilizadas. Esse torque é chamado de "torque inicial" que deverá garantir a vedação das gaxetas nas condições de pressão e temperatura de teste hidrostático, ou seja, na temperatura ambiente. Quando em operação, com a elevação da temperatura ocorrerá uma relaxação normal dos prisioneiros ou estojos e a carga que atua sobre as gaxetas será menor do que a carga necessária para manter a vedação, sendo o vazamento uma questão de tempo. Esse problema é tanto maior quanto maior for a temperatura de operação. Para temperaturas até 250°C a relaxação normalmente não é suficiente para provocar vazamentos, mas acima desse valor o vazamento é praticamente certo.

Para manter a carga necessária sobre as gaxetas os fabricantes desenvolveram os chamados "Pratos mola de carga constante", dispositivos que mantêm a carga sobre as gaxetas nas condições iniciais adequadas para promover a vedação, mesmo com variações drásticas de temperatura. A Figura 1.16 mostra a foto do dispositivo da carga constante. Esse dispositivo é também indicado para as válvulas que são muito operadas, como válvulas de controle, em que a haste sobe e desce mais do que 11 vezes por mês, pois esse movimento também pode provocar a relaxação do aperto sobre as gaxetas.

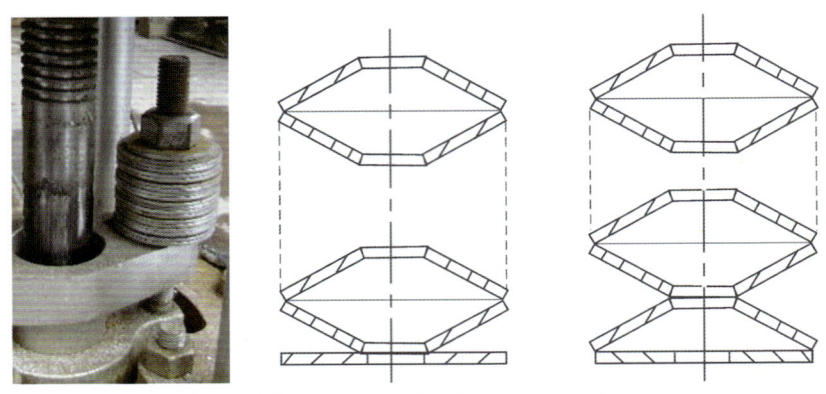

Fig. 1.16 – Pratos mola de carga constante

O anel guia interno tem a finalidade principal de evitar o aperto excessivo dos pratos mola e sua altura é determinada pelo fabricante. Para a instalação dos pratos mola é necessária também a substituição dos prisioneiros ou estojos por outros de maior comprimento.

Esse dispositivo de carga constante pode ser considerado como um ajuste automático da carga sobre as gaxetas de maneira a conservar a condição inicial de vedação. A relaxação pode ocorrer após cerca de 5 anos do ajuste inicial. Os pratos mola são feitos em aço inoxidável austenítico do tipo 17-7 pH com tratamento térmico de alívio de tensões.

Esse sistema de carga constante pode também reduzir os vazamentos internos das válvulas, normalmente diagnosticados pelos operadores, como "válvula dando passagem". Na verdade as válvulas acabam sujeitas a vazamentos internos por dois motivos: o primeiro é o uso das "chaves de válvula" que deveriam ser abolidas para o bem das vedações e o outro é a dificuldade de movimentação das hastes imposta pelas gaxetas ou pelo excessivo aperto das gaxetas.

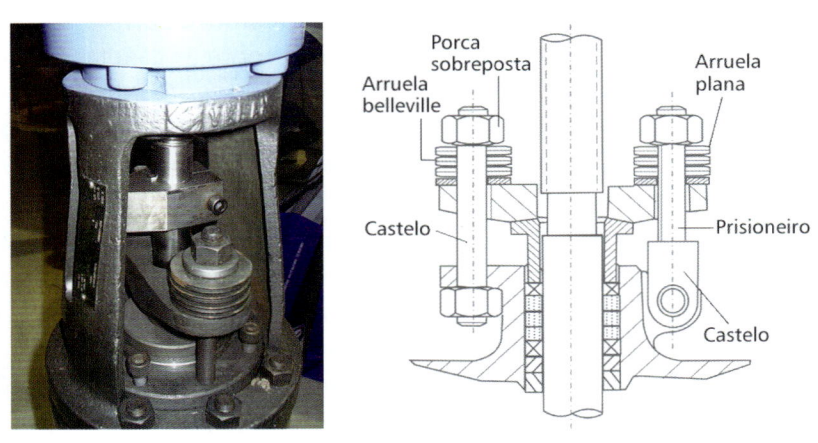

Fig. 1.17 – Molas prato

1. Válvulas: Modelos e Principais Componentes

Por essas trincas, iniciam-se os vazamentos. Dependendo da pressão e das características do fluido circulante, em pouco tempo serão vazamentos impossíveis de serem controlados sem a manutenção da válvula.

Estudos realizados em oficinas de manutenção nos EUA mostram que 80% das válvulas que tiveram vazamentos de gaxeta sanados através do processo de injeção de massa vedante e abertura de orifícios nas caixas de gaxetas provocam danos nas hastes e caixas de gaxetas. Hastes com marcas de corrosão provavelmente precisaram ser substituídas, pois as tolerâncias para essas partes da válvula são muito pequenas. Hastes fora das dimensões são difíceis de ser vedadas, ou seja, será muito difícil conseguir vedação em válvulas que sofreram a injeção de massa selante, sem a substituição de suas hastes.

Fig. 1.18 – Detalhe do injetor de massa selante

d) Fole – O sistema de vedação com fole entre a haste e o castelo deve ser utilizado onde são inadmissíveis os vazamentos pela gaxeta para o meio ambiente, tais como: fluidos tóxicos, fluidos perigosos, fluidos radioativos e outros que possam afetar o meio ambiente.

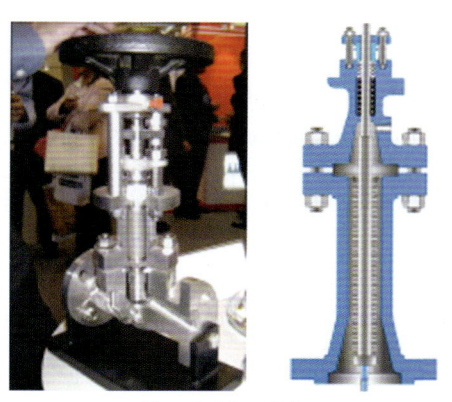

Fig. 1.19 – Fole

Os foles são calculados para 10.000 ciclos (Globo até 2"), 3.000 ciclos (Gaveta até 2" e Globo acima de 2") e 2.000 ciclos (Gaveta acima de 2"). O ciclo de operação e o movimento axial do fole são limitados em aproximadamente 20 a 30%, dependendo das condições de operação. Nas válvulas tipo Globo, as hastes são projetadas com guias, para que não haja torção do fole. Para as de grandes cursos, são unidos por meio de anéis do mesmo material.

Esse tipo de válvula, com fole, reduz o custo de manutenção, além de contribuir para a preservação do meio ambiente. Nesse tipo de sistema podem ser utilizadas válvulas *Lip Seal* (para que não haja qualquer ponto possível de vazamento) ou do tipo aparafusado.

e) Juntas de Vedação – Elemento de união entre as superfícies do castelo e do corpo dos flanges terminais, tendo como função impedir o vazamento do fluido para a atmosfera, ou em caso de um sistema que trabalhe com vácuo, evitar a entrada de ar no sistema.

Fig. 1.20 – Juntas

A teoria básica da vedação de flanges está baseada no fato de que a vedação depende da carga aplicada sobre a junta. Existe o que se chama de carga mínima e carga máxima para se obter a vedação. Esses valores de carga são definidos no Código ASME como fator M e Y, respectivamente.

O fator M é a carga mínima requerida para se obter uma vedação, considerando as especificações da junta, do flange, dos parafusos ou estojos e as condições de operação. O fator Y é um fator de multiplicação que determina a carga necessária para manter a vedação da junta quando nas condições operacionais.

A força necessária para a vedação é o resultado da força aplicada sobre os parafusos do flange menos a força devido à pressão interna existente na tubulação.

Os motivos que podem levar a vazamento de flanges são:

a) Aperto inicial insuficiente.

b) Falhas na região de assentamento da junta.

c) Relaxação da carga aplicada sobre a junta na condição operacional.

d) Vibração excessiva.

O primeiro item pode ser resolvido usando-se a junta especificada e aperto adequado dos estojos controlado com torquímetro. O segundo item costuma ser contornado garantindo-se uma região de assentamento da junta limpa e sem falhas em mais de 60% da região de vedação. Os dois últimos itens só podem ser resolvidos com o uso dos dispositivos da carga constante.

Por que os flanges vazam?

Juntas deterioradas por ataque químico: a junta deve ser especificada considerando-se os constituintes do meio a que estará exposta. Caso esta não seja adequada para o meio em pouco tempo haverá dissolução da junta, com consequente vazamento.

Juntas deterioradas pela temperatura: as juntas não metálicas após exposição contínua a altas temperaturas ficam ressecadas e diminuem de espessura, e, com o tempo, acabam vazando. Nesses casos existe a possibilidade de eliminar o vazamento com reaperto.

Juntas sujeitas a ciclos de temperatura: levantamentos de campo em indústrias dos ramos de papel e celulose, químicos e petroquímicos mostram que 70% dos vazamentos em flanges são devidos a ciclos térmicos de temperatura. O vazamento normalmente ocorre após o reaquecimento, ou seja, a junta esfria e quando é reaquecida vaza. Este vazamento está associado às diferentes velocidades de contração e dilatação dos diferentes materiais que compõem uma junta de vedação (flanges, junta e parafusos).

Explicação do fenômeno: quando a junta é apertada com o torque adequado, ocorre um esticamento dos parafusos, que aplicam sobre a junta a carga necessária para a vedação. No aquecimento da tubulação a primeira parte dos componentes da junta a ser aquecida é o flange, este aumenta de tamanho e aplica sobre a junta uma carga maior do que a inicial, reduzindo a espessura da mesma. No resfriamento ocorre o oposto: o flange diminui de tamanho e a junta que agora está mais fina vai precisar de uma carga maior do que a aplicada pelo parafuso para vedar. No retorno à operação a junta vai se comportar como se os parafusos de carga inicial tivessem afrouxado e o vazamento irá ocorrer. Enquanto a espessura da junta admitir, é possível um reaperto, mas após alguns reapertos o conjunto de vedação já não é mais eficiente para evitar o vazamento sem a substituição da junta. Deve ser lembrado que as operações de reaperto, na maioria dos casos, aplicam sobre o conjunto uma carga maior do que a recomendada e, nesse caso, o empenamento do flange e o escoamento dos parafusos são inevitáveis, com o comprometimento do conjunto. A vedação do conjunto agora é praticamente impossível sem a substituição dos componentes da união. A solução considerada economicamente mais viável é adotar o aperto com o sistema de carga constante.

O aperto com o sistema de carga constante mantém a carga sobre a junta **independente** da variação da temperatura, como mostra o esquema da figura abaixo.

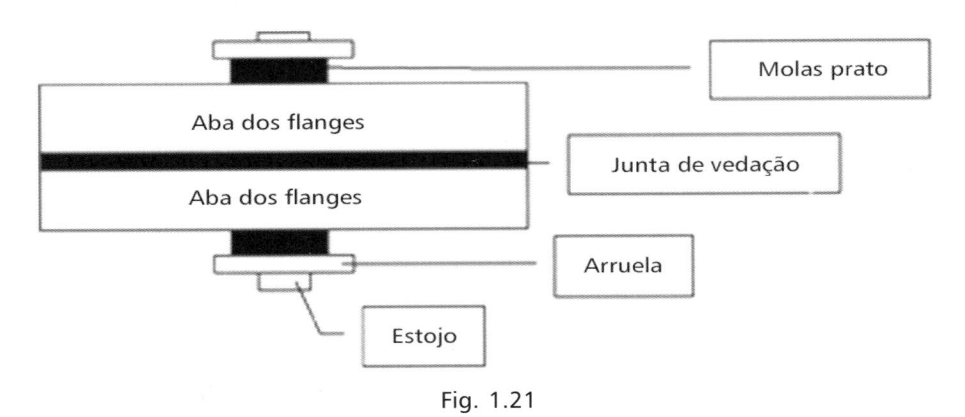

Fig. 1.21

A função das molas é produzir força e deslocamento. As molas são apoiadas em buchas guia que limitam o aperto das molas em valores calculados, evitando o aperto excessivo. As molas prato normalmente são de aço inoxidável tipo 17-7 pH.

Juntas sujeitas a vibração excessiva: quando um par de flanges é submetido a vibração excessiva cada um dos flanges estará sujeito a movimentações contrárias, ou seja, enquanto uma parte do flange tende a abrir a outra tende a fechar, e esse fato pode deslocar a junta do seu assentamento, danificar a junta, reduzir a espessura, etc. Esses efeitos após alguns ciclos irão provocar o vazamento. O sistema de aperto com carga constante mantém o flange como uma peça única e tende a suportar bem melhor as adversidades das vibrações. Nesses casos, a solução definitiva é evitar que vibrações sejam transferidas aos flanges, com a utilização de suportação adequada.

Tipos de Junta de Vedação

1. Não-metálicas (conforme ASME B16.21)

Elastômeros: Borrachas naturais e sintéticas para aplicação em baixa pressão e temperatura, na qual não haja variações destas grandezas. Materiais mais comuns: Borracha Natural (NR), borracha estireno-butadieno (SBR), cloroprene (CR), nitrílica (NBR), fluorelastômeros (FE), silicone (SI).

Politetrafluoretileno (PTFE): → Teflon → Du Pont

- Excelente resistência química.
- Excelente isolante elétrico.

1. Válvulas: Modelos e Principais Componentes

- Antiaderente (baixo coeficiente de atrito).
- Resistente ao impacto.
- Baixo coeficiente de atrito.

Papelão Hidráulico (fibras minerais/sintéticas + elastômeros): Junta muito utilizada em válvulas para classe de pressão até 600#. Materiais mais comuns: fibra, aramida, carbono, grafite e celulose.

- Elevada resistência ao esmagamento.
- Baixo relaxamento (*creep relaxation*).
- Resistente a altas temperaturas e pressões.
- Boa resistência com produtos químicos.

Grafite Flexível:

- Excelente resistência.
- Oxidação a partir de 350ºC.
- Dificuldade no transporte, no condicionamento e na montagem.

2. Juntas Metálicas (conforme ASME B16.20)

RTJ – Anel metálico cuja secção pode ser oval ou octogonal utilizada em válvulas de classe de pressão acima de 600#, fabricada em material de dureza inferior à dos flanges.

- Alta pressão de contato (grande selabilidade).
- Resistência a altas temperaturas.
- Requer boa usinagem e acabamento superficial fino.

Fig. 1.22 – Anéis metálicos RTJ (conforme ASME B16.20)

Lip Seal – Junta de união entre o corpo e o castelo. Estas duas peças são unidas por duas juntas metálicas com faces lapidadas e unidas ao corpo da válvula por solda, muito utilizada em válvulas de alta performance de UFCC e também em válvulas retenção, gaveta e globo para altas pressões até classe 4.500.

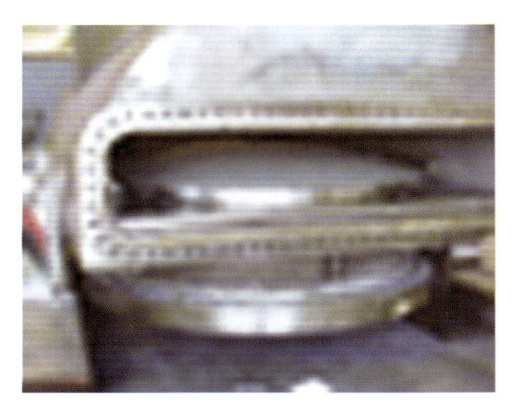

Fig. 1.23 – *Lip seal*

Juntas Espirotálicas – Funciona como uma mola, é uma peça metálica com inserção de PTFE, grafite e/ou mica. Este arranjo possibilita absorver a dilatação térmica, sendo muito utilizado nos processos onde ocorrem ciclos térmicos. Materiais mais comuns: Fita: AISI 304, 316, 316L, 321, MONEL, Níquel 200. Enchimento: grafite-flexível, PTFE.

- Boa selabilidade.
- Resistente a altas temperaturas e pressões.
- Custo relativamente baixo.

Observação: 1) Anel de centralização externo em A.C. é recomendável.

2) Acabamento superficial: Ra = até 125 µin

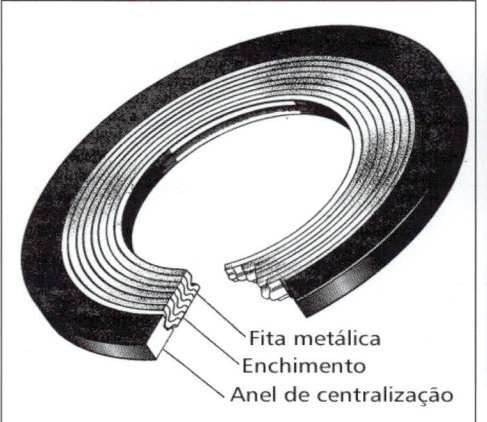

Fig. 1.24 – Juntas espirotálicas (Cortesia Teddit)

1. Válvulas: Modelos e Principais Componentes

Junta Metálica Maciça Ranhurada com Recobrimento de Grafite Flexível (COM-PROFILE). Esta junta possui um perfil metálico que permite atingir elevadas pressões de esmagamento com baixo aperto nos parafusos. A cobertura de vedação é feita em grafite flexível ou PTFE, o que preenche as irregularidades, evitando que o serrilhado marque a superfície dos flanges, criando uma vedação que alia a resistência de uma junta com a selabilidade da cobertura de vedação, com a vantagem de poderem ser reaproveitadas desde que sejam limpos os espaços entre as serrilhas e substituída a cobertura de vedação.

Fig . 1.25 – Junta comprofile

Esta tecnologia em juntas de vedação leva em consideração a tendência mundial de não utilizar mais juntas com amianto, usando como alternativa as de grafite. Essa nova tecnologia utiliza juntas com alma metálica e superfícies com um filme de grafite, como mostra o esquema da figura abaixo.

Fig . 1.26 – Comprofile

Essa tecnologia une as boas propriedades de vedação do grafite com a resistência mecânica do metal. A alma metálica em geral é de aço inoxidável austenítico ou níquel quando o primeiro não é indicado. Em alguns casos pode-se usar também alma em aço de muito baixo carbono (aço doce). Em termos de custo, provavelmente devido à compra por atacado da matéria-prima, as juntas com alma de aço inoxidável são mais baratas do que as com alma de aço carbono, que exigem produção específica.

1.4. Como Escolher uma Junta de Vedação

As principais propriedades a serem consideradas na escolha de uma junta de vedação são:

Limites para a combinação pressão e temperatura: usualmente os fabricantes fornecem uma curva de pressão *versus* temperatura para as juntas. Essa curva é muito mais importante do que os valores individuais de limites para temperatura e pressão, sendo mandatória.

Compatibilidade com a temperatura: devem ser usados como referência os dados fornecidos pelo fabricante.

Compatibilidade com o meio: as juntas que merecem maiores cuidados na escolha são as que têm aglutinantes, pois normalmente a limitação está associada a estes. Deve-se usar como referência os dados do fabricante, escolhendo sempre a junta que não tiver restrição. Quando o fabricante especificar alguma restrição a junta não deve ser usada. Atenção, porque os fabricantes costumam diferenciar juntas com alguma restrição e com restrição total.

Alta compressibilidade: essa propriedade é muito desejada nas juntas, quanto mais alta melhor. Ela está associada aos componentes da junta e normalmente não é anunciada pelo fabricante, pois este entende que essa é uma análise que deve ser feita por quem especifica a junta. Essa propriedade é responsável pela facilidade com que será conseguida a vedação no aperto inicial e é determinada através de ensaios de laboratório padronizados pelo ASTM ou Norma DIN. Quanto mais alta a compressibilidade da junta mais facilmente esta vai se acomodar na sede de vedação e eliminar as interferências que podem dificultar a vedação. A unidade de medida dessa propriedade é porcentagem. De maneira geral, considera-se o seguinte:

a) Juntas com fibras minerais possuem cerca de 12% de compressibilidade, ou seja, 12% da espessura da junta são para absorver as irregularidades da região de assentamento da junta, o que equivale a dizer que depressões de até 12% da espessura da junta não vão interferir na vedação. A compressibilidade da junta é reduzida após 8 meses de estoque, sendo a redução diretamente proporcional ao tempo de estocagem acima de 8 meses. A estocagem de juntas sob luz fluorescente ou solar também reduz a compressibilidade da junta. A recomendação é estocar juntas em locais frios e escuros por um período de até 8 meses.

1. Válvulas: Modelos e Principais Componentes

b) Juntas sem fibras minerais possuem cerca de 7 a 17% de compressibilidade.

b) Juntas de grafite possuem cerca de 40 a 50% de compressibilidade.

Baixa relaxação: essa propriedade é responsável por manter a vedação nas condições de operação. Quanto menor a relaxação melhor. Durante a condição operacional as juntas podem relaxar, ou seja, reduzir a espessura com a continuidade da carga aplicada, o que é equivalente a afrouxar os parafusos do flange. Nesse caso o vazamento é iminente, mas em geral pode ser corrigido com o reaperto. A relaxação também é medida em %. De maneira geral considera-se o seguinte:

a) *Juntas de teflon:* têm os piores índices de relaxação, cerca de 50 a 55%, o que confere a essas juntas um poder de vedação muito ruim após pouco tempo de operação.

b) *Juntas com fibras minerais:* têm índice de relaxação de aproximadamente 15%.

c) *Juntas de grafite:* têm índice de relaxação de 2 a 3%. São juntas que dificilmente irão vazar devido as condições operacionais, desde que não ocorram variações significativas de temperatura (variações acima de 60ºC).

Situação Ideal para Instalação das Juntas

Condições:
- Flanges terminais e/ou Castelo e Tampa da válvula com superfícies planas e lapidadas.
- Contato permanente das superfícies.

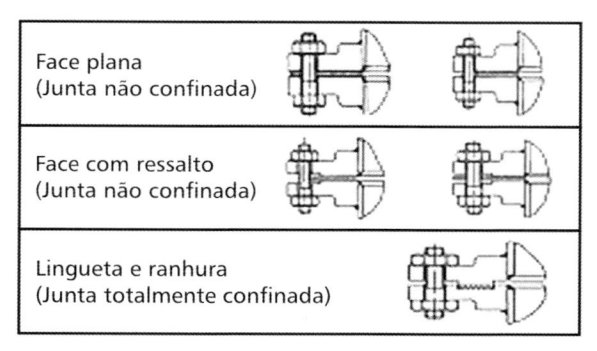

Fig. 1.27 – Faceamento de flanges – localização de juntas

Dificuldades:
- Dimensões dos flanges.
- Inviabilidade de superfícies lisas e planas.
- Corrosão/erosão das superfícies.

Fatores Facilitadores:
- Força de esmagamento inicial – imperfeições dos flanges.
- Força de vedação – pressão residual.
- Seleção dos materiais – Resistência à pressão e ao fluido.
- Acabamento das superfícies – Função do tipo de junta/material.

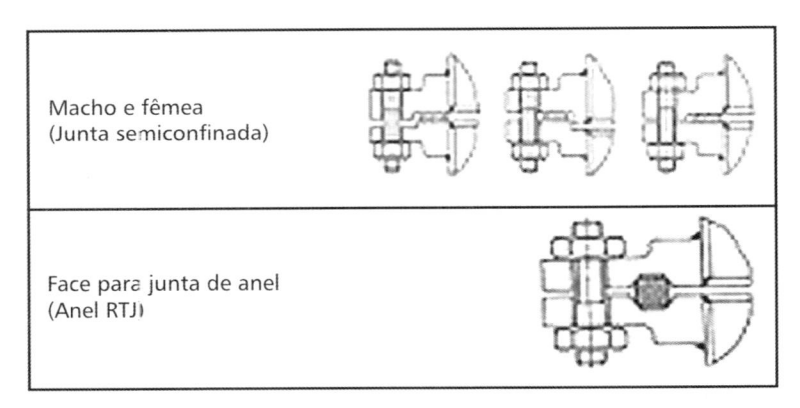

Macho e fêmea (Junta semiconfinada)	
Face para junta de anel (Anel RTJ)	

Fig. 1.28 – Faceamento de flanges – localização de juntas

Montagem e Aperto de Parafuso Estojo

Conforme norma ASME PCC 1 (*Guidelines for pressure boundary bolted flange joint assembly*).

1 – Especificação dos parafusos estojos e respectivas porcas

Parafuso estojo especificação SA193 Gr. B7, SA320 Gr. L7, SA193 Gr. B8 e SA193 Gr.16

Tipo de rosca:

a) diâmetro de ½" a 1"

   estojo ASME B1.1 UNC classe 2A

   porca ASME B1.1 UNC classe 2B

b) diâmetro maior do que ou igual a 1 1/8"

   estojo ASME B1.1 UN 2A, 8 fios por polegada

   porca ASME B1.1 UN 2B, 8 fios por polegada

Duas porcas sextavadas série pesada de especificação, respectivamente: SA194 Gr. 2H, SA194 Gr. 4, SA194 Gr. 8 e SA194 Gr. 4.

1. Válvulas: Modelos e Principais Componentes

Observação: Para uso marítimo o SA193 Gr. B7 deve ter revestimento dos estojos e porcas com Zinco Níquel (ZN-Ni) ASTM B841, Classe 1, Tipo B/E, Grau 5 a 8, com alívio de tensões e de hidrogêneo e testes suplementares S1, S2 e S3, conforme normas ASTM B849 e ASTM B850.

2 – Métodos de aperto do parafuso estojo na montagem ou instalação

O método para aperto deve ser selecionado conforme a tabela a seguir, a partir do serviço do equipamento ou tubulação.

Serviço	Método de Aperto	Observações
Categoria D conforme ASME B31.3	Montagem manual com chave de boca ou de impacto, sem controle do alongamento. Normalmente aplicável até no máximo parafuso estojo menor do que ou igual do que a 1" de diâmetro	É o método mais impreciso. Ver tabela no item 2.2 a seguir
Serviço Normal conforme ASME B31.3	Máquina de torque ou torquímetro sem controle do alongamento. Normalmente aplicável para parafuso estojo até $1^{1/2''}$ de diâmetro nominal.	É normal um erro de até 30% entre a força aplicada e a requerida por cálculo, devido ao atrito entre as superfícies roscadas e da porca e a face do flange.
Serviço Crítico conforme ASME B31.3	Máquina hidráulica tensionadora com o controle do alongamento do parafuso estojo. O uso desse método requer um trecho roscado, no mínimo igual ao seu diâmetro nominal do parafuso estojo, além da face externa de cada porca.	É o método mais preciso, conseguindo-se que o erro, entre o valor da força aplicada e a força requerida por cálculo, seja inferior 10%.

2.1 – Serviços

2.1.1– Serviço Categoria D conforme ASME B31.3

Serviço com um baixo potencial de risco, sob o ponto de vista de segurança, continuidade operacional e meio ambiente, se ocorrer vazamento.

Exemplos de sistemas que geralmente são de baixo risco, mas não limitados a estes, estão a seguir:

   a) fluido não inflamável, não tóxico, não nocivo ao homem e ao ambiente, com pressão de projeto inferior a 10 kgf/cm² man e temperatura de projeto inferior a 85°C;

   b) águas em geral (industrial, resfriamento, desmineralizada e potável);

   c) vapor de baixa e média pressões;

   d) condensado de baixa e média pressões;

   e) ar de serviço e instrumentação.

2.1.2 – Serviço Normal conforme ASME B31.3

Serviço com um médio potencial de risco, sob o ponto de vista de segurança, continuidade operacional e meio ambiente, se ocorrer vazamento.

Exemplos de sistemas que geralmente são de médio risco, mas não limitados a estes, estão a seguir:

a) hidrocarbonetos com temperatura menor do que 250°C, localizados dentro ou entre unidades de processo;

b) água e vapor d'água que operem em pressões até 50 kgf/cm^2;

c) produtos químicos: soda cáustica, DEA e ácido sulfúrico.

2.1.3 – Serviço Crítico conforme ASME B31.3

Serviço com um alto potencial de risco, sob o ponto de vista de segurança, continuidade operacional e meio ambiente, se ocorrer vazamento.

Exemplos de sistemas que geralmente são de alto risco, mas não limitados a estes, estão a seguir:

a) gases inflamáveis que são autorrefrigerantes e podem causar fratura frágil em caso de vazamentos ou produtos voláteis que podem causar nuvens tóxicas ou poluentes;

b) hidrocarbonetos cujo ponto de ebulição está acima da temperatura ambiente, como por exemplo C2, C3 e C4;

c) produtos que apresentam H2S com teor maior do que 3% em peso;

d) produtos com temperatura maior do que 250°C;

e) produtos que apresentem pressão parcial de H2 superior a 7 bar;

f) produtos tóxicos ou letais;

g) produtos em pressão acima de 50 kgf/cm² man;

h) vapor d'água de alta pressão acima de 50 kgf/cm² man;

i) gás inflamável: gás residual de processo, GLP, gás combustível, gás natural e gás para tocha;

j) produto tóxico "categoria M" da norma ASME B31.3;

k) linhas ligadas a máquinas rotativas;

l) linhas de hidrocarbonetos e produtos químicos com elevado nível de vibração;

m) produtos poluentes tipo VOC (*Volatile Organic Compounds*).

2.2 – Aperto manual

Conforme ASME VIII 1 Appendix S *"Design Consideration for Bolted Flange Connections"*, a tensão desenvolvida no parafuso, quando apertado manualmente, com chave de boca:

Ø (pol)	S (psi) Tensão resultante no estojo	S/Sy para estojo B7 Ø < 2 ½" (Sy = 105.000 psi)
1/2	63.650	0,600
5/8	56.960	0,542
3/4	51.960	0,495
7/8	48.125	0,458
1	45.000	0,428

2.3 – Método do aperto por máquina de torque

2.3.1 – Tabela de aperto por torque do parafuso estojo SA193 Gr. B7

Baseado nas seguintes premissas:

a) Tensão de aperto igual a 345 MPa (50 ksi), ou seja, aproximadamente 50% da tensão de escoamento, considerando a área da raiz.

Esta tensão é considerada adequada para juntas flangeadas, usando o parafuso SA193 Gr. B7, exceto quando a junta de vedação é do tipo metálica de anel plano e de anel ovalado (*RTJ gasket*).

Caso seja necessário adotar outros valores de tensão de aperto, usar a relação:

$$\text{Torque novo} = \frac{\text{Torque tabelado}}{345 \text{ MPa ou (50ksi)}}$$

b) Fator de atrito:
- Parafuso estojo novo revestido com resina poliamida: 0,12.
- Parafuso estojo reutilizado: 0,16.

c) Lubrificação:
- Para os parafusos novos, com revestimento de poliamida, não usar lubrificante no primeiro aperto.

  Após uso, aplicar lubrificante adequado nas roscas do parafuso e das porcas, além da superfície de apoio das porcas.

  Não aplicar lubrificante na junta de vedação ou nas superfícies de contato da junta.

- Atenção na escolha do lubrificante, que deve ser quimicamente compatível com o material do parafuso e das porcas e com a temperatura de operação, em particular não causando corrosão sob tensão.

Table 1 – Target Torque Values for Low-Alloy Steel Bolting
(U.S. Customary Units)

Nominal Bolt Size, in	Target Torque (ft-lb)	
	Noncoated Bolts [Note (1)]	Coated Bolts [Notes (1), (2), and (3)]
½	60	45
⅝	120	90
¾	210	160
⅞	350	250
1	500	400
1⅛	750	550
1¼	1.050	800
1⅜	1.400	1.050
1½	1.800	1.400
1⅝	2.350	1.800
1¾	2.950	2.300
1⅞	3.650	2.800
2	4.500	3.400
2¼	6.500	4.900
2½	9.000	6.800
2¾	12.000	9.100
3	15.700	11.900
3¼	20.100	15.300
3½	25.300	19.100
3¾	31.200	23.600
4	38.000	28.800

2.3.2 – Fórmula para cálculo do torque a aplicar

No caso de outros coeficientes de atrito ou outros materiais, utilizar o método a seguir para o cálculo do torque de aperto.

The Targed Torque required to tight ten bolting is computed as follows:

$$T = \frac{F}{2}\left[d_n f_n + d_2 \left(\frac{f_2 + \cos \alpha \tan \lambda}{\cos \alpha - f_2 \tan \lambda}\right)\right]$$

onde:

T = Target Torque, N.mm (in. -lb)

F = Target bolt tensile load, N (lb)

d_n = mean diameter of de nut (or bolt head) bearing face, mm (in.) (this diameter is equal to the simple average of diameter of de nut washer face and the nominal bolt size)

f_n = coefficient of friction betweem the bolt nut (or bolt head) and the flange (or washer), (dimensionless)

d_2 = pitch diameter (or mean thread contact diameter), mm (in.) (see Fig. J1)

f_2 = coefficient of friction betweem bolt/nut thread, (dimensions)

a = thread flank angle, deg (see Fig. J1)

l = lead angle, deg (see Fig. J1)

For UN and UNR screw thread, the flank angle (α) is equal to 30 deg, the lead angle (λ) is equal to tan-1 $\left(\frac{L}{\pi d_2}\right)$, and the lead (L) is equal to the pitch of the thread (e.g., for 8-thread series, this will be 1/8 i.n.)

1. Válvulas: Modelos e Principais Componentes

Flank angle α

Lead angle λ

d_2 (Pitch diameter, external threads)

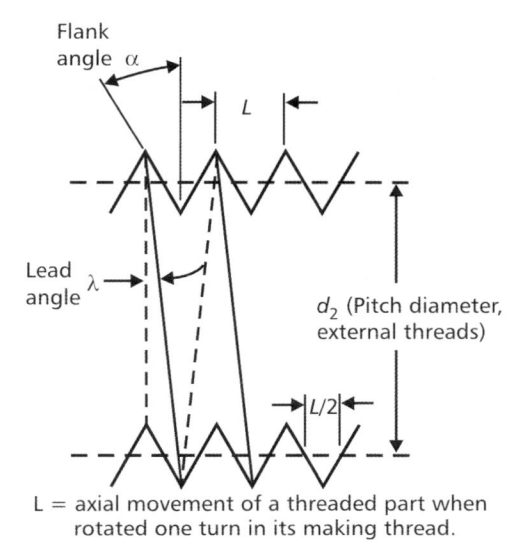

L = axial movement of a threaded part when rotated one turn in its making thread.

NOTE: This Appendix uses ANSASME B1.7M bolting terminology: see B1.7M for definition for teminilogy. The formula used in this Appendix was obtained from Chapter 3 of the *Handbook of Bolts and Boltred Joints*, Bickford, John H. and Nassar, Sayed eds. 1998. New York: Marcel Decker, inc;

(U.S. Customary Units)

Bolt Size, In.	Threads per Inch	Root Area in.^{2}	Tensile Stress Area [Note (3)] in.^{2}
½	13	0,1257	0,1419
⅝	11	0,2017	0,2260
¾	10	0,319	0,3345
⅞	9	0,4192	0,4617
1	8	0,5309	0,6037
1⅛	8	0,7276	0,7905
1¼	8	0,9289	0,9997
1⅜	8	1,155	1,234
1½	8	1.405	1,492
1⅝	8	1,680	1,775
1¾	8	1,979	2,082
1⅞	8	2,313	2,414
2	8	2,652	2,771
2¼	8	3,422	3,557
2½	8	4,291	4,442
2¾	8	5,258	5,425
3	8	6,324	6,506
3¼	8	7,487	7,686
3½	8	8,748	8,963
3¾	8	10,11	10,34
4	8	11,57	11,81

3 – Dispositivos para medir o aperto aplicado

Independentemente do método utilizado no aperto, manual, torque ou alongamento, ele será satisfatório se for utilizado em conjunto com uma técnica que permita medir diretamente a tensão ou a força aplicada, para comparação com o aperto especificado.

Técnica de Medição	Vantagem	Desvantagem
3.1 – Uso de micrômetro para controle da elongação residual, com a medição do comprimento do parafuso estojo antes e após a aplicação do aperto.	Sem requisito especial.	Processo de execução demorado.
3.2 – Controle da elongação do parafuso estojo com a técnica do pino – indicador encravado no núcleo do parafuso estojo, que acompanha a sua deformação devida ao aperto.	Não necessita de medições do parafuso estojo, nem requer compensação de temperatura.	Exige a compra de estojos previamente preparados. Uso restrito a cada ligação flangeada.
3.3 – Uso de arruela calibrada para indicar determinada força aperto.	Não requer compensação de temperatura.	Exige medição antes e após a aplicação do aperto. Uso restrito a cada ligação flangeada.
3.4 – Uso de aparelho que mede, por ultrassom, a tensão resultante no parafuso estojo no aperto de montagem e a tensão residual durante a operação.	Permite a utilização em qualquer ligação flangeada.	

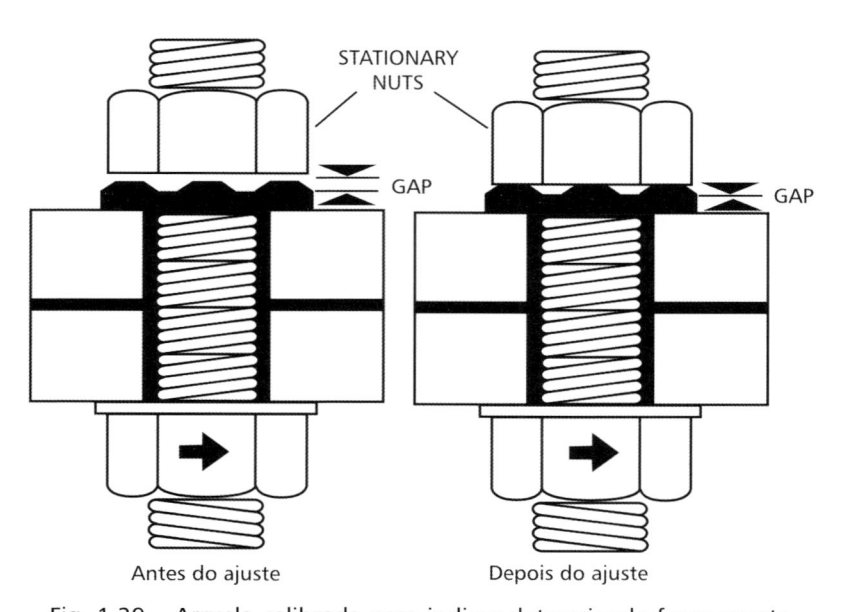

Fig. 1.29 – Arruela calibrada para indicar determinada força aperto

4 – Procedimento de aplicação do aperto dos parafusos estojos

Independente do método utilizado no aperto a seguinte sequência, conhecida como "padrão cruzado" deve ser utilizada.

4.1 – Sequência de aperto

Tabela 4 Sequência de Aperto

Quantidade de Porcas	Sequência de Aperto
4	1-3-2-4
8	1-5-3-7 → 2-6-4-8
12	1-7-4-10 → 2-8-5-11 → 3-9-6-12
16	1-9-5-13 → 3-11-7-15 → 2-10-6-14 → 4-12-8-16
20	1-11-6-16 → 3-13-8-18 → 5-15-10-20 → 2-12-7-17 → 4-14-9-19
24	1-13-7-19 → 4-16-10-22 → 2-14-8-20 → 5-17-11-23 → 3-15-9-21 → 6-18-9-24
28	1-15-8-22 → 4-18-11-25 → 6-20-13-27 → 2-16-9-23 → 5-19-12-26 → 7-21-14-28 ↵ 3-17-10-24
32	1-17-9-25 → 5-21-13-29 → 3-19-11-27 → 7-23-15-31 → 2-18-10-26 → 6-22-14-30 ↵ 4-20-12-28 → 8-24-16-32
36	1-2-3 → 19-20-21 → 10-11-12 → 28-29-30 → 4-5-6 → 22-23-24 → 13-14-15 ↵ 31-32-33 → 25-26-27 → 7-8-9 → 16-17-18 → 34-35-36
40	1-2-3-4 → 21-22-23-24 → 13-14-15-16 → 33-34-35-36 → 5-6-7-8 → 25-26-27-28 ↵ 17-18-19-20 → 37-38-39-40 → 9-10-11-12 → 29-30-31-32
44	1-2-3-4 → 25-26-27-28 → 13-14-15-16 → 37-38-39-40 → 5-6-7-8 → 29-30-31-32 ↵ 17-18-19-20 → 41-42-43-44 → 9-10-11-12 → 33-34-35-36 → 21-22-23-24
48	1-2-3-4 → 25-26-27-28 → 13-14-15-16 → 37-38-39-40 → 5-6-7-8 → 29-30-31-32 ↵ 17-18-19-20 → 41-42-43-44 → 9-10-11-12 → 33-34-35-36 → 21-22-23-24 → 45-46-47-48
52	1-2-3-4 → 29-30-31-32 → 13-14-15-16 → 41-42-43-44 → 5-6-7-8 → 33-34-35-36 ↵ 17-18-19-20 → 45-46-47-48 → 21-22-23-24 → 49-50-51-52 → 25-26-27-29 ↵ 9-10-11-12 → 37-38-39-40
56	1-2-3-4 → 29-30-31-32 → 13-14-15-16 → 41-42-43-44 → 21-22-23-24 → 49-50-51-52 ↵ 9-10-11-12 → 37-38-39-40 → 25-26-27-28 → 53-54-55-56 → 17-18-19-20 ↵ 45-46-47-48 → 5-6-7-8 → 33-34-35-36
60	1-2-3-4 → 29-30-31-32 → 45-46-47-48 → 13-14-15-16 → 5-6-7-8 → 37-38-39-40 ↵ 21-22-23-24 → 53-54-55-56 → 9-10-11-12 → 33-34-35-36 → 49-50-51-52 → 17-18-19-20 ↵ 41-42-43-44 → 57-58-59-60 → 25-26-27-28
64	1-2-3-4 → 33-34-35-36 → 17-18-19-20 → 49-50-51-52 → 9-10-11-12 → 41-42-43-44 ↵ 25-26-27-28 → 57-58-59-60 → 5-6-7-8 → 37-38-39-40 → 21-22-23-24 → 53-54-55-56 ↵ 13-14-15-16 → 45-50-51-52 → 29-30-31-32 → 61-62-63-64
68	1-2-3-4 → 37-38-39-40 → 21-22-23-24 → 33-34-35-36 → 9-10-11-12 → 43-46-47-49 ↵ 29-30-31-32 → 61-62-63-64 → 17-18-19-20 → 57-58-59-60 → 33-34-35-36 → 5-6-7-8 ↵ 41-42-43-44 → 13-14-15-16 → 49-50-51-52 → 25-26-27-28→ 65-66-67-68

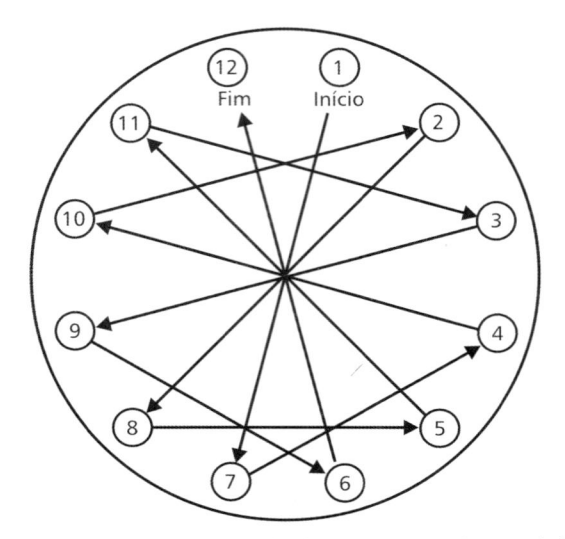

Tightening sequence for 12 bolts (Round 1 through Rounded 3)
1-7-4-10 → 2-8-5-11 → 3-9-6-12

Fig. 1.30 – Sequência de aperto cruzado

Grupo	Porcas
1	1-2-3-4
2	5-6-7-8
3	9-10-11-12
4	13-14-15-16
5	17-18-19-20
6	21-22-23-24
7	25-26-27-28
8	29-30-31-32
9	33-34-35-36
10	37-38-39-40
11	41-42-43-44
12	45-46-47-48

Tightening sequence for 12 Groups:

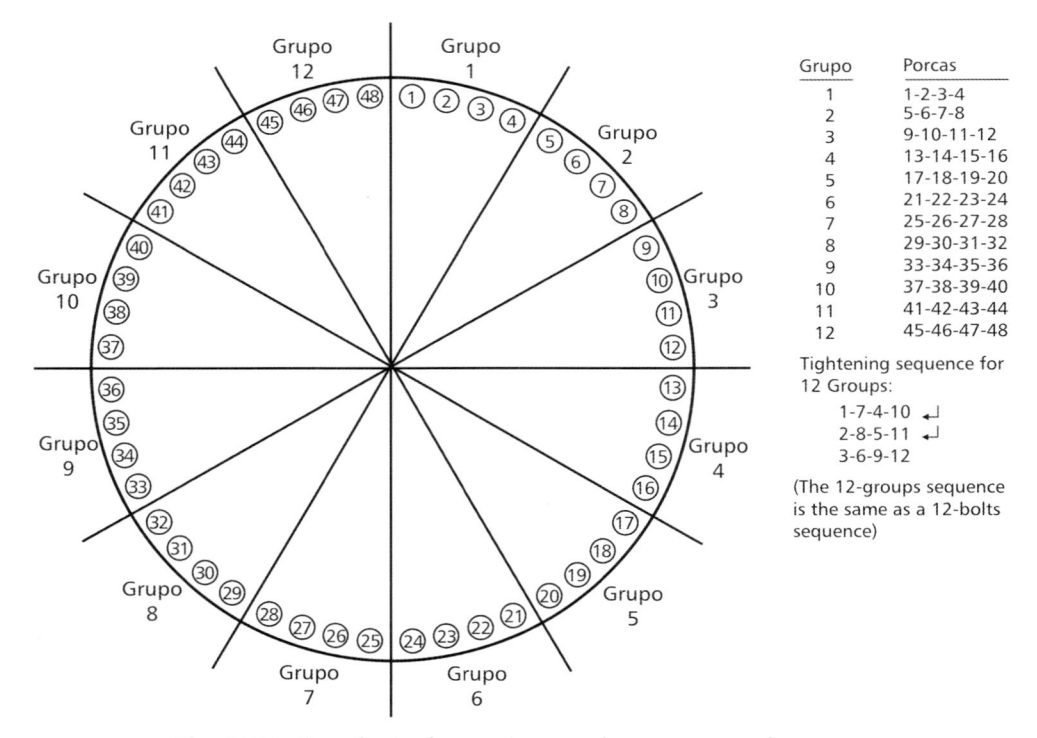

1-7-4-10 ↵
2-8-5-11 ↵
3-6-9-12

(The 12-groups sequence is the same as a 12-bolts sequence)

Fig. 1.31 – Sequência de aperto cruzado por grupos de porcas

1. Válvulas: Modelos e Principais Componentes

g) TRIM – Conjunto de componentes internos que entram em contato com o fluido, composto por obturador, haste, sedes e contravedação. Esta denominação é muito utilizada durante a especificação da válvula pois os efeitos corrosivos e erosivos, além das forças estáticas e dinâmicas exercidas pela pressão do fluido, tornam estas informações determinantes para a especificação dos materiais que serão empregados nestes componentes.

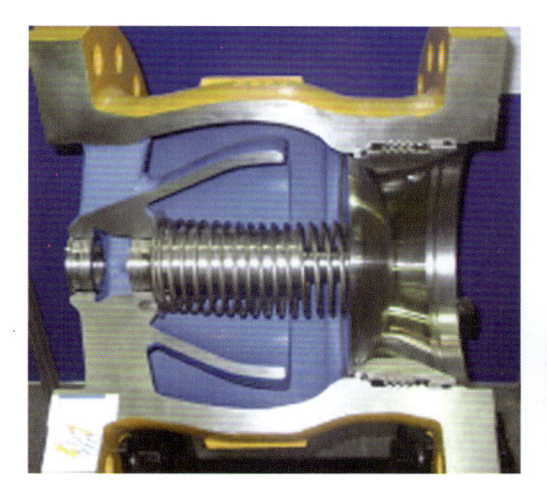

Fig. 1.32 e 1.33 – Haste, preme-gaxeta, bucha de contravedação e obturador

h) BUCHA DE ACIONAMENTO – Bucha com uma rosca fêmea no seu diâmetro interno, que transmite o movimento de abertura e fechamento da maioria dos modelos de válvulas de bloqueio e controle. Geralmente é confeccionada em latão ou bronze.

Fig. 1.34 – Buchas de acionamento

Fig. 1.35 – Exemplo de desgaste

1.5. Materiais Construtivos

As válvulas possuem materiais diferentes entre carcaça, castelo e o trim. Os principais materiais de construção são:

- **TRIM**
  - Aços inoxidáveis (304, 316, 410, 446 etc.).
- Carcaça e Castelo
  - Ferro fundido (ASTM A126).
  - Ferro maleável (ASTM A197).
  - Ferros fundidos especiais (adição de Cr, Ni, Si etc.).
  - Aço-carbono laminado (SAE-1020).
  - Aços-liga.
  - Aço-carbono fundido (ASTM-A-216 e A-352).
  - Aço-carbono forjado (ASTM-A-105, A-181 e A-350).
  - Bronze (ASTM B61, B62 etc.).
  - Materiais plásticos (PVC e outros).

2. Meios de Operação das Válvulas

2.1. Sistemas de Operação

Há uma variedade muito grande de sistemas usados para a operação das válvulas. Os principais são os seguintes:

a) Operação Manual:
- Por meio de volante.
- Por meio de alavanca.
- Por meio de engrenagens, parafusos sem-fim etc.

b) Operação Motorizada:
- Hidráulica.
- Pneumática.
- Elétrica.

c) Operação Automática
- Pelo próprio fluido (por diferença de pressão gerada pelo escoamento).
- Por meio de molas ou contrapesos.

2.1.1. Formas de Operar Válvulas Industriais e os Acessórios Mais Comuns que Facilitam essa Operação

Alguns tipos de válvula têm em seu sistema de operação o próprio conceito básico da válvula, como, por exemplo, as válvulas solenóide, termostática, auto-operada etc. A maioria das válvulas pode ser operada manualmente por meio de um simples volante ou alavanca. Entretanto, há casos e tipos em que é inconveniente, indesejável e impossível operar a válvula dessa maneira.

A fim de atender a essas necessidades há uma variedade de sistemas alternativos de operação manual e uma variedade de acionamentos automatizados.

As válvulas de operação automática, como o próprio nome indica, são autossuficientes, dispensando qualquer ação externa para o seu funcionamento. A operação automática pode ser conseguida pela diferença de pressões do fluido circulante (válvulas de retenção, por exemplo) ou pela ação de molas ou contrapesos, integrantes da própria válvula (válvulas de segurança e de alívio).

Muitas vezes, as válvulas utilizam dois sistemas de operação diferentes, um para abrir e outro para fechar. São comuns, por exemplo, as válvulas com diafragma com ar comprimido ou solenóide para fechar e mola para abrir, ou vice-versa.

2.2. Sistemas de Operação Manual

2.2.1. Volante

Dispositivo normalizado, ligado diretamente à haste roscada e geralmente fornecido com as válvulas, projetado para que o seu raio seja o suficiente para a abertura e o fechamento manual da válvula de forma suave.

Os volantes fornecidos para as válvulas acionadas manualmente são desenhados de forma a possibilitar que um esforço razoável para acionamento seja exercido pelo operador. Todavia, a operabilidade de válvulas controladas manualmente depende de vários fatores, tais como pressão e temperatura do fluido, posição da válvula em relação aos operadores, velocidade de operação desejada, capacidade física dos operadores, condições ambientais e frequência de operação.

A adequação de válvulas com acionadores manuais deverá, portanto, ser avaliada pelo comprador, com base nas condições previstas de operação no local de trabalho.

Fig. 2.1 – Volante com proteção de haste

Fig. 2.2 – Volantes

2. Meios de Operação das Válvulas

Dependendo do tamanho da válvula, e das pressões manipuladas, o acionamento por volante pode não transmitir a força suficiente para abrir e fechar a válvula, sendo necessária, dessa forma, a utilização de redutores de engrenagem, caixas de redução e volante de impacto, acessórios fornecidos como padrão em alguns modelos de válvula.

2.2.2. Redutores de Engrenagem

Jogos de engrenagens que reduzem o esforço necessário para o acionamento da válvula. Servem, também, para mudar a posição do volante.

Fig. 2.3 – Redutor aberto

Fig. 2.4 – Caixa de redução

2.2.3. Caixa de Redução

Utilizada com o mesmo objetivo dos redutores de engrenagem, com a vantagem de manter seus componentes isolados do meio ambiente.

Fig. 2.5 – Detalhe das engrenagens: coroa e semfim

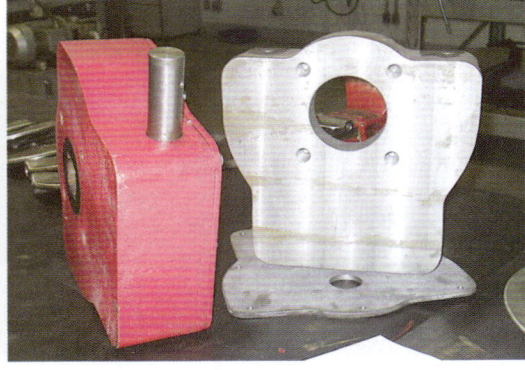

2.6 – Detalhe da caixa de redução e tampa

Fig. 2.8 – Caixa de redução em válvula esfera

Fig. 2.7 – Caixa de redução em válvula borboleta

2.2.4. Volante de Impacto

Projetado para quando se necessita de força adicional no deslocamento inicial do obturador ou no aperto final do mesmo contra a sede, permitindo vedação estanque da válvula.

Basicamente composto de duas partes, volante e bigorna (mais pesado do que os modelos usuais), tem seu funcionamento efetivo quando o operador, através de choques sucessivos dos ressaltos inferiores do volante, pressiona os ressaltos da bigorna que se projetam entre os raios do volante.

Fig. 2.9 – Volante de impacto

2. Meios de Operação das Válvulas

2.2.5. Alavancas

Dispositivo de acionamento geralmente fornecido com válvulas rotativas (1/4 de volta) e de fechamento rápido, tais como esfera, borboleta macho e especiais, do tipo globo, guilhotina, etc.

As alavancas para válvulas rotativas podem ser do tipo deslizante ou com gatilho.

2.2.6. Alavanca Deslizante

Utilizada basicamente nas operações de bloqueio, por facilitar a ação rápida de fechamento ou abertura com um simples deslocamento de 90° de uma posição a outra.

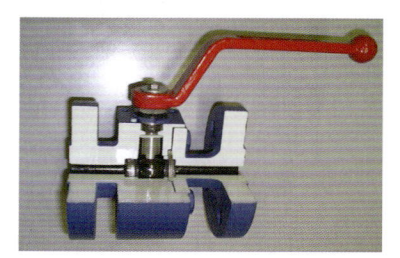

Fig. 2.10 – Alavanca deslizante

2.2.7. Alavanca com Gatilho

Trata-se de alavanca comum, com dispositivo de trava incorporado, utilizada em operações de regulagem, de vazão, permitindo bem definir ou manter as posições intermediárias do obturador, conforme exigência do processo industrial.

Na prática tem-se utilizado a alavanca com gatilho também para operação de regulagem não-frequente, retirando-a depois de definida a posição do obturador, de forma a não permitir a operação da válvula indevida ou acidentalmente.

Da mesma forma que nas válvulas acionadas por volante, as válvulas rotativas, dependendo do tamanho ou das pressões manipuladas, não são passíveis de serem operadas através de simples alavancas. Em consequência disso, os fabricantes apresentam as válvulas a partir de 6" e 8", nas versões com caixas de engrenagem incorporada.

Fig. 2.11 – Válvula com alavanca de gatilho (posição aberta)

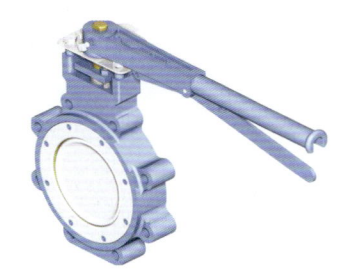

Fig. 2.12 – Válvula com alavanca de gatilho (posição fechada)

2.2.8. Acessórios para Operação Manual

Chave em T

Utilizada geralmente em válvulas instaladas abaixo da superfície, devendo ter a haste ou eixo previamente preparados com a ponta em forma quadrada, para permitir o acoplamento da chave para o acionamento.

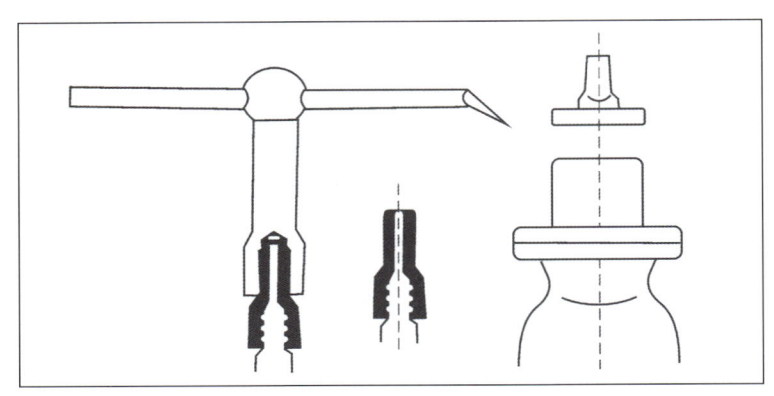

Fig. 2.13 – Chave em T

Extensão da Haste

Este acessório também serve para casos de válvulas instaladas abaixo do local de operação. Pode ser o simples prolongamento da haste da válvula para acoplamento do volante.

Nos casos em que a posição do operador não é perfeitamente alinhada com a haste da válvula são necessárias extensões articuladas através de varetas de aço e juntas universais.

Fig. 2.14 – Junta universal

Fig. 2.15 – Haste estendida

2. Meios de Operação das Válvulas

Pedestal de Manobras

Trata-se de suporte fixo que pode ser acoplado às extensões da haste para operação da válvula propriamente dita. O pedestal pode ter ou não indicador de posição do elemento de controle de fluxo.

Fig. 2.16 – Pedestal de manobras

Acionamento por Corrente

Para a operação de válvulas de grandes tamanhos, ou instaladas em tubulações aéreas ou verticais, ou seja, posicionadas acima do operador, utilizam-se os chamados volantes para corrente, que podem ser acoplados ao aro do volante-padrão através de braçadeiras e sua manipulação é feita através de correntes que chegam até o operador.

Geralmente as válvulas acionadas por corrente possuem redutores de engrenagem para não comprometer a haste com o peso e a tração extra, e para facilitar a manipulação.

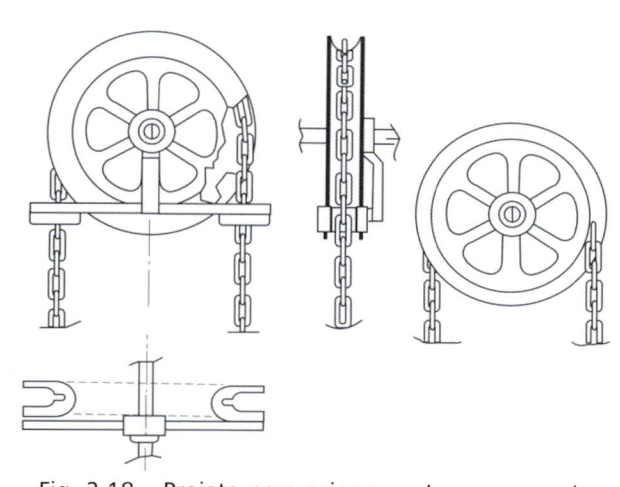

Fig. 2.17 – Acionamento por corrente   Fig. 2.18 – Projeto para acionamento por corrente

Outra forma de compensar a diferença de altura entre o operador e a válvula é a utilização de redutores de engrenagens com extensão do eixo do volante. A falta de manutenção e o uso incorreto das válvulas podem comprometer a confiabilidade das mesmas e, com isso, o acionamento destes equipamentos fica comprometido e a principal característica é que a válvula fica dura e pesada.

Chave de Válvula

Dispositivo utilizado em válvulas de bloqueio e de regulagem, usado para facilitar o acionamento manual. Muitos fabricantes de válvulas não reconhecem a existência deste dispositivo e alegam que os volantes e as alavancas de acionamento são o suficiente para o acionamento das válvulas. Entretanto, a falta de manutenção ou o uso incorreto fazem com que essa prática se faça necessária com o passar do tempo.

Fig. 2.19 – Chave de válvula

O uso de chaves inadequadas pode causar acidentes de trabalho ou até mesmo a quebra de alguns dos componentes da válvula, comprometendo a continuidade operacional.

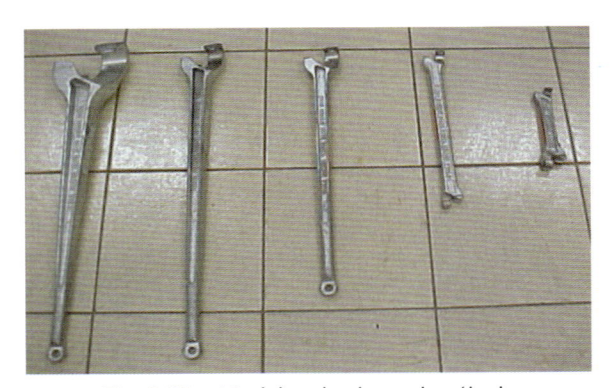

Fig. 2.20 – Modelos de chave de válvula

2.3. Sistema de Operação Motorizada

O crescimento das centrais de controle, principalmente no que concerne às centrais de energia de processo e distribuição de produtos petrolíferos, químicos, água e esgoto, gerou a necessidade cada vez maior de válvulas motorizadas.

A motorização de válvulas é produzida pelos atuadores que podem ser classificados em pneumático, hidráulico, eletro-hidráulico e elétrico.

Válvula de Obturador Rotativo (1/4 de Volta)

- Válvula Borboleta.
- Válvula Esfera.
- Dampers etc.

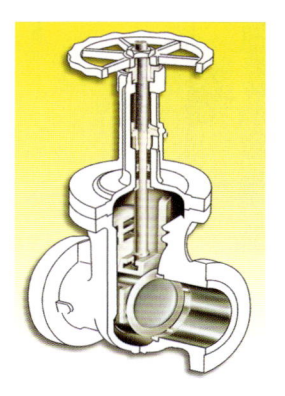

Fig. 2.21 – Válvula de obturador rotativo

Válvula de Obturador Ascendente (Multivoltas)

Fig. 2.22 – Válvula de obturador ascendente

2.3.1. Atuador Pneumático

Atuador acionado pela pressão de ar ou fluido gasoso, aplicada sobre um diafragma flexível ou rolante, ou sobre um sistema de cilindro e pistão, podendo ou não ser dotado de mola.

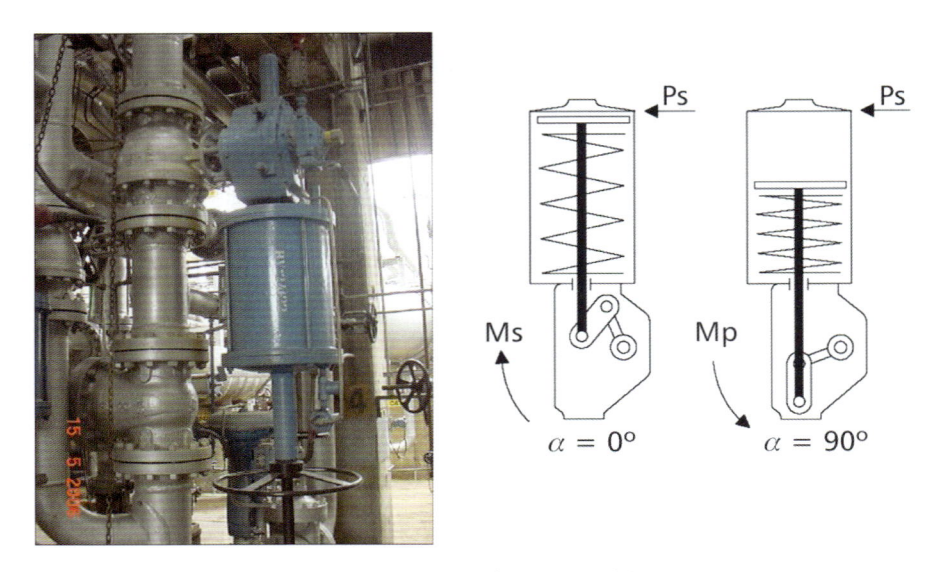

Fig. 2.23 – Atuador pneumático

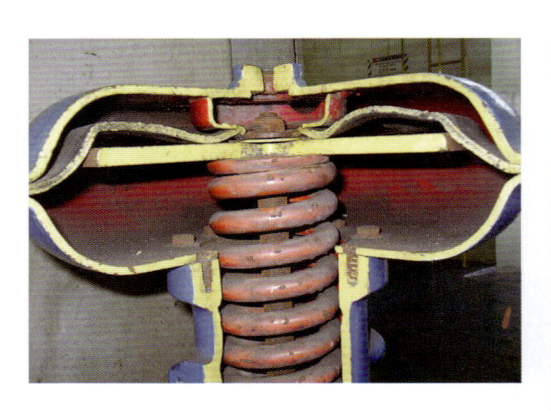

Fig. 2.24 – Detalhes do diafragma e mola de retorno

2.3.2. Atuador Hidráulico

Atuador acionado por sistema de pressão hidráulica.

Fig. 2.25 – Atuador hidráulico

2.3.3. Atuador Eletro-Hidráulico

Atuador acionado por motor elétrico que comanda o sistema de pressão hidráulica.

Fig. 2.26 – Atuador eletro-hidráulico (Cortesia REMOSA)

2.3.4. Atuadores Elétricos

Uma grande proporção das válvulas motorizadas é operada por controle remoto e para isso o atuador elétrico é o equipamento ideal. O moderno atuador elétrico consiste de um motor, uma caixa de engrenagem, chave limite de torque, chave limite de posição, chave auxiliar para sinalização de posição da abertura ou fechamento da válvula e indicador visual de posição, proporcional. Quando tudo isso está dentro de uma caixa hermeticamente fechada, à prova de tempo ou explosão, opera-se qualquer válvula com a maior segurança.

Fig. 2.27 – Atuadores elétricos (Cortesia COESTER)

Um sistema de operação manual para emergência pode estar incorporado ao atuador elétrico. Um dispositivo permite engatar o volante para o acionamento manual, que é automaticamente desconectado quando o motor passa a funcionar novamente, não sendo possível o motor arrastar o volante e seu operador.

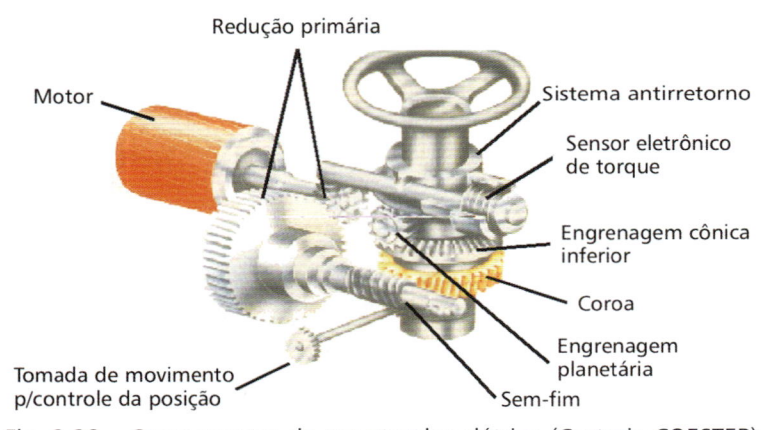

Fig. 2.28 – Componentes de um atuador elétrico (Cortesia COESTER)

2. Meios de Operação das Válvulas

Dependendo do tamanho ou do tipo da válvula a ser motorizada, o atuador elétrico pode conter uma caixa de engrenagem intermediária incorporada, cujas funções são as seguintes:

- transformar o movimento giratório do atuador em movimento de 90° ou 1/4 de volta, de forma a atender às válvulas esfera, borboleta e macho;
- reduzir o torque de acionamento da válvula para melhor dimensionar o atuador e reduzir seu tamanho, com consequente redução de custo do conjunto (atuador + válvula).

A chave limite de torque num atuador elétrico é o meio ideal para controlar o fechamento da válvula, enquanto a protege de qualquer obstáculo que se interpuser a um perfeito assentamento entre o obturador e a sede. Um efeito de golpe de martelo duplica momentaneamente a força para destravar o obturador, quando se inicia a operação de abertura.

O atuador elétrico pode ser utilizado em válvulas de bloqueio que trabalham toda aberta ou toda fechada, e em válvulas de regulagem com variadas posições intermediárias de abertura. Isso pode ser conseguido através dos botões de comando ou por qualquer dispositivo automático, tais como pressostatos, termostatos, sistemas telemétricos etc.

2.4. Sistema de Operação Automática

São válvulas auto-operadas devido às diferenças entre as pressões exercidas pelo fluido, em consequência do próprio fluxo, não havendo necessidade de comando externo. São utilizadas para impedir o retorno de fluido, ou a inversão do escoamento. Caso isso venha a acontecer, ocorre o fechamento automático da válvula.

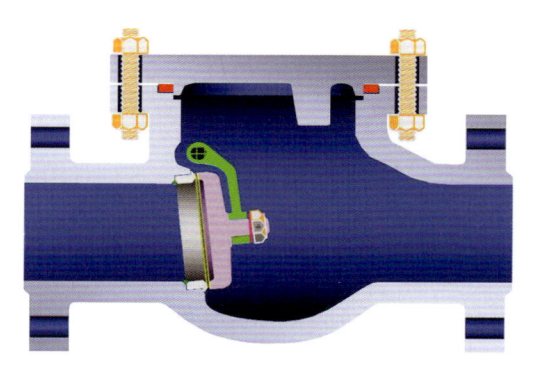

Fig. 2.29 – Válvula de retenção

3. Conceitos Importantes

Face a Face – Expressão que define a distância face a face dos flanges de uma válvula. O dimensional, segundo a ASME B16.10, é apenas para válvulas flangeadas e para soldas de topo, inclusive as válvulas forjadas até a classe 800#. Válvulas com extremidades de encaixe ou roscadas seguem o padrão de cada fabricante.

Classe de Pressão – Expressão usada como referência para combinação das características dimensionais e mecânicas de uma válvula. Válvulas fabricadas conforme as normas API e ASME têm a classe de pressão como referência que define os limites de pressão mínima e máxima com os quais a válvula pode operar de acordo com a temperatura de trabalho e materiais selecionados.

Limite de Temperatura – De acordo com os materiais especificados para construção de uma válvula, existem limites mínimo e máximo de temperatura determinados pelas normas de construção.

Schedule – Termo que indica a espessura da parede de uma tubulação. Quanto maior seu valor, maior a espessura da parede.

Espessura da Parede – Fator que diferencia a classe de pressão entre as válvulas, é a espessura de parede do corpo e do castelo. Bons fabricantes projetam suas válvulas com sobre-espessura, isto é, a parede possui uma espessura maior do que a exigida pela norma, mas isto não quer dizer que é permitido utilizar uma válvula para uma pressão superior à que foi especificada pela ASME B16.34.

Fig. 3.1 – Inspetor medindo a espessura de um corpo de válvula

By-pass – Pequena válvula de desvio, normalmente uma válvula globo. Sua função é reduzir ou anular o diferencial de pressão existente em ambos os lados do obturador de uma válvula fechada, facilitando a abertura deste equipamento.

O *by-pass* normalmente é montado diretamente na tubulação, facilitando uma futura substituição da válvula.

Fig. 3.2 – *By-pass*

Dreno – Válvula posicionada na parte inferior do corpo de uma válvula, tendo por finalidade detectar vazamentos, em caso de um sistema de duplo bloqueio, ou drenar cavidade da válvula para sua remoção.

Fig. 3.3 – Dreno

Condicionamento – Conjunto de atividades realizadas em todos os itens comissionáveis e malhas da instalação, com o objetivo de levá-los até a fase de Pré-Operação & Partida, visando à certificação de completação mecânica. Esta fase engloba tipicamente as atividades de Teste de Aceitação de Fábrica, inspeção de recebimento, preservação, calibrações das válvulas e instrumentos, inspeção física, *blank test*, testes de pressão de tubulações, limpeza, recomposição, testes de estanqueidade, atendimento às normas regulatórias, tais como NR-10 e NR-13, e testes de certificação de malhas de potência, controle e comunicações.

Comissionamento – É o conjunto estruturado de conhecimentos, práticas, procedimentos e habilidades aplicáveis de forma integrada a uma instalação, visando torná-la operacional, dentro dos requisitos de desempenho desejados, tendo como objetivo central assegurar a transferência da instalação do construtor para o operador de forma rápida, ordenada e segura, certificando sua operacionalidade em termos de desempenho, confiabilidade e rastreabilidade de informações.

4. Tipos de Manutenção de Válvulas

Não é mais Aceitável que uma Válvula Venha a Falhar de Maneira Não Prevista

A manutenção moderna tem por finalidade garantir a disponibilidade das válvulas independente do modelo, de modo a atender a um processo de produção ou de serviço, com segurança, confiabilidade, preservando o meio ambiente com baixo custo.

Os métodos tradicionais de manutenção de válvulas em uma planta de produção são a manutenção corretiva e preventiva, estas já não são tão eficazes para as necessidades modernas.

Segundo a norma ABNT 5462/81, Disponibilidade *"é a medida do grau em que um item estará em estado operável e confiável no início da missão, quando a missão for exigida aleatoriamente no tempo"*.

É função da manutenção aumentar a confiabilidade através do estudo detalhado de cada falha em uma válvula, indo atrás da causa básica e eliminando esta condição.

O conceito moderno de manutenção pressupõe que se deva trabalhar para que as válvulas não quebrem, e não simplesmente consertá-las quando isso ocorre.

4.1. Manutenção Corretiva

Consiste, basicamente, em deixar que as válvulas funcionem até que apresentem alguma falha ou algo próximo disso.

É evidente que esse método é o que acarreta maiores riscos e custos associados a perdas de produção, devido às paradas inesperadas e à impossibilidade de um planejamento eficiente.

É importante salientar que a manutenção é uma função estratégica nas organizações com impacto direto nos resultados das mesmas. O principal produto da manutenção é a disponibilidade. A empresa necessita de suas válvulas disponíveis e confiáveis. As fotos a seguir demonstram o que não deve ser feito relativo a manutenção corretiva.

Fig. 4.1 – Destruição por corrosão do castelo e preme-gaxeta

Fig. 4.2 – Início de corrosão do castelo

Fig. 4.3 – Castelo destruído por corrosão

Fig. 4.4 – Destruição pela ferrugem da porca de ajuste da gaxeta

Fig. 4.5 – Castelo e sobreposta destruídos pela corrosão

Fig. 4.6 – Caixa de redução destruída pela ferrugem

4.2. Manutenção Preventiva

Consiste basicamente na programação de intervenções nas válvulas com base na estimativa de um período médio de manutenção.

Esse método normalmente resulta no aumento da confiabilidade do funcionamento das válvulas e, consequentemente, ocasiona melhora na produtividade e na confiabilidade das plantas, diminuindo os custos de manutenção.

Deve-se ressaltar que o principal motivo para a adoção da manutenção preventiva é o econômico, verificando-se os seguintes resultados:
- Eliminação de desperdício de peças.
- Diminuição de estoques associados.
- Aumento da eficiência nos reparos.
- Aumento da confiabilidade da planta.
- Diminuição da gravidade dos problemas.
- Maior disponibilidade das máquinas e das plantas (menor perda de tempo).

Fig. 4.7 – Recurso técnico para aumento da vida útil do equipamento

Como consequência de todos esses fatores, são obtidos os seguintes resultados:
- Diminuição dos custos globais.
- Aumento da confiabilidade.
- Aumento da produtividade.
- Melhoria da qualidade.

4.3. Manutenção Preditiva

É a evolução natural da manutenção preventiva. A intervenção na válvula só é executada no momento em que um ou mais parâmetros observados e acompanhados, como torque, análise termográfica, medição de espessura por ultrassom, análise de emissões etc. indicarem, conforme critérios preestabelecidos, a necessidade de uma intervenção, visando, além de evitar quebras, também manutenções inesperadas e demoradas.

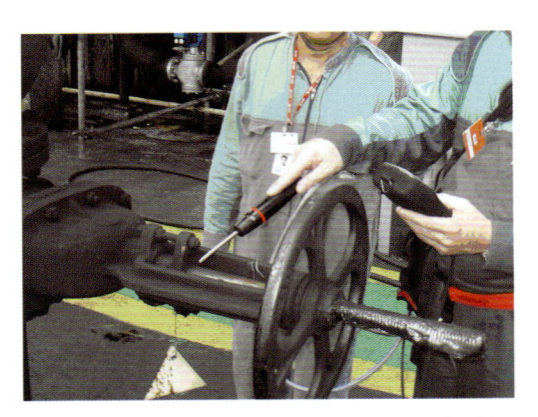

Fig. 4.8 – Monitoramento das emissões fugitivas

Por meio de uma manutenção programada e rápida, conseguem-se intervalos maiores entre as manutenções e, consequentemente, uma maior disponibilidade e custos menores de manutenção de válvulas. Entre as ferramentas da manutenção preditiva de válvulas destaca-se o *stroke test*.

4.4. Partial Stroke Test (PST)

Desde a década passada, empresas e grupos industriais vêm desenvolvendo e aprimorando normas para projetar, construir e manter *Sistemas Instrumentados de Segurança* (SIS), de forma a garantir que as variáveis estejam dentro de limites considerados seguros para a operação da unidade.

Fruto dessa evolução tecnológica, temos hoje vários sistemas trabalhando com lógica redundante – o que proporciona um nível mais elevado de segurança.

O conceito de Nível de Integridade de Segurança – SIL, introduzido pelas normas ISA 84.01 e IEC 61508-1, estabelece uma ordem de grandeza para a redução do risco – ou o nível de robustez necessário a ser implementado de forma a reduzir o risco do processo a níveis aceitáveis. O SIL é um número que varia de 1 a 4 e quanto maior o SIL mais crítico é o processo.

O *Partial Stroke Test* é um método muito útil para detectar possíveis defeitos ou falhas em válvulas bloqueio.

A função PST permite que testes permanentes sejam feitos em válvulas que são utilizadas esporadicamente em um processo, permitindo testá-las constantemente, evitando assim a ocorrência inesperada de um problema quando elas tiverem que entrar em operação.

Normalmente estas válvulas têm que fechar apenas em situações de emergência da planta. Com o tempo é comum o acúmulo de incrustação ou corrosão oriundos do próprio fluido, o que faz aumentar o atrito interno da sede com o obturador e esta maior fricção entre os componentes afetará o funcionamento da válvula, que poderá não fechar ou ainda ter uma movimentação muito lenta.

Com a utilização do PST as equipes de manutenção têm como saber se uma válvula apresenta problemas operacionais sem que estes coloquem em risco equipamentos e pessoas, oferecendo também redução dos custos de manutenção.

A filosofia de realização deste teste é a seguinte:

A válvula é acionada pelo seu atuador apenas parcialmente.

Este pequeno movimento não pode influenciar o processo em execução. Durante a curta duração do *Partial Stroke Test* (PST) a reação da válvula é medida e o resultado é sinalizado.

Se o resultado do teste foi bem-sucedido, dois fatos importantes podem se manifestar:

1. O desempenho da válvula é satisfatório.
2. A possível corrosão ou incrustação existente antes do ensaio foi removida durante esta pequena movimentação. Portanto, a haste e o obturador estão "livres" de novo.

A versão digital dá acesso a informações de posicionamento muito mais detalhadas, já que o transmissor digital permite o acompanhamento de todo o curso da válvula, de 0% a 100%, e disponibiliza informações importantes sobre o funcionamento da mesma. Os transmissores analógicos existentes no mercado só têm capacidade para indicação da posição das válvulas, não possuindo, entre outras funcionalidades do protocolo digital, a vantagem do *Partial Stroke Testing* (PST), fundamental em aplicações onde as válvulas não podem falhar.

5. Confiabilidade das Válvulas

O conceito de confiabilidade está diretamente relacionado com a confiança que se tem em uma válvula. A análise de confiabilidade se caracteriza por uma avaliação probabilística do risco/falha de uma válvula.

Uma das finalidades da análise de confiabilidade é fornecer ao profissional de Manutenção, parâmetros de confiabilidade que permitam uma análise mais precisa de falhas e efeitos.

O estudo, a análise ou a verificação de um sistema ou, simplesmente, de uma válvula são feitos por meio da observação dos componentes desse conjunto ou da abrangência desse sistema.

A confiabilidade é uma ferramenta útil para equacionar problemas e ocorrências devido aos parâmetros que são fornecidos para a tomada de decisões, a critérios ou carências.

O conjunto de ocorrências formado pelo grau de confiabilidade é chamado de "programa de confiabilidade". Na Figura 5.1, a seguir, mostramos alguns exemplos nas etapas em que técnicas de confiabilidade podem ser aplicadas, bem como algumas atividades específicas.

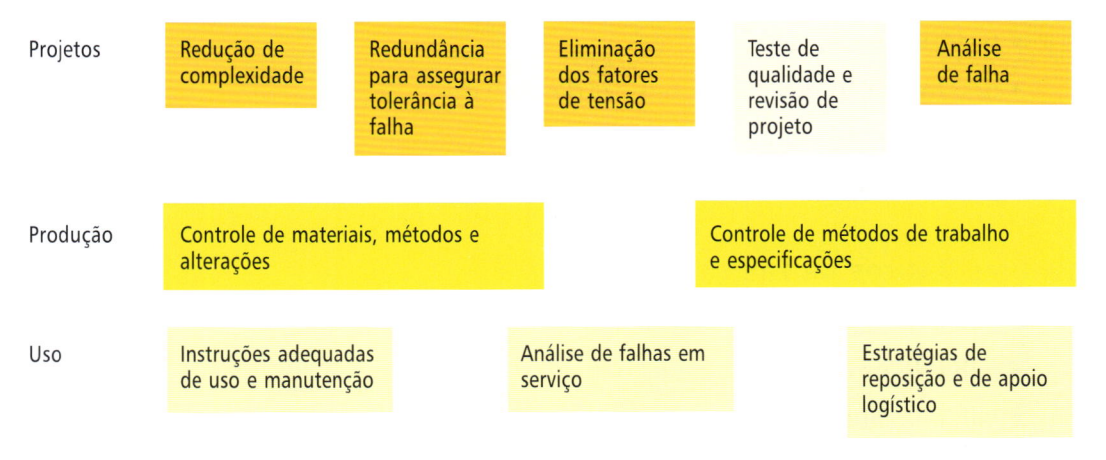

Projetos	Redução de complexidade	Redundância para assegurar tolerância à falha	Eliminação dos fatores de tensão	Teste de qualidade e revisão de projeto	Análise de falha
Produção	Controle de materiais, métodos e alterações			Controle de métodos de trabalho e especificações	
Uso	Instruções adequadas de uso e manutenção		Análise de falhas em serviço		Estratégias de reposição e de apoio logístico

Fig. 5.1 – Exemplos de utilização de técnicas de confiabilidade

Vantagens da Aplicação de Técnicas de Confiabilidade de Válvulas

Aumentar os lucros através de:
- menos paradas não programadas;
- menores custos de manutenção, de operação e de apoio;
- menores perdas por lucro cessante; e
- menores possibilidades de acidentes.

Fornecer soluções às necessidades atuais das indústrias como:
- aumentar a produção de produtos e de unidades mais lucrativas;
- flexibilizar a utilização de diversos tipos de cargas;
- responder rapidamente às mudanças nas especificações dos produtos; e
- cumprir a legislação ambiental de segurança e de higiene.

Permitir a aplicação de investimento com base em informações quantitativas de:
- segurança;
- continuidade operacional;
- meio ambiente.

Eliminar causas básicas de falhas em válvulas nas instalações para:
- diminuir os prazos de paradas programadas;
- aumentar o período entre as manutenções nas instalações.

Atuar nas causas básicas dos problemas, e não nos sintomas, através de:
- histórico de falha em válvulas;
- determinação das causas básicas das falhas;
- prevenção de falhas em equipamentos similares; e
- determinação de fatores críticos para a manutenção de equipamentos.

Fatores Básicos de Falhas

As válvulas falham, numa visão ampla, devido a três fatores básicos:
- falha de projeto (especificação);
- falha na fabricação;
- falha na utilização.

5. Confiabilidade das Válvulas

Parâmetros da Confiabilidade de Válvulas

Conceitos como confiança na válvula, durabilidade e presteza em operar sem falhas estão relacionados com a ideia de confiabilidade.

A confiabilidade pode ser formalmente definida como "a probabilidade de que um componente ou uma válvula cumpra sua função com sucesso, por um período de tempo previsto, sob condições de operação especificadas".

O inverso da confiabilidade seria a probabilidade de o componente ou uma válvula falhar. Define-se falha na confiabilidade como "a impossibilidade de uma válvula ou seu componente cumprir com a sua função no nível especificado ou requerido".

Definimos ainda a taxa de falhas como "a frequência com que as falhas ocorrem num intervalo de tempo, medida pelo número de falhas para cada hora de operação ou pelo número de operações de uma válvula e seus componentes".

A taxa de falhas, normalmente, é representada por 8.

O inverso da taxa de falhas é conhecido como "tempo médio entre falhas" (TMEF) ou *Mean Time Between Failures* (MTBF). A expressão matemática do TMEF é:

$$TMEF = 1 / 8$$

Curva da Banheira

As fases da vida de uma válvula são descritas pela curva da banheira.

A curva da banheira é um gráfico que apresenta, de maneira geral, as fases da vida de uma válvula. Embora seja apresentada como genérica, só é válida para todos os modelos de válvulas. Nesta curva, uma válvula apresenta três períodos de vida característicos: mortalidade infantil, período de vida útil e período de desgaste.

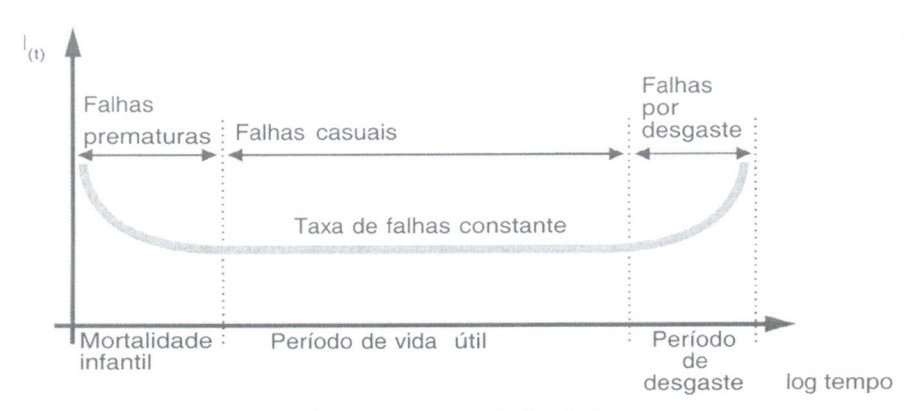

Fig. 5.2 – Curva da banheira

Mortalidade infantil – É caracterizada por falhas prematuras. A taxa de falhas é decrescente, tendo sua origem em uma deficiência no processo de fabricação e no controle de qualidade, na mão de obra desqualificada, na insuficiência de amaciamento, no pré-teste, nos materiais fora de especificação, nos componentes não especificados, não testados, que falham devido à estocagem e ao transporte indevidos, na sobrecarga no primeiro teste, na contaminação, no erro humano, na instalação imprópria, na partida deficiente, dentre outros.

Período de vida útil – É caracterizado por taxa de falhas constante. Normalmente as falhas são de natureza aleatória, pouco podendo ser feito para evitá-las. As falhas casuais deste período são, dentre outras: interferência indevida, tensão/resistência, fator de segurança insuficiente, cargas maiores do que as esperadas, resistência menor do que a esperada, defeitos abaixo do limite de sensibilidade dos ensaios, erros humanos durante o uso, aplicação indevida, abuso, falhas não detectáveis pelo melhor programa de manutenção, causas inexplicáveis e fenômenos naturais imprevisíveis.

Período de desgaste – Inicia-se quando está terminando a vida útil da válvula; a taxa de falha por desgaste cresce continuamente. São causas do período de desgaste: envelhecimento, desgaste/abrasão, degradação de resistência, fadiga, fluência, corrosão, deterioração mecânica, elétrica (atuadores), química ou hidráulica, manutenção insuficiente ou deficiente.

6. Válvulas de Bloqueio

6.1. Válvula Gaveta

É o modelo de válvula mais utilizado no setor de petróleo e gás, chegando a representar, em média, mais de 50% do total das válvulas instaladas.

São válvulas de bloqueio de líquidos, desde que esses não sejam muito corrosivos nem deixem muitos sedimentos ou possuam grande quantidade de sólidos em suspensão.

A principal característica da válvula gaveta está na mínima obstrução à passagem do fluxo do fluido, quando totalmente aberta, não provoca turbulência e seu diferencial de pressão é desprezível.

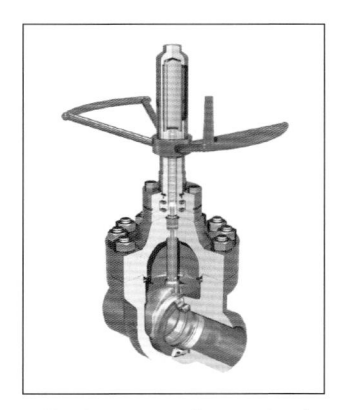

Fig. 6.2 – Válvula gaveta (Cortesia da Cameron)

A abertura e o fechamento de uma válvula gaveta são feitos através do movimento de uma peça chamada obturador (gaveta ou cunha), e este movimento atua perpendicularmente à linha da trajetória de circulação do fluido.

A válvula gaveta pertence à categoria Bloqueio, portanto trabalha totalmente aberta ou totalmente fechada, sua restrição causa perda de carga muito elevada, muitas vezes acompanhada de cavitação e violentas erosão e corrosão.

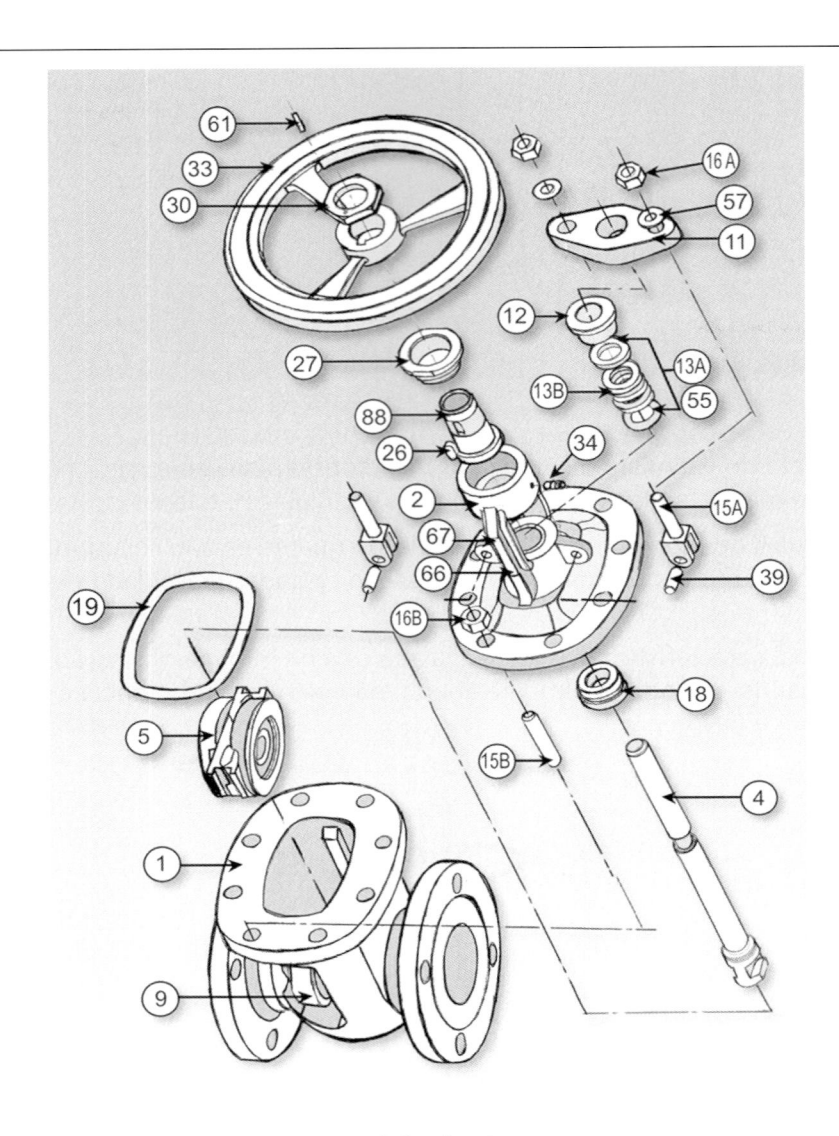

Descrição das Peças

1 Corpo	15A Prisioneiro do flange das gaxetas	33 Volante
2 Castelo	15B Prisioneiro do corpo/castelo	34 Engraxadeira
4 Haste	16A Porca do flange das gaxetas	39 Pino de encaixe
5 Obturador	16B Porca do corpo/castelo	55 Bucha
9 Sede	18 Contrassede	57 Arruela
11 Preme-gaxetas	19 Junta	61 Grampo de mola
12 Bucha das gaxetas	26 Chaveta	66 Placa de identificação
13A Anel de gaxeta trançado	27 Embuchamento do estribo	67 Chaveta
13B Anel de gaxeta de grafite	30 Porca do volante	88 Porca da haste

Fig. 6.3 – Válvula gaveta

6. Válvulas de Bloqueio

Normalmente a válvula gaveta é empregada em processo onde não há necessidade de operação frequente de abertura e fechamento. Sua movimentação é lenta, comparada a outros modelos de válvula, e o tempo necessário de movimentação desse modelo de válvula é proporcional ao seu tamanho, o que é uma vantagem, porque assim se evitam os efeitos dos golpes de aríete, em função da paralisação repentina da circulação de um líquido.

Para que uma válvula gaveta seja considerada estanque, é necessário testar a mesma completamente fechada em bancada de testes, submetendo-se um dos lados da válvula à máxima pressão de serviço.

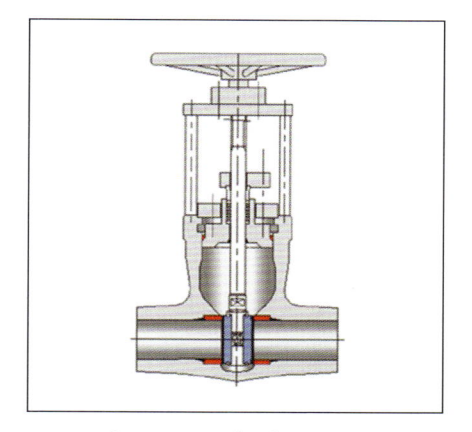

Fig. 6.4 – Válvula gaveta
com obturador paralelo
(Cortesia da TYCO)

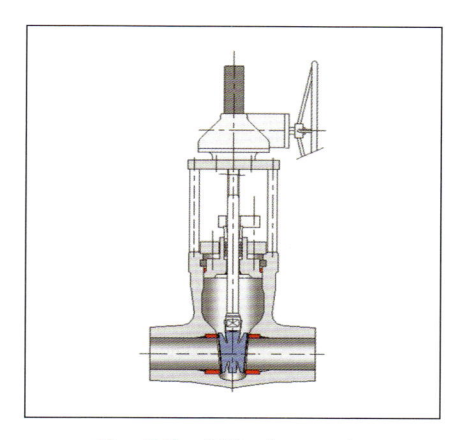

Fig. 6.5 – Válvula gaveta
com castelo selado
(Cortesia da TYCO)

Vantagens:

- A trajetória de circulação do fluido fica reta e desimpedida, com mínima perda de carga.
- Aplicação para amplas faixas de pressões e temperaturas.
- Construção em ampla gama de tamanhos.
- Estanque para qualquer tipo de fluido.
- Permite o fluxo de fluido em dois sentidos.

Desvantagens:

- Não pode ser utilizada para regulagem e estrangulamento do fluxo de fluido.
- Não é indicada para operações frequentes.
- Ocupa grande espaço devido ao movimento de translação do obturador.

6.1.1. Principais Componentes da Válvula Gaveta

Carcaça

É o invólucro externo de pressão de uma válvula, e nela estão instaladas as sedes de vedação onde estão assentados a peça de fechamento e os flanges de ligação com a tubulação.

Obturador

Elemento de vedação que pode ter as seguintes formas construtivas:

- **Cunha Sólida** – Modelo mais utilizado, é uma peça maciça com faces oblíquas, usada para trabalhos com fluidos impuros e densos, porém sua utilização em serviços de alta temperatura pode causar travamento durante a abertura da válvula devido à dilatação desigual entre as partes superior e inferior do obturador.

Fig. 6.6 – Cunha sólida

- **Cunha Flexível** – Dois discos justapostos, com faces oblíquas, unidos por ressalto central. Como o diâmetro deste ressalto é menor do que o diâmetro das faces de vedação ocorre a flexibilidade destas faces, o que possibilita a absorção de movimentos de dilatação ou contração. Esta flexibilidade compensa as tensões das tubulações, reduzindo o desgaste do atrito nas faces de vedação e aumentando a vida útil da válvula.

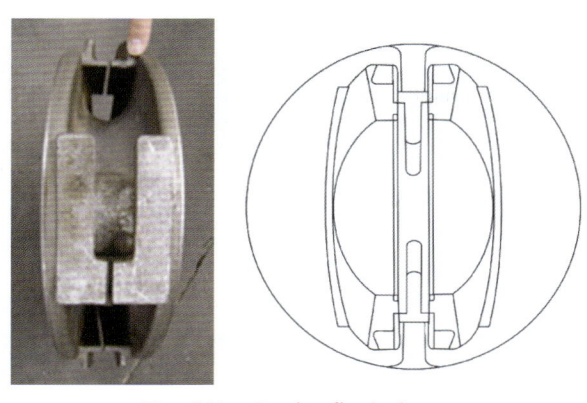

Fig. 6.7 – Cunha flexível

- **Cunha Bipartida** – Este tipo de cunha dispõe de discos unidos, com uma esfera e soquete no meio deles, de maneira que as duas faces são livres para se movimentarem, uma independente da outra. Ele proporciona fechamento duplo, para que qualquer distorção entre as faces, causada por contrações térmicas, seja compensada pela própria flexibilidade da cunha. Este tipo também é empregado quando o serviço é corrosivo, criogênico ou quando contém algumas partículas sólidas em suspensão.

Fig. 6.8 – Cunha bipartida

- **Cunha Paralela** – Dois discos independentes e paralelos, havendo entre eles um dispositivo de expansão que permite às duas partes um autoajuste à sede, proporcionando uma melhor vedação. Este obturador compensa movimentos de contração e dilatação da válvula, quando a mesma está fechada. É normalmente utilizado para líquidos e gases à temperatura ambiente e a baixas pressões. Este modelo de válvula deve ser sempre instalado na posição vertical.

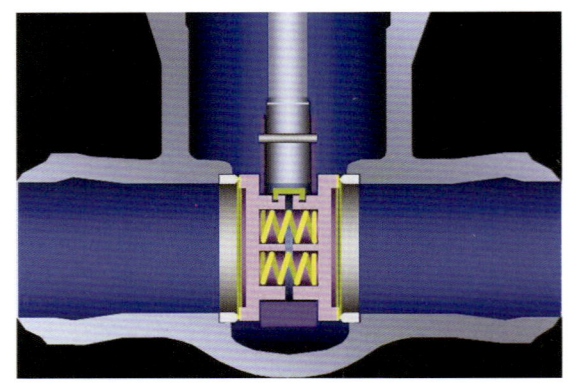

Fig. 6.9 – Cunha paralela (Cortesia Crane)

Haste

Elemento que transmite a translação, possibilitando a abertura e o fechamento da válvula. O acabamento superficial e a sua concentricidade são muito importantes para a perfeita vedação da válvula, já que esse elemento recebe a força mecânica do ajuste das gaxetas. A integridade e a lubrificação da rosca na extremidade superior da haste são vitais para o acionamento macio da válvula.

Fig. 6.10 – Haste

Corrosão das hastes de movimentação das válvulas

Para evitar corrosão das hastes as gaxetas costumam ter pó de zinco na sua composição química com a finalidade de fornecer à haste uma proteção catódica por ânodo de sacrifício, pois na maioria dos meio corrosivos as hastes, que usualmente são de aço inoxidável, possuem potencial mais catódico do que o zinco. Realmente essa proteção acontece, mas com uma consequente perda do zinco provocando vazios na gaxeta e redução da vedação pela criação de porosidades.

Para evitar a corrosão e a criação de porosidade alguns fabricantes substituem o zinco por molibdato. O molibdato controla a corrosão por passivação da haste (passivação é a formação de um filme protetor sobre a superfície da haste, isolando o metal do meio e evitando a corrosão da haste, devido às características protetoras da película formada) e dessa maneira a gaxeta além de cumprir com a sua finalidade de vedação ainda reduz a corrosão da haste, sem reduzir o poder de vedação.

Outra vantagem do uso do molibdato no lugar do pó de zinco é sua durabilidade ser de aproximadamente 20 anos, enquanto que no caso do pó de zinco normalmente ela é de dias. Deve-se tomar o cuidado de que o molibdato faça parte da composição química dos anéis de vedação e não seja colocado apenas sobre a superfície das gaxetas, nesse último caso a proteção será apenas temporária.

TIPOS DE HASTE

a) Haste com Rosca Interna e Fixa

- O volante é fixo na haste, e os dois giram juntos, nem subindo nem descendo. A haste possui uma rosca macho cortada na parte inferior, que encaixa com uma rosca fêmea cortada dentro da própria cunha ou disco.

- Quando o volante e a haste são girados, o disco sobe na parte inferior da haste, assim saindo do fluxo do fluido. As guias laterais da válvula impedem que o disco gire junto com a haste.

As vantagens deste tipo de haste são:

- Construção mais leve.
- Menor preço de custo.
- Não precisa ser projetado espaço acima da válvula para permitir que o volante suba.

As desvantagens deste tipo de haste são:

- As roscas da haste e do disco estão em contato contínuo com o fluido. Se o fluido for corrosivo, logo as roscas serão corroídas.

- Não é possível, olhando para a válvula, saber se está aberta ou fechada, sem o indicador de posição fixado na haste.

- Como o disco é vazado, para receber a rosca da haste, somente deverá ser utilizada com baixas pressões e temperaturas.

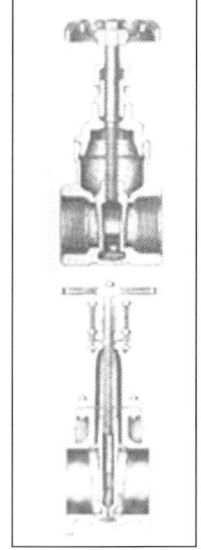

Fig. 6.11
Hastes com rosca interna e fixa
(Cortesia Crane)

b) Haste com Rosca Interna

- O volante é fixo na haste e os dois sobem, giram e descem juntos. A haste possui uma rosca macho, cortada na parte inferior, que encaixa numa rosca fêmea, cortada no próprio castelo da válvula. O disco ou cunha é encaixado na parte inferior da haste, de uma maneira solta que permita que suba e desça juntamente com a haste, mas sem girar juntos. As guias laterais no corpo impedem que o disco gire.

As vantagens deste tipo de haste são:

- Construção leve.
- Menor preço de custo.

As desvantagens deste tipo de haste são:

- A rosca da haste fica em contato com o fluido. Se o fluido for corrosivo, logo as roscas serão corroídas.
- Não é possível, olhando para a válvula, saber se está aberta ou fechada, sem a inclusão de um dispositivo para este fim.

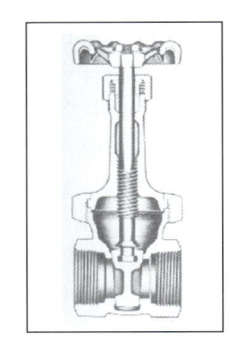

Fig. 6.12 – Haste com rosca interna (Cortesia Crane)

c) Haste com Rosca Externa

- O volante é fixo na haste e os dois giram, sobem e descem juntos.
- A haste possui uma rosca cortada na parte superior, que encaixa numa bucha, situada acima do castelo e, portanto, fora do corpo da válvula. A rosca também fica acima da premegaxeta, isolando-a do contato com o fluido. O disco fica encaixado na parte inferior da haste, de uma maneira solta, que permita que suba e desça. As guias laterais no corpo impedem que o disco gire junto com a haste.

Fig. 6.13 – Haste com rosca externa

As vantagens deste tipo de haste são:

- As roscas da haste ficam completamente fora de contato com o fluido, evitando, assim, corrosão excessiva.
- É possível, com prática, olhando para a haste, saber se a válvula está na posição aberta ou fechada.
- A válvula pode trabalhar com pressões mais elevadas.

As desvantagens deste tipo de haste são:

- Como o volante sobe, é necessário prever espaço maior acima da válvula na fase de projeto.
- Construção um pouco mais pesada.
- Custo maior do que as anteriores.

6. Válvulas de Bloqueio

Sede

Área de contato de vedação do corpo da válvula. A sede pode permitir vedação metálica ou resiliente.

Fig. 6.14 – Sede com vedação resiliente

As sedes podem ter as seguintes formas construtivas:

- **Anéis integrais ao corpo** – É feito um rebaixo no corpo e posteriormente feito revestimento através dos processos arcoelétrico, mig ou tig. Essa forma é recomendada para serviços em altas temperaturas.

  Este tipo de anel é utilizado em válvulas de pequenos diâmetros. Esta característica limita muitas vezes a manutenção dessa válvula.

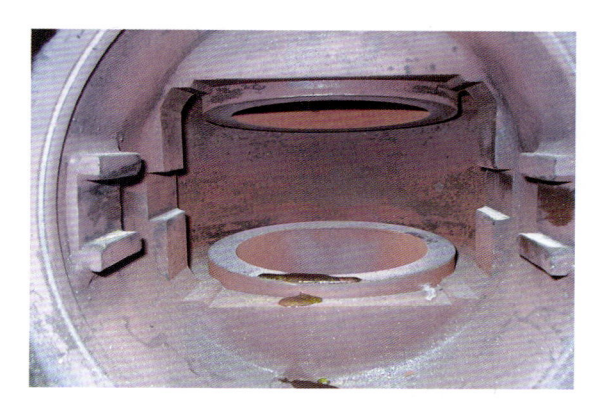

Fig. 6.15 – Anéis integrais ao corpo

- **Anéis roscados** – Adequados para altas velocidades e temperaturas com fluidos muito agressivos, estes são de fácil substituição, o que facilita muito a manutenção e o reaproveitamento da válvula.

  Essas sedes podem ser construídas com materiais das mais variadas ligas.

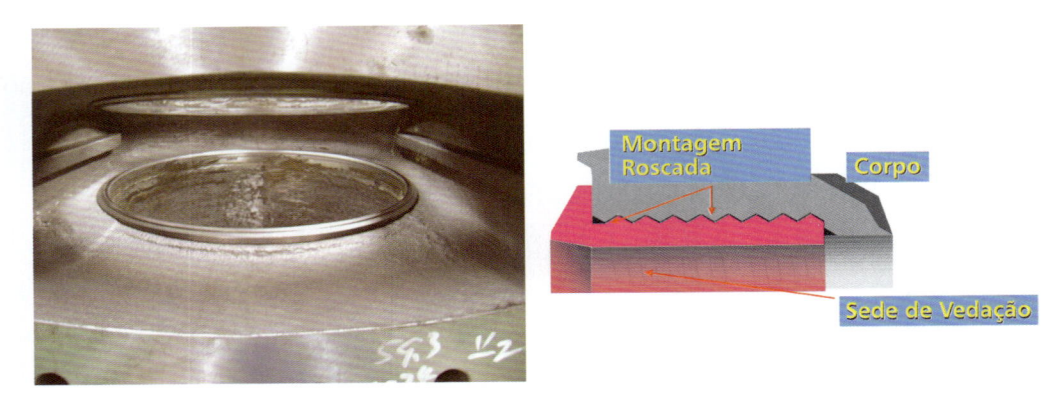

Fig. 6.16 – Anéis roscados

- **Anéis prensados e soldados** – Depois de prensados nos alojamentos dos mesmos na carcaça, os anéis são soldados nas paredes do corpo da carcaça. Essa forma é recomendada para serviços em altas temperaturas.

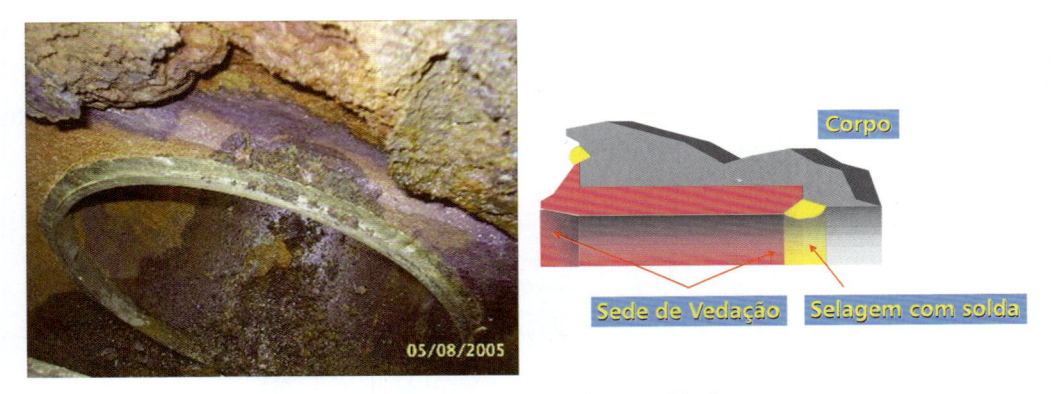

Fig. 6.17 – Anéis prensados e soldados

Castelo

É a parte superior da carcaça, a tampa *(bonnet)*. Este contém a caixa de selagem e o suporte da bucha de acionamento, e é o que deve ser desmontado para acesso ao interior da válvula.

O formato do castelo depende do projeto de cada fabricante. Este pode ser:

- Oval.
- Retangular.
- Redondo.

Fig. 6.18 – Castelo

Contravedação

Conjunto formado por bucha de contato angular, com superfície lapidada, e superfície da haste de acionamento de mesmo ângulo. Quando a válvula está totalmente aberta o casamento dessas duas superfícies sela a área da caixa de vedação, possibilitando o engaxetamento da válvula pressurizada, sem a necessidade de parar o sistema.

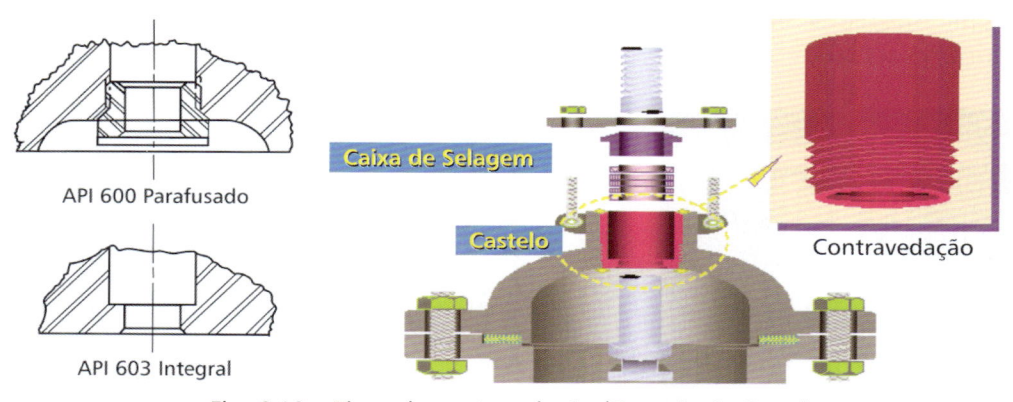

Fig. 6.19 – Tipos de contravedação (Cortesia da Crane)

A contravedação ainda reduz a pressão do fluido que tenta escoar da carcaça para o interior da caixa de selagem e limita a exposição da caixa aos efeitos de líquidos abrasivos.

Caixa de Selagem ou Caixa de Gaxetas

É uma das partes mais importantes de qualquer válvula e defeitos na sua construção ou manutenção podem impedir o bom funcionamento da válvula. A caixa de selagem tem por função proteger a válvula de vazamentos nos pontos onde a haste passa através do castelo.

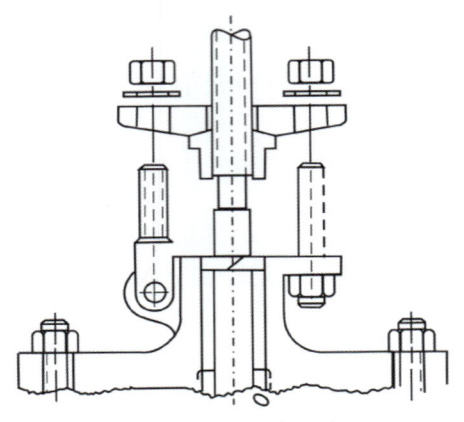

Fig. 6.20 – Caixa de selagem

Na maioria dos casos, a pressão de trabalho é acima da atmosférica e sua função é evitar vazamento do fluido para fora da válvula. Entretanto, sendo a pressão no interior da caixa de selagem inferior à pressão atmosférica, sua função é evitar a entrada de ar na válvula.

Em função de condições operacionais, a caixa de selagem pode apresentar características especiais, como:

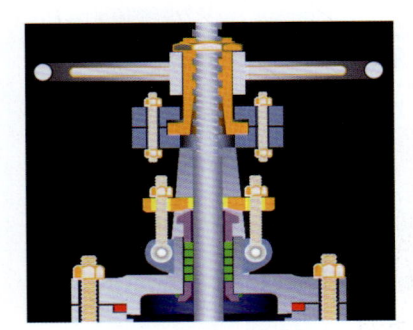

Fig. 6.21 – Caixa de gaxeta básica (Cortesia Hiter)

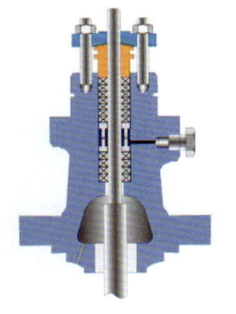

Fig. 6.22 – Caixa de gaxeta com anel lanterna (Cortesia Hiter)

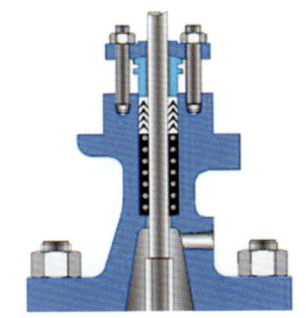

Fig. 6.23 – Caixa de gaxeta com câmara de refrigeração (Cortesia Hiter)

- *Anel lanterna* – Quando a pressão é negativa, o ar tende a entrar na válvula. Para esses casos as gaxetas são separadas por um anel de lanterna bipartido, permitindo a entrada de um fluido de selagem com pressão positiva.
- *Câmara de refrigeração* – Utilizada para arrefecimento da caixa, quando a temperatura de operação é elevada.

Molas Prato ou Carga Constante

São arruelas em forma de prato que funcionam como molas, mantendo sempre tensionado o preme-gaxeta da caixa de selagem.

Fig. 6.24 – Molas prato

Bucha de Acionamento

Elemento que transforma o movimento de rotação do volante em movimento ascendente e descendente do obturador (cunha). Serve também de fusível da válvula gaveta em caso de mau uso, como a utilização de uma grande chave de válvulas no acionamento desta válvula.

Fig. 6.25 – Bucha de acionamento

Composição dos Materiais Segundo API 600

Componente	Material
Corpo e tampa	A ser selecionado entre ANSI/ASME B16.34 ou ISO 7005-1:1992, Tabela D.2.
Gaveta	Aço, com resistência à corrosão no mínimo igual ao material do corpo.
Castelo, separado	Aço carbono ou mesmo material que a tampa.
Parafusos: tampa-corpo	Os parafusos devem estar em conformidade com a Norma ANSI ASTM A193 e as porcas devem estar em conformidade com a Norma ANSI ASTM A194-2H. Para temperaturas de trabalho abaixo de −29°C ou acima de 454°C, o pedido de compra deve especificar o material do parafuso.
Parafusos: preme-gaxeta e castelo	Material dos parafusos no mínimo igual aos requisitos da Norma ANSI ASTM A307-Grau B.
Anel da sede	Conforme a "Tabela 13". Contudo, quando revestimentos de depósitos de solda são usados, o material-base deve ter resistência à corrosão similar à do material do corpo.
Flange do preme-gaxeta	Aço.
Preme-gaxeta	Material com ponto de fusão acima de 955°C.
Gaxeta	Adequado para vapor e fluidos de petróleo para temperaturas entre −29°C e 538°C. Deve conter um anticorrosivo.
Bucha da haste	Ferro dútil austenítico ou liga de cobre com ponto de fusão acima de 955°C.
Volante	Ferro maleável, aço carbono ou ferro dútil.
Porca de fixação do volante	Aço, ferro maleável, ferro dútil ou liga de cobre não ferrosa.
Bujões	Composição nominal deve ser a mesma que a do material do corpo. Bujões de ferro fundido não devem ser usados.
Tubo e válvulas de dreno	Composição nominal deve ser a mesma que a do material do corpo.
Pivô, haste do disco duplo da gaveta	Aço inoxidável austenítico.
Placa de identificação	Aço inoxidável austenítico ou liga de níquel presa à válvula por presilhas de material resistente à corrosão ou por solda.
Anel lanterna	Um material que tenha resistência à corrosão no mínimo igual à do material do corpo.
Junta da tampa	A porção metálica exposta ao ambiente de trabalho deve ser de material que tenha resistência à corrosão no mínimo igual à do material do corpo.

Materiais Básicos dos Componentes Internos Tabela 13 da API 600

Componente	Número de Combinação	Descrição do Material	Dureza Brinell
Haste[1]	1 e 4 até 8A	13Cr	200 HB min. 275 HB min.
	2	18Cr - 8Ni	[3]
	3	25Cr - 20Ni	[3]
	9 ou 11	Liga NiCu	[3]
	10 ou 12	18Cr - 8Ni - Mo	[3]
	13 ou 14	19Cr - 29Ni	[3]
Superfícies de Sede[2]	1	13Cr	250 HB min.
	2	18Cr - 8Ni	[3]
	3	25Cr - 20Ni	[3]
	4	13Cr	750 HB min.
	5 ou 5A	HF	350 HB min.
	6	13Cr/ CuNi	250 HB min 175 HB min.
	7	13Cr/ 13Cr	250 HB min. 750 HB min.
	8 ou 8A	13Cr/ HF	250 HB min. 350 HB min.
	9	Liga NiCu	[3]
	10	18Cr - 8Ni - Mo	[3]
	11 ou 11A	liga NiCu/ HF	[3] 350 HB min.
	12 ou 12A	18Cr - 8Ni - Mo/ HF	[3] 350 HB min.
	13	19Cr - 29Ni	[3]
	14 ou 14A	19Cr - 29Ni/ HF	[3] 350 HB min.

[1] As hastes devem ser de material extrudado.
[2] Superfícies de contravedação para CN 1 e 4 até 8A devem ter dureza mínima de 250 HB.
[3] Não especificado.

onde:
- Cr = cromo; Ni = níquel; Co = cobalto; Mo = molibdênio.
- HF = Face dura usando liga de solda CoCr ou NiCr. O sufixo A aplica-se a NiCr.
- Graus de corte livre com 13Cr não devem ser usados.
- Para CN 1, um diferencial de dureza de no mínimo 50 pontos Brinell é necessário entre as superfícies correspondentes.
- Quando dois materiais forem separados por uma barra, isso denota dois materiais distintos, um para a superfície do anel de sede do corpo e o outro para a superfície de sede da gaveta, sem implicação de preferência por qualquer um deles que podem ser usados indistintamente, tanto numa como na outra peça.

6.1.2. Válvula de Alta Pressão – *Pressure Seal*

O sistema de alta pressão (*Pressure Seal*) utiliza a pressão do próprio processo para exercer uma força adicional no anel de vedação do corpo/tampa, isto é, a própria pressão de vedação interna da válvula é o fator que assegura uma excelente vedação do corpo com o castelo.

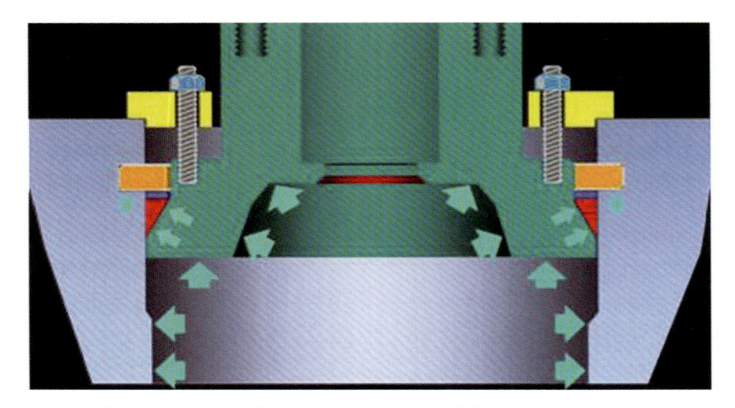

Fig. 6.26 – Vedação *Pressure Seal* (Cortesia Crane)

Quanto maiores forem a pressão e a temperatura do fluido, melhor será a vedação. Este modelo de válvula está disponível em aço fundido e forjado nas classes de pressão de 600 a 4.500.

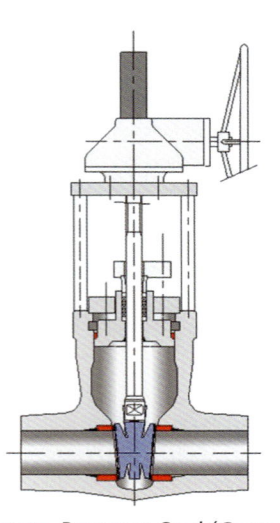

Fig. 6.27 – Gaveta *Pressure Seal* (Cortesia da TYCO)

Além da válvula gaveta, outros modelos de válvula podem ter este tipo de construção como retenção e globo.

6. Válvulas de Bloqueio

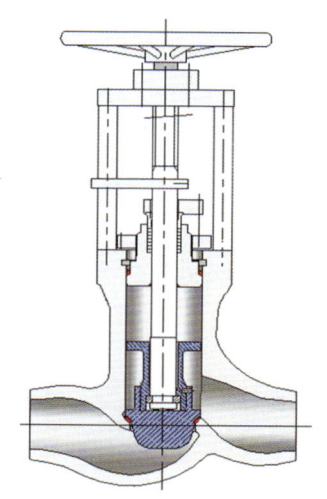

Fig. 6.28 – Globo *Pressure Seal*
(Cortesia da TYCO)

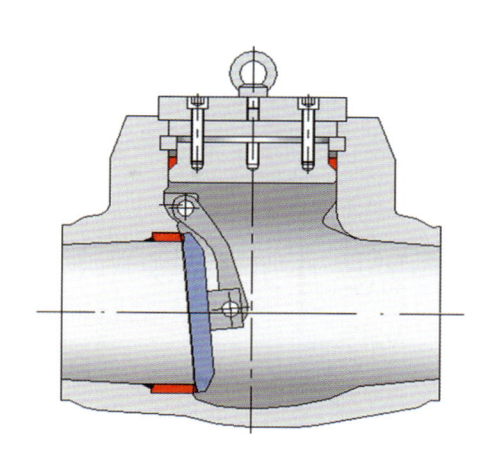

Fig. 6.29 – Retenção *Pressure Seal*
(Cortesia da TYCO)

O projeto de fabricação deste modelo de válvula não contempla juntas entre o corpo e o castelo, um ponto de vazamentos em válvulas comuns. Na válvula *Pressure Seal* esta vedação é realizada através de gaxetas e de um anel espaçador que tem a função de um pistão. Uma vez a válvula pressurizada este componente comprime as gaxetas internas do corpo, evitando assim vazamentos externos, isto é, este modelo de válvula possui dois tipos de vedação.

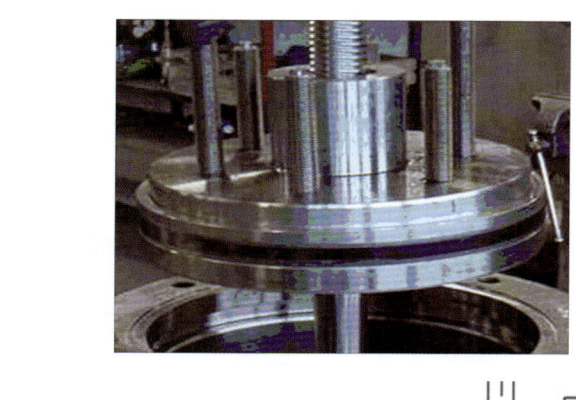

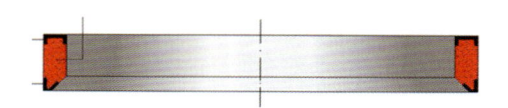

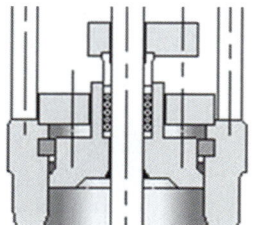

Fig. 6.30 – Engaxetamento do corpo (Cortesia da TYCO)

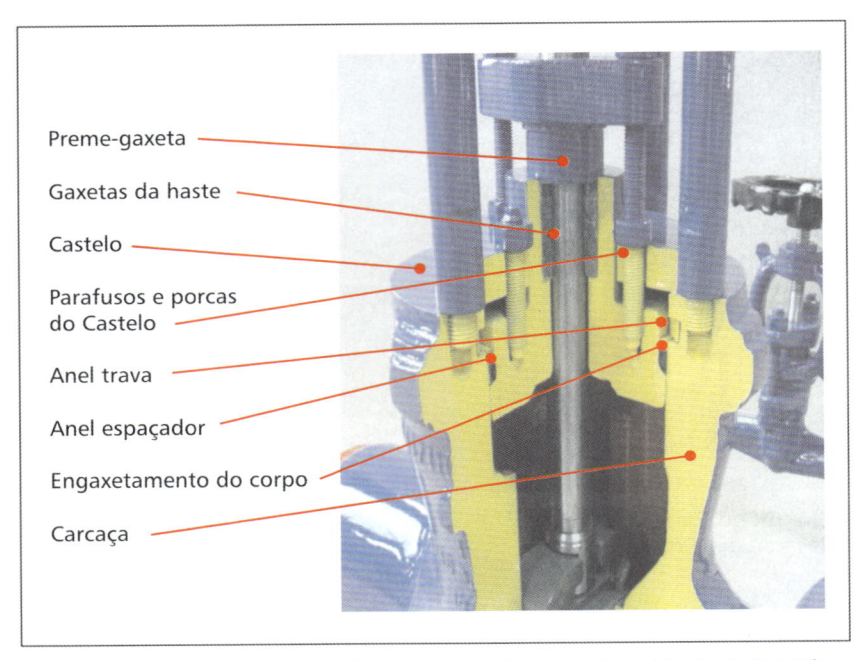

Fig. 6.31 – Construção de alta pressão – *Pressure Seal* (Cortesia TYCO)

Labels:
- Preme-gaxeta
- Gaxetas da haste
- Castelo
- Parafusos e porcas do Castelo
- Anel trava
- Anel espaçador
- Engaxetamento do corpo
- Carcaça

6.1.3. Experiência Prática em Válvula Gaveta de Alta Pressão (*Pressure Seal*)

As válvulas citadas a seguir foram importadas da Alemanha há mais de 30 anos e são do tipo gaveta utilizadas em sistemas de água de altas pressão e temperatura, alimentação com 160 kgf/cm^2 e 225°C de duas caldeiras e nos sistemas de vapor de 42 kgf/cm^2 a 400°C e vapor de 120 kgf/cm^2 e 525°C utilizadas em uma central termoelétrica.

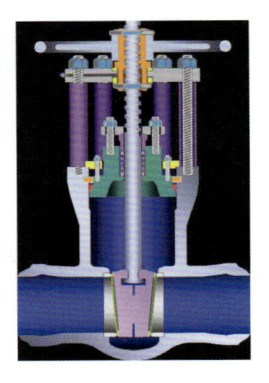

Figs. 6.32 e 6.33 – Válvula gaveta de alta pressão em corte

6. Válvulas de Bloqueio

Estas válvulas apresentam particularidades construtivas que garantem a elevada confiabilidade e segurança, porém, conforme veremos nas Figuras 6.34 a 6.54, estes equipamento chegaram ao limite de sua vida útil, sendo necessária a urgente compra de novas válvulas, a fim de não comprometer a continuidade operacional e a segurança de quem as opera.

Fig. 6.34 – Válvulas instaladas

Os componentes internos das válvulas desta termoelétrica estavam muito desgastados, comprometendo a confiabilidade operacional da usina. Como exemplo podemos citar:

- Grandes folgas.
- Péssimo acabamento superficial da caixa de vedação.

Fig. 6.35 – Anel de escora do engaxetamento destruído por excesso de folga

Fig. 6.36 – Anel substituído devido à deformação por alta pressão

Fig. 6.37 – Rolamentos velhos

Fig. 6.38 – Rolamentos novos

Classificação das válvulas gaveta para alta pressão em relação aos grupos de materiais:

- Válvulas do sistema de vapor de 42 kgf/cm² a 400°C, classe de pressão 1.500, aço carbono.
- Válvulas do sistema de vapor 120 kgf/cm² e 525°C, classe de pressão de 1.200, aço liga.

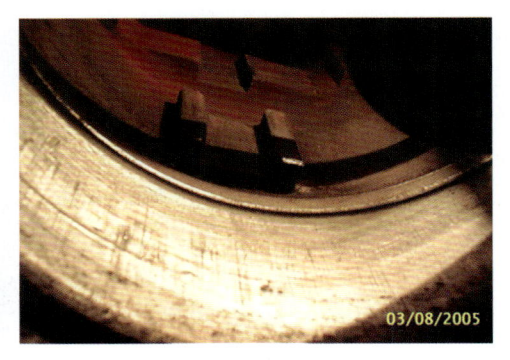

Figs. 6.39 e 6.40 – Detalhe do acabamento superficial do alojamento do engaxetamento do corpo

6. Válvulas de Bloqueio

Figs. 6.41 e 6.42 – Dispositivo desenvolvido a fim de aumentar o número de gaxetas no interior das válvulas, de forma a compensar o péssimo acabamento superficial da carcaça, impossível de ser removido através de usinagem

Figs. 6.43 e 6.44 – Diversos discos estão no limite dimensional aceitável

Figs. 6.45 e 6.46 – As excessivas folgas de todo o conjunto contribuem para a destruição das gaxetas

Figs. 6.47 e 6.48 – Elevadas pressão e temperatura associadas
à deterioração da válvula acabam com as gaxetas

Figs. 6.49 e 6.50 – Elevado desgaste dos componentes contribui para baixa confiabilidade

Algumas válvulas gaveta dessa termoelétrica são acionadas através de caixa de redução e, outras, por meio de um eixo cardã. Esses acionadores também chegaram ao final de sua vida útil, conforme foto abaixo:

Fig. 6.51 – Acionamento desgastado

6. Válvulas de Bloqueio

Fig. 6.52 – Acionamentos de bateria de válvulas

Para a recuperação e a manutenção dessas válvulas, durante a última parada desta termoelétrica para manutenção e baseada na NR-13, foram utilizadas as últimas peças sobressalentes (novas e usadas): hastes; buchas; cilindro de selagem; parafusos de pressão; discos; rótula do disco; disco de aperto, preme-gaxetas existentes e foram confeccionados novos anéis de escora do engaxetamento, visando compensar o excesso de folga da câmara de gaxeta. Todo esse trabalho visou sanar:

1. Vazamentos pela gaxeta do corpo.
2. Vazamentos pela gaxeta da haste.
3. Vazamentos por outras regiões.
4. Dificuldades de acionamento.
5. Vedação insatisfatória.
6. Abertura e fechamento incompletos.

Conclusão:

Foi solicitada a compra imediata, para substituição das antigas válvulas gaveta, de novos modelos que atendam à elevada necessidade de confiabilidade e segurança exigida pela termoelétrica, onde as mesmas estão instaladas.

6.1.4. Análise de Falhas

Historicamente, válvulas gavetas quando não são submetidas à manutenção preditiva e preventiva possuem grande possibilidade de falhar, comprometendo a continuidade operacional. Os primeiros sintomas de falha são dificuldade de acionamento, vazamentos pelo engaxetamento, vazamentos pela junta do castelo e quebra da bucha acionadora.

Quando o acionamento de uma válvula gaveta fica difícil, pesado, esta será acionada com auxílio de uma "chave de válvula".

- O primeiro elemento a falhar é a bucha de acionamento, em geral de bronze, material menos resistente. Esta bucha serve como fusível.
- O próximo componente comprometido é a haste, que pode empenar e em muitos casos torcer.
- A vedação da válvula gaveta sempre estará comprometida com deformações da haste.
- Válvulas travadas, devido ao manuseio errado durante a operação de fechamento, quando na tentativa de destravá-las criam condições propícias a acidentes.
- Em muitos casos o componente de ligação entre o obturador e a haste é um rasgo de andorinha. Este, devido ao esforço, pode ser danificado, já que o excesso de folga entre os componentes compromete a vedação da válvula.

O fluxo de fluido em uma válvula gaveta pode ser nos dois sentidos, entretanto poderá ocorrer exceção quando uma tubulação externa de passagem *(bypass)* for soldada ao corpo da válvula. É importante verificar o *layout* da tubulação para assegurar a posição correta do fluxo do fluido. As válvulas gavetas devem ser instaladas na tubulação com o obturador, em posição totalmente fechada.

A permanência da válvula gaveta na posição fechada durante a instalação resguarda as áreas de vedação contra respingo de solda e materiais que eventualmente estejam na tubulação. O posicionamento adequado para válvula gaveta é o vertical, eventualmente podendo esta ser instalada em outros planos, porém com prejuízo ao desempenho da válvula, pois o efeito da gravidade irá gerar um desgaste mais acentuado em uma das sedes. Não é recomendada a instalação de cabeça para baixo, devido à possibilidade de acúmulo de sujeira no castelo. A aposta na manutenção corretiva implica o risco de assumir altos custos de manutenção e provável perda de produção.

Fig. 6.53 – Remoção da válvula

Fig. 6.54 – Desmontagem do castelo com carcaça

Fig. 6.55 – Limpeza da carcaça

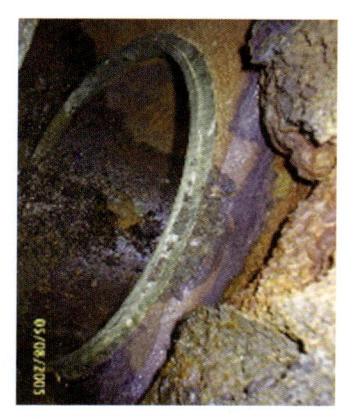

Fig. 6.56 – Limpeza da sede

Fig. 6.57 – Remoção das sedes

Fig. 6.58 – Componentes internos

Fig. 6.59 – Detalhes do ajuste haste-cunha

Fig. 6.60 – Detalhe da remoção da contravedação do castelo

6.1.5. Pontos para Ajuste das Válvulas Gaveta

1. Limpeza da haste.
2. Lubrificação da bucha de acionamento. A maioria dos modelos de válvulas gaveta possui pino para injeção de graxa no castelo.
3. Movimentação da válvula para amaciamento, se possível após a lubrificação.
4. Ajuste de gaxetas e a troca das mesmas a cada 60 meses.
5. Existe a possibilidade de trocar as gaxetas de uma válvula gaveta pressurizada. Para isso a válvula deverá estar totalmente aberta, com a haste alojada na contravedação, porém vários cuidados com a segurança devem ser tomados, pois se o acabamento superficial da haste da bucha de contravedação não estiver perfeito, esta manobra não será possível. É necessário que se tenha muita cautela e preparação para realizar esta manobra.

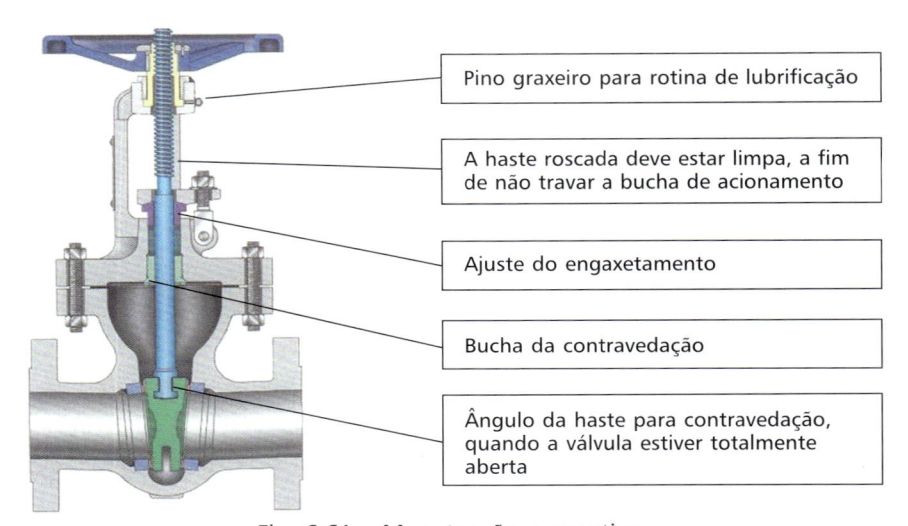

Fig. 6.61 – Manutenção preventiva

Pino graxeiro para rotina de lubrificação

A haste roscada deve estar limpa, a fim de não travar a bucha de acionamento

Ajuste do engaxetamento

Bucha da contravedação

Ângulo da haste para contravedação, quando a válvula estiver totalmente aberta

6.2. Válvula Guilhotina

A guilhotina é um modelo de válvula de fluxo bidirecional e estanque em ambos os sentidos da aplicação de pressão, apresenta montagem entre flanges ANSI B16.5 classe 150 e DIN PN10. Possui corpo monobloco, com anel de desgaste opcional na passagem, aço-carbono, aço inoxidável, outras ligas metálicas; obturador (guilhotina) de aço inoxidável, titânio; e vedação interna de PTFE, UHMW e elastômeros e vedação externa com várias opções de gaxeta. Com passagem circular, triangular, pentagonal.

6. Válvulas de Bloqueio

Fig. 6.62 – Válvula guilhotina (Cortesia Cameron)

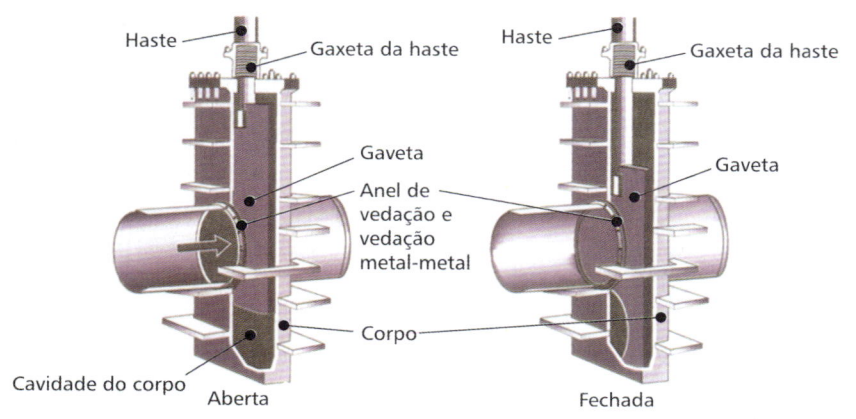

Fig. 6.63 – Válvula guilhotina

Pode ser acionada por volante com haste fixa, corrente, alavanca, catraca, pneumático e eletromecânico. Suporta teste hidrostático e de estanqueidade conforme as normas MSS-SP 81, ISO 5208 Gr3.

Fig. 6.64 – Guilhotina (Cortesia Remosa)

A válvula guilhotina pode ser fabricada em diversos tamanhos e com vários tipos de acionamento, fazendo com que possa ser utilizada em uma grande gama de aplicações, como controle de líquidos, pastas, polpas e sólidos em pó ou granulados.

- No modelo com fundo fechado, quando na posição totalmente aberta, suas sedes tornam-se um segmento tubular fazendo com que o fluido passe sem retenção. Diâmetro de 3" a 60", pressão de trabalho até 100psi, temperatura até 205ºC. Aplicação em linha de polpa e materiais abrasivos e/ou corrosivos. Acionamento manual, pneumático, hidráulico e eletromecânico.
- Fundo aberto permite o fluxo de fluidos de sólidos em alta concentração.

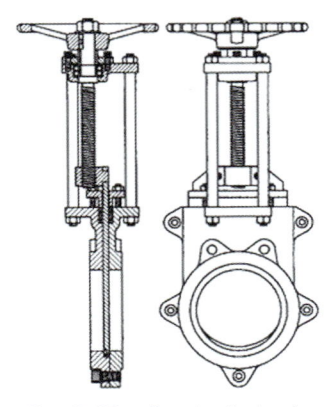

Fig. 6.65 – Fundo fechado

Fig. 6.66 – Fundo aberto

A válvula de guilhotina não deve ser utilizada para regular o fluxo quando o fluido for abrasivo, pois reduz a durabilidade do obturador (guilhotina). Antes da instalação da válvula, deve ser feita uma limpeza na tubulação para remoção de pingos de solda, ferrugens e outros sedimentos.

Fig. 6.67 – Obturador (guilhotina)

6. Válvulas de Bloqueio

BENEFÍCIOS

- Sedes de vedação de elastômero espessas substituíveis no campo podem ser facilmente trocadas sem desmontar a válvula.
- Sedes de vedação disponíveis em uma variedade de materiais para tratar aplicações abrasivas e corrosivas.
- Fluxo de passagem integral reduz a queda de pressão e turbulência, minimizando o desgaste.
- Opções de *design packingless* (sem anéis flexíveis de vedação). Guilhotina e haste sem anéis flexíveis de vedação.
- Projeto do castelo permite a adaptação de todos os modelos de atuadores.
- Atende a diversas condições de abrasão, corrosão, temperatura e pressão.
- Adequadas para serviços secos ou úmidos, suportando partículas pesadas e de elevada dimensão.
- Sem obstrução de passagem, elimina a turbulência, minimizando a perda de carga através da válvula.
- Projeto com dupla sede proporcionando um fluxo bidirecional e bloqueio.

6.3. VÁLVULA DELTA

Derivação de uma válvula guilhotina, este modelo de alta confiabilidade é utilizado em refinarias que possuem unidades de coqueamento retardado.

Este processo está entre os mais rentáveis dentro de uma refinaria, devido ao baixo custo da matéria-prima (resíduos) em relação ao preço dos derivados produzidos, principalmente o gasóleo leve, que é hidrotratado e vendido como diesel.

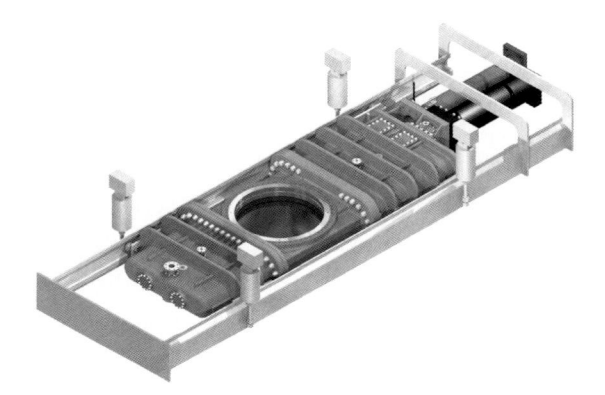

Fig. 6.68 – Válvula Delta (Cortesia da Delta Valve)

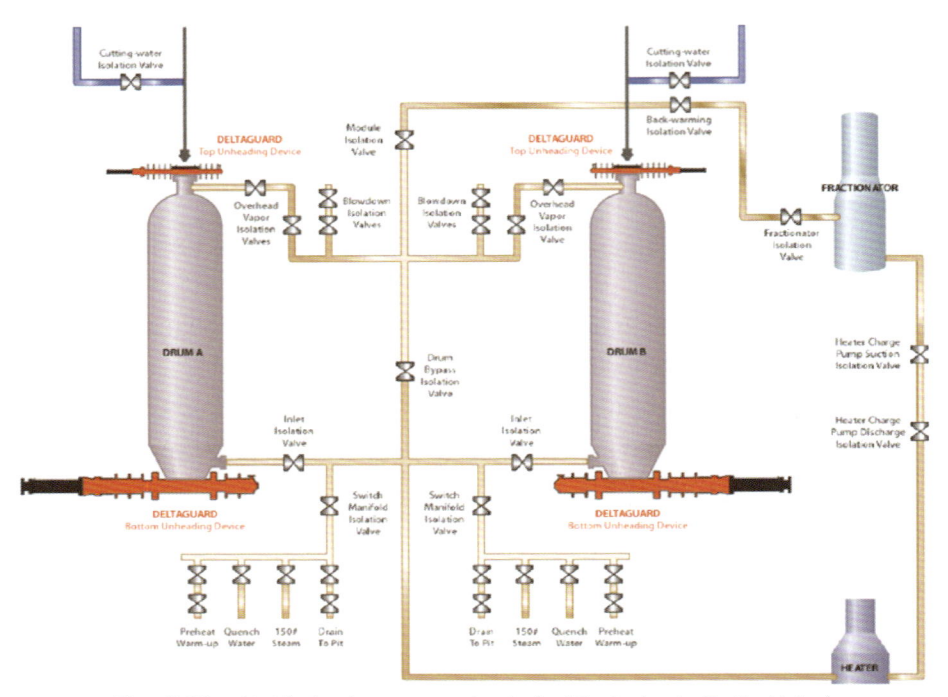

Fig. 6.69 – Unidade de coque retardado (Cortesia da Delta Valve)

O coque verde de petróleo é obtido a partir do resíduo de vácuo de petróleo processado na Unidade de Coqueamento Retardado. Esta planta, além de produzir coque, produz também diversos derivados combustíveis, tais como GLP, Nafta e Diesel.

A UCR produz coque verde nos graus anodo e combustível, ambos do tipo esponja e de baixo teor de enxofre. O Brasil processa petróleo com baixo teor de enxofre. O coque grau anodo é aplicado como matéria-prima na manufatura de anodos para produção de alumínio ou de dióxido de titânio; o coque grau combustível é utilizado nas indústrias de siderurgia, fundição, papel e celulose, cimento, cerâmica, cal, termelétricas e outras.

Fig. 6.70 – Abertura de tambores sem Delta Valve, para posterior descoqueamento (Cortesia da Delta Valve)

6. Válvulas de Bloqueio

A cada ciclo, que varia de 14 a 24 horas, existe a necessidade da abertura dos flanges superior e inferior dos tambores para remoção do coque produzido. Esta manobra contém riscos, principalmente devido ao teor de asfaltenos na carga que vem subindo nos últimos anos, com isso aumentando a possibilidade de formação de *shot coke*, que forma coque em pequenas esferas, aumentando as chances de desmoronamentos no momento da abertura do tambor. Existem diversos relatos de ocorrências pelo mundo de acidentes com lesão pessoal por queimaduras e por soterramento, principalmente junto ao flange inferior do tambor de coque.

Para minimizar estes riscos unidades modernas de coqueamento retardado possuem em seus tambores um sistema que consiste em válvulas tipo guilhotina horizontal especiais de até 60" de diâmetro para instalação no fundo dos tambores e de até 36" de diâmetro, além de todos os controles hidráulicos automatizados para operação alternada dos tambores. As válvulas Delta são uma opção para o aumento da confiabilidade e segurança em serviços extremamente severos e altamente perigosos.

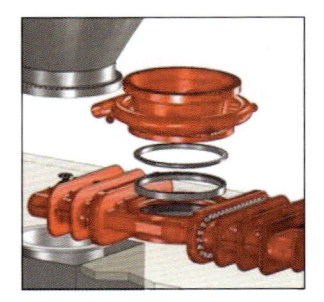

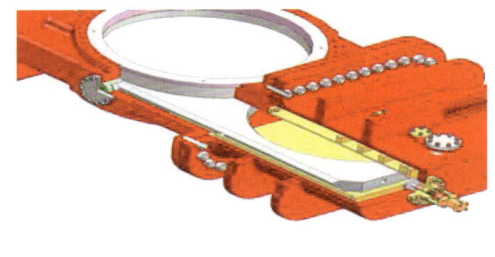

Fig. 6.71 – Detalhes da válvula Delta (Cortesia da Delta Valve)

Esta válvula é responsável por suportar a carga sólida de coque nos tambores a altas temperaturas durante o processo de enchimento.

O sistema permite a remoção de todo o produto para o serviço de descoqueamento sem qualquer exposição humana e com a operação segura da unidade.

Fig. 6.72 – *Skid* do sistema hidráulico de acionamento da Delta
(Cortesia da Delta Valve)

Outra contribuição importante para o processo, com a instalação destas válvulas, é a redução no tempo do ciclo de esvaziamento dos tambores, já que a abertura é reduzida aos atuais 30 a 40 minutos (no caso de flanges), para menos de 10 minutos. Na etapa de fechamento do tambor ocorre a mesma redução, e, ainda, muitas unidades de coque fazem a drenagem do tambor através da Delta, reduzindo ainda mais o tempo do ciclo.

Fig. 6.73 – Válvula Delta instalada no fundo de um tambor
(Cortesia Delta Valve)

Fig. 6.74 – Válvula Delta instalada no topo de um tambor de coque
(Cortesia Delta Valve)

6.4. Válvula Ocular

É uma grande válvula de bloqueio que mistura os projetos de uma válvula gaveta com uma válvula guilhotina construída para vedação estanque. A movimentação do obturador é sempre transversal à tubulação. O nome ocular é devido a sua grande semelhança com um óculos, conforme foto e desenho a seguir. Este modelo de válvula é muito utilizado em altos fornos siderúrgicos, indústria de petróleo e gás e nas usinas de cimento.

6. Válvulas de Bloqueio

Fig. 6.75 – Válvula ocular (Cortesia Asvotec)

Características:

- *Função:* Bloqueio.
- *Aplicação:* Fluidos gasosos com alto grau de contaminação por particulados.
- *Diâmetros:* de 800 a 4.200 mm.
- *Pressões:* Até 2,5 Kgf/cm².
- *Construção:* A partir de chapas e perfis soldados.

CARCAÇA

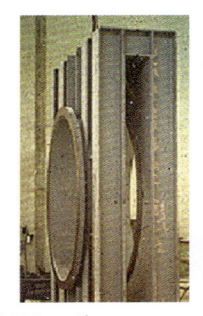

Fig. 6.76 – Chapas e perfis soldados (Cortesia Asvotec)

Obturador (Óculos)

Anel Fechado = Placa dupla interligada por cilindros hidráulicos.

Anel Aberto = Dois anéis interligados por cilindros hidráulicos e unidos por uma junta de expansão.

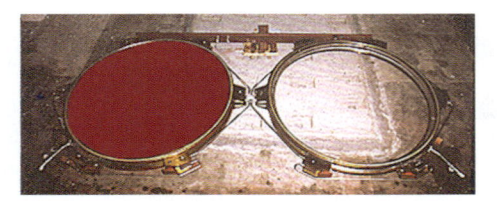

Fig. 6.77 – Obturador (Cortesia Asvotec)

– Parte inferior (viga "I") com cremalheira soldada.

– Cilindros hidráulicos interligados.

– Anel de vedação (elastômero).

O movimento do obturador é realizado através do acionamento hidráulico de uma cremalheira com uma engrenagem.

Fig. 6.78 – Carcaça e atuador hidráulico (Cortesia Asvotec)

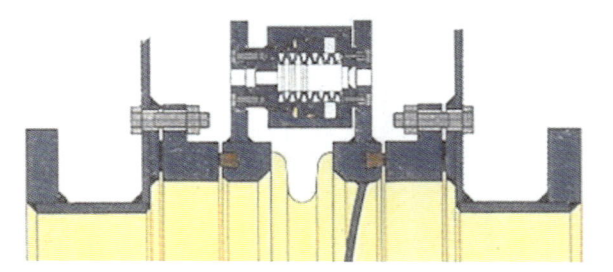

Fig. 6.79 – Carcaça + Atuador + Engrenagem (Cortesia Asvotec)

– Flanges de acoplamento

– Anéis de vedação

– Junta de expansão

Fig. 6.80 – Detalhe em corte (Cortesia Asvotec)

Movimentação em três fotos.

Fig. 6.81 – Válvula aberta
(Cortesia Asvotec)

Fig. 6.82 – Válvula em movimentação
(Cortesia Asvotec)

Fig. 6.83 – Válvula fechada (Cortesia Asvotec)

6.5. Válvula Macho

Modelo de válvula de bloqueio de movimento rotativo, que eventualmente pode ser utilizado como controle. O obturador (macho) descreve um movimento rotacional de um quarto de volta em relação ao sentido de escoamento do fluxo de fluido manipulado.

A válvula macho é uma ótima opção para substituição de outros modelos de válvula, como a gaveta e a esfera, nos trabalhos em que seja necessária estanqueidade total, na aplicação em fluidos com sólidos em suspensão, assim como para bloqueio de gases, água e vapores.

A pressão do fluido sobre o obturador não tem influência no resultado da estanqueidade da vedação.

A válvula macho é constituída de quatro componentes básicos: corpo (carcaça), obturador (macho), castelo e sistema de acionamento.

Vantagens
- Baixa perda de carga, fluxo ininterrupto nos dois sentidos.
- Construção simples, apenas uma parte móvel.
- Abertura e fechamento com apenas um quarto de volta.
- A superfície de vedação fica protegida da ação do fluido, tanto na posição aberta quanto na fechada.

Desvantagem
- Elevado peso, devido a sua construção robusta.

6.5.1. Principais Componentes da Válvula Macho

a) Obturador (macho)
Componente móvel da válvula que efetua a abertura e o fechamento da válvula macho, cujos principais tipos são:
- **Obturador paralelo:** Utilizado em baixas pressões.
- **Obturador cônico:** Utilizado em médias e altas pressões.
- **Obturador cônico invertido:** Utilizado em altas pressões.

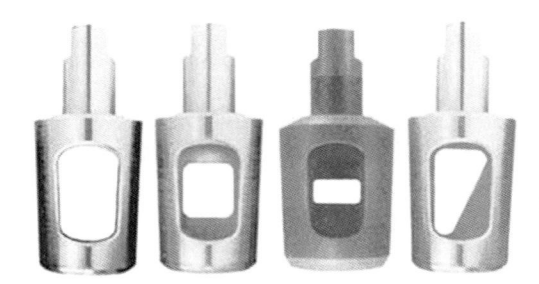

Fig. 6.84 – Modelos de obturadores de válvula macho (Cortesia da Crane)

Áreas de passagem do obturador da válvula macho.
- **Retangular** – Modelo mais utilizado, permite menor resistência ao escoamento do fluxo de fluido, não causando turbulência e possibilitando um maior coeficiente de vazão. Ideal para utilização em serviços *on-off*.
- **Em "V"** – Modelo usado para atender a uma necessidade específica de um processo, utilizado quando existe a necessidade de controle de fluxo.
- **Circular** – Modelo especificado quando existe a necessidade de minimizar a perda de carga. O valor da passagem circular deve ser no mínimo igual à área interna da tubulação. Indicada para trabalhos com fluidos de alta abrasividade, pesados.
- **Venturi** – A área de passagem está entre 40% e 50% menor da área interna da tubulação.

b) Corpo (carcaça)

Componente onde são instalados o obturador e as sedes de vedação, elemento de ligação com a tubulação. Em casos de aplicações severas em meio corrosivo o corpo pode ser fabricado em ligas especiais, que encarecem muito o produto como Monel, Hastelloy Stellite etc.

Fig. 6.85 – Carcaça (Cortesia Xomox)

Uma forma alternativa para redução do custo de fabricação, sem o comprometimento da qualidade e da segurança deste modelo de válvula, é revestir o corpo com fluorpolímeros, como o PTFE, material amplamente utilizado e que possui uma baixa carga superficial, diminuindo o coeficiente de atrito durante a movimentação da válvula, dispensando a utilização de lubrificação externa. Por ser um material resiliente, contribui para uma vedação estanque.

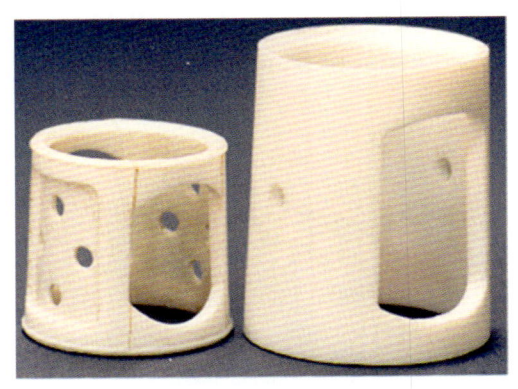

Fig. 6.86 – Bucha de vedação em PTFE (Cortesia Xomox)

c) Caixa de selagem

Como os demais modelos de válvulas, a caixa de selagem está localizada no castelo ou tampa e tem por função proteger a válvula dos vazamentos nos pontos onde a haste passa através do castelo. Possui duas configurações:

Junta de Selagem (PTFE) – Realiza a vedação primária entre o corpo e a parte superior da válvula.

Esta junta de selagem possui um lábio circular fixo, preso entre o castelo e o corpo da válvula, trabalhando em conjunto com um anel o'ring ou anéis de PTFE de *designs* diferenciados, realiza o papel de junta entre a carcaça e o castelo e ainda de "gaxeta" na haste.

Fig. 6.87 – Junta de selagem de válvula macho (Cortesia da Crane)

Válvulas macho com junta de vedação são utilizadas para serviços com temperatura até 280ºC e baixa pressão, devido às limitações dos valores suportados do PTFE.

Uso de gaxetas – Sistema tradicional utilizado nos demais modelos de válvulas, recomendado para serviços em alta pressão e temperatura, na manipulação de fluidos inflamáveis ou tóxicos ou para uma necessidade *fire-safe*.

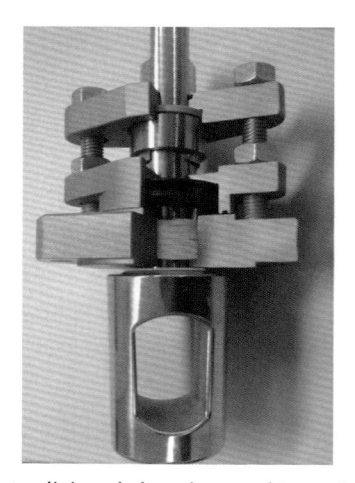

Fig. 6.88 – Sistema tradicional de selagem (Cortesia da AZ Armaturen)

d) Conjunto acionador

Para os modelos de obturador paralelo, cônico ou com injeção de selante a movimentação da válvula é realizada por uma alavanca com movimento de um quarto de volta. Para os modelos com obturador cônico e vedações metálicas, existe a necessidade de se elevar o obturador para realizar posterior rotação. Para tanto, este modelo de válvula macho utiliza um dispositivo chamado operador, formado por três buchas e um par de esferas, através dos quais é realizada a movimentação da válvula. Este tipo de acionamento é utilizado nos modelos *Wedge Plug* e *Twin Seal*.

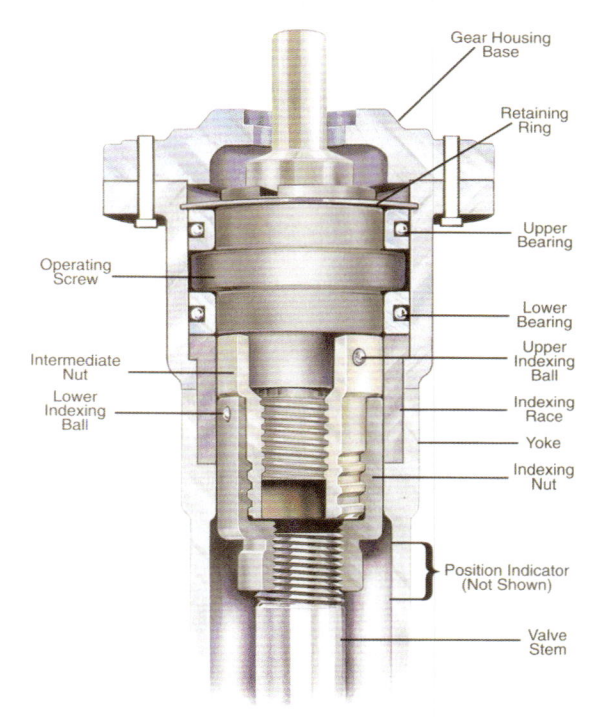

Fig. 6.89 – Ilustração em corte de conjunto acionador (Cortesia da Crane)

6.5.2. Principais Modelos de Válvulas Macho

Vedação Metal contra Metal (Macho Tipo Wedge Plug)

A construção desta válvula é bem simples, e constitui-se de uma carcaça cônica e um obturador também cônico. Este sofre movimentos, radiais, axiais e rotativos, dentro da carcaça.

O obturador possui um furo passante, que, alinhado com a direção do fluxo, permite que o fluido passe, na posição aberta. O mecanismo acionador, tecnicamente chamado Operador, levanta o obturador e depois o gira por 90 graus, sem fricção.

Em seguida, o obturador é forçado para o fundo da carcaça de modo a obter vedação plena da válvula com o furo do obturador desalinhado com a direção do fluxo. Dessa forma a válvula estará fechada, não permitindo o fluxo do fluido.

Estes modelos de válvula são normalmente utilizados no trabalho com fluidos abrasivos, em virtude da presença de sólidos em suspensão a temperaturas entre −80 e +420 Graus Celsius.

Os assentamentos das áreas de vedação são submetidos a tratamentos de dureza superficiais e são protegidos através de injeções de vapor, para evitar desgaste por erosão e corrosão.

Fig. 6.90 − Válvula macho com sede metal contra metal (Cortesia da Crane)

Válvula Macho com Bucha de Vedação com Revestimento PTFE

Normalmente a carcaça ou o obturador são revestidos com PTFE. Este modelo de válvula possui baixo índice de emissões fugitivas já que a bucha de vedação blinda o fluido do contato externo, não havendo fluência térmica, o que possibilita sua utilização na faixa de trabalho de − 40°C a 280°C.

Existe a opção da utilização de camisas de alta temperatura. Este tipo de selagem é construída com material à base de teflon com grafite, o que eleva sua capacidade de trabalho à temperatura de 315°C. A partir desta temperatura a indicação é a utilização do modelo com vedações metálicas.

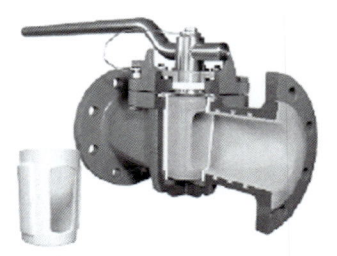

Fig. 6.91 – Válvula macho com camisa de PTFE (Cortesia da Crane)

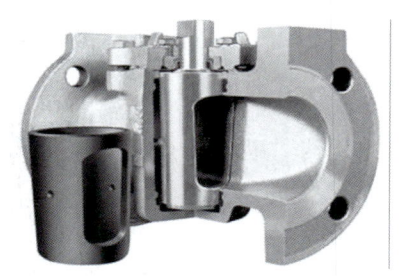

Fig. 6.92 – Válvula macho com camisa de PTFE com grafite (Cortesia da Crane)

Válvula Macho com Vedação Através de Selante

Este modelo de válvula macho possui furos para injeção de selante através da haste até o obturador (*plug*). A carcaça e o obturador dessas válvulas possuem também canais para deposição deste selante.

Não existe contato metálico entre o obturador e a carcaça, na verdade o que existe é uma folga entre estes dois elementos que faz parte do projeto da válvula. A vedação é conseguida graças à camada de selante que preenche este espaço vazio entre o obturador e a carcaça. Sem esta camada de selante é impossível conseguir a estanqueidade neste modelo de válvula que é muito utilizado em serviços com gás. Não existe alternativa para a substituição do selante por outro tipo de material.

Fig. 6.93 – Detalhes dos canais e furos de selagem

Fig. 6.94 – Canais da carcaça

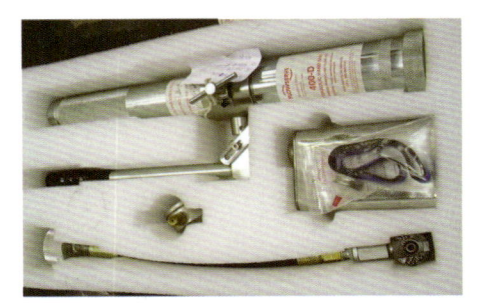

Fig. 6.95 – Bomba e mangueiras para aplicação do selante

Fig. 6.96 – Macho cônico com selante

IMPORTANTE – Alguns autores classificam este modelo de válvula como Válvula Macho Lubrificada. Esta denominação induz a um erro muito comum, pessoalmente eu já presenciei muitos casos de profissionais muito sérios e dedicados que confundiram o selante a ser injetado neste modelo de válvula macho com graxa. A função da graxa é lubrificar as superfícies, esta não possui nenhuma propriedade selante. Existem vários tipos de selantes que atendem as mais diversas classes de pressão e produtos. Se você possui este modelo de válvula macho em sua unidade procure saber se a mesma está sendo abastecida quando necessário com selante, caso contrário procure normalizar esta situação o mais rápido possível.

Válvula Macho de Sapatas Deslizantes Twin Seal

A válvula macho *Twin Seal* diferencia-se pela sua construção e utilização no bloqueio de produtos, como líquidos e gases de todos os tipos. Utilizada para bloqueio de linha.

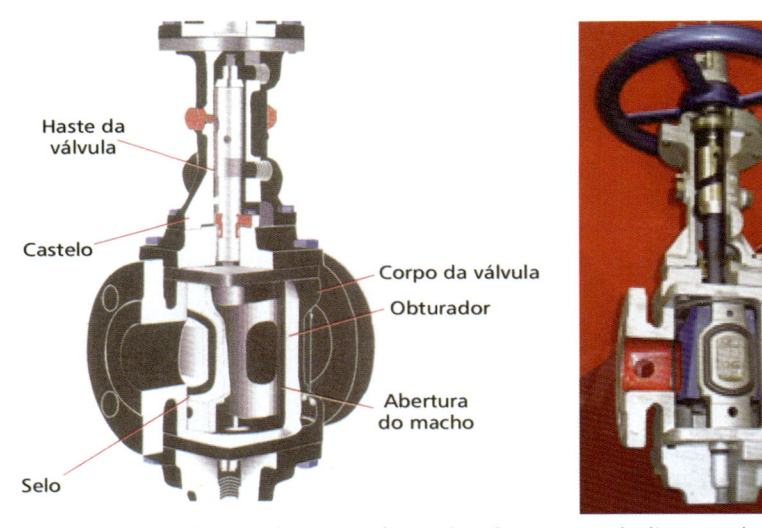

Fig. 6.97 – Válvulas macho com obturador de sapatas deslizantes (*Twin Seal*)

6. Válvulas de Bloqueio

A válvula *Twin Seal* é fabricada em diâmetros que variam de 2" a 36" e com classes de pressão variando de 150# a 1.500#, com passagem plena ou reduzida para uma ampla variedade de aplicações, incluindo sistemas de medição, tanques de armazenamento de combustíveis, terminais de distribuição, oleodutos, instalações de aeroportos etc.

A sua característica principal é o seu movimento giratório, no qual as partes vedantes não se atritam com o corpo, permanecendo afastadas até o término da rotação, através de um mecanismo que coordena os movimentos de subida e descida do *plug*, com seu movimento giratório que ocorre somente quando as sedes estão afastadas entre si. As sedes são removíveis, de material resiliente (Viton, Kalrez etc.), e não são à prova de fogo (*fire safe*), só podendo ser empregadas até o limite de temperatura permitido pelo material da sedes.

Por esse motivo, as sedes não sofrem desgaste, nem riscos, permanecendo perfeitas para uma vedação total com qualquer produto, gases ou líquidos utilizados. A válvula macho *Twin Seal* possui estanqueidade total simultânea nas duas sedes, que atuam suavemente para fechar em movimentos de expansão e abrir em movimentos de retração, movidas pelo *plug* em forma de cunha, e guiadas pelo mesmo por meio de guias prismáticas. As duas sedes são formadas por sapatas vulcanizadas, em material resiliente, e atuam para vedar na superfície do corpo cromada e retificada de forma cilíndrica e não-cônica.

A vedação ocorre a seco, sem injeção de lubrificante.

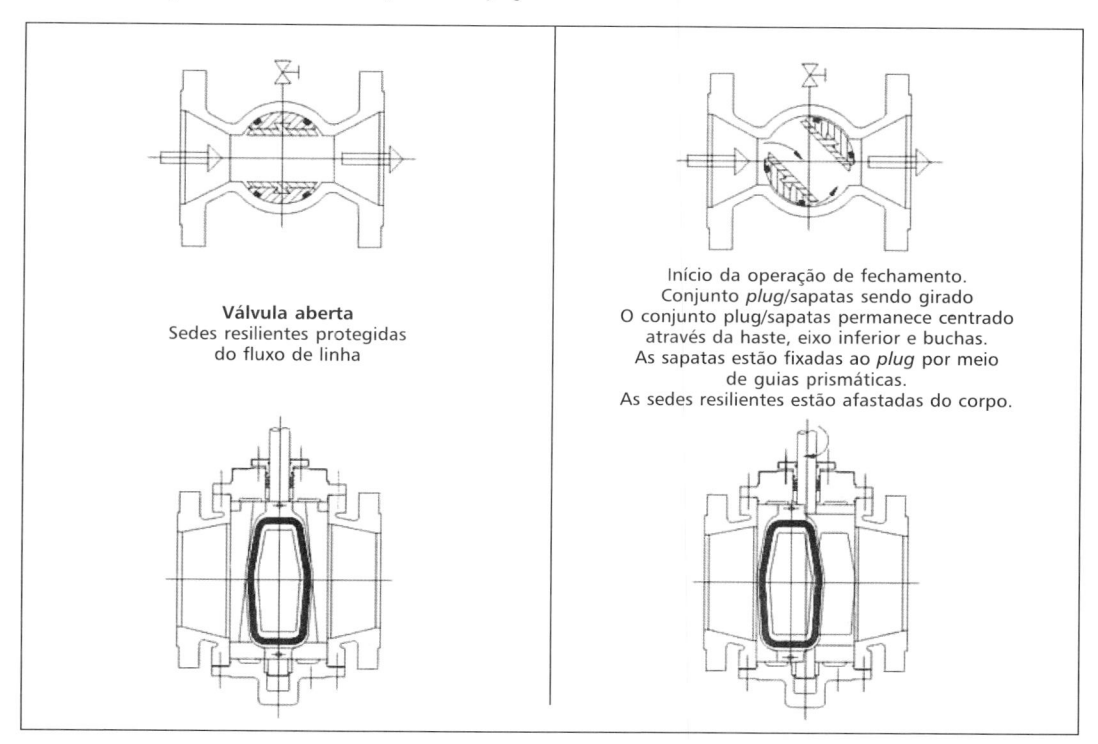

Válvula aberta
Sedes resilientes protegidas
do fluxo de linha

Início da operação de fechamento.
Conjunto *plug*/sapatas sendo girado
O conjunto plug/sapatas permanece centrado
através da haste, eixo inferior e buchas.
As sapatas estão fixadas ao *plug* por meio
de guias prismáticas.
As sedes resilientes estão afastadas do corpo.

Fig. 6.98 – Funcionamento da válvula *Twin Seal*

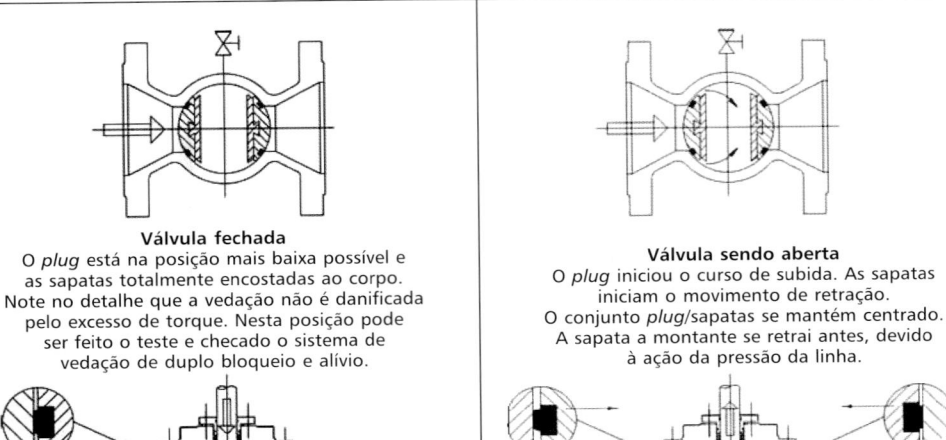

Válvula fechada
O *plug* está na posição mais baixa possível e as sapatas totalmente encostadas ao corpo. Note no detalhe que a vedação não é danificada pelo excesso de torque. Nesta posição pode ser feito o teste e checado o sistema de vedação de duplo bloqueio e alívio.

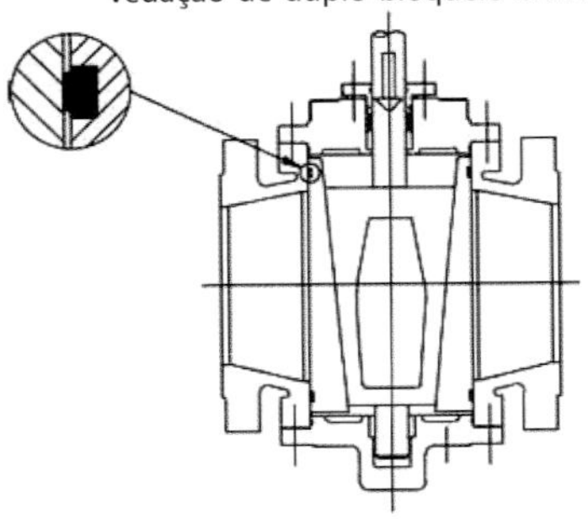

Válvula sendo aberta
O *plug* iniciou o curso de subida. As sapatas iniciam o movimento de retração.
O conjunto *plug*/sapatas se mantém centrado. A sapata a montante se retrai antes, devido à ação da pressão da linha.

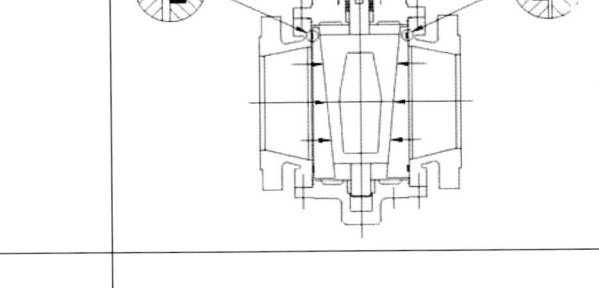

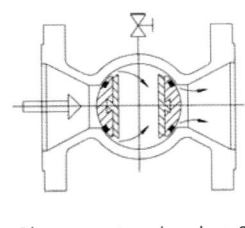

Plug e sapatas girando a 90°.
O *plug* inicia o curso de descida encunhando as sapatas que iniciam o movimento de expansão contra o corpo.

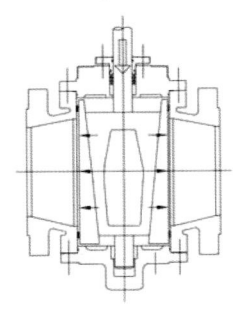

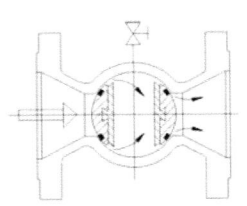

O curso do *plug* está terminado.
As sapatas estão retraídas.
O conjunto *plug*/sapatas está pronto para girar.

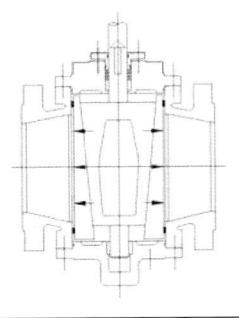

Fig. 6.98 – Funcionamento da válvula *Twin Seal* (continuação)

Fig. 6.99 – Válvula *Twin Seal* nas posições fechada e aberta

Alívio de pressão

A válvula possui sistema de alívio externo, que pode ser manual ou automático.

No sistema manual o alívio é processado logo após a válvula ter sido fechada. Este alívio consiste em abrir manualmente, para a atmosfera, uma pequena válvula existente no corpo da válvula *Twin Seal*.

A válvula de alívio deverá ser fechada antes da reabertura da válvula *Twin Seal*, para reiniciar a pressurização da linha.

No sistema automático o alívio ocorre com a válvula fechada, sempre que a pressão interna do corpo atingir níveis superiores à pressão da linha, devido à expansão térmica do fluido.

A abertura automática da válvula de alívio descarrega a pressão interna do corpo a montante da sede de vedação da válvula *Twin Seal*, mantendo o sistema equalizado.

Normas de construção:
– API 6D.
– ASME/ANSI B16.5.
– ASME/ANSI B16.10.
– ASME/ANSI B16.34

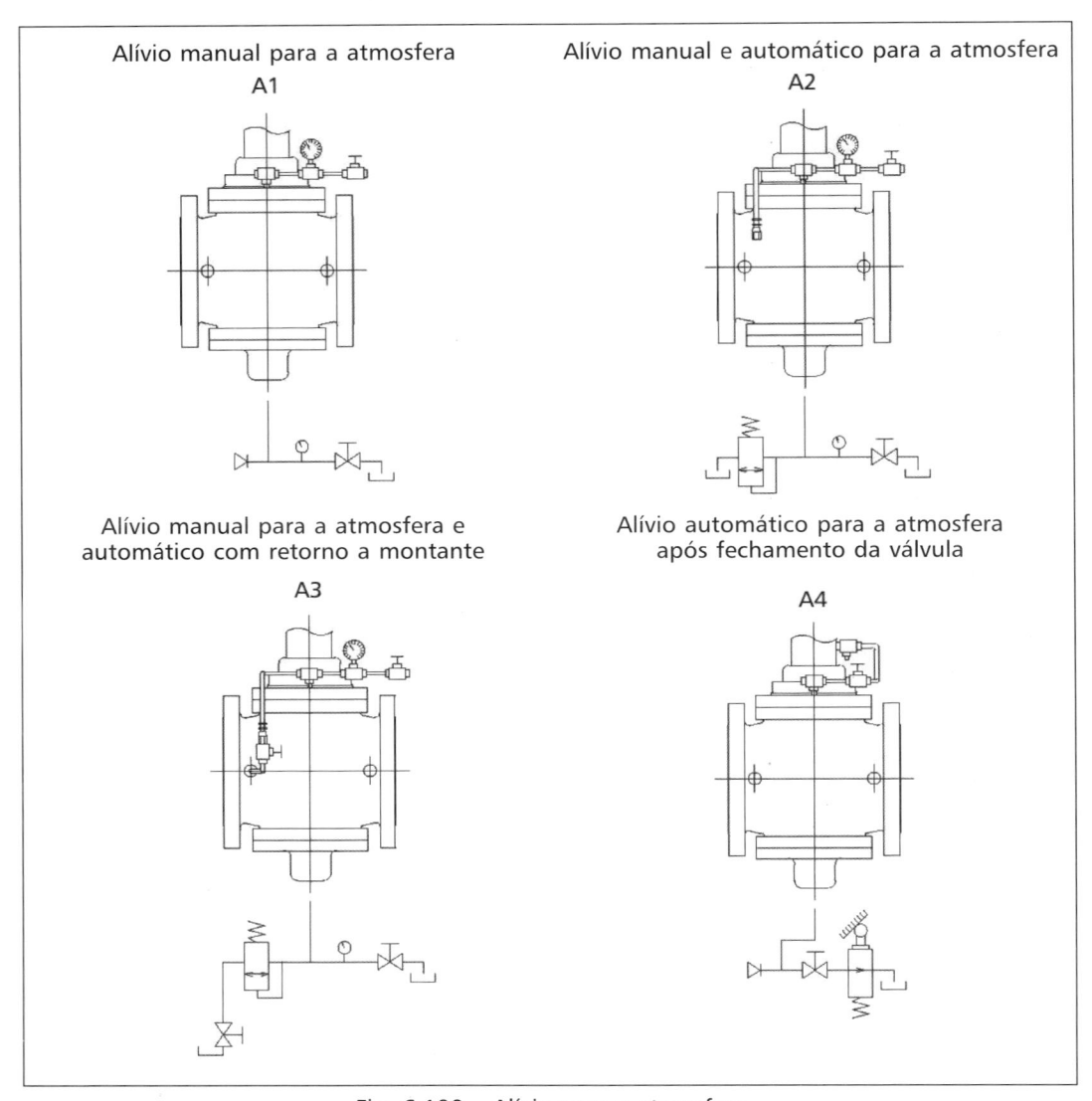

Fig. 6.100 – Alívio para a atmosfera

6.5.3. Experiência Prática

O Brasil tem desenvolvido e patenteado tecnologias para lapidação de grandes válvulas macho com vedação metal/metal, que podem ser utilizadas na própria planta, sem a necessidade da remoção da carcaça da válvula da linha.

Segundo o fabricante deste modelo de válvula macho, somente os Estados Unidos e a Rússia possuem as máquinas adequadas para o acabamento superficial das áreas de vedação destas válvulas. Estas máquinas são utilizadas na indústria bélica destes países, para fabricação das cabeças cônicas dos mísseis. A particularidade deste modelo de válvula é que a sua vedação é obtida através do contato das duas peças metálicas cônicas, obturador e carcaça, cujo ajuste define a vedação da mesma.

A solução conhecida para recondicionamento era o envio das válvulas para o fabricante no exterior. Processo demorado que, na maioria das vezes, era incompatível com os prazos de parada das unidades de produção, além de ser extremamente oneroso. No Brasil, as poucas firmas que se propunham a recuperar estas válvulas (sem sucesso) usavam o seguinte método: amarrar ao obturador uma câmara de ar, destas utilizadas em pneus, conforme a bitola da válvula. Esta poderia ser de automóveis, caminhonetes ou caminhões e a finalidade deste elastômero era levantar o obturador para possibilitar o início da lapidação.

O processo, desta forma, é ineficiente e perigoso devido a vibrações excessivas, falta de precisão de concentricidade do obturador com a carcaça e frequente rompimento do elastômero, danificando a válvula e gerando grande risco de acidentes de trabalho, com resultados que não atendem as exigências do American Petroleum Institute Standard 598.

Fig. 6.101 – Válvula instalada

Dispositivo para Manutenção de Válvulas Macho de Grande Diâmetro com Sede Metal/Metal

Componentes:

Acoplamento: É uma bucha com furo passante para fixação do dispositivo na válvula. A haste também possui na sua extremidade superior um furo passante e o acoplamento foi projetado para unir os dois componentes através de um parafuso que passa através de ambos os furos. O diâmetro interno do acoplamento é encamisado com uma bucha de teflon para não danificar a rosca da haste durante o processo. Este também possui engate para a fixação das alavancas de acionamento.

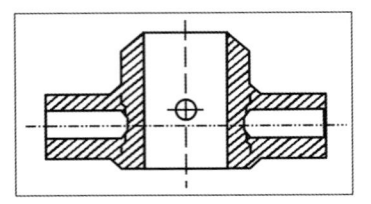

Fig. 6.102 – Acoplamento

Alavanca do Acionamento: São dois tubos dispostos a 180 graus na lateral do acoplamento, sendo o elemento facilitador para os movimentos alternados e de rotação necessários para o processo de lapidação das sedes metal/metal. O tamanho das alavancas pode ser ajustável de acordo com a bitola das válvulas. São também utilizadas no acondicionamento do obturador na carcaça.

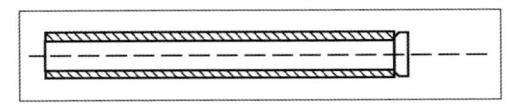

Fig. 6.103 – Alavanca

Conjunto Trator: Conjunto é composto por mola, proteção da mola e barra de tração.

A função deste conjunto é suportar o peso do obturador e haste quando montados dentro da carcaça. O dispositivo será tracionado radialmente elevando o obturador. O resultado da força elástica da mola com o peso do conjunto colocará o obturador na posição mínima de alívio, indispensável para a rotação do conjunto e necessária para o início do processo de lapidação. No decorrer deste processo é comum que o elemento abrasivo utilizado na lapidação fique cada vez mais fino, melhorando o acabamento superficial e possibilitando que o obturador desça, melhorando o grau de vedação.

Barra de tração   Mola   Proteção da mola

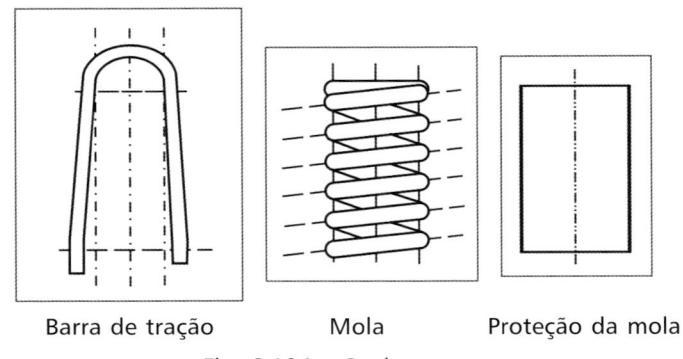

Fig. 6.104 – Conjunto trator

6. Válvulas de Bloqueio

Fig. 6.105 – Desmontagem da válvula

Fig. 6.106 – Hidrojateamento

Fig. 6.107 – Resíduo de coque após limpeza

Fig. 6.108 – Resíduos nas áreas de vedação

Fig. 6.109 – Lapidação em bancada na oficina

Fig. 6.110 – Visão superior do dispositivo

Fig. 6.111 – Lapidação na planta com válvula na linha

Fig. 6.112 – Aplicação de revelador para verificação do grau de vedação

Fig. 6.113 – Obturador limpo antes da verificação do grau de vedação

Fig. 6.114 – Marca da área de vedação da carcaça com o obturador

Conclusão:

A utilização deste dispositivo na parada da unidade de processo possibilitou a recuperação de todas as sete válvulas, em cinco dias ou aproximadamente oitenta horas por válvula.

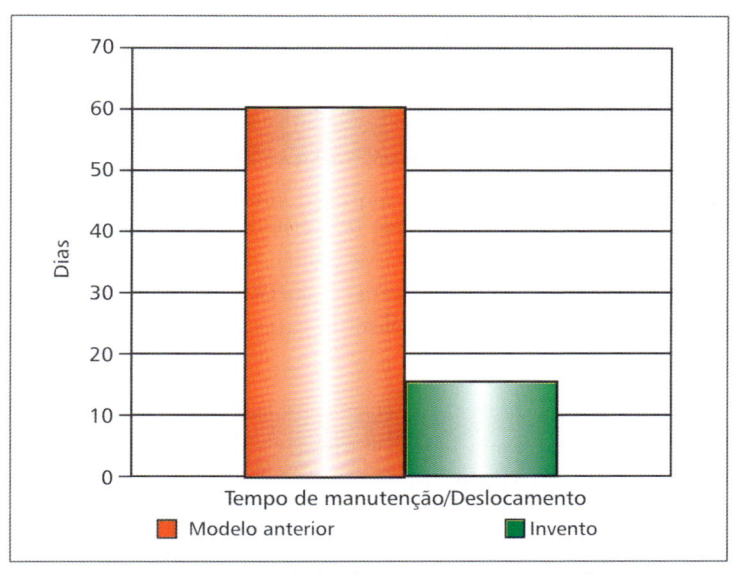

Fig. 6.115 – Tabela de tempo economizado

6.5.4. Análise dos Repetidos Travamentos com as Válvulas Macho

Veremos um caso clássico de uma falha, causada pela falta de isolamento térmico em suas carcaças, conforme pode ser observado nas imagens termográficas na página seguinte.

Observa-se que a válvula macho na posição fechada – na condição sem o isolamento térmico – apresenta um gradiente de temperatura no corpo maior do que 275°C (esquerda) e à direita temperatura em torno de 100°C.

Além da falta de homogeneidade de temperatura no corpo da válvula, nota-se, principalmente na região central inferior do corpo da válvula, temperaturas em torno de 127°C.

Pode-se concluir que o corpo da válvula – sem o isolamento térmico – está cedendo calor ao meio ambiente e, com isso, permanecendo com uma temperatura do corpo inferior ao recomendado pelo fabricante para operação.

O obturador da válvula é em material aço inox com fator de dilatação de 17,5μm/m°C e o corpo em aço liga com fator de dilatação de 11,5μm/m°C. Portanto, o obturador dilata 1,5 vez mais do que o corpo.

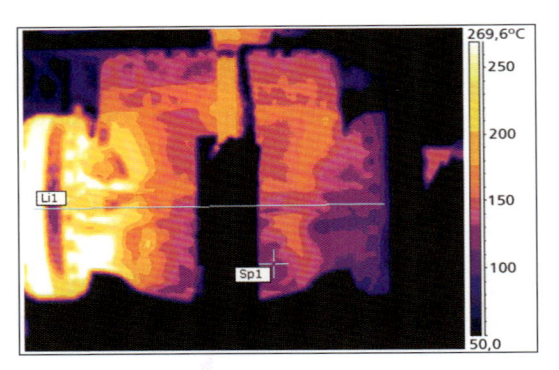

Fig. 6.116 – Imagem termográfica antes de colocarem
o isolamento térmico no corpo da válvula

Quando a válvula está sem o isolamento o corpo não dilata o suficiente – conforme projetado – para deixar o obturador dilatado mover-se. Assim, ocorre o travamento da válvula.

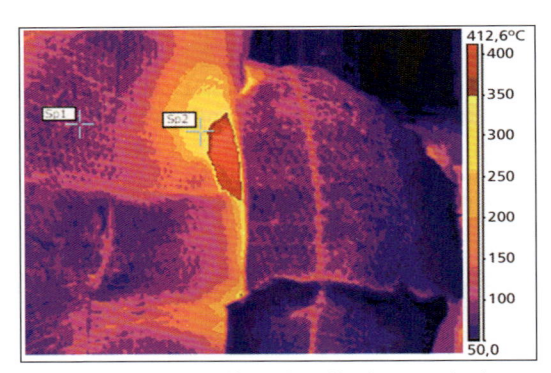

Fig. 6.117 – Imagem termográfica da válvula com isolamento térmico

Esta segunda imagem é de uma válvula macho com isolamento térmico. A condição desta válvula é na posição aberta e com passagem de fluxo.

A região em vermelho (>400°C) é uma falha existente neste isolamento térmico. A região em amarelo (310°C), na borda da área vermelha, é a transmissão de calor proveniente da falha. Onde o isolamento se encontra íntegro a temperatura externa está em torno de 100°C.

Assim, com o isolamento térmico em perfeito estado, a termografia só detecta uma superfície homogênea de temperatura.

Observa-se nas imagens a seguir que a temperatura externa do isolamento térmico se encontra abaixo de 50°C.

A válvula possui injeções de vapor auxiliar nas duas laterais e no fundo, que podem ser vistas nas imagens.

6. Válvulas de Bloqueio

Na ocasião das imagens, a válvula encontrava-se fechada e as injeções de vapor alinhadas.

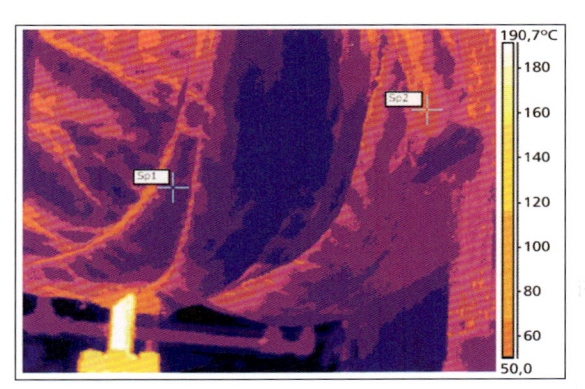

Fig. 6.118 – Imagem 1: Região inferior oeste

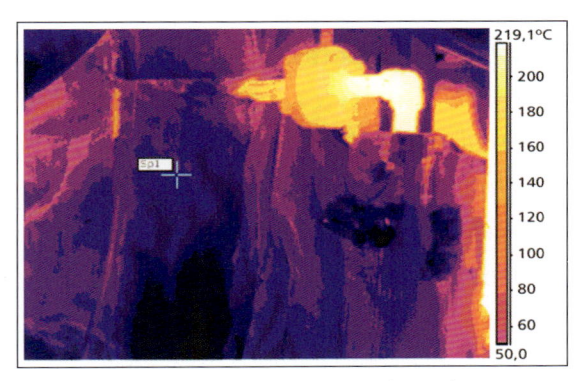

Fig. 6.119 – Imagem 2: Vista lateral oeste

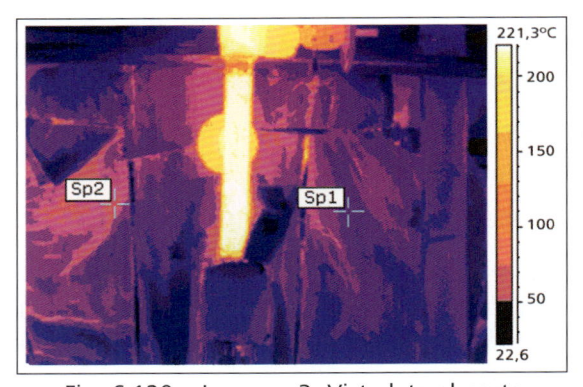

Fig. 6.120 – Imagem 3: Vista lateral oeste

6.5.5. Manutenção Preventiva Planejada em Válvulas Macho

É a atuação realizada de forma a reduzir ou evitar a falha ou queda no desempenho da válvula, obedecendo a um plano previamente elaborado baseado em um intervalo de tempo definido.

1. Plano de Manutenção/Inspeção.
2. Lubrificação do sistema de acionamento (operador).
3. Verificação dos limites de curso e torque de fechamento, para os modelos cônicos metal contra metal e *Twin Seal*.
4. Verificação do estado do isolamento térmico, para válvulas que trabalham com fluidos de alta temperatura.
5. Verificação da pressão da injeção de vapor de limpeza das válvulas com vedação metal contra metal.

Deve-se ressaltar que o principal motivo para a adoção da Manutenção Preventiva é o econômico, verificando-se os seguintes resultados:

- Eliminação de desperdício de peças.
- Diminuição de estoques associados.
- Aumento da eficiência nos reparos.
- Aumento da confiabilidade da planta.
- Diminuição da gravidade dos problemas.
- Maior disponibilidade das máquinas e das plantas (menor perda de tempo).

6.5.6. Análise de Falha

Para a garantia da confiabilidade operacional de uma válvula macho, algumas ações mitigatórias devem ser implementadas para evitar falhas como:

- Dificuldade de acionamento.
- Baixa estanqueidade.
- Vazamentos pelo engaxetamento.
- Vazamentos por juntas de castelo.
- Quebra do sistema acionador.

Quando o acionamento de uma válvula fica difícil, pesado, normalmente é utilizada a "chave de válvula", figuras da página 44, dispositivo utilizado para acionar válvulas. Culturalmente acredita-se que a chave de válvula movimentará a válvula sem danificá-la, quando na verdade a probabilidade de causar algum dano no equipamento é grande.

6. Válvulas de Bloqueio

Esta prática pode gerar os seguintes resultados:

- O pino do indicador de abertura, no caso de uma válvula macho *wedgplug*, funciona como fusível quebrando. Uma vez que esse venha a falhar, a válvula não poderá ser acionada, pois o mesmo funciona com acoplamento entre o sistema de acionamento e a válvula.
- O próximo componente comprometido é a haste, que pode empenar, torcer e quebrar.
- A vedação da válvula macho sempre estará comprometida, com deformações da haste.
- Válvulas travadas devido a manuseio errado ou falta de manutenção costumam criar condições propícias a acidentes nas tentativas de destravá-las.
- Quebra da bucha.

6.5.7. Manutenção Corretiva não Programada em Válvula Macho

A importância da injeção de limpeza para o bom funcionamento de uma válvula macho com vedação metálica pode ser observada no caso ocorrido em uma refinaria de petróleo italiana.

Oito válvulas novas de 8" 300# foram instaladas no sistema de descarte de uma unidade de craqueamento catalítico. Durante a operação, as válvulas macho apresentaram os seguintes problemas de funcionamento: curso de movimentação insuficiente, válvulas travadas e baixa estanqueidade. Essas válvulas tiveram que ser removidas da planta e encaminhadas para a assistência técnica. Após a desmontagem das válvulas para análise e inspeção, foram detectados problemas de falta de injeção de limpeza e falhas na fabricação e na montagem.

Falta de concentricidade entre a parte superior da válvula, o castelo e a parte inferior da carcaça

Fig. 6.121 – Sede da carcaça danificada

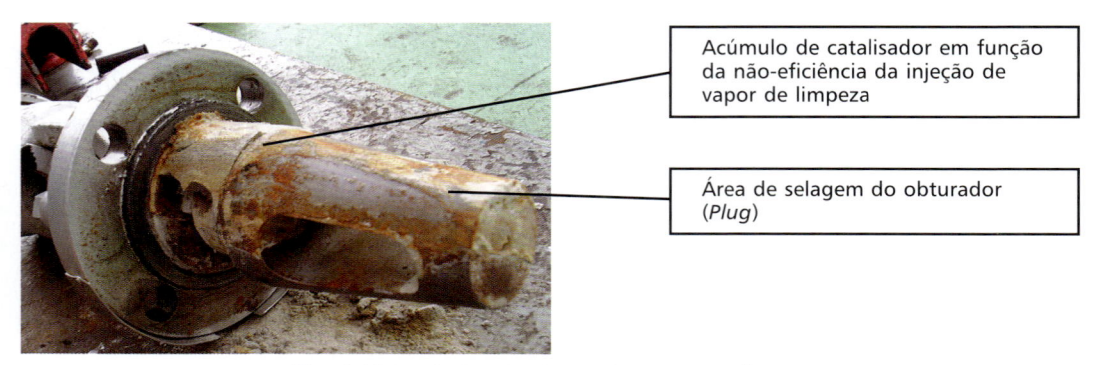

Fig. 6.122 – Acúmulo de produto nas vedações

- Acúmulo de catalisador em função da não-eficiência da injeção de vapor de limpeza
- Área de selagem do obturador (*Plug*)

O alinhamento entre carcaça, castelo e haste é fundamental para o bom funcionamento de qualquer válvula. Os problemas causados por desalinhamento são:

- vedação insuficiente;
- vazamento de gaxeta;
- quebra de componentes;
- travamento da válvula;
- dificuldades de acionamento.

Depois de uma revisão minuciosa numa válvula macho, na qual foram corrigidas todas as falhas de desalinhamento, realizada uma nova lapidação da carcaça com o obturador e troca dos componentes quebrados, a mesma retornou para a planta da refinaria. Foi necessário também um pequeno treinamento com a operação no sentido de conscientizar para a importância do alinhamento do vapor de limpeza para o correto funcionamento da válvula macho e conseqüentemente aumento da vida útil da mesma.

Fig. 6.123 – *Plug* do sistema de catalisador.
Detalhe da área de selagem e acúmulo de catalisador

6. Válvulas de Bloqueio

Com a falta de alinhamento o indicador de posição travava no castelo durante as tentativas de acionamento

Fig. 6.124 – Indicador de posição

Figs. 6.125 e 6.126 – Quebra da haste da válvula na tentativa de acionar a mesma com a "chave de válvula"

Fig. 6.127 – Erosão de obturador por catalisador

Fig. 6.128 – Erosão do corpo por catalisador

6.6. Válvulas Esferas

A válvula esfera é uma evolução da válvula macho. Seu obturador é uma esfera com um orifício passante e gira entre sedes resilientes ou metálicas ou uma composição de ambas. Uma das características da válvula esfera é a rapidez na operação, sendo necessário apenas um quarto de válvula para operar este modelo. Outra característica é a ótima estanqueidade, mesmo em altas pressões e perda de carga desprezível.

As primeiras válvulas esferas foram concebidas com sedes de vedação de metal, mas, com o desenvolvimento de outros materiais, hoje existem várias opções de utilização dos mesmos, como: PTFE, Viton, Kalrez, Grafite etc.

As válvulas esferas podem ser utilizadas para controle de fluxo, devendo operar em uma posição entre 20% e 80% do curso máximo. Em trabalhos com líquido, a expansão de área existente no interior do obturador pode gerar cavitação, causando desgaste por erosão nos anéis de vedação. Por este motivo não é aconselhável a utilização de anéis resilientes para serviços de controle.

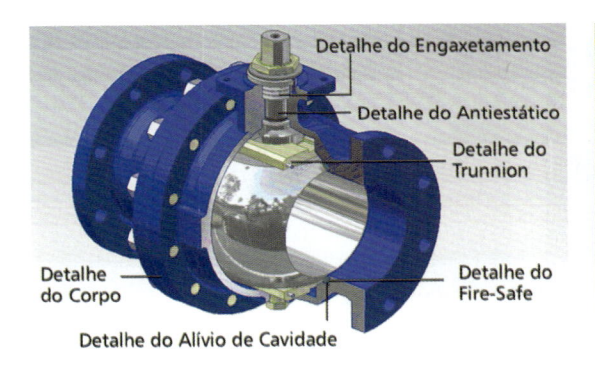

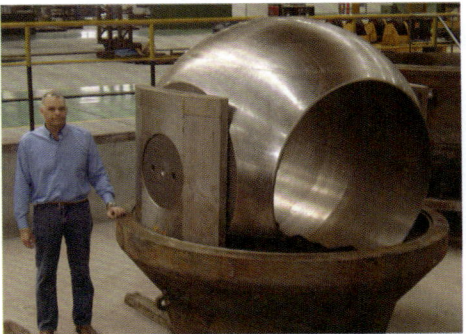

Figs. 6.129 (Cortesia Interativa) e 6.130 – Válvulas esferas

Vantagens
- Aplicáveis em ampla gama de pressões.
- Abertura e fechamento rápidos.
- Baixa perda de carga, quando construída em passagem plena.
- Acionamento suave.

Desvantagens
- Não são indicadas para trabalhos com fluidos que possuam particulado sólido em suspensão.
- Sedes de material resiliente limitam a utilização de válvulas esferas.

6.6.1. Principais Componentes da Válvula Esfera

Corpo

É o invólucro externo de pressão, possuindo formato arredondado.

O CORPO DA VÁLVULA ESFERA PODE SER:

a) *Passagem plena* – O diâmetro do furo do obturador é igual ao diâmetro nominal da tubulação, mínima perda de carga.

b) *Passagem reduzida* – O diâmetro do furo do obturador é menor do que o diâmetro nominal da tubulação. A velocidade de escoamento é sempre maior na válvula do que na tubulação, mesmo quando a válvula está toda aberta. Este aumento da velocidade de escoamento do fluxo de fluido melhora a sensibilidade da válvula esfera para aplicações em controle de fluxo.

c) *Passagem Venturi* – O diâmetro do furo cônico do obturador é menor do que o diâmetro da tubulação. O *design* cônico do lado da entrada do fluxo faz com que a velocidade de escoamento do fluido seja elevada suavemente, reduzindo a pressão e facilitando o controle do fluxo com a perda de carga.

A terminologia longa e curta da carcaça de uma válvula esfera, é a distância entre as faces dos flanges. Esta é norteada pelas normas ASME B16.10 ou API 6D.

O padrão é o tipo longo, sendo que o tipo curto é utilizado apenas em casos especiais. Para válvulas de até 4" não há distinção de tamanho. No caso da válvula citada não há implicações no uso dos tipos curto e longo.

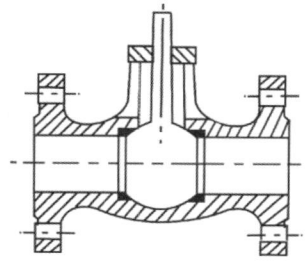

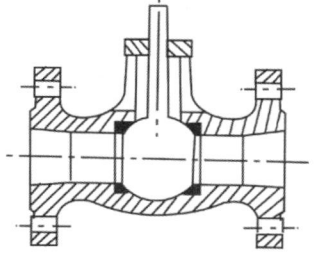

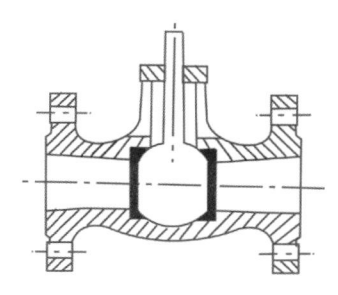

Fig. 6.131 – Passagem plena   Fig. 6.132 – Passagem reduzida   Fig.6.133 – Passagem Venturi

Os corpos possuem opções da quantidade de vias. Estes modelos têm a função de combinar mais de um escoamento do fluxo de fluido provenientes de outros sistemas em mais de uma direção.

a) *Corpo duas vias* – Uma entrada e duas saídas na horizontal, com o fluido tendo duas opções de fluxos horizontais de escoamento.

Fig. 6.134 – Válvula esfera duas vias (divisora horizontal)

b) *Corpo três vias* – Uma horizontal e três saídas na horizontal, com o fluido podendo ser direcionado para três opções de escoamento.

Fig. 6.135 – Válvula esfera três vias (Cortesia Lupatech MNA)

c) *Corpo quatro vias* – Uma entrada na vertical e quatro saídas na horizontal, com o fluido podendo ser direcionado para quatro opções perpendiculares de escoamento.

Fig. 6.136 – Válvula esfera de quatro vias

SIDE ENTRY

Válvula de montagem lateral, com as duas metades do corpo nem sempre simétricas. Para realização de manutenção no modelo *side entry* existe a necessidade da remoção da válvula da linha para eventual manutenção e substituição das sedes.

A cavidade entre o corpo e a esfera é mínima, o que reduz o risco de acúmulo de impurezas ou produto dentro da válvula.

Tamanhos: 2" a 24". Classes: 150 a 600.

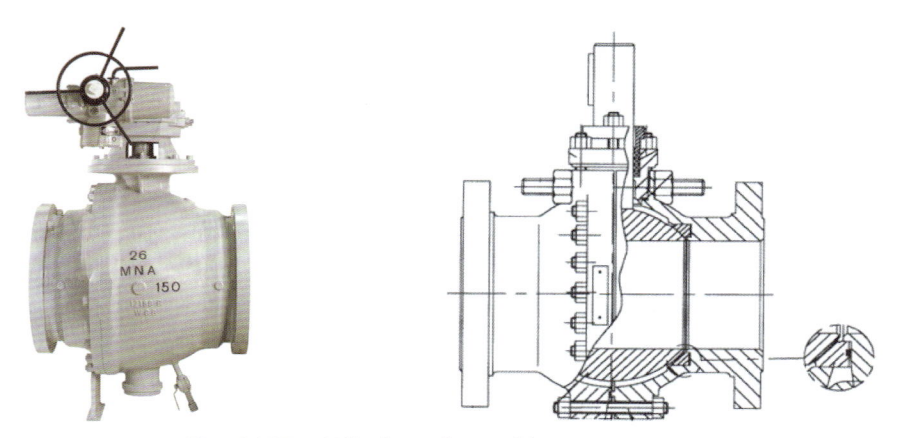

Fig. 6.137 – Válvulas esferas *side entry*
(Cortesia Lupatech MNA)

Fig. 6.138 – Válvula esfera *side entry* revestida (Cortesia da AZ ARMATUREN)

TOP ENTRY

A desmontagem/montagem dos componentes internos deste modelo de válvula é realizada pelo topo, sendo para isso é necessária apenas a retirada da tampa da válvula.

Fig. 6.139 – Válvula esfera *top entry* (Cortesia da Cameron)

A válvula esfera *top entry* não precisa ser removida da linha para eventual manutenção. A substituição das sedes de vedação é realizada após a retirada da tampa e utilização do sistema de retração das sedes para extração da esfera.

Com a remoção da caixa de redução ou da alavanca, a posição "aberta" ou "fechada" será identificada pela posição da chaveta da haste: válvula aberta, chaveta alinhada com a tubulação; válvula fechada, chaveta a 90° em relação à tubulação.

Tamanhos: 2" a 36". Classes: 150 a 2.500.

Obturador

O obturador tem formato esférico e possui um furo passante que permite o fluxo do fluido. Executa a abertura e o fechamento da válvula.

Tipos de obturador:

- **Obturador (Esfera) Flutuante** – Utilizado para pequenos diâmetros, de 1 ½" – 900# até no máximo 4" – 300#, é uma construção mais simples, portanto de menor custo.

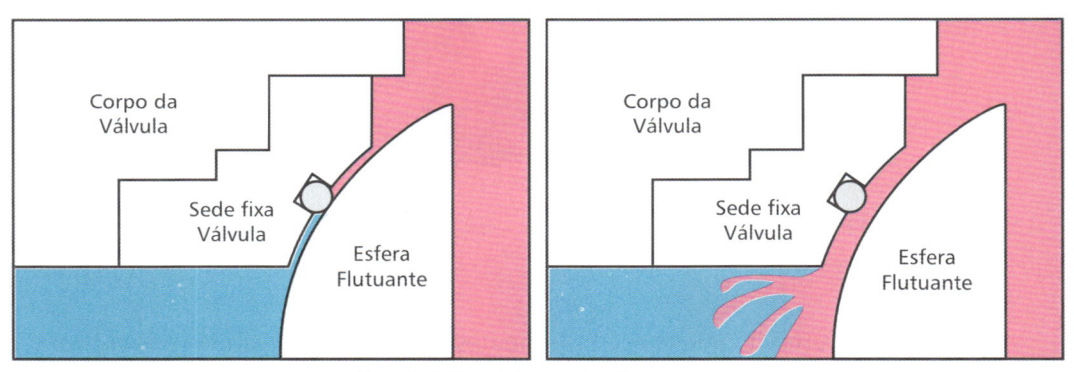

Fig. 6.140 – Obturador flutuante

Quando a força de pressão do fluido, a montante, é aplicada sobre o obturador esta faz com que o mesmo flutue ao encontro da sede de vedação, ocasionando a vedação a jusante. Na válvula esfera flutuante o obturador é suportado pelas sedes. O obturador deste modelo de válvula é caracterizado por um rasgo de andorinha, na sua parte superior, no qual é conectado com folga à haste de acionamento.

O coeficiente de atrito das áreas de vedação é alto, para garantia da vedação.

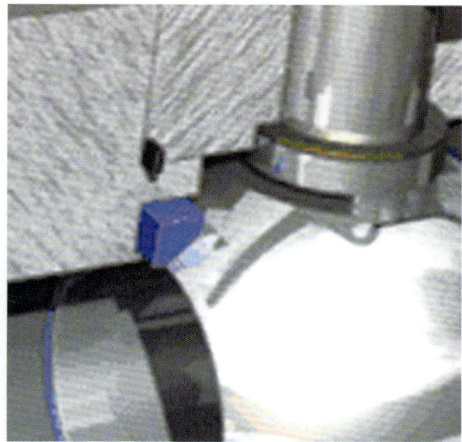

Fig. 6.141 – Esfera flutuante (Cortesia Cameron)

- **Obturador (Esfera) Trunnion** – Recomendado para todos os diâmetros e classes de pressão. O obturador Trunnion possui dois eixos que o posicionam de forma concêntrica, em relação aos demais componentes internos da válvula. Quando a força da pressão do fluido age sobre o anel da sede, esta faz com que o anel vá ao encontro do obturador Trunnion, ocasionando a vedação. Este modelo de válvula deve ser Duplo Bloqueio (*double block and bleed*), válvulas que vedam em ambas as sedes simultaneamente, independente do sentido de fluxo.

Diâmetro	150	300	600	800	900	1.500	2.500
1/2" a 1 1/2			Flutuante			Trunnion	
2" a 4"			Flutuante			Trunnion	
6" e acima			Trunnion				

(Cortesia Lupatech MNA)

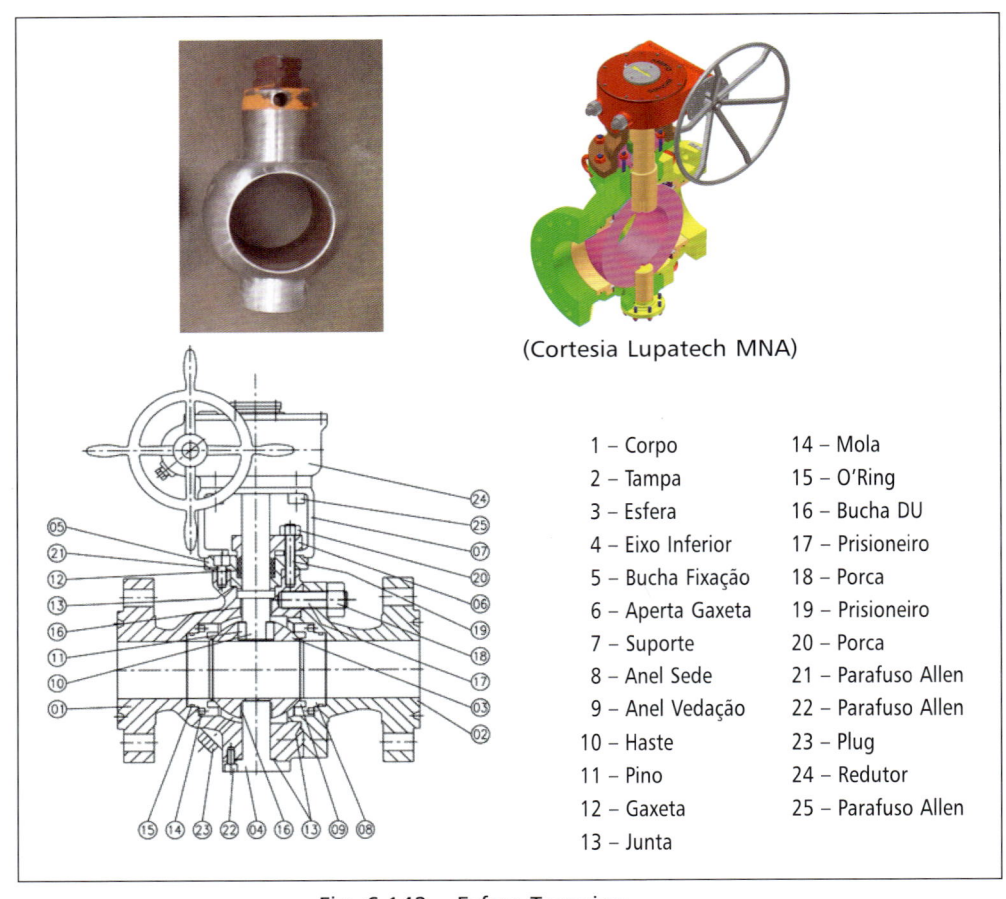

1 – Corpo	14 – Mola
2 – Tampa	15 – O'Ring
3 – Esfera	16 – Bucha DU
4 – Eixo Inferior	17 – Prisioneiro
5 – Bucha Fixação	18 – Porca
6 – Aperta Gaxeta	19 – Prisioneiro
7 – Suporte	20 – Porca
8 – Anel Sede	21 – Parafuso Allen
9 – Anel Vedação	22 – Parafuso Allen
10 – Haste	23 – Plug
11 – Pino	24 – Redutor
12 – Gaxeta	25 – Parafuso Allen
13 – Junta	

Fig. 6.142 – Esfera Trunnion

Sede de Vedação

Elemento de vedação interna que pode ser fixado na carcaça ou autoajustado, como veremos a seguir. Seu acabamento externo em contato com o obturador comporá o conjunto de vedação da válvula. As sedes podem ser construídas com três arranjos de materiais:

- **Material resiliente:** Este modelo de sede é o mais utilizado, pelo baixo custo e pela facilidade de ajuste e qualidade da vedação conseguida. Os materiais mais comuns neste modelo de sede são: Teflon e elastômeros.

  O teflon reforçado com 25% de carbono é muito empregado para as classes 150, 300, 600 e 800 com limitante de pressão conforme norma ISO 17292. Alguns fabricantes utilizam O'Ring, mas o material *top* dos elastômeros é o KALREZ, utilizado em serviços com temperatura de faixa de trabalho -18°C até 204°C.

Fig. 6.143 – Diferentes materiais de sede

- **Material metálico** – Tem maior custo de fabricação, necessita de excelente acabamento superficial da área de vedação. Os materiais metálicos empregados possuem alto ponto de fusão, sendo utilizados em serviços com temperatura acima de 200°C ou em serviços com fluidos que possuam sólidos em suspensão e que deixem sedimentos no interior da válvula. As sedes podem ser metálicas revestidas de Stellite®, que é uma liga metálica de extrema dureza composta de 26% de cromo + 66% de cobalto + 6% de tungstênio + 2% de carbono. Resiliente é um material macio. Exemplo: teflon e borrachas.

Fig. 6.144– Sede metálica

- **Material com arranjo misto** – É um arranjo com os dois modelos de sede: resiliente e metálico. A primeira vedação é a resiliente (vedação primária), que é a vedação utilizada em condições normais de operação. Caso haja uma falha desta vedação, a vedação secundária (metálica) garantirá por um tempo limitado a vedação da válvula.

Fig. 6.145 – Sede mista (resiliente + metálica)

- **Sede fixa** – A sede de vedação é fixada na carcaça, não tendo mobilidade de ajuste. Utilizada nas válvulas esferas flutuantes. Neste tipo de construção, a perda da integridade de qualquer um dos dois anéis de vedação faz com que não mais ocorra o balanceamento interno, possibilitando que durante a movimentação da válvula ocorra o deslocamento do obturador (flutuante) em relação ao eixo de rotação, podendo travar a válvula.

  Outro aspecto a ser considerado para este tipo de construção é referente à garantia do assentamento da sede de vedação em aplicações envolvendo pressões elevadas. Para a classe de pressão 900#, recomenda-se que a sede seja prisioneiro, de forma a evitar que a pressão incidente por trás do mesmo o levante e o coloque no caminho do obturador, levando a danos e até mesmo à remoção da sede. Isso poderá acarretar mais uma vez a perda do balanceamento da válvula, não sendo, por isso, recomendadas para serviços em alta pressão.

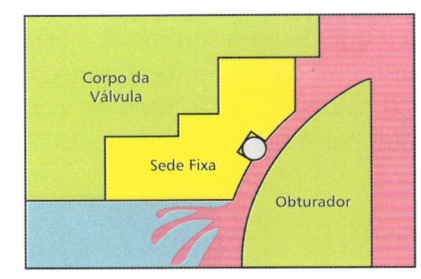

Fig. 6.146 – Sede fixa (Cortesia Cameron)

- **Sede flutuante** – Utilizada nos modelos de válvulas esferas Trunnion, sendo a melhor opção normalizada para altas pressões, já que são energizadas por molas que asseguram estanqueidade constante da vedação, mesmo sob baixas pressões. O projeto das sedes permite vedação bidirecional e atende à construção *Double Block and Bleed*.

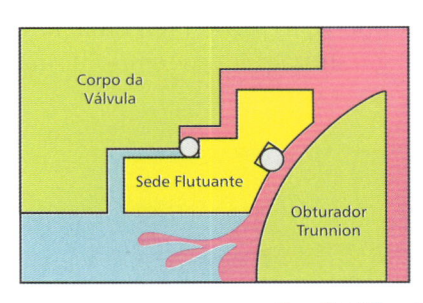

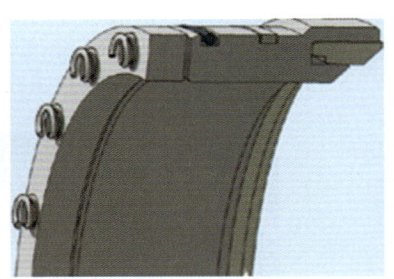

Fig. 6.147 – Sede flutuante (Cortesia Interativa)

- ***Double Block and Bleed*** – É a construção na qual válvulas esferas tipo Trunnion possuem sedes móveis que vedam independente do sentido do fluxo de fluido. Caso haja um vazamento, este pode ser detectado através da válvula de dreno/segurança incorporada à cavidade do corpo/esfera.

6. Válvulas de Bloqueio

As sedes são projetadas para permitir automaticamente o alívio da pressão do fluido retido entre a esfera e o corpo, quando esta atinge níveis superiores aos do fluido a montante ou a jusante.

Figs. 6.148 – Cavidade para instalação das molas

6.149 – Sede flutuante energizada (Cortesia Interativa)

MATERIAIS:

- Materiais do Corpo: Aço carbono, aço inox ou aço liga.
- Materiais do Obturador: Aço inox ou aço inox revestido com cromo duro.
- Materiais das Sedes: PTFE reforçado com carbono ou aço inox com Stellite.

CAVIDADE: A cavidade é a área livre que fica entre o obturador e a carcaça. A cavidade da válvula esfera fica pressurizada devido aos movimentos de fechamento e abertura da válvula, que expõem esta região ao fluido do processo. Quando a válvula está fechada o líquido fica preso nesta região.

Fig. 6.150 – Cavidade

ALÍVIO DE CAVIDADE: Quando a válvula esfera está fechada o líquido preso na sua cavidade pode expandir devido ao aumento da temperatura, elevando também a pressão da cavidade. Esta pressão atuará no sentido de afastar a sede de vedação (modelo Trunnion) ou afastar o obturador (modelo flutuante), criando uma folga entre a sede e o obturador, permitindo alívio de pressão para uma das extremidades da tubulação.

O alívio da pressão na cavidade é vital, a fim de que esta não venha a danificar os componentes internos em função da alta expansão térmica do fluido.

Duplo Bloqueio (*double block and bleed*), modelo de válvula esfera em que a pressão na cavidade atua no sentido de aumentar o contato das sedes de vedação contra o obturador. Com a válvula na posição fechada, a pressão do fluido a montante e a jusante da válvula, desloca as sedes contra o obturador.

Este tipo de válvula permite o alívio automático da sobrepressão na cavidade do corpo. A pressão máxima de alívio de cavidade é 1,33, a pressão máxima de trabalho.

Fig. 6.151 – Efeito pistão duplo

Injeção de Selante de Selagem Interna Emergencial

A válvula esfera com montagem Trunnion pode ser especificada com redundâncias, a fim de prolongar a vida útil da válvula. Especifica-se um sistema de injeção de selante, conforme orientação do fabricante, sendo o produto injetado através de uma bomba manual para o interior da válvula na região entre a carcaça e a sede de vedação.

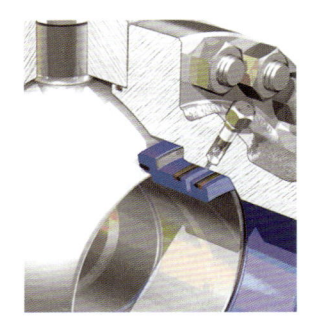

Fig. 6.152 – Injeção de selante
(Cortesia CAMERON)

Gaxeta

É o elemento vedante que atua entre a haste e a caixa de selagem de uma válvula. A gaxeta da haste pode ser apertada com a válvula sob pressão, e substituída sem a retirada do acionador. Em casos especiais, é utilizada a gaxeta tipo "Chevron". Nesses casos a substituição da gaxeta requer a remoção do acionador.

6. Válvulas de Bloqueio

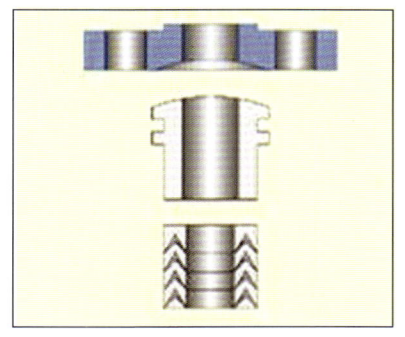

Fig. 6.153 – Gaxetas (Cortesia Hiter)

Caixa de Selagem

Este sistema tem como função evitar que o fluxo do fluido que passa ou é bloqueado no interior da válvula esfera entre em contato com a atmosfera. A caixa de selagem é caracterizada por um flange (preme-gaxeta) que através de prisioneiros ou uma porca exerce uma carga de pressão sobre os anéis de vedação, geralmente em teflon sem emenda, ou ainda anéis O'Ring associados a buchas de restrição.

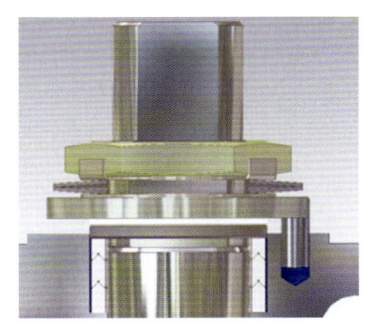

Fig. 6.154 – Preme-gaxeta
(Cortesia Interativa)

Uma terceira opção é a caixa de selagem que possui anel lanterna, montada no mínimo entre três anéis, não comprimidos acima e abaixo do anel lanterna. O anel lanterna pode servir para quatro situações:

1. Câmara de injeção de selante, ou para extrusão ou para saída de lubrificação.

2. Câmara de pressurização, dentro da qual um fluido externo é pressurizado para equalização de pressão ou um sistema pressurizado para prevenir vazamento do fluido da linha para o meio ambiente. O fluido externo deverá ser compatível com o fluido da linha e inofensivo para o ambiente da válvula.

3. Câmara de selante dentro de serviço a vácuo, com introdução de um fluido externo que manterá a selagem do fluido.

4. Câmara de coleta de vazamento para detectar o vazamento da tubulação e garantir sua localização.

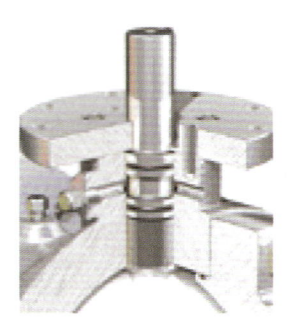

Fig. 6.155 – Anel lanterna
(Cortesia CAMERON)

Carga Ativa

São molas prato que mantêm a tensão permanente entre as gaxetas, como preme-gaxeta de 3.500 a 4.000 psi. Este tipo de configuração evita manutenção periódica do aperto dos prisioneiros do preme-gaxeta, evitando possíveis vazamentos na linha pela gaxeta por falta de aperto.

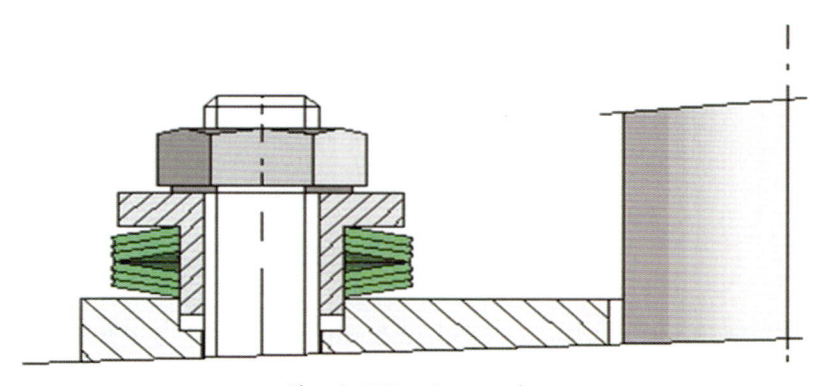

Fig. 6.156 – Carga ativa

Haste

Todos os projetos de válvula esfera possuem haste à prova de explosão, isto é, quando ocorrer falha no engate da haste com a esfera ou de alguma parte da haste que estiver dentro do sistema de pressão, nenhuma parte da haste será ejetada quando a mesma estiver sob pressão.

A montagem da haste é à prova de expulsão e a fixação à esfera é por meio de duas chavetas cilíndricas. Nas válvulas com vedação metal-metal a superfície da esfera é revestida com cromo duro ou níquel químico. A esfera é suportada por mancais com lubrificação permanente.

Fig. 6.157 – Hastes de válvulas esferas

ANTIESTÁTICO: Nas válvulas esferas, a sede e a gaxeta são feitas de polímeros (resilientes), tal como o teflon, podendo isolar eletricamente a esfera e a haste do corpo da válvula. Sob esta condição, o atrito (fricção) do fluido pode gerar uma carga eletrostática entre a esfera e a haste, ocasionando faísca e produzindo incêndio. Esta possibilidade é mais provável com fluidos de duas fases. Se o fluido da válvula é inflamável, esta deverá possuir sistema antiestático para conseguir a continuidade elétrica entre a esfera, a haste e o corpo da válvula. O sistema antiestático é feito através de uma mola em AISI 302 e uma esfera em AISI 304, mantendo as partes em contato. Para válvula esfera de diâmetro de 2" e menores o projeto deve garantir a continuidade elétrica entre a haste e o corpo e entre esfera, a haste e o corpo para válvulas maiores.

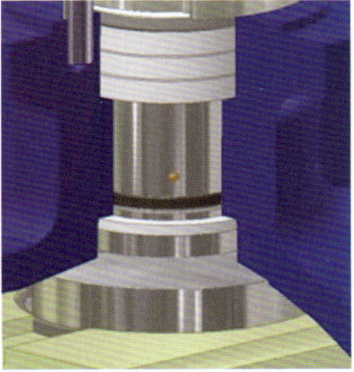

Fig. 6.158 – Antiestático (Cortesia Interativa)

6.6.2. Válvula Esfera *Fire-Safe*

Uma válvula esfera é considerada à prova de fogo quando ela é capaz de manter a vedação mesmo quando envolvida por um incêndio, e os materiais empregados tenham alto ponto de fusão, mais de 1.100°C. Por essa razão, válvulas com o corpo ou peças internas de bronze, latões, ligas de baixo ponto de fusão e materiais plásticos não podem ser consideradas à prova de fogo, não podendo ser utilizadas onde se exija essa condição. Este modelo de válvula é projetado com duas opções de montagem das sedes: Metálicas e Arranjo Misto.

Arranjo Misto – Válvulas que possuem dois sistemas de vedação, o primário (resiliente) que poderá ser danificado durante a exposição ao fogo, e a vedação secundária (metálica).

Válvula Esfera Flutuante *Fire-Safe* – A vedação secundária (metálica) neste modelo de válvula é feita através do deslocamento do obturador, pois a sede é sempre fixa.

Fig. 6.159 – Válvula esfera *fire-safe*

Válvula Esfera Trunnion *Fire-Safe* – A vedação secundária (metálica) neste modelo de válvula é feita através do deslocamento das sedes energizadas, pois o obturador é fixado na carcaça através de eixos.

Fig. 6.160 – Sistema de vedação *fire-safe* (Cortesia Interativa)

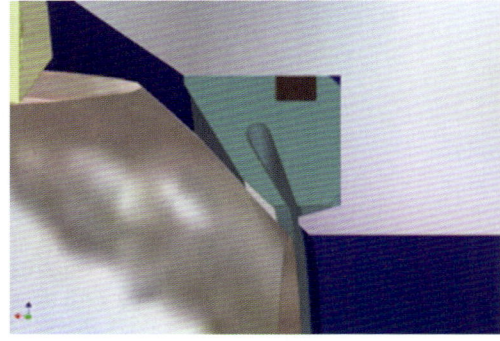

Fig. 6.161 – Detalhe da vedação *fire-safe* (Cortesia Interativa)

As válvulas esferas *fire-safe* devem ser certificadas pela Norma ISO 10497, que especifica o requerimento e o método do teste a fogo para confirmar a capacidade da válvula com pressão durante e depois do teste, cujo princípio é o de que a válvula deverá estar fechada com água pressurizada e completamente envolvida em chamas e estando a uma temperatura entre 750°C e 1.000°C.

O objetivo é envolver a válvula completamente em chamas e garantir que as sedes e as áreas de vedação estejam expostas à temperatura da queima. A intensidade do aquecimento é monitorada por cubos calorímetros e termopares.

Durante este período, os vazamentos internos e externos são monitorados e registrados. Após o resfriamento do teste de fogo, a válvula é testada hidrostaticamente para verificar suas capacidades de vedação, do corpo, das sedes e das áreas de vedação, com pressão.

A duração do teste é de 30 minutos de queima e foi escolhida em razão de que este tempo representa o máximo requerido para extinguir o fogo em refinarias.

BLINDADA: Muito utilizadas na versão *fire-safe*, as carcaças deste modelo de válvula não possuem flanges nem emendas. A válvula esfera blindada necessita ser removida da linha para eventual manutenção e substituição de seus componentes internos. Somente alguns fabricantes possuem este modelo de válvula. Aconselha-se, sempre que possível, direcionar para o fabricante a manutenção do mesmo.

Fig. 6.162 – Válvula esfera blindada (Cortesia Cameron)

Tipos de Manutenção de Válvula Esfera

As válvulas esferas seguem os mesmos padrões de manutenções preditiva, corretivas e preventiva das válvulas gavetas e macho.

Porém, por serem válvulas de um quarto de volta, necessitam de alguns cuidados especiais, como o cuidado com a regulagem e lubrificação da sua caixa de engrenagem.

6.6.3. Manutenção Preventiva em Válvulas Esferas

1. Revisar caixa de redução. Lubrificar a caixa de engrenagens, sem-fim, haste, bucha da haste e ranhuras com graxa adequada para cada fim e verificar funcionamento. Verificar o limite de curso.
2. Quando aplicável, substituir pinhão, sem-fim, coroa, retentores de vedação e volantes de engrenagem,
3. Movimentação parcial da válvula para amaciamento e limpeza das áreas de vedação se possível após a lubrificação.
4. Ajuste de gaxetas.

6.6.4. Análise de Falhas

A falta de manutenção preventiva aumenta a probabilidade de falha.

Os primeiros sinais de falhas são:

1. Dificuldade de acionamento, por quebra dos anéis de vedação.
2. Vazamentos pelo engaxetamento.
3. Vazamentos por juntas da tampa.
4. Quebra da caixa redutora do sistema acionador.
5. Perda da estanqueidade.

Um conceito muito errado e comum a respeito da utilização da válvula esfera está em acreditar que problemas de vedação desta válvula podem ser resolvidos com um aperto mais forte no seu final de curso de fechamento. Esta força extra de nada adianta, e provavelmente irá causar algum estrago prematuro no equipamento.

No caso das válvulas esferas, isso é um grave erro, pois como a válvula não veda através de cunha, pois não a possui, ou através do deslocamento do seu obturador, já que a esfera apenas gira e desliza sobre as sedes, o uso da chave de válvula neste modelo irá provocar a quebra do seu sistema limitador de curso ou da caixa de redução da mesma.

- Sem esse dispositivo, o operador perde a referência se a válvula esfera está aberta ou fechada. A abertura ou o fechamento parcial da válvula compromete a vida útil das vedações e, consequentemente, da válvula.
- Os próximos componentes que ficarão comprometidos são a coroa e o sem-fim da caixa de redução.
- A vedação da válvula esfera sempre estará comprometida com as deformações da haste.

- Válvulas travadas devido ao manuseio errado ou falta de manutenção costumam criar condições propícias a acidentes nas tentativas de destravá-las.

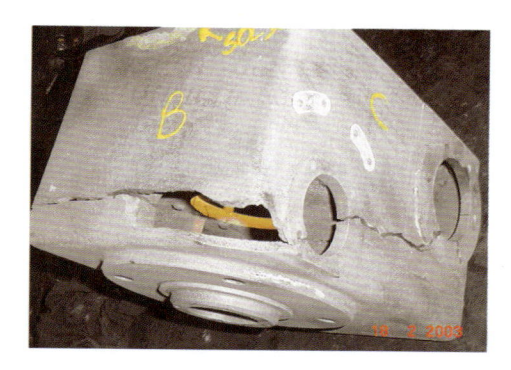

Fig. 6.163 – Caixa de redução quebrada devido a esforço excessivo

6.6.5. Experiência Prática

Uma boa dica quando da baixa vedação de uma válvula esfera é que a vedação poderá ser melhorada através da manobra 360°.

- Manobra de giro 360°: Deve ser executada em casos de emperramento devido ao acúmulo de material particulado, borras ou até mesmo pedaços de *pig*. É possível melhorar as condições operacionais da válvula através da desmontagem do sistema de limitação de curso.

O sistema de limitação de curso de uma válvula esfera possui as seguintes construções:

- Dois parafusos presos à carcaça posicionados a 90° em relação à haste.
- Caixa redutora com engrenagem e sem-fim. O curso da engrenagem é de 90° e esta é escorada por dois parafusos.

É importante observar a marcação da posição da válvula (aberta/fechada), geralmente localizada no topo da haste de acionamento. Com a válvula sem o sistema de limitação, deve-se realizar um giro de 360° no obturador.

Caso haja particulado ou até mesmo algum material preso entre o obturador e as sedes da carcaça, este procedimento será o suficiente para liberar das áreas de vedações os contaminantes, devolvendo a estanqueidade original do equipamento. Caso essas partículas que estavam nas sedes tenham comprometido o acabamento superficial destas superfícies, a única opção será remover as válvulas deste sistema para manutenção corretiva.

6.7. Válvula Esfera Orbit

Este modelo de válvula esfera possui um exclusivo conceito de operação. O movimento de seu obturador é uma combinação de translação e rotação, afastando o obturador (esfera) da única sede de vedação da carcaça durante o ciclo de abertura e fechamento; proporcionando um acionamento totalmente livre de desgaste por atrito, com torque de operação extremamente baixo e vedação estanque (zero *leakage*) independente do fluido assim como das condições de operação em alta ou baixa pressão.

Fig. 6.164 – Válvula esfera Orbit (Cortesia Cameron)

A válvula Orbit é uma patente de 1935 da empresa Cameron e é considerada um projeto diferenciado e inovador quando comparado com os projetos de válvulas convencionais.

Suas principais características são:

– Inexistência de atrito entre obturador e sede durante operação de abertura e fechamento.

– Vedação estanque (zero *leakage*) obtida através do sistema de acionamento que comprime mecanicamente o obturador (Core) contra a sede.

A válvula esfera Orbit pode ser encontrada com as seguintes características:
- Diâmetros: 1" a 20".
- Classes: ASME 150 a 2.500.
- Passagem Plena ou Reduzida.
- Conexões: Flangeada, Soldada ou Roscada.

Aplicações mais comuns:

1. Processamento de Gás:
   - Secagem e Remoção de Umidade do Gás (*Molecular Sieves*).
   - Isolamento de Unidades Críticas de Processo e *Shutdown*.
   - GLP.

2. Produção
   - Manifolde de Produção.
     - Presença de areia.
     - Materiais 22Cr e 25Cr.
   - Injeção de Poços.

3. Refinarias
   - Unidades de Craqueamento Catalítico.
   - Isomerização.
   - Isolamento de Unidades Críticas de Processo e *Shutdown*.

4. Petroquímica
   - Unidade de Etileno.
   - Unidade de Propileno.
   - Unidade de Amônia.

5. Pipeline
   - Linha de Produtos.
   - Sistema de Medição.
   - Lançadores e Recebedores de PIG.

Na operação de abertura, o sistema combinado de acionamento (translação e rotação) promove o afastamento do obturador da sede proporcionando fluxo imediato ao redor de toda a área circular da sede (3.600) removendo todo detrito e/ou impureza que possam vir a danificar a sede ou mesmo a face do Obturador.

A construção do tipo *Top Entry* permite acesso aos internos sem necessidade de remoção da válvula da linha.

| Para fechar a válvula, basta acionar o volante, e a haste começará a baixar. | O canal em forma de espiral da haste trabalhará contra pino-guia fixo no castelo, fazendo com que a haste gire. | Ao continuar acionando o volante a haste irá girar 90°, sem que haja contato entre as faces de vedação. | Nas voltas finais do acionamento do volante, a haste irá descer e empurrar o obturador, pressionando-o firmemente contra a sede de vedação da carcaça. |

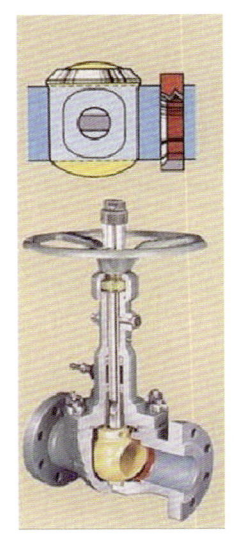

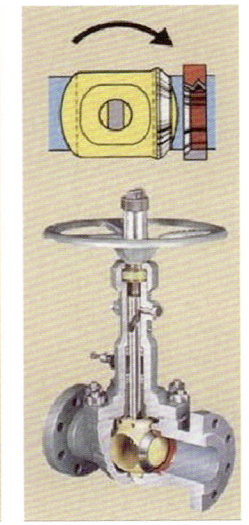

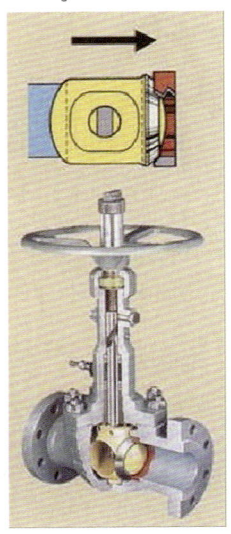

Fig. 6.165 – Ilustração do movimento do obturador (Cortesia Cameron)

As sedes com opção de vedação metal × metal e/ou resiliente e obturador têm a face revestida com níquel puro depositado através de processo de solda com espessura final em torno de 1,5 mm e dureza em torno de 70 Rc.

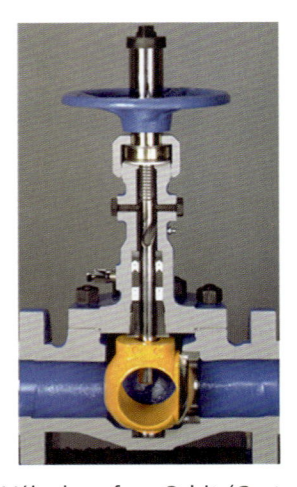

Fig. 6.166 – Válvula esfera Orbit (Cortesia Cameron)

6. Válvulas de Bloqueio

A existência de uma vasta combinação de materiais, disponíveis para construção do corpo, obturador (Core), haste e sedes, que variam desde aço carbono até ligas especiais tais como Monel, Duplex ou Super Duplex, proporciona aplicação variada, considerando altas e/ou baixas temperaturas (– 46°C a 427°C) e fluidos limpos, corrosivos ou contendo sólidos em suspensão.

Outra característica importante é a inexistência de vedação secundária elastomérica (Oring's) que limita a temperatura de aplicação e evita falhas causadas pela descompressão explosiva (*Explosive Decompression*).

Seu projeto atende às características *Fire-Safe*, tendo sido homologado/certificado pelo Lloyds Register segundo norma API 607 (4ª edição).

Fig. 6.167 – Teste para homologação da válvula esfera Orbit

As válvulas esferas modelo Orbit podem ser fornecidas com diversos tipos de acionamento, desde acionamento manual até automatizadas, equipadas ou não com sistema de instrumentação adequada à necessidade de cada aplicação. Em resumo estão disponíveis com as seguintes características:

- Acionamento manual via volante direto ou caixa de engrenagem.
- Pneumático tipo pistão ou diafragma dupla ação.
- Pneumático retorno por mola com posição de falha aberto ou fechado.
- Hidráulica dupla ação.
- Hidráulico retorno por mola com posição de falha aberto ou fechado.
- Elétrico.

7. Válvulas de Alta Performance (FCC)

São válvulas de alta performance utilizadas em refinarias que possuem Unidades de Craqueamento Catalítico Fracionado.

O craqueamento catalítico é um processo de refino que visa aumentar a produção de gasolina e GLP, convertendo cortes pesados de petróleo (gasóleos e resíduos) em frações mais leves de alto valor comercial.

O processo consiste na quebra de moléculas pesadas, por ação de um catalisador à base de sílica-alumina, em alta temperatura. As reações de craqueamento ocorrem no *riser* (reator), produzindo gás combustível, gasolina, GLP, coque etc. O coque deposita-se na superfície do catalisador, desativando-o e por isso ele é queimado com ar no regenerador, restabelecendo a atividade do catalisador.

7.1. Válvula *Slide*

É uma válvula projetada para regular com grande precisão o fluxo do catalisador. Seu corpo é composto de uma camada interna (quente), com revestimento altamente resistente à abrasão, altas velocidades e altas temperaturas, revestimento este fixado através de uma malha hexagonal. A parede externa (fria) é feita de aço carbono. As válvulas *Slides* pesam entre 15 e 20 toneladas e são capazes de operar a temperaturas acima de 950ºC.

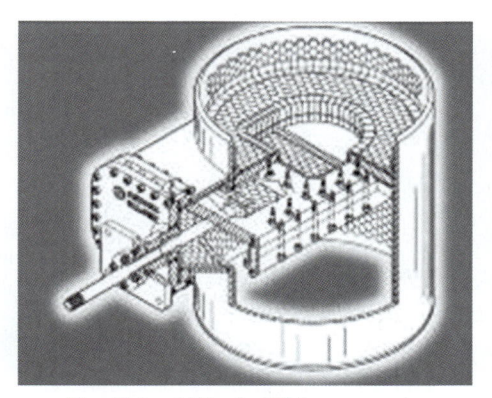

Fig. 7.1 – Válvula *Slide* em corte
(Cortesia Remosa)

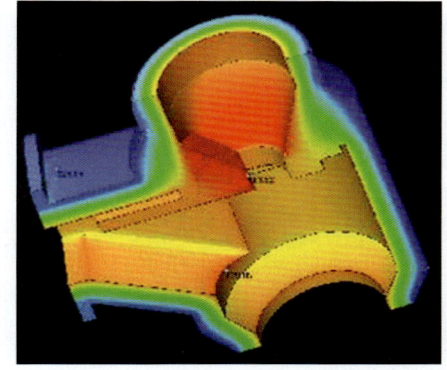

Fig. 7.2 – Detalhe do duplo revestimento
(Cortesia Remosa)

7.1.1. Principais Componentes da Válvula *Slide*

Corpo

Também conhecido como carcaça, é onde estão instalados todos os componentes fixos e móveis. Este é construído com uma parede dupla, chamada de camada fria e quente, isto é, internamente (quente) essa válvula possui um revestimento altamente resistente à abrasão, altas velocidades e altas temperaturas, e é fixado através de uma malha hexagonal. A parede externa é feita de aço carbono.

Obturador (Disco)

O obturador da válvula *Slide* é também conhecido como disco. O projeto dos discos de *design* mais moderno no mercado leva em consideração a campanha de operação e o Delta P da temperatura de trabalho.

A espessura dos discos modernos está entre 110 e 115 mm e a máxima deflexão permissível no meio do disco é de 0,127 mm.

No passado, a espessura dos discos era em média entre 60 e 68 mm, e facilmente estes discos rompiam devido à espessura insuficiente. Esses discos não asseguravam a correta performance dessas válvulas.

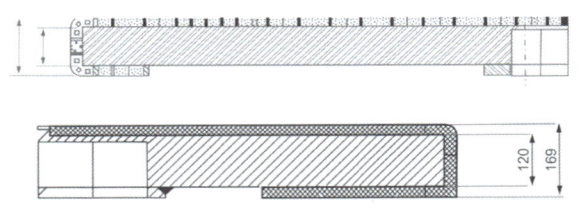

Fig. 7.3 – Disco superior: espessura 68 mm.
Disco inferior: espessura 120 mm (Cortesia Remosa)

Fig. 7.4 – Disco de espessura superior

Fig. 7.5 – Malha hexagonal

7. Válvulas de Alta Performance (FCC)

As grandes distorções no disco são causadas por falta de área de contato, principalmente na área de apoio do disco com as guias e com o ajuste da placa de orifício.

A espessura metálica insuficiente do disco, combinada com *design* errado, amplia problemas de ajuste mecânico do conjunto da válvula.

Fig. 7.6 – Acabamento retificado

Fig. 7.7 – Detalhe da fixação da haste motora

Fig. 7.8 – Disco de geração anterior

Fig. 7.9 – Disco de baixa espessura

Guias

É o elemento que direciona o movimento do disco no interior da válvula.

A área de contato entre o disco e a guia deve manter medidas constantes. O esforço inicial de acionamento será elevado sobre a guia, enquanto que no disco esse será mínimo.

Em condições normais, há deformações verticais e horizontais entre a folga dimensional do disco em relação às guias. Em alguns casos o disco sai do suporte da guia devido à abertura que nela existe, no sentido da parede da válvula.

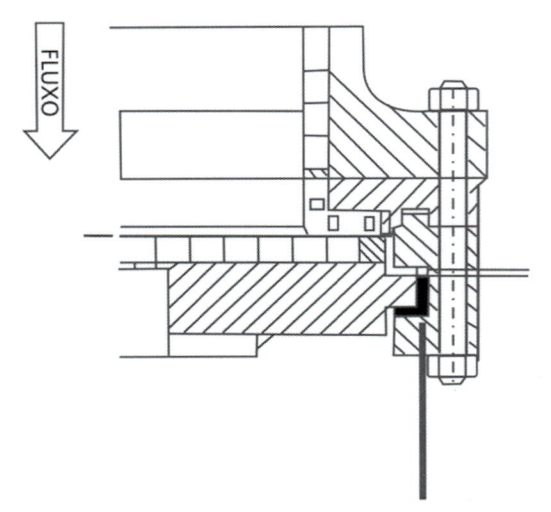

Fig. 7.10 – Guia (Cortesia Remosa)

As antigas guias no formato U eram deficientes pois não permitiam a performance correta das válvulas *Slides*. As guias modernas são confeccionadas no formato L. Este novo *design* aumentou muito a confiabilidade das válvulas *Slides*.

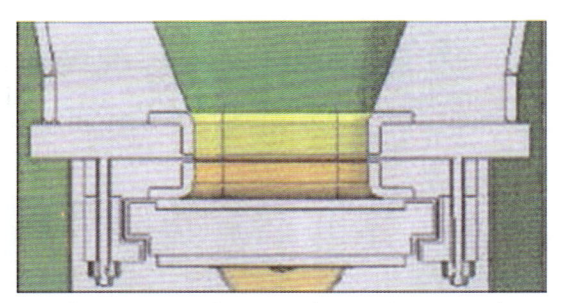

Fig. 7.11 – Guias em L (Cortesia Remosa)

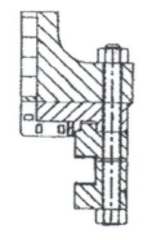

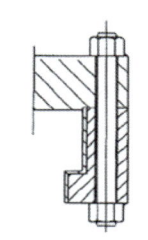

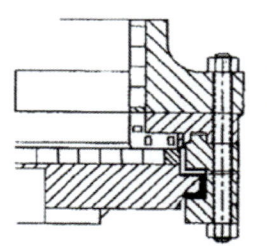

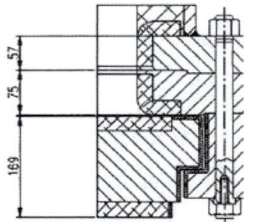

Fig. 7.12 – Guia em U   Fig. 7.13 – Guia em L   Fig. 7.14 – Conjunto U   Fig. 7.15 – Conjunto L
(Cortesia Remosa)

O novo conjunto guia e disco confere máxima resistência e baixa distorção, e a área de deslizamento do conjunto tem maior espessura do que os modelos antigos.

7. Válvulas de Alta Performance (FCC)

Fig. 7.16 – Guias e placa de orifício

Placa de Orifício

Dispositivo formado por uma placa com um furo calibrado (orifício), instalada transversalmente ao fluxo de fluido da tubulação, de modo a causar uma mudança brusca de seção. Esta mudança brusca de seção implica uma aceleração do escoamento principal, com aparecimento de regiões de escoamento secundário, antes e depois da placa. Uma tomada de pressão instalada a montante e outra a jusante da placa permitem determinar a vazão da tubulação.

As modernas placas de orifício para válvulas *Slides* são alongadas para poderem suportar as guias, evitando distorções em função do peso das guias e da temperatura da operação. Distorções verticais são reduzidas a zero e as folgas entre o disco e as guias são preservadas.

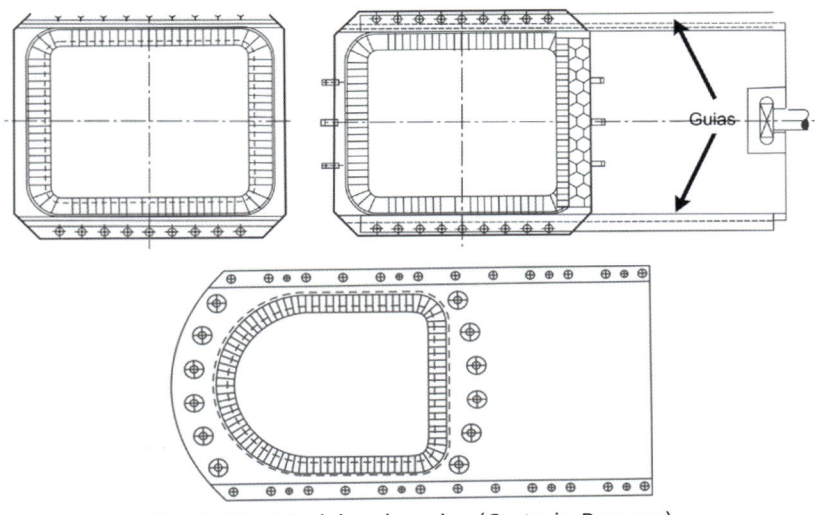

Fig. 7.17 – Modelos de guias (Cortesia Remosa)

Figs. 7.18 e 7.19 – Guias e placa de orifício

Castelo

É a tampa da carcaça. É através da desmontagem deste componente que se acessam os componentes internos da válvula *Slide*.

Fig. 7.20 – Castelo

Junta (Lip Seal)

Par de juntas metálicas com ambas as faces lapidadas, isto é, com excelente acabamento superficial, que são soldadas entre si e contra as superfícies do castelo e do corpo.

Figs. 7.21 e 7.22 – Junta *(Lip Seal)*

Caixa de Selagem ou Caixa de Gaxetas

Tem por função proteger a válvula de vazamentos nos pontos onde a haste passa através do castelo.

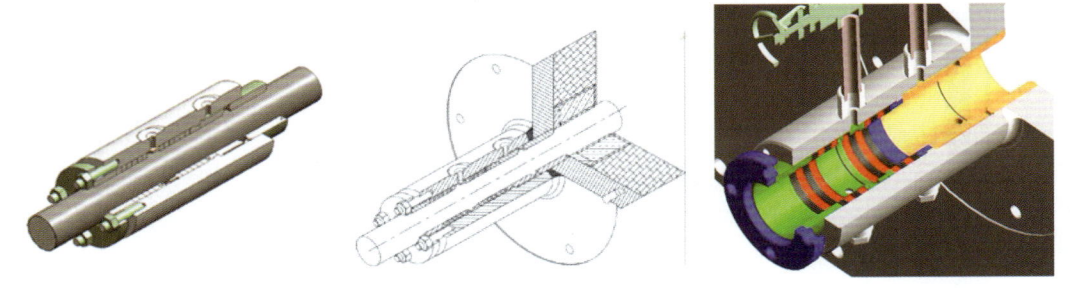

Fig. 7.23 – Caixa de selagem (Cortesia Remosa)

Haste

Elemento que transmite a translação, possibilitando a abertura e o fechamento da válvula. Fabricada em inox 304 H, com revestimento superficial em cromo duro e acabamento retificado, sua concentricidade é muito importante para a perfeita vedação da válvula, já que esse elemento recebe a força mecânica do ajuste das gaxetas. A integridade e a lubrificação da rosca na extremidade superior da haste são vitais para o acionamento macio da válvula.

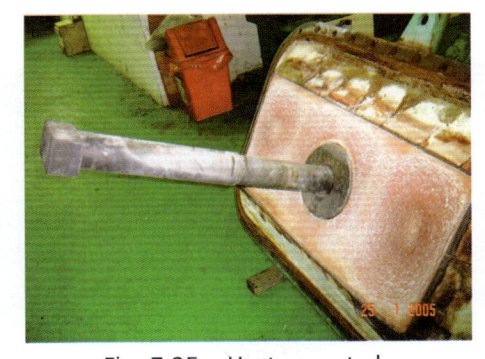

Fig. 7.24 – Haste

Fig. 7.25 – Haste montada

Acionamento

As válvulas de alta performance são especiais. Estas válvulas possuem central de controle local onde podem operar em modo local ou receber comando remoto do SDCD. A estação de controle opera um único atuador montado na válvula. Os controles eletrônicos e hidráulicos trabalham em conjunto para posicionar a gaveta, disco ou plugue, relativo ao sinal de comando 0-100% gerado na sala de controle.

OSMAR JOSÉ LEITE DA SILVA

Fig. 7.26 – SKID

A unidade de força hidráulica inclui reservatório de óleo com os seguintes acessórios: indicadores de nível e temperatura, transmissores de temperatura e nível e tampa de ventilação filtrada. Existem duas bombas movidas a motores elétricos.

Fig. 7.27 – Bombas de óleo

Fig. 7.28 – *Coller* (Sistema de Refrigeração)

Cada bomba pode ser utilizada para função principal ou reserva. Tendo como referência os transmissores de pressão que atuam no automatismo das bombas, o circuito de automatismo do motor permitirá início automático da bomba.

7. Válvulas de Alta Performance (FCC)

A unidade de controle hidráulico contém acumuladores para cada serviço, seja principal e ESD/função reserva, *manifolds* de controle eletrônico de posição, todos montados na estrutura de aço inox (SKID).

Fig. 7.29 – Componentes mecânicos e hidráulicos do atuador

Fig. 7.30 – Acumuladores

O atuador montado na válvula está ligado à estação de controle hidráulico através de tubulação e mangueiras. O sinal de realimentação é gerado no atuador e fornecido à unidade de controle eletrônico na HPU.

Fig. 7.31 – *Double Disc Slide* durante *strock test*

Um volante de engrenagem manual é fornecido como parte do projeto do atuador. Embora esta operação seja possível, ela é extremamente lenta, já que o pistão movimenta 1 mm após 80 voltas do volante.

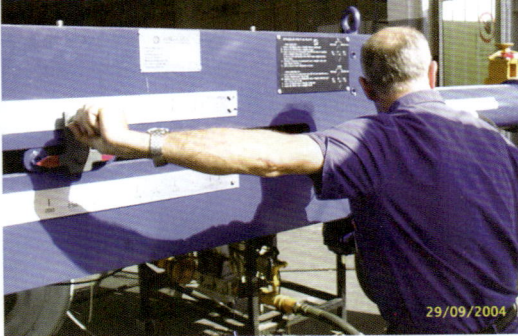

Fig. 7.32 – Volante

Fig. 7.33 – Acionamento manual

7.2. DOUBLE DISC SLIDE VALVE

Controla pressão do regenerador da UFCC e é composta de duas *Slides* válvulas, dispostas a 180 graus uma da outra, em um único corpo.

Fig. 7.34 – *Double Disc Slide*

Fig. 7.35 – *Double Disc Slide*

Os discos possuem na sua extremidade um *design* diferenciado. Quando este modelo de válvula está totalmente fechado permite um fluxo mínimo de fluido. Estas válvulas são acionadas através de atuadores independentes, monitorados por um único PLC e foram projetadas para absorver grandes deformações e desgastes.

Fig. 7.36 – Disco oblíquo da *Double Disc Slide*

7.3. Pote de Selagem

Este equipamento não é uma válvula, mas o entendimento do seu funcionamento facilitará a compreensão da razão de ser da *Diverter valve* que veremos a seguir. O processo de craqueamento, após a reação no regenerador, gera um grande fluxo contínuo de gases a 750°C. Este fluxo de gás com grande quantidade de energia pode ter dois destinos: ser reaproveitado em uma caldeira ou ser eliminado por uma chaminé.

Este equipamento é constituído de dois potes interligados com o regenerador. O fluxo de gases de queima pode seguir tanto no sentido da chaminé quanto alimentar uma caldeira, sendo determinante para o sentido do fluxo do gás o nível de água colocado em determinado pote, redirecionando o fluxo.

Fig. 7.37 e 7.38 – Pote de selagem

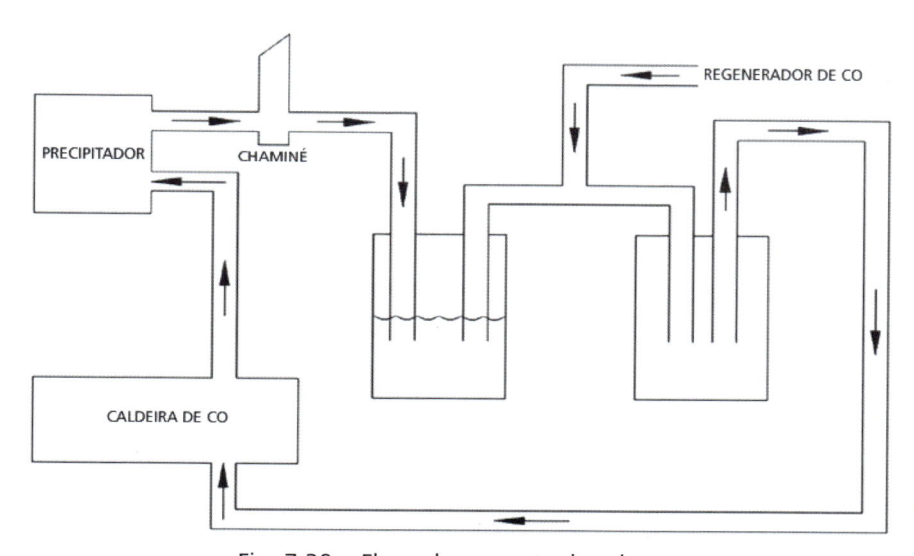

Fig. 7.39 – Fluxo de um pote de selagem

7.3.1. Desvantagens do Pote de Selagem

- São equipamentos sujeitos por premissa de projeto a choques térmicos intensos, tanto no componente metálico como no refratário.
- Requerem manutenção extensiva em todas as paradas, tanto na camisa como no refratário. A vida de uma camisa de 410 é de duas campanhas, e a de uma de 304 em torno de uma campanha.
- Requerem controle do PH da água, ponto quase sempre negligenciado frente a outras variáveis de processo muito mais "prioritárias" na visão da operação.

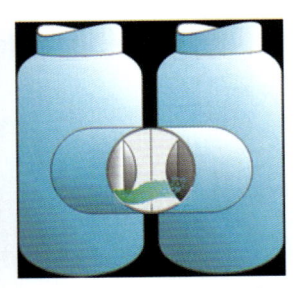

Fig. 7.40 – Difícil controle do nível da água (Cortesia Remosa)

- Geram umidade vaporizada, que no trecho a jusante do duto de *flue gas* após o pote condensa nas partes frias das juntas de expansão, levando-as a um acentuado processo corrosivo.
- Há vários casos ocorridos em refinarias no exterior de camisas que colapsaram e interromperam campanhas.

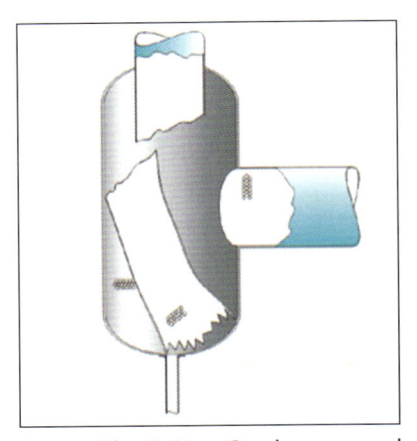

Fig. 7.41 – Camisas que colapsaram (Cortesia Remosa)

- A água descartada é extremamente ácida e vai para as unidades de tratamento de água, sobrecarregando-a. O volume da água varia muito, havendo grandes perdas de água, provavelmente por problemas internos no pote de *by-pass*.

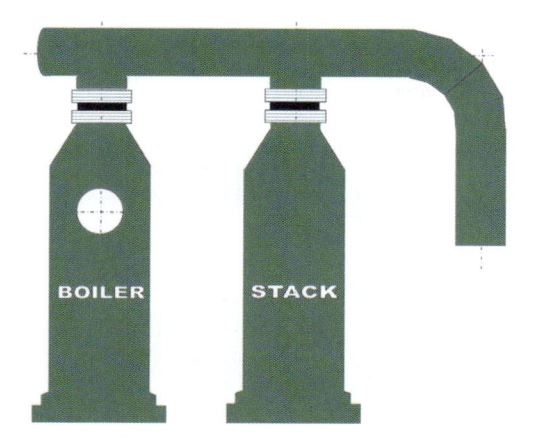

Fig. 7.42 – Pote de Selagem
(Cortesia Remosa)

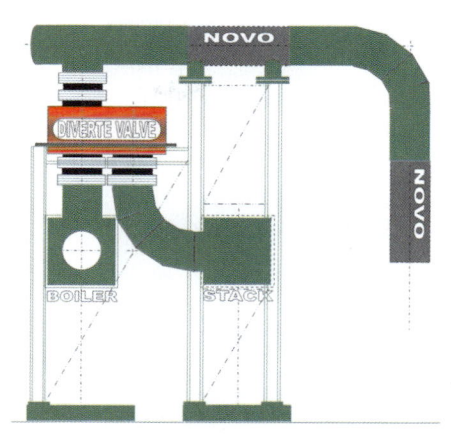

Fig. 7.43 – *Diverter Valve*
(Cortesia Remosa)

7.4. DIVERTER VALVE

Frequentes problemas com relação à baixa confiabilidade dos potes de selagem levaram ao desenvolvimento de um modelo de válvula de alta confiabilidade visando a segurança e o aumento da confiabilidade das unidades FCC's.

A *Diverter Valve* é uma válvula direcional de uma entrada e duas saídas, trabalhando no sistema ON-OFF, isto é, trabalha com uma saída aberta e outra fechada.

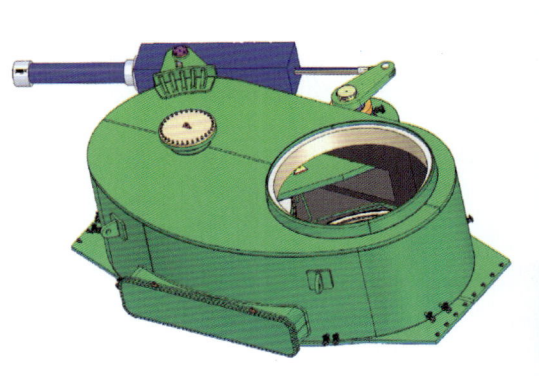

Fig. 7.44 – *Diverter Valve* (Cortesia Remosa)

Este modelo de válvula tem por finalidade receber o CO e direcioná-lo para a caldeira através de uma das suas saídas, enquanto a outra saída, quando alinhada, é direcionada para a chaminé. Esta é usada quando a caldeira apresenta situações anormais de processamento.

Figs. 7.45 e 7.46 – *Diverter Valve* (Cortesia Remosa)

Em 1998, o Brasil, através da Petrobras, adquire a maior válvula deste modelo no mundo, instalada na Refinaria Presidende Bernardes em Cubatão, pesando 90 toneladas e medindo 3,84 metros de altura por 8,52 metros de comprimento.

Um ano depois, em 1999, a Refinaria do Sistema Petrobras Alberto Pasqualini, RS, instalou uma *Diverter* ainda maior, com peso de 165 toneladas. Com isso, as duas maiores válvulas deste modelo no mundo estão no Brasil, ambas de fabricação da empresa italiana Remosa.

Fig. 7.47 – *Diverte*r (Cortesia Remosa)

Outras unidades do Sistema Petrobras também possuem este modelo de válvula.

7. Válvulas de Alta Performance (FCC)

Refinarias Nacionais	Ano	Modelo	Peso (t)
Reduc	Jan./1997	Pêndulo	53.000
RPBC	Jun./1998	Pêndulo	90.000
Refap	Ago./1998	Pêndulo	165.000
Recap	Set./1998	Pêndulo	66.280
Refap	Jan./2002	Linear	28.000

Componentes Internos

Fig. 7.48 – Carcaça da *Diverter* (Cortesia Remosa)

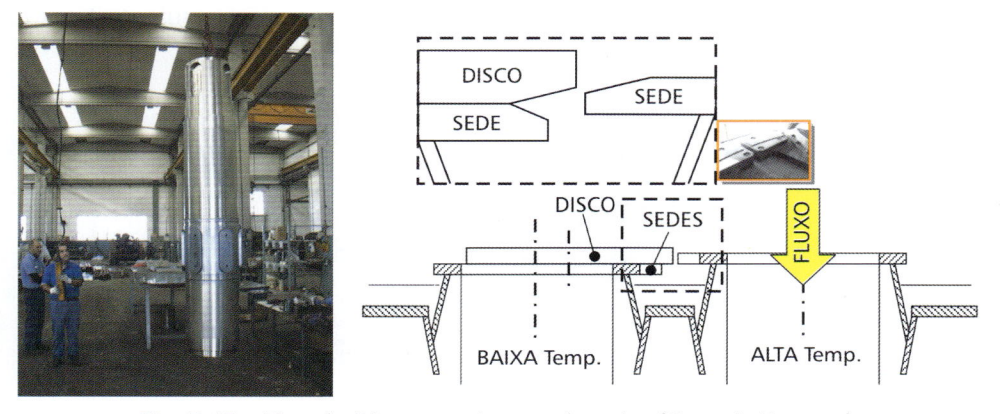

Fig. 7.49 – Eixo da *Diverter* e sistema de guias (Cortesia Remosa)

7.4.1. Vantagens da *Diverter Valve*

Não paralisa unidades de processo. No máximo desvia parte do *flue gas* para a chaminé. Não é ameaça à confiabilidade da campanha da unidade; quando falha ameaça no máximo a sua eficiência térmica.

- Não apresenta choque térmico intenso.
- No caso da *Diverter*, as bases de sustentação dos potes podem ser aproveitadas, não necessitando de construção civil, já que o espaço permite bom acesso para máquina de elevação de cargas, a remoção dos potes é rápida.
- Juntas de expansão e dutos de ligação podem ser pré-fabricados e a montagem é rápida. Tudo isto faz com que a instalação seja barata.

7.5. VÁLVULA *PLUG*

Sua função é controlar o nível de catalisador no vaso separador.

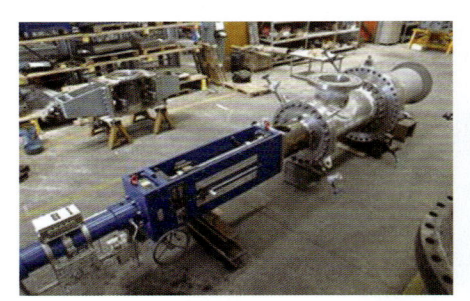

Fig. 7.50 – Modelos de *plug*

O Brasil possui uma das maiores válvulas deste modelo no mundo, com aproximadamente10 metros de comprimento, seu obturador possui 29" (vinte e nove polegadas) de diâmetro. Dentro do Sistema Petrobras, esta é a maior válvula deste modelo instalada no Brasil.

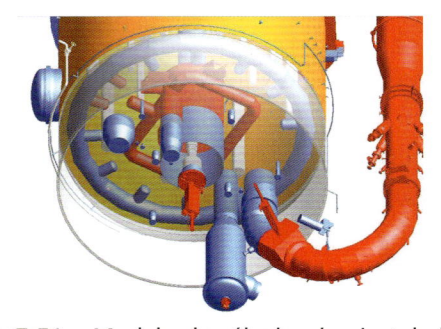

Fig. 7.51 – Modelo de válvula *plug* instalada

7.6. VÁLVULA BORBOLETA PARA FCC

As válvulas borboletas de UFCC's são empregadas principalmente para tubulações de grandes diâmetros, baixas pressões, altas temperaturas e fluidos que contenham particulado em suspensão, assim como para serviços corrosivos.

São válvulas borboletas projetadas de modo que o contato entre o anel de vedação e a sede ocorra somente no exato momento em que a válvula está totalmente fechada, eliminando qualquer atrito entre a vedação e a sede e, consequentemente, o desgaste dos elementos de vedação.

Fig. 7.52 – Válvula borboleta de FCC

7.7. EXPERIÊNCIA PRÁTICA DE MANUTENÇÃO NÃO-PROGRAMADA EM VÁLVULAS DE ALTA PERFORMANCE

Os eventos citados a seguir ocorreram em uma refinaria da Sicília e foram motivados por uma defasagem tecnológica que já foi corrigida, com a aquisição de novas válvulas com *design* e materiais diferenciados, projetadas para campanhas de cinco anos.

Durante operação normal da unidade UFCC ocorreu queda de pressão no regenerador, que não pôde ser controlada, levando à necessidade da parada geral da unidade.

O motivo do descontrole operacional foi a queda dos obturadores das válvulas *Slide*, fato já ocorrido em oportunidades anteriores.

O deslocamento lateral das guias provocou a queda dos obturadores. Este deslocamento começou a ser observado após a última parada programada, quando pela primeira vez foi constatada uma abertura das guias, com risco de queda dos obturadores.

Após aproximadamente três anos, foi registrada a queda de um obturador da válvula *Slide* superior. Na tentativa de minimizar a possibilidade de novas ocorrências similares, foram instalados tirantes auxiliares de fixação, de maneira a dificultar a abertura das guias, fato que provoca a queda dos obturadores.

Nas paradas que se sucederam após essa data, não ocorreu queda dos obturadores. Entretanto, em três ocasiões foram substituídos preventivamente os tirantes auxiliares de travamento das guias, bem como os estojos de fixação dos mesmos, com o intuito de evitar a queda dos obturadores durante a campanha, pois estes componentes se encontravam deformados e/ou erodidos.

Esses fatos nos levam a acreditar que a vida útil desse sistema de fixação e travamento está entre 2 e 3 anos, dependendo das condições operacionais.

Fig. 7.53 – Abertura dos trilhos da Slide 1 Leste

7.7.1. Inspeção, Sequência e Análise da Ocorrência

Durante a inspeção das válvulas *Slide*, verificamos:

a) Válvula *SLIDE* 1 (superior): queda do obturador Leste, alongamento e deformação dos estojos de fixação das guias de deslizamento dos obturadores, ruptura dos tirantes auxiliares de travamento dos trilhos junto às suas fixações e uma leve erosão na ponta das hastes de acionamento dos obturadores.

b) Válvula *SLIDE* 2 (inferior): queda dos obturadores Leste e Oeste, alongamento e deformação dos estojos de fixação das guias de deslizamento dos obturadores, ruptura dos tirantes auxiliares de travamento das guias junto às suas fixações e uma deformação vertical da haste do obturador Oeste em aproximadamente 80° para baixo, além de um leve desgaste na sua extremidade.

Fig. 7.54 – Tirante auxiliar de travamento dos trilhos

Sequência da Ocorrência

Numa análise conjunta entre engenharia, inspeção e operação não houve consenso para se estabelecer com certeza a sequência com que os fatos aconteceram.

Análise da Ocorrência

A queda dos obturadores tem como causa básica a deformação axial por fluência, associada à deformação lateral por flexão, dos estojos de fixação das guias ao cone das *slides*. Essas deformações permitem o deslocamento das guias de deslizamento dos discos para baixo, provocando uma abertura entre o cone e as guias, e, consequentemente, os obturadores ficam sem apoio adequado e caem.

O alongamento dos estojos de fixação das guias permite um aumento da vibração do conjunto, expondo os tirantes auxiliares de travamento a ciclos de fadiga adicionais, além do existente normalmente no conjunto. Após algum tempo esses tirantes rompem preferencialmente nos pontos de entalhe mecânico (roscas) ou de entalhe metalúrgico (soldas de fixação).

A causa básica do alongamento dos estojos está ligada ao subdimensionamento dos mesmos, com duas soluções possíveis:

- Usar estojos com diâmetro maior, que leva ao aumento dos furos nas guias. Esta solução não é a mais conveniente, pois exigiria a remoção dos internos para execução da nova furação e ainda a furação no campo do flange do cone das válvulas.

- Substituição do material dos estojos de ASTM-A-193 gr B8 para ASTM-A-453 660 Classe 3, que resiste melhor à fluência (*creep*) na temperatura de operação das válvulas *slide*, mantendo o diâmetro dos estojos. Esta é, hoje, a solução técnica e economicamente mais viável.

Fig. 7.55 – Haste da *slide*

O emprego dos tirantes auxiliares de travamento das guias, instalados em 1995, dificulta sua abertura e impede, dessa maneira, a queda dos obturadores. Entretanto, nessa ocorrência todos os quatro tirantes romperam e permitiram a abertura das guias.

A análise da fratura dos tirantes de travamento revelou que a ruptura ocorreu por fadiga, a partir de trinca iniciada nos entalhes mecânicos (roscas) ou metalúrgicos (solda) existentes na ponta dos tirantes. Dois dos tirantes romperam na região roscada e os outros na solda de fixação executada sobre as roscas. Para melhorar a resistência à fadiga, os novos tirantes instalados foram fixados através de pequenas chapas soldadas na ponta deles, que foram fabricados a partir de barras lisas. Dessa maneira, esperamos reduzir os entalhes de iniciação das trincas de fadiga, aumentando a resistência à fadiga do conjunto.

Deve ser ressaltado que com a ruptura dos tirantes auxiliares de travamento dos trilhos estes perderam a finalidade de impedir a queda dos obturadores, porém não foram as causas da queda.

Conclusões:

- A causa básica da queda dos obturadores é o subdimensionamento à fluência dos estojos de fixação dos trilhos ao cone, na atual condição de operação da unidade, que foi projetada originalmente para processar 7.500 m^3/dia e hoje opera com até 10.000 m^3/dia, fato que elevou a carga de pressão dinâmica que atua sobre a superfície dos obturadores. Esta deficiência permite a abertura das guias.
- Os tirantes auxiliares de travamento dos trilhos fornecem ao sistema de fixação original dos obturadores uma robustez maior, com o objetivo de evitar a abertura das guias e a consequente queda dos obturadores. Porém, a vida deste sistema se mostrou eficaz somente durante uma campanha estimada entre 2 e 3 anos, para as atuais condições de trabalho.
- Devem ser evitados o uso de barras roscadas para a confecção dos tirantes de travamento bem como a localização das soldas de fixação diretamente sobre as barras. Recomendamos o uso de barras lisas com as soldas de fixação entre as chapas de fixação e a ponta das barras.

Recomendações

Para minimizar a possibilidade de novas ocorrências, os reparos executados foram:

a) Refeito o reforço das guias com novos tirantes a partir de barras lisas.

b) A fixação dos tirantes foi executada com solda entre pequenas chapas de fixação e a ponta das barras.

c) Sempre que possível, as válvulas *Slide* foram operadas através de movimentação simétrica de ambos os obturadores, com a finalidade de minimizar sobrecargas localizadas.

A longo prazo, recomendamos as seguintes providências:

a) Estudar modificações no projeto mecânico, de maneira a substituir o material dos estojos e adequar a fixação das guias de deslizamento das válvulas *Slide* à condição operacional atual. Estas medidas deverão ser implantadas na próxima parada programada da unidade.

b) Estudar modificações nos projetos mecânicos e de processo, de maneira a reduzir a vibração da parede da câmara de orifícios.

7.7.2. Manutenção Preventiva em Válvulas de Alta Performance

Verificação do sistema de acionamento:
- verificação do nível de óleo do *Skid* e sua reposição;
- verificação da contaminação do óleo do sistema hidráulico;
- verificação da temperatura do óleo;
- verificação de vazamentos nas mangueiras e no cilindro de acionamento;
- verificação da pressão dos acumuladores;
- Drenagem para retirada do condensado.

7.7.3. Análise de Falhas

Válvulas *Slides* que são submetidas à manutenção preditiva e preventiva possuem pequena probabilidade de falhar, pois a mesma contém uma série de sistemas redundantes e alarmes que indicam e protegem o bom funcionamento da válvula. Grandes descontroles operacionais podem causar danos a este modelo de válvula.

7.7.4. Manutenção Planejada em Válvulas de Alta Performance

Realizada somente em paradas de manutenção, sempre após uma campanha é necessária a substituição de todos os prisioneiros e porcas do conjunto placa de orifício e guias. No exterior, a prática é a substituição também das guias, discos e placa de orifício após uma campanha, isto é, de 48 a 60 meses de acordo com as características da unidade.

8. Válvulas de Regulagem

8.1. Válvulas Globo

Este modelo de válvula é utilizado para controle de vazão e abertura e fechamento em qualquer graduação desejada, com desgastes mínimos por erosão. A válvula globo possui um obturador que se ajusta a uma sede dentro de uma carcaça em forma de globo. O orifício da sede está geralmente em posição paralela ao sentido de escoamento do fluido, mas, em contrapartida, oferece elevada perda de carga em virtude da brusca mudança de direção imposta ao fluido.

A vedação deste modelo de válvula é bem superior à das válvulas gavetas. As sedes de vedação são na maioria dos casos metal contra metal e por isso muitas válvulas globo podem ser consideradas à prova de fogo, desde que o obturador e a sede sejam de metais de alto ponto de fusão (mais de 1.100°C).

Fig. 8.1 – Válvula globo

Válvulas globo de pequenos diâmetros podem ter vedações resilientes, como Teflon, Viton, Kalrez etc. Embora o uso de vedações não-metálicas proporcione uma excelente vedação, as mesmas ficam limitadas às temperaturas de trabalho.

Basicamente as válvulas globo são utilizadas em serviços de regulagem dos seguintes fluidos:

- Água.
- Óleos.
- Vapor.
- Gases.
- Líquidos em geral.

Vantagens
- Utilizadas em amplas faixas de temperatura e pressão.
- Controle do fluxo de fluido.
- Estanqueidade total.
- Abertura e fechamento mais rápidos do que as válvulas gaveta.
- A manutenção da selagem da sede pode ser realizada sem a remoção da carcaça da linha.

Desvantagens
- Perda de carga elevada.
- Não admite fluxo nos dois sentidos.

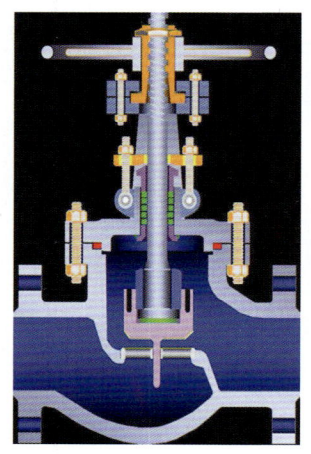

Fig. 8.2 – Válvula globo *standard* (Cortesia Crane)

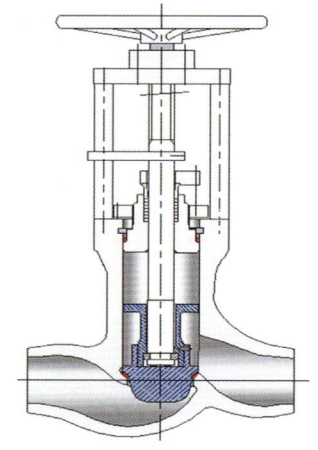

Fig. 8.3 – Válvula globo de alta pressão (*Pressure Seal*) (Cortesia Tyco)

8.1.1. Principais Componentes da Válvula Globo

Obturador

Para cada modelo de obturador, a perda de carga causada tem valores diferentes para o mesmo curso de abertura, modificando as características de vazão. Portanto,

8. Válvulas de Regulagem

de acordo com a aplicação a que são especificados, os obturadores que dão nome a alguns modelos de válvulas globo podem ter as seguintes formas construtivas:

PLANO – Especificado para condições severas de controle e escoamento, a área de vedação da sede da carcaça não é atacada pela alta velocidade de escoamento do fluxo de fluido. Independente da posição do obturador, apenas a sua face inferior fica exposta às variações na velocidade de escoamento e ações abrasivas, cavitantes e erosivas do fluido.

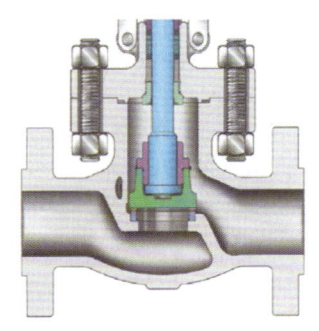

Fig. 8.4 – Plano (Cortesia Hiter)

ESFÉRICO – Especificado para processos que controlam vapor d'água com variações na pressão e na temperatura, seu *design* garante a vedação por um período maior se comparado com outros modelos de obturadores. O perfil esférico permite ao fluxo de fluido escoar de forma direcionada, com ganhos na redução do desgaste, vibração e ruído.

Fig. 8.5 – Esférico

CÔNICO – Sendo o mais utilizado em função da sua maior facilidade de vedação, este modelo de obturador se alinha automaticamente com a sede de vedação da carcaça, facilitando o fechamento da válvula e proporcionando uma ótima vedação.

A sede cônica causa uma aceleração progressiva na velocidade de escoamento do fluxo de fluido quando o obturador está próximo da posição fechada, isto é, quanto menor for a conicidade do obturador melhor será a vedação da válvula.

Fig. 8.6 – Cônico

GUIADO – Especificado quando há necessidade de orientar o obturador em relação ao anel de vedação da sede, apropriado em válvulas instaladas em tubulações verticais ou sujeitas a vibração e alta velocidade de escoamento causada por alta queda de pressão.

Fig. 8.7 – Guiado

AGULHA – Especificado para válvulas de pequeno porte, até 2", seu formato em forma de agulha é utilizado em processos de alta pressão para um controle mais fino das variáveis de processo. O controle é realizado através do passe da rosca da haste, que permite um leve movimento linear para cada volta de acionamento.

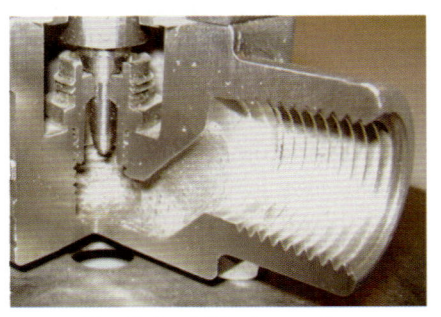

Fig. 8.8 – Válvula agulha

8. Válvulas de Regulagem

Este modelo de obturador não deve ser utilizado com alto teor de sólidos ou fluidos que possam cristalizar, obstruindo sua pequena passagem.

Sede

Superfície de vedação do corpo da válvula que recebe o obturador, e que pode ser construída e ajustada das seguintes formas:

SEDE FIXA – Pode ser roscada, prensada ou soldada no corpo.

Fig. 8.9 – Sede fixa (Cortesia Hiter)

SEDE NO PRÓPRIO CORPO – Usinada diretamente na carcaça, normalmente um revestimento de solda é depositado diretamente na área de vedação desta sede, para que a dureza seja maior do que o material da carcaça.

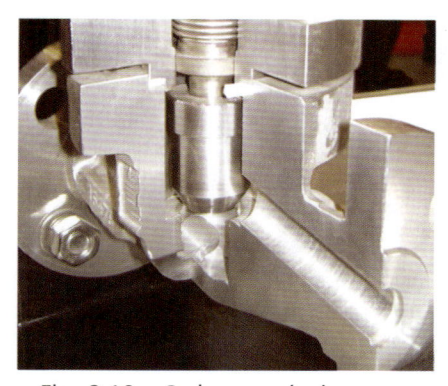

Fig. 8.10 – Sede no próprio corpo

Haste

Elemento que transmite movimento para o obturador, esta pode ter as seguintes configurações:

1. **Haste com Rosca Externa** – O volante é fixo na haste e os dois giram, sobem e descem juntos.

Este tipo de construção é utilizado se o fluido que atravessa a válvula for muito abrasivo, ou se houver necessidade de lubrificação permanente. No caso de válvulas com redutor ou atuador elétrico, a haste sobe sem girar, sendo levantada pela própria rosca porque a mesma é guiada pelo pino (ou chaveta) no castelo, através de um rasgo na própria haste ou pela própria bucha, através de um fresado quadrado na cabeça da haste e na mesma (bucha). As válvulas com volante de impacto/reduto deverão ter o material da haste em A-410, não sendo recomendado o uso de material série 300, em função da resistência à torção/flexão.

2. **Haste com Rosca Interna** – Esse tipo de construção é utilizado para líquido não abrasivo e onde não se necessite de lubrificação permanente.

O volante é fixo na haste e os dois sobem, giram e descem juntos. A haste possui uma rosca macho, cortada na parte inferior, que encaixa numa rosca fêmea, cortada no próprio castelo/tampa da válvula. O obturador é encaixado na parte inferior da haste, de uma maneira solta, de modo que permita que suba e desça juntamente com a haste, mas sem girar juntos.

Fig. 8.11 – Válvula globo com haste externa

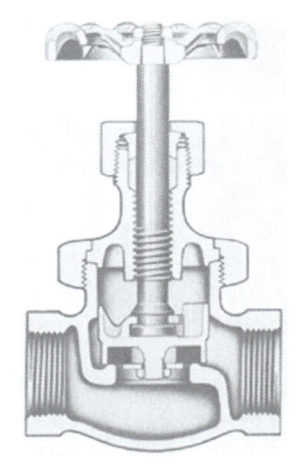

Fig. 8.12 – Válvula globo com haste com rosca interna (Cortesia da Crane)

Castelo

Este elemento é a tampa da válvula e a caixa de selagem da mesma e é encontrado em várias versões, de acordo com a classe de pressão e tamanho da válvula.

Quanto à forma de fixação à carcaça o castelo pode ser:

- Castelo Rosqueado.
- Castelo Flangeado.

- Castelo de União.
- Castelo Selado por Meio de Solda (*Lip Seal*).
- Castelo Selado à Pressão (*Pressure Seal*).
- Castelo Flangeado Extralongo (*Criogenial*).

Fig. 8.13 – Castelo rosqueado    Fig. 8.14 – Castelo flangeado (Cortesia Conesteel)

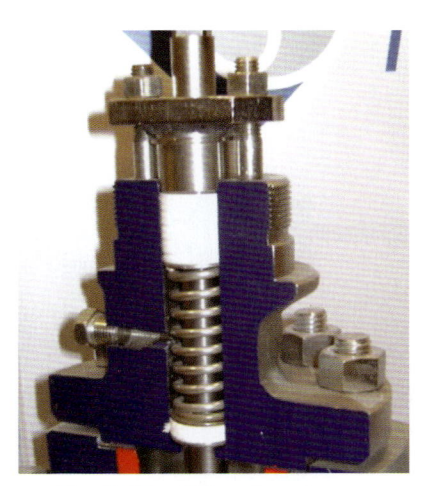

Fig. 8.15 – Caixa de selagem

Válvula Agulha

A diferença básica é o formato do obturador, que tem a forma cônica aguda. É utilizada para regulagem fina de líquidos, óleo, sistemas de vácuo e gases, em diâmetros de até 2".

A precisão da regulagem será maior quanto mais agudo for o ângulo do obturador e maior o seu comprimento.

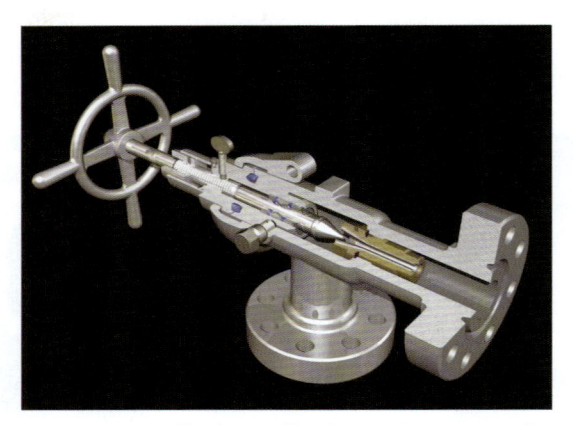

Fig. 8.16 – Válvula agulha (Cortesia Cameron)

Válvula Angular

As válvulas deste modelo têm a configuração do corpo onde estão os bocais de entrada e saída dispostos a 90º, um com o outro. Esta configuração oferece a vantagem da diminuição do número de conexões na rede de tubulações e propicia também perda de carga menor.

Fig. 8.17 – Válvula globo angular de três viaa
(Cortesia Protego Leser)

Válvula em "Y"

Possui a haste a 45º com o corpo. Desta forma a trajetória do fluxo de fluido fica quase retilínea, além de ocupar um espaço menor do que as demais, propiciando uma perda de carga menor do que as próprias válvulas globo.

É muito usada para bloqueio e regulagem de vapor, e indicada para serviços erosivos e corrosivos.

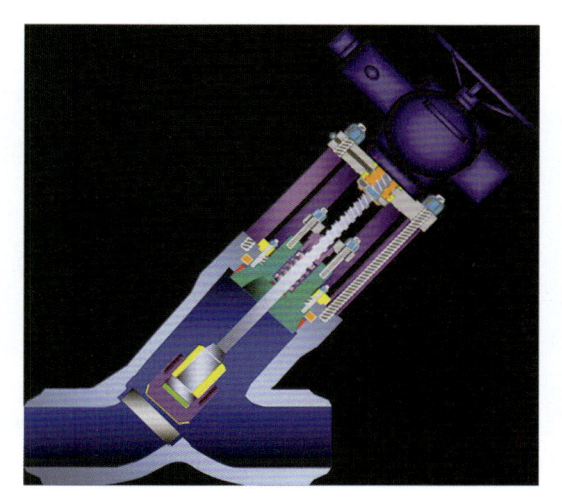

8. Válvulas de Regulagem

Fig. 8.18 – Válvula em "Y" *Pressure Seal* (Cortesia da Crane)

Globo Não-retorno (NR)

Sua ação automática é especificada para prevenir o retorno do fluxo. O obturador não é preso à haste, portanto está livre para se movimentar verticalmente. O fechamento deste modelo de válvula pode ocorrer automaticamente se houver uma reversão no sentido de escoamento do fluxo.

Fig. 8.19 – Globo NR    Fig. 8.20 – Acionamento manual da NR

A válvula globo NR é utilizada quando o fluxo revertido tem que ser interrompido através do acionamento automático ou do acionamento manual, este auxilia fornecendo força adicional, independente da pressão e do sentido do fluxo do fluido, além de ser uma escora mecânica para garantia de que a válvula não irá abrir.

Fig. 8.21 – Detalhe do obturador da válvula Globo NR

8.1.2. Manutenção Preventiva em Válvulas Globo

- Verificação do ajuste castelo-corpo.
- Limpeza da haste.
- Lubrificação da bucha de acionamento.
- Ajuste de gaxetas.
- Movimentação parcial da válvula.

8.1.3. Análise de Falhas

As válvulas globo possuem estampada em seu corpo uma seta indicando o sentido do fluxo de fluido. Geralmente são instaladas com a entrada para baixo da sede, procedimento que deve ser observado para prevenir uma instalação incorreta. Este modelo de válvula deve, também, ser instalado com o obturador completamente fechado, a fim de prevenir danos, como respingos de solda na área de vedação.

- Válvulas globo que trabalham muito restringidas costumam apresentar desgaste no obturador e na sede, comprometendo a médio prazo a qualidade de vedação da válvula.
- Esforços excessivos e regulagem incorreta do curso de uma válvula globo podem comprometer a haste, que pode empenar e, em muitos casos, torcer.
- A vedação da válvula globo sempre estará comprometida com deformações da haste.
- Válvulas travadas, devido ao manuseio errado durante a operação de fechamento, quando da tentativa de destravá-las criam condições propícias a acidentes.

8. Válvulas de Regulagem

8.2. Válvulas Borboletas

Este modelo de válvula de regulagem é um dos mais antigos existentes, podendo também ser utilizado como válvula de bloqueio. As válvulas borboletas possuem este nome devido à configuração e ao movimento do seu obturador. O funcionamento constitui-se da rotação do obturador, em torno de um eixo perpendicular à direção de escoamento do fluido.

Fig. 8.22 – Válvula borboleta
(Cortesia Bray)

As válvulas borboletas são empregadas principalmente em tubulações de grandes diâmetros, temperaturas moderadas e baixas pressões. Tanto para gases como para líquidos, estes fluidos inclusive podem conter sujeira e particulado em suspensão, assim como para serviços corrosivos.

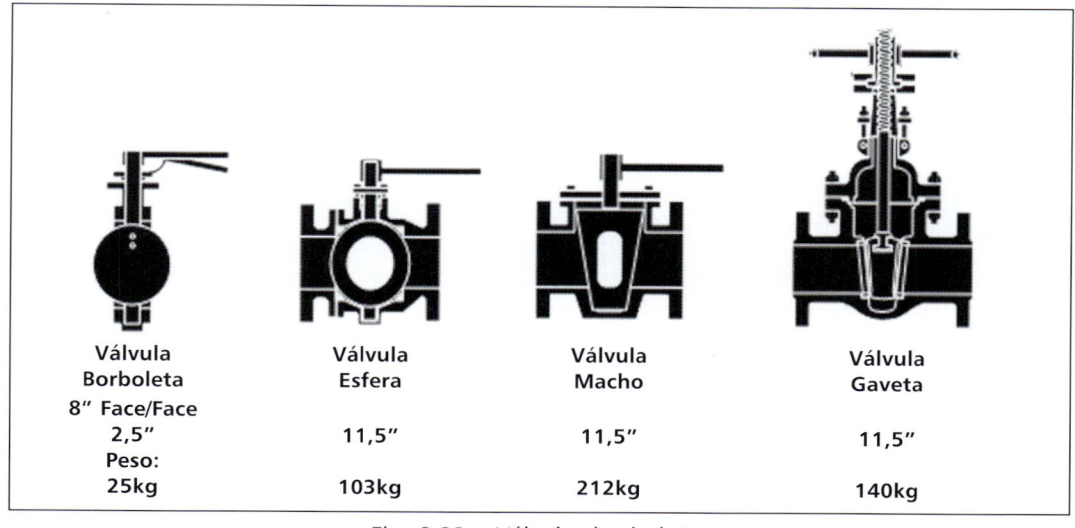

Válvula Borboleta 8" Face/Face 2,5" Peso: 25kg	Válvula Esfera 11,5" 103kg	Válvula Macho 11,5" 212kg	Válvula Gaveta 11,5" 140kg

Fig. 8.23 – Válvulas borboletas

Em muitos casos este modelo de válvula pode substituir válvulas tipo esfera, gaveta, macho e globo nas aplicações de bloqueio ou controle de elevadas vazões e baixas pressões.

As válvulas borboletas podem ser encontradas nos diâmetros que variam de 1 1/2" a 110", de acordo com o fabricante, tendo uma variação de tipos de conexão, sendo a mais comum a Wafer, mas podemos encontrar ainda tipos LUG e Flangeada.

O acionamento pode ser Manual por Alavanca ou Caixa Redutora, Pneumático por Atuador Rotativo ou Atuador Elétrico.

8.2.1. Principais Componentes das Válvulas Borboletas

Obturador (Disco)

Este tipo de obturador é projetado para oferecer menor turbulência e pouca perda de carga, quando completamente aberta, e isto é possível graças às características aerodinâmicas que as faces do obturador proporcionam ao escoamento.

- Desgaste mínimo da sede.
- Manutenção fácil e simples.

Fig. 8.24 – Obturador

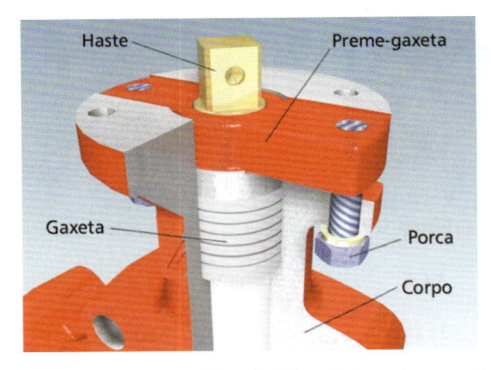

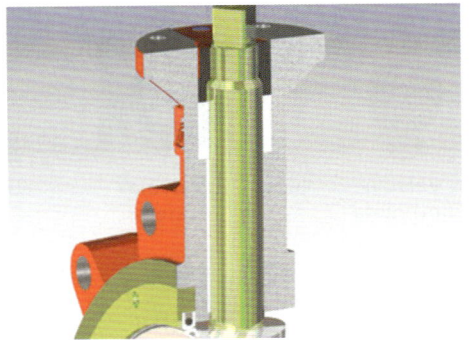

Fig. 8.25 – Caixa de gaxetas (Cortesia da Interativa)

Fig. 8.26 – Haste

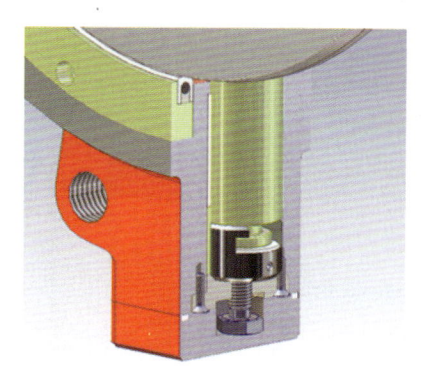

Fig. 8.27 – Escola e regulagem do obturador
(Cortesia Interativa)

Fig. 8.28 – Bucha guia
(Cortesia Interativa)

Sede

Elemento fixo de vedação da carcaça, esta pode ser resiliente ou metálica.

SEDE RESILIENTE – Este tipo de sede é utilizado no serviço de bloqueio, em operações de baixa velocidade de escoamento. Os materiais mais utilizados são o PTFE e borrachas naturais e sintéticas, e a utilização deste tipo de sede é limitada pela temperatura de trabalho.

- Em elastômero revestindo todo o corpo e disco concêntrico.
- Em elastômero com um excêntrico com a vedação no disco ou no corpo (vedação normalmente é um anel).
- Em elastômero ou plastômero (Teflon) com duplo excêntrico (sede tipo anel).

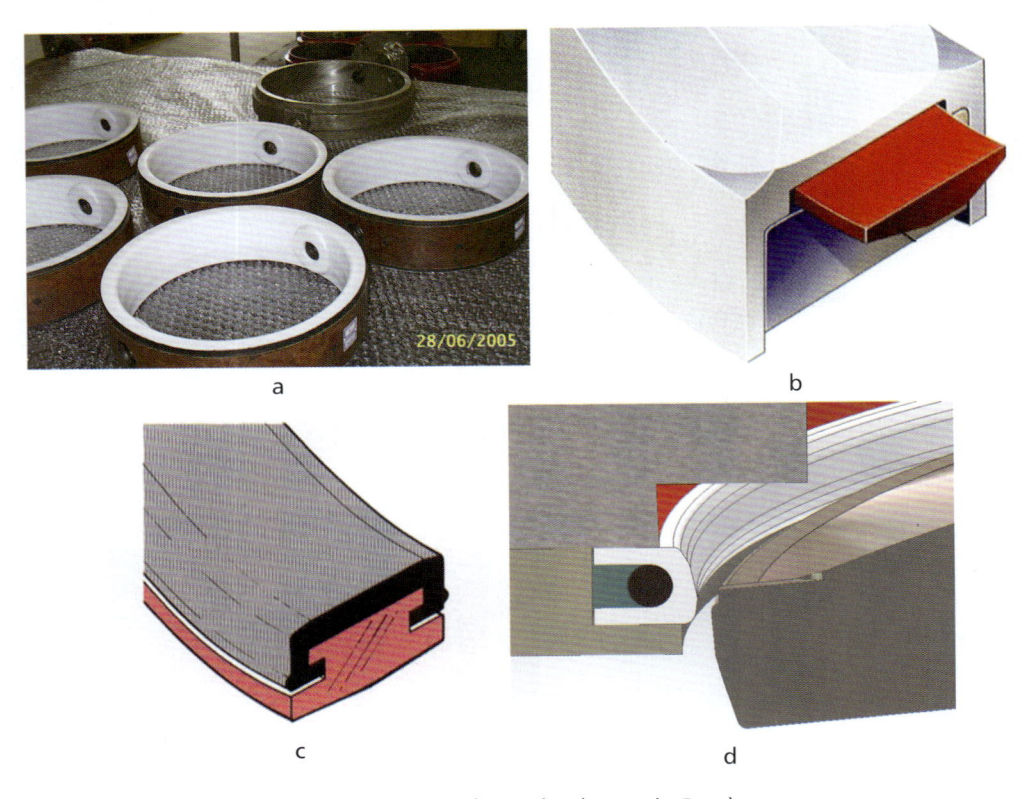

Figs. 8.29 a/d – Sedes (Cortesia Bray)

SEDE METÁLICA – Projetada para trabalhar com fluidos viscosos, líquidos que possuam grande quantidade de sólidos em suspenção, granulados em temperaturas de de –200°C até +600°C.

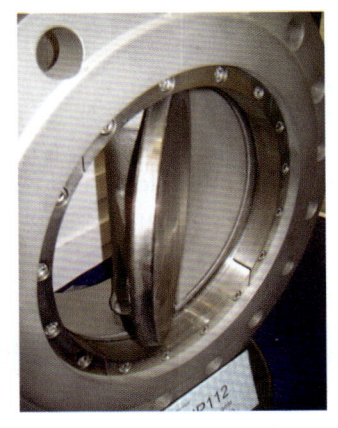

Fig. 8.30 – Sede metálica

Fig. 8.31 – Detalhe de sede metálica

- Sede Metal × Metal com Biexcêntrico: no eixo e no disco.
- Sede Metal × Metal com Triexcêntrico: borda do disco com um lado angular e outro lado paralelo.

Fig. 8.32

Corpo (Carcaça)

É um anel sólido no qual são sustentados o obturador e a sede fixa.

- Curto.
- Longo.
- Extracurto com furos.
- Extracurto sem flange.

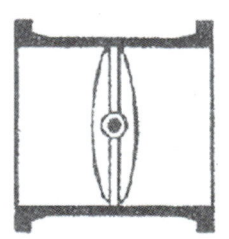

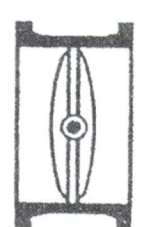

Fig. 8.33 – Corpo longo, corpo curto e corpo extracurto

TIPOS DE CONEXÕES

FLANGEADA – Utiliza flanges para fixação na tubulação como os demais modelos de válvulas.

LUG – O corpo possui orelhas com furos roscados ao seu redor, coincidentes com os furos do flange da tubulação. Este modelo pode ser instalado em final de linha, pois pode ser fixado por um único lado da tubulação.

WAFER – A válvula é encaixada entre os flanges como uma raquete, comprimida durante o aparafusamento do mesmo. Esta pode ter ou não furos-guias para guiar o ajuste da instalação. As tensões da tubulação são transmitidas somente para os estojos e não para o corpo da válvula.

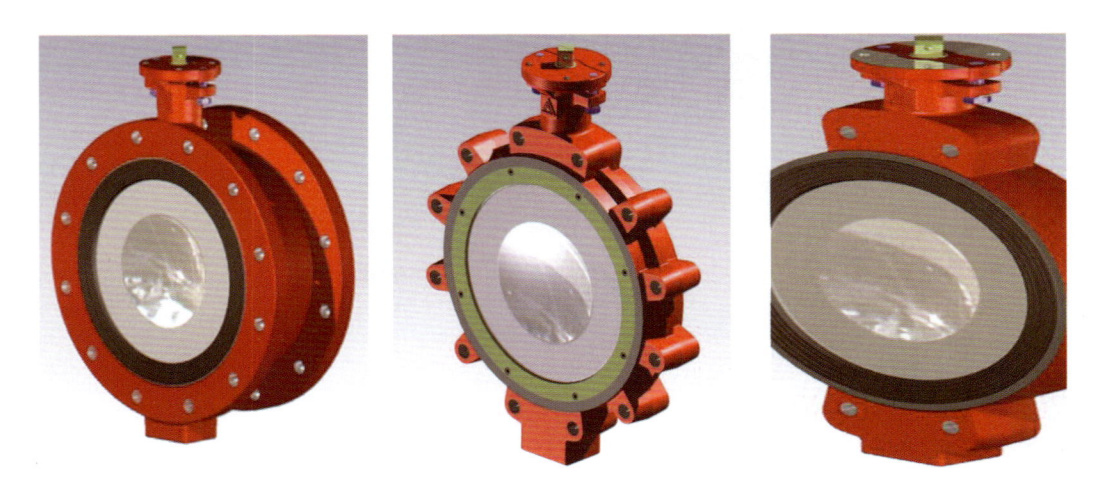

Fig. 8.34 – Carcaça flangeada, carcaça Lug e carcaça Wafer (Cortesia da Interativa)

Fig. 8.35 – Montagem (Cortesia da Interativa)

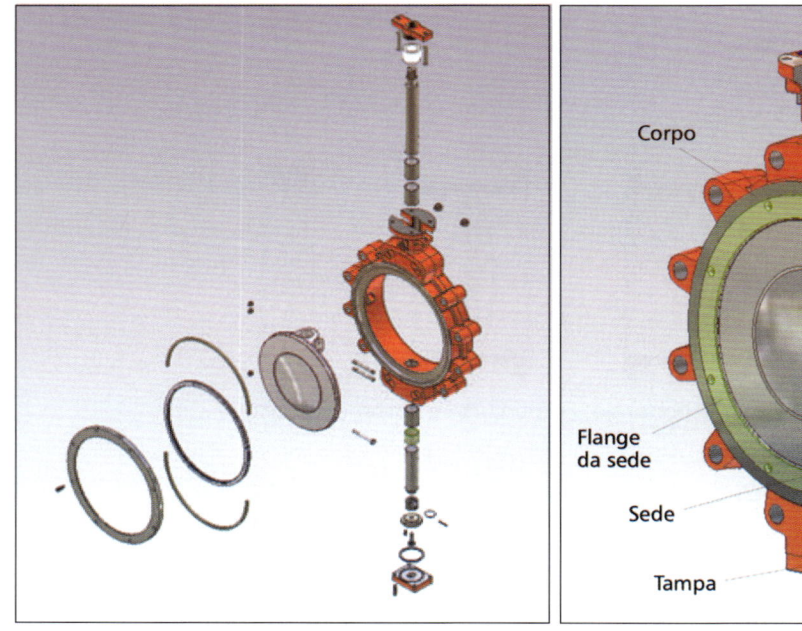

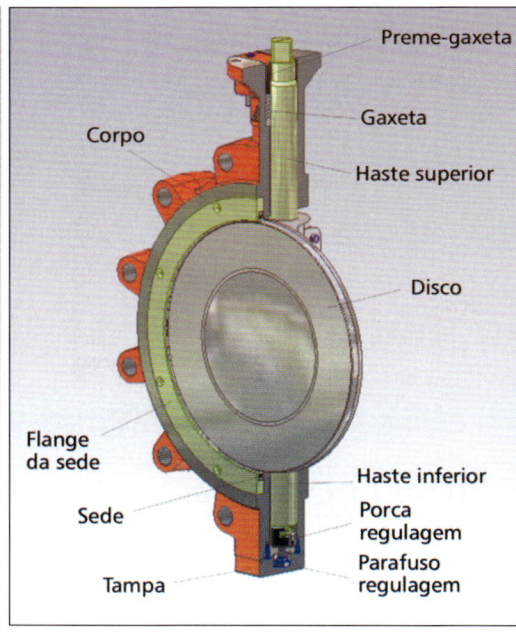

Fig. 8.36 – Componentes (Cortesia da Interativa)

8.2.2. Principais Modelos de Válvulas Borboletas

Válvulas Borboletas Concêntricas

> **Con.cên.tri.co**
>
> *adj. (con+centro+ico2)*
>
> 1. *Geom.* – Diz-se dos círculos e das curvas que têm o mesmo centro e raios diferentes.
> 2. Diz-se das coisas que têm um eixo comum ou são formadas ao redor do mesmo eixo.

O modelo mais simples e o mais utilizado é a válvula borboleta com sede em elastômero (borracha) revestindo o corpo totalmente e disco concêntrico. Esta sede é substituível, podendo ser trocada no campo. Esta válvula usualmente é encontrada no mercado baseada na Norma API 609 Categoria A. Sua pressão de trabalho máxima normalmente é de 10 bar, podendo em algumas construções chegar a 19 bar. A pressão de trabalho é definida pelo fabricante de acordo com a Norma API 609.

A construção de uma válvula borboleta possibilita a utilização de uma grande variedade de materiais para confecção dos componentes internos deste modelo de válvula. A sede pode ter vários tipos de elastômero, como Buna-N, EPDM, Hypalon, Viton e o Teflon, o disco pode ser em ferro fundido nodular, aço inoxidável e suas ligas também com revestimento em Teflon ou elastômero.

Fig. 8.37 – Sede nova (esquerda) e usada (direita)

Válvulas Borboletas Biexcêntricas

> **Bi.Ex.cên.tri.ca**
>
> *adj. (ex+centro+ico2)*
>
> 1. Que está fora do centro.
> 2. Que tem centro diferente.
> 3. Diz-se de uma elipse, em relação à sua maior ou menor excentricidade.

Válvulas borboletas biexcêntricas são aquelas cujo obturador é excêntrico em relação ao eixo diametral da válvula e também à linha de centro da tubulação. Algumas carcaças podem apresentar formato cônico.

A vedação desse modelo de válvula é bem superior à das válvulas convencionais.

São metálicas ou resilientes, as metálicas operam com até 600°C, mas as resilientes são utilizadas entre –150°C e 260°C. O limitante é o material empregado.

- **Biexcêntricas (Ver Figura 8.38 a seguir):**
    - Baixo peso.
    - Pouco espaço.
    - Baixo custo.
    - Alta capacidade de vazão.
    - Boa capacidade de controle (até 70°).
    - Alta tendência à cavitação.
    - Assentamento com elastômero permite vedação estanque.

- **Triexcêntricas – *Triple offset valve* (TOV):** No Brasil este modelo de válvula recebe o nome comercial de **Válvula de Estanqueidade Total (VET):**

    São válvulas borboletas projetadas de modo que o contato entre o anel de vedação e a sede ocorra somente no exato momento em que a válvula está totalmente fechada, eliminando qualquer atrito entre a vedação e a sede e, consequentemente, o desgaste dos elementos de vedação. A ausência de atrito entre as áreas de vedação prolonga a vida útil deste modelo de válvula, e também aumenta o alcance de faixa de controle da válvula. Este modelo de válvula é fabricado nas classes 150 a 1.500#.

    (Ver Figura 8.40)

8. Válvulas de Regulagem

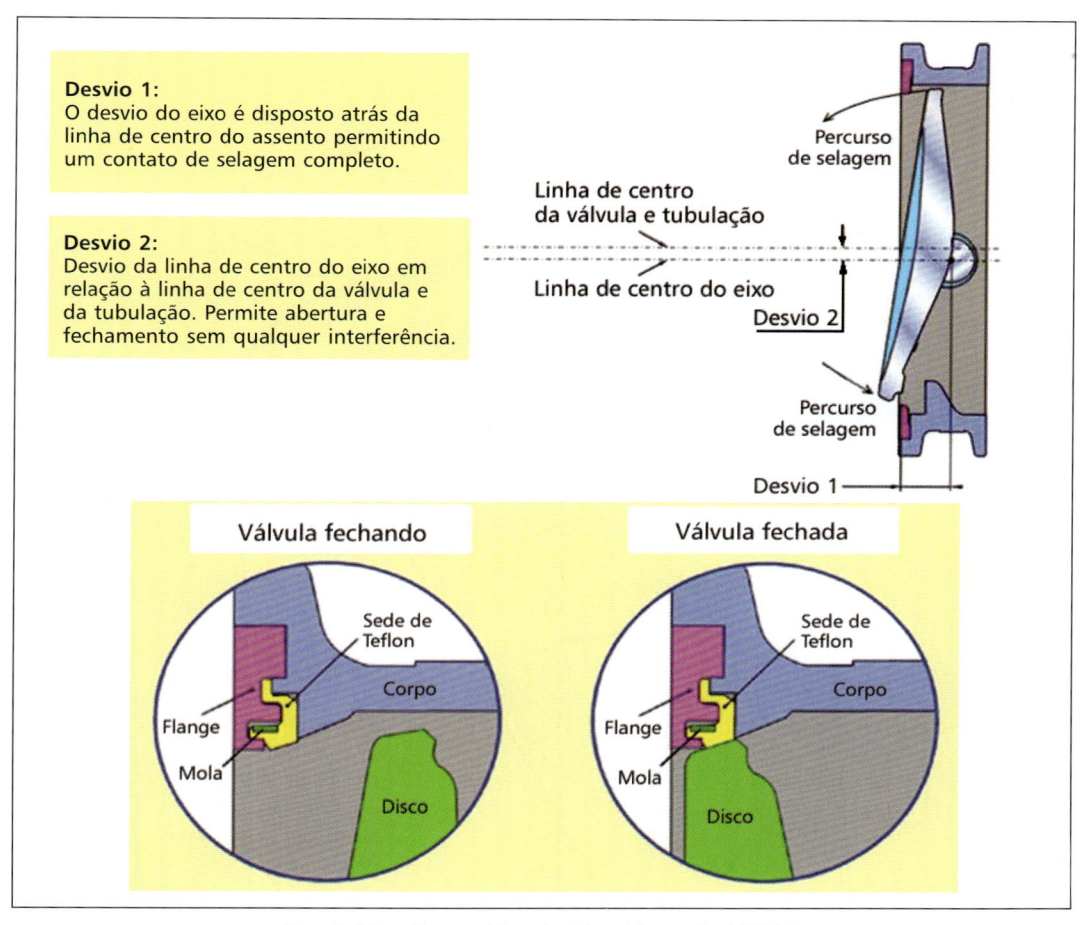

Desvio 1:
O desvio do eixo é disposto atrás da linha de centro do assento permitindo um contato de selagem completo.

Desvio 2:
Desvio da linha de centro do eixo em relação à linha de centro da válvula e da tubulação. Permite abertura e fechamento sem qualquer interferência.

Fig. 8.38 – Figura Biexcêntrica (Cortesia HITER)

No caso das válvulas triexcêntricas, tanto a sede como o anel de vedação são construídos como troncos de cone, inclinados em relação à linha de centro da tubulação.

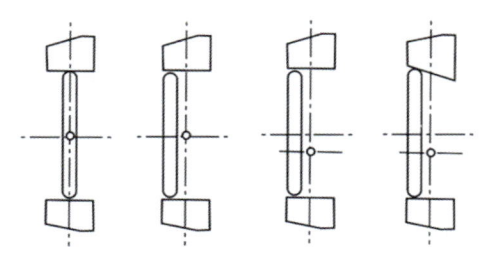

Fig. 8.39 – Excentricidades

As três excentricidades características desse tipo de válvula são:
1. eixo do disco localizado na frente do plano da vedação;

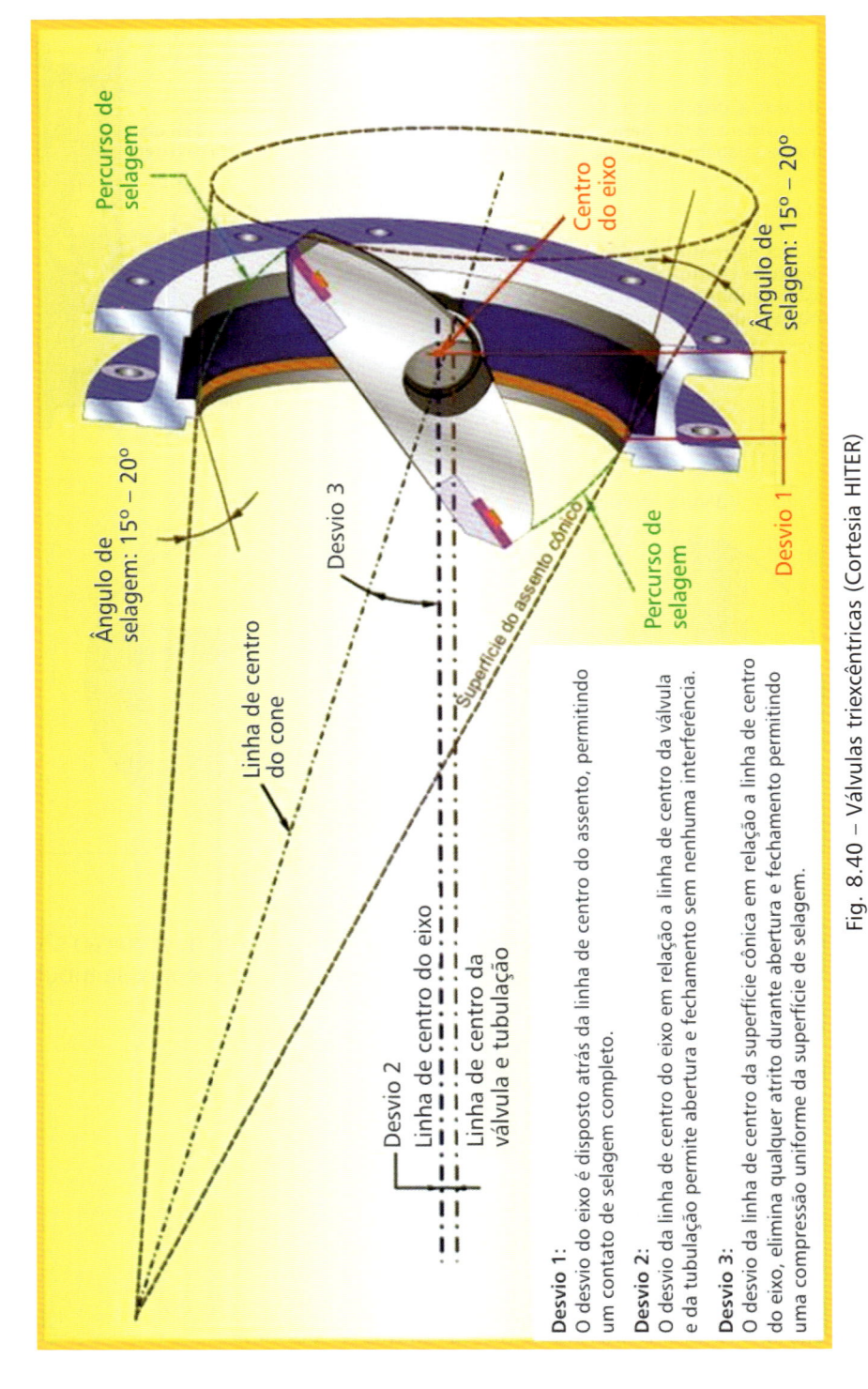

Fig. 8.40 – Válvulas triexcêntricas (Cortesia HITER)

Desvio 1:
O desvio do eixo é disposto atrás da linha de centro do assento, permitindo um contato de selagem completo.

Desvio 2:
O desvio da linha de centro do eixo em relação à linha de centro da válvula e da tubulação permite abertura e fechamento sem nenhuma interferência.

Desvio 3:
O desvio da linha de centro da superfície cônica em relação a linha de centro do eixo, elimina qualquer atrito durante abertura e fechamento permitindo uma compressão uniforme da superfície de selagem.

8. Válvulas de Regulagem

2. eixo do disco localizado fora da linha de centro do disco;
3. eixo do cone fora do eixo do disco.

Essa configuração exclusiva implica várias vantagens.

Para começar, quando submetida a altas pressões na direção preferencial de fluxo, a pressão de vedação do anel de vedação sobre o assento é tanto maior quanto maior a pressão, garantindo a estanqueidade da válvula mesmo em altas pressões.

Além disso, em razão do assento ser o elemento de limitação do movimento do disco, não necessita de ajustes complexos como nas válvulas de alto desempenho.

Também por causa do formato cônico, permite-se o ajuste do disco com o assento, evitando vibrações no disco.

E, por fim, a instalação do eixo do disco na frente do plano da vedação elimina a possibilidade de vazamento e desgaste em torno do eixo.

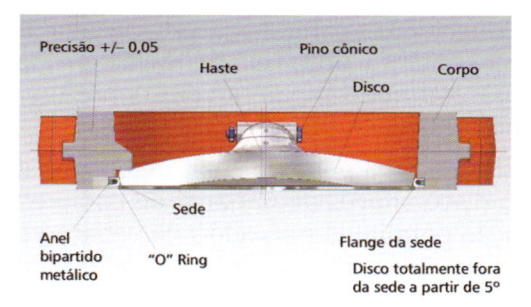

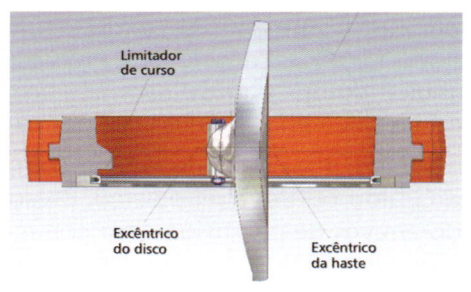

Fig 8.41 – Triexcêntricas

As válvulas borboletas podem ser utilizadas também para controle de processo em razão de sua característica linear, geralmente entre 20° e 70° de abertura. Por serem vedadas por torque, são normalmente bidirecionais.

Além de possuir a vantagem sobre outros modelos de válvulas relacionados ao pouco peso, em especial o modelo triexcentrico possui outra vantagem que é o baixíssimo atrito durante o seu acionamento, se comparado com outros modelos de válvulas como a gaveta e a globo.

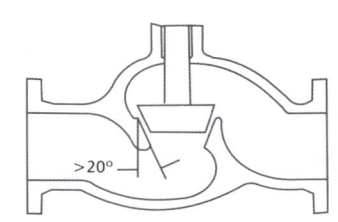

Fig. 8.42 – O ângulo de contato de uma válvula globo é largo – a fricção é baixa – é necessária pouca força para abrir a válvula

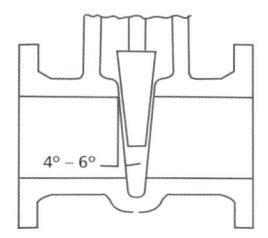

Fig. 8.43 – O ângulo de contato de uma válvula gaveta é pequeno – fricção elevada – é necessária grande força para abrir este modelo de válvula.

Válvula fechando　　　　　　Válvula fechada

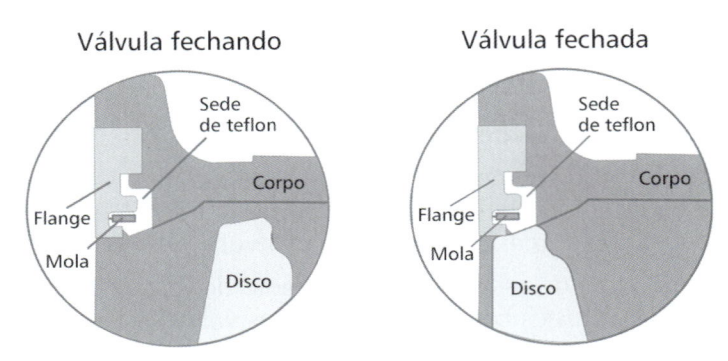

Fig. 8.44 – Válvula fechando e fechada (Cortesia HITER)

Características

As válvulas borboletas podem ser utilizadas em condições extremas de pressão, temperatura e ambiente. Em temperaturas criogênicas a partir de –268°C até altas temperaturas (870°C). Em pressões, em vácuo até ANSI CL 600. Têm aplicação em gases, líquidos e fluidos com sólidos em suspensão ou que venham a criar depósitos nas superfícies de vedação (enxofre, por exemplo).

Os elementos de vedação são compostos de uma pilha de anéis de aço inoxidável e Grafoil ou um anel maciço, preso ao disco através de um anel de compressão fixado através de parafusos. Essa configuração permite que os anéis de vedação possam ser substituídos. As válvulas triexcêntricas são intrinsecamente *fire safe*, normalmente testadas de acordo com a API 607 4ª Edição ou ISO 10497. São utilizadas em instalações com combustíveis (óleo, petróleo, gasolina e outros produtos), gás natural, GLP, nafta, gás de alto forno etc.

Devido a sua confiabilidade, e por manterem-se estanques mesmo após mais de 50.000 ciclos de operação, são ideais para operação com fluidos com alto potencial de poluição, contaminantes ou perigosos.

Fig. 8.45 – Válvula borboleta utilizada em unidades de craqueamento catalítico (Cortesia Tyco)

Válvula Borboleta para Instalações Hidráulicas e Saneamento Conforme a Associação Americana de Trabalhos com Água (AWWA)

São válvulas borboletas especialmente desenvolvidas para atender as necessidades de instalações hidráulicas e saneamento.

A configuração especial do disco, com perfil hidrodinâmico configurado para minimizar a perda de carga com a válvula totalmente aberta, e o desenho da carcaça evitam o acúmulo de detritos, vedação resiliente no obturador, faixa de diâmetros internos de 3" a 80" para pressões de até 150# (10,5 kgf/cm^2).

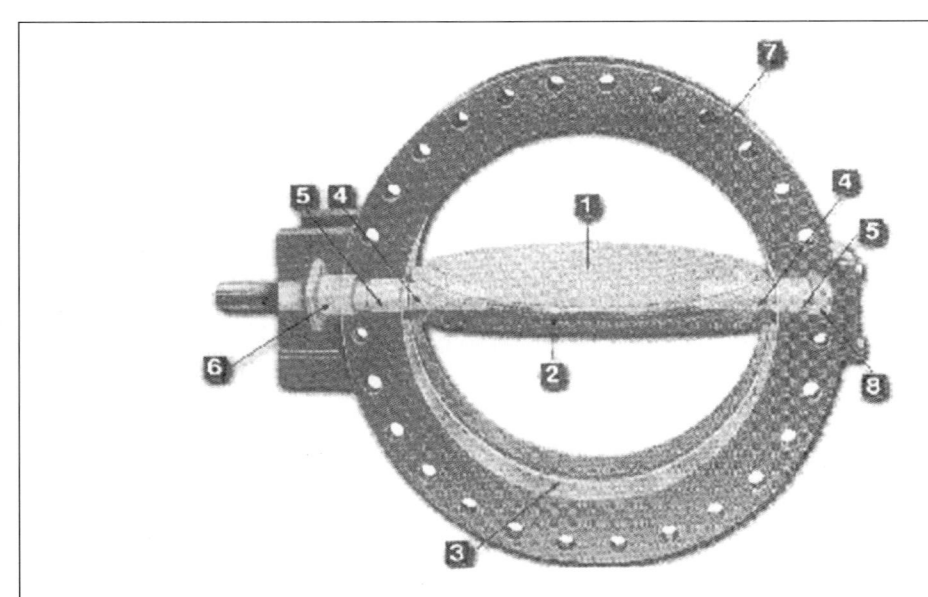

1. **Disco:** Projeto especial reduz a turbulência e a perda de carga sem perda da resistência mecânica.
2. **Vedação do disco:** Anel inteiriço de elastômero vulcanizado fixado na face plana do disco por meio de um anel de aço inoxidável. Simplifica o ajuste e a remoção, não sendo necessária a desmontagem da válvula.
3. **Sede do corpo:** Anel de aço inoxidável polido, imune a corrosão, assentado no corpo da válvula. Otimiza o desempenho e maximiza a vida útil da sede.
4. **Semieixos:** Feitos de aço inoxidável, são imunes a corrosão. São fixados ao disco por pinos cônicos tangenciais que facilitam a desmontagem. O dimensionamento dos semieixos é feito de acordo com a norma da AWWA.
5. **Buchas:** Dotadas de autolubrificação permanente para operação contínua com baixo nível de atrito, facilitam o acionamento, minimizam o torque de operação e absorvem o esforço lateral dos acionamentos.
6. **Gaxetas autoajustáveis ou buchas de bronze com "O'RINGS":** Possibilitam o reposicionamento sem a remoção do sistema de acionamento.
7. **Corpo:** Em peça única com pescoço estendido, permite espaço livre para flanges. A dimensão face-a-face e a espessura das paredes proporcionam economia de espaço e redução de peso e custos.
8. **Limitador do eixo:** Peça de bronze que garante montagem rígida da válvula em qualquer posição. Mantém o disco sempre centralizado e evita o desgaste prematuro da vedação de borracha ou elastômero.

Fig. 8.46 – Borboletas AWWA

8.2.3. Manutenção Preventiva Planejada em Válvulas Borboletas

Requisitos necessários para instalação da válvula borboleta com sede em elastômero e disco concêntrico:

- Os flanges da tubulação devem estar com folga suficiente para permitir a entrada da válvula sem danificar a sede. (O face-a-face da válvula é medido no metal, porém a sede excede esta medida em 3 a 4 mm, dependendo da bitola da válvula.)
- Juntas de flanges não são permitidas para os modelos de válvula borboleta concêntrica com sedes resilientes, pois causam deformação indevida no elastômero. A própria sede funciona como junta, pois ela se sobressai ao corpo na área de contato com os flanges.
- A válvula não pode ser instalada com o obturador fechado, pois nesta posição a sede deforma e quando houver o aperto dos prisioneiros do flange ocorrerá outra deformação estufando a sede, que fatalmente danificará este material resiliente, comprometendo assim o sistema de vedação da válvula.
- A tubulação deve estar alinhada nos seus três eixos para não exercer forças indesejáveis. Este tipo de válvula deve receber esforços na face de contato do flange da tubulação. Se estes flanges antes da montagem apresentarem um desalinhamento, a resultante das forças não estarão no eixo da tubulação prejudicando a correta instalação deste modelo de válvula borboleta. Pequenos desalinhamentos da tubulação dentro da norma são aceitáveis.
- A tubulação deve estar ancorada antes e após a válvula, pois a válvula borboleta não suporta esforços que não estejam alinhados com a tubulação.
- Recomenda-se a troca da sede da válvula a cada 48 meses para a aplicação em água limpa e baixo cloreto. Após este período as sedes ressecam e perdem o seu poder de vedação ou acabam quebrando. Outras aplicações devem ser estudadas caso a caso.

8.2.4. Análise de Falhas

Os principais problemas de manutenção encontrados neste tipo de válvula com sede em elastômero e disco concêntrico normalmente ocorrem na instalação da válvula na tubulação. Devido sua construção, a sede em elastômero é macia em relação aos componentes da tubulação e, portanto, se uma série de requisitos não for seguida problemas podem ocorrer imediatamente após a válvula ser instalada.

Os primeiros sinais de falha são a dificuldade de acionamento, vazamentos pelo engaxetamento, vazamentos por juntas da tampa, quebra da caixa redutora do sistema acionador e perda da estanqueidade.

- Um dos primeiros elementos a falhar é o limitador de curso. Sem esse dispositivo, o operador perde a referência se a válvula borboleta está aberta ou fechada. A abertura ou o fechamento parcial da válvula comprometem a vida útil das vedações e, consequentemente, da válvula.

- Os próximos componentes comprometidos são a coroa e o sem-fim da caixa de redução.
- A vedação da válvula borboleta sempre estará comprometida com deformações da haste.
- Válvulas travadas devido ao manuseio errado ou à falta de manutenção costumam criar condições propícias a acidentes nas tentativas de destravá-las.

8.3. Válvula Diafragma

Válvula de regulagem e bloqueio, sem engaxetamento, desenvolvida para trabalhos com fluidos tóxicos, corrosivos ou perigosos, de modo geral indicada para serviços com produtos muito voláteis, ou que exijam total segurança contra vazamentos.

A origem do nome da válvula está ligada ao elemento que realiza a vedação, o diafragma. Este é uma peça flexível moldada, confeccionada normalmente de borracha, que é apertada contra a sede. Como o seu mecanismo de acionamento fica fora do contato com o fluido, não há a necessidade de utilizar materiais resistentes à corrosão no conjunto de acionamento.

Outra característica das válvulas diafragma é a geometria de seu corpo, que pode ser metálico ou não, com perfil angular ou reto e a carcaça pode ser revestida de vidro, chumbo, teflon, neoprene, PVC etc.

Quase sempre, as válvulas angulares são de pequenos diâmetros, até 6", a temperatura de trabalho estará sempre associada aos materiais empregados no diafragma e na carcaça.

Este modelo de válvula é utilizado em sistema de tratamento de água, ar comprimido, usinas de álcool e açúcar, indústrias de papel e celulose, químicas e alimentícias, de baixas pressões e temperaturas limitadas pelo material do diafragma.

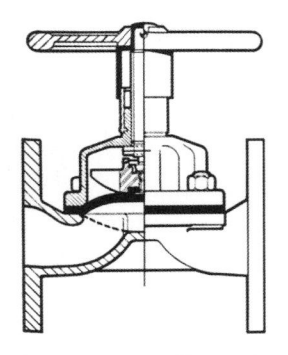

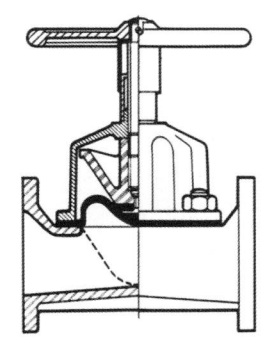

Fig. 8.47 – Perfil angular   Fig. 8.48 – Perfil reto

8.3.1. Principais Componentes da Válvula Diafragma

Corpo

Normalmente fabricado em material fundido, de acordo com o fluido que a válvula irá controlar, o corpo receberá um tipo de revestimento de proteção contra o fluido agressivo.

- **Perfil angular** – É o modelo mais utilizado, indicado no controle de todos os tipos de fluidos limpos: água, álcalis, ácidos e gases. Com a válvula totalmente aberta, existe perda de carga devido as mudanças da direção do fluxo de fluido, mas, mesmo assim, em comparação com uma válvula globo, esta possui baixa perda de carga e alto coeficiente de vazão. Este modelo de carcaça é indicada quando houver necessidade de controle do fluxo.

Fig. 8.49 – Perfil angular

Fig. 8.50 – Perfil angular

- **Perfil reto** – Modelo utilizado com fluidos que possuam sólidos em suspensão. Possui a mesma área de passagem da tubulação, o curso de abertura e fechamento é maior, exigindo maior flexibilidade do diafragma, reduzindo a vida útil desta vedação. Este tipo de carcaça permite a limpeza mecânica da válvula na própria tubulação, desde que esta esteja na posição totalmente aberta.

Fig. 8.51 – Perfil reto

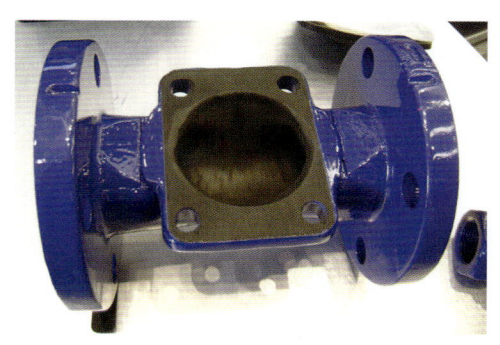

Fig. 8.52 – Perfil reto

Diafragma

É a barreira física entre o fluido, a carcaça e a tampa da válvula. Existem vários tipos de diafragmas desenvolvidos em borracha prensada e materiais plásticos, como Kalrez, Viton, Teflon, Neoprene etc.

Fig. 8.53 – Diafragmas

Castelo

É a tampa da válvula e nele estão instalados uma face do diafragma, bucha de acionamento e volante.

Fig. 8.54 – Castelos

Obturador

A função do obturador é comprimir o diafragma contra a sede da carcaça para realizar a vedação.

Fig. 8.55a – Modelos de obturadores corroídos

Fig. 8.55b – Obturador corroído por falha no diafragma

Vantagens:
- Ausência de engaxetamento.
- Estanqueidade absoluta.
- Fluxo nos dois sentidos.
- Fácil manutenção.
- Baixa perda de carga.

Desvantagens:
- Não permite ajuste fino do fluxo.
- Baixa pressão de trabalho.
- Material do diafragma limitado pela pressão e pela temperatura.

8.4. Válvula de Diafragma Tubular (Mangote)

A válvula de diafragma tubular, popularmente conhecida como válvula mangote, é um dispositivo simples e seguro para controlar o fluxo em uma tubulação, executado pela simples ação de comprimir ou descomprimir um diafragma tubular flexível (mangote), geralmente fabricado em borracha natural ou sintética.

Fig. 8.56 – Válvula diafragma tubular (Cortesia Omel)

A válvula concebida neste sistema não tem componentes mecânicos expostos à ação do fluido controlado, pois sendo o diafragma tubular o único componente em contato com o fluido, todas as outras partes passam a ter vida útil extremamente prolongada.

O fechamento é total, mesmo quando pedaços de materiais sólidos são apanhados na válvula, pois o diafragma tubular, sendo flexível, simplesmente se fecha em torno deles.

8. Válvulas de Regulagem

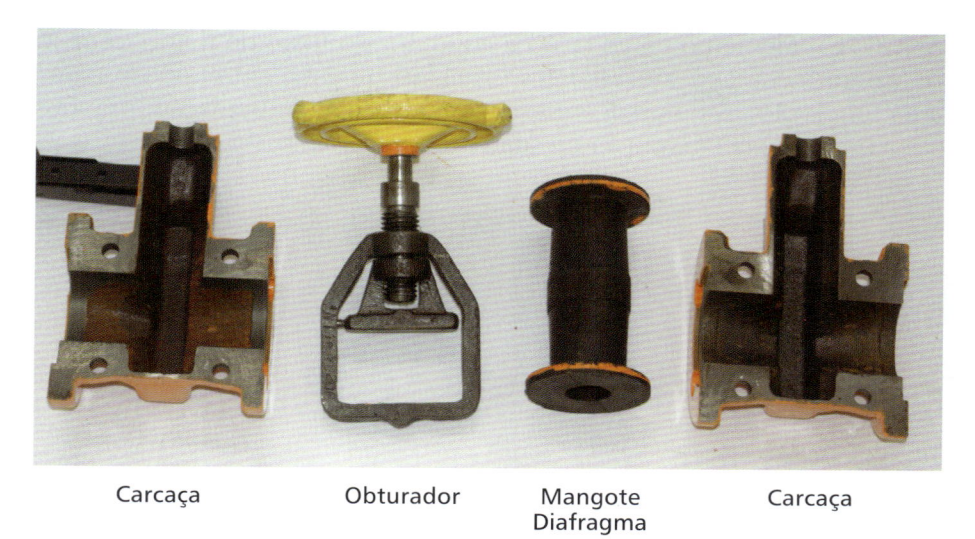

Carcaça   Obturador   Mangote Diafragma   Carcaça

Fig. 8.57 – Componentes de uma válvula diafragma tubular (Cortesia Omel)

O diafragma, quando necessário, pode ser rapidamente substituído. Possui a vantagem sobre outros modelos de válvula, proporcionada pela passagem total, que significa: ausência prática de perda de carga e não acúmulo de materiais no interior da válvula, fatos de extrema importância quando se opera com produtos alimentícios, fluidos com grande quantidade de suspensões, pós, minério, etc.

CORPO – Composto de duas peças unidas por tirantes, na parte superior do corpo é instalado o acionamento e este pode ser por volante ou redutores de engrenagens com ou sem atuadores elétricos, hidráulicos e pneumáticos para bitolas superiores.

Fig. 8.58 – Corpo bipartido (Cortesia Omel)

MANGOTE – Elemento de vedação e condutor do fluxo de fluido, semelhante a um tubo de borracha com dois flanges instalados em sua extremidade para fixar a valvula na tubulação, este possui a mesma área interna da tubulação, proporcionando mínima turbulência em função de sua vazão máxima.

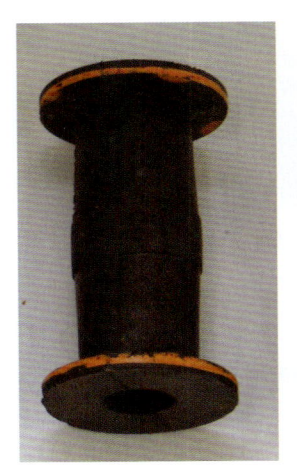

Fig. 8.59 – Sequência de montagem (Cortesia Omel)

Aplicações:

Utilizada em serviços com fluidos lamacentos, que possuam baixa velocidade, que normalmente travariam os acionamentos de outros modelos de válvulas, indicada para bloqueio das indústrias de mineração, papel e celulose e química. Este modelo de válvula pode ser fabricado em bitolas de ½" a 24".

Vantagens:

- Passagem livre, sem obstruções.
- Fechamento positivo mesmo sobre sólidos.
- Nenhuma parte mecânica além do diafragma em contato com o produto controlado.
- Ausência total de gaxetas.
- Reduzidíssima perda de carga.
- Longa duração sob severas condições.
- Somente um componente de desgaste – o diafragma tubular.
- Manutenção rápida e simples.

Pressão de Serviço: As válvulas destas séries foram projetadas para aplicação em linhas com pressões inferiores a 17 kg/cm^2 (temperatura ambiente).

Temperatura de Serviço: De modo geral a temperatura de operação das válvulas é limitada pelo elastômero e pelo líquido com que as mesmas operam, e embora cada caso deva ser verificado particularmente, as temperaturas-limite (sem se considerar o grau de agressão química do produto) são as seguintes:

Elastômeros do Mangote	Limites de Tempetarura (°C)
Borracha Natural	– 20 a 70
Hypalon	– 10 a 90
Borracha nitrílica	– 20 a 90
Neoprene	– 20 a 90
PTFE	– 30 a 100
EPDM	– 20 a 70
Viton	– 20 a 120
Kalrez	– 18 a 280

Construção:

- Até a bitola de diâmetro 8" as válvulas são fornecidas em construção totalmente fechada, com partes internas em ferro fundido nodular, haste em aço e corpo externo em ferro fundido ou alumínio.
- Para bitolas de diâmetro 10" até o diâmetro 24" são fornecidas nos mesmos materiais de construção, na construção aberta com acionamento por meio de redutor incorporado.

9. Válvulas de Retenção de Fluxo

9.1. Válvulas de Retenção

São válvulas auto-operáveis devido às diferenças entre as pressões exercidas pelo fluido, em consequência do próprio fluxo, não havendo necessidade de comando externo. São utilizadas para impedir o retorno de fluido ou a inversão do escoamento. Caso isso venha a acontecer, ocorre o fechamento automático da válvula.

Fig. 9.1 – Válvula de retenção em corte

As Válvulas de Retenção devem ser instaladas de forma que a ação da gravidade tenda a fechá-las. Pela alta perda de carga provocada pelas Válvulas de Retenção, estas são utilizadas em linhas de alta velocidade de escoamento, por gases, ar, vapores e líquidos que não contenham particulado sólido em suspensão no fluido.

As Válvulas de Retenção só devem ser utilizadas nos seguintes casos:
- Linhas de bombas – quando houver mais de uma bomba em paralelo descarregando na mesma linha, a Válvula de Retenção servirá para evitar a ação da bomba que estiver operando sobre outras bombas que estiverem paradas.
- Linha de uma bomba para um reservatório elevado – a Válvula de Retenção evitará o retorno do líquido no caso de ocorrer uma paralisação súbita no funcionamento da válvula.

Fig. 9.2a – Retenção de bomba em linha de hidrocarboneto

Fig. 9.2b – Retenção de bomba em sistema de refrigeração (água)

- Extremidade livre da tubulação de uma bomba vertical – a válvula evitará o retorno do fluido para o reservatório, mantendo a escorva da bomba, evitando que a mesma venha a cavitar durante a sua operação.

Tabela 1 – Padrões Construtivos das Válvulas de Retenção Industriais

	Material do Corpo/Extremidades da Válvula					
	Aço Forjado	Aço Fundido ou Forjado			Ferro Fundido	
	ES	Flange ou Solda de Topo			Flange	"Wafer"
DN	1/2" – 1 1/2"	2" a 24"	2" a 16"	2" a 12"	2" a 24"	26" a 42"
Classe	800, 1500	150 a 900	1500	2500	125	125
Uso Geral	ISO 15761 (API STD 602)		BSI BS 1868		MSS SP-71	API STD 594

9.1.1. Principais Componentes da Válvula de Retenção

Carcaça

É o corpo da válvula, no qual estão instalados todos os seus componentes fixos e móveis.

Tampa

Elemento pelo qual se tem acesso aos componentes internos da válvula.

Obturador

Elemento móvel de vedação.

Sede

Elemento fixo de vedação.

9. Válvulas de Retenção de Fluxo

Garfo

Nas Válvulas de Retenção com Portinhola, é o elemento móvel de ligação entre a carcaça e o obturador (portinhola).

9.1.2. Principais Modelos de Válvulas de Retenção

9.1.2.1. Válvula de Retenção com Portinhola

Fig. 9.3 – Válvula de retenção com portinhola

Este modelo é o mais utilizado nas indústrias. É constituído de obturador, portinhola, ligado ao extremo de uma haste articulada, fixada por um eixo paralelo à sede da válvula. A obstrução do escoamento ocorre quando o fluido não apresenta pressão suficiente para manter a portinhola aberta. Tendência de inversão no sentido do escoamento, sendo mínima sua perda de carga. A Válvula de Retenção com Portinhola é indicada para operar em linhas de gases, vapor saturado e líquido.

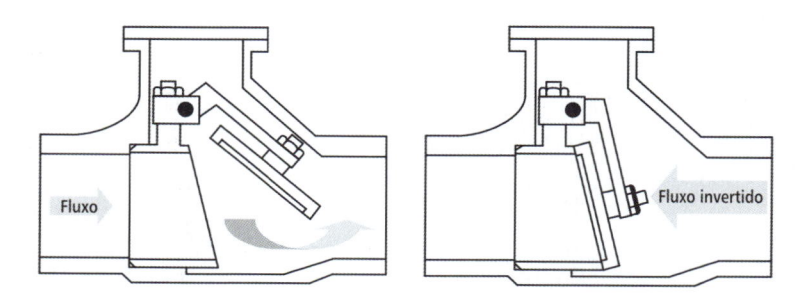

Fig. 9.4 – Sentido do fluxo de fluido para abertura e fechamento de uma válvula de retenção com portinhola

Oscilações no curso do obturador indicam superdimensionamento da válvula, podendo causar desgaste excessivo nas faces de vedação do obturador e anel de vedação. Este modelo de válvula pode ser fabricado em bitolas de até 36".

Uma característica deste modelo de Válvula de Retenção é o limitador de curso para a máxima abertura do obturador. Este batente pode ser fundido diretamente no corpo da válvula ou na tampa.

Fig. 9.5 – Limitador de curso

A Válvula de Retenção Portinhola não deve ser utilizada em sistema sujeito a frequentes reversões do fluxo de fluido devido ao impacto do obturador contra a sede de vedação, diminuindo a vida útil da vedação da válvula.

9.1.2.2. Válvula de Retenção Balanceada

O balanceamento de uma Válvula de Retenção com Portinhola é utilizado em diâmetros acima de 12". Este projeto possui obturador balanceado, isto é, o eixo de rotação atravessa o obturador, que fica assim com seu peso dividido em dois pontos de apoio. A finalidade dessa construção é amortecer o choque de fechamento da válvula quando houver inversão.

Fig. 9.6a – Válvula de retenção balanceada (Cortesia MNA)

Fig. 9.6b – Válvula de retenção balanceada para unidade de de FCC (Cortesia Remosa)

O balanceamento reduz a velocidade de fechamento do disco, não danificando as superfícies de vedação da válvula, principalmente nos processos sujeitos a desenvolver altas velocidades durante a reversão do fluxo de fluido. Este modelo de válvu-

9. Válvulas de Retenção de Fluxo

la pode ser utilizado para drenar completamente um sistema ou tubulação se for intencionalmente travado na posição aberta.

A Válvula de Retenção Balanceada pode ser acionada por atuadores acoplados a sua alavanca.

A instalação pode ser feita nas seguintes posições:

- Vertical – O fluxo deve sempre estar no sentido ascendente para que o movimento de fechamento do obturador seja auxiliado pela força da gravidade durante a reversão do fluxo.
- Horizontal – O eixo e o braço de articulação no qual está montado o obturador, no caso de queda de pressão não é influenciado pela força da gravidade, este está sujeito apenas às forças do fluxo de fluidos.

Fig. 9.7 – Válvula de retenção balanceada possui sempre uma alavanca externa

Tubo de Equalização de Válvulas de Retenção

O tubo de equalização externo utilizado em válvulas de retenção auxilia na abertura do obturador, mesmo sob baixas pressões ou baixas vazões, possibilitando rápida resposta à reversão do fluxo.

Fig. 9.8 – Tubo de equalização

9.1.2.3. Válvula de Retenção de Pistão

A válvula tipo pistão, indicada para operar com fluidos limpos, que desenvolvam altas velocidades de escoamento, somente pode ser instalada na posição horizontal e com a abertura do obturador no sentido ascendente.

Muitos fabricantes utilizam o corpo e o obturador de válvulas Globo na produção de válvulas de retenção de pistão. Neste caso a válvula de retenção irá incorporar as vantagens e desvantagens do escoamento do fluxo de fluido no seu interior. Por esta razão este modelo de válvula possui um menor curso de abertura e fechamento, possibilitando uma resposta mais rápida às mudanças no sentido de escoamento.

O fechamento pode ocorrer de duas formas:

1. Quando há a inversão do sentido do fluxo.
2. Não havendo pressão suficiente para que o obturador se mantenha elevado, o mesmo desliza para baixo, ao longo das guias, devido à força da gravidade e à diferença de pressão do fluido no sentido do fechamento até o assentamento do obturador na sede, isto é, fechamento total.

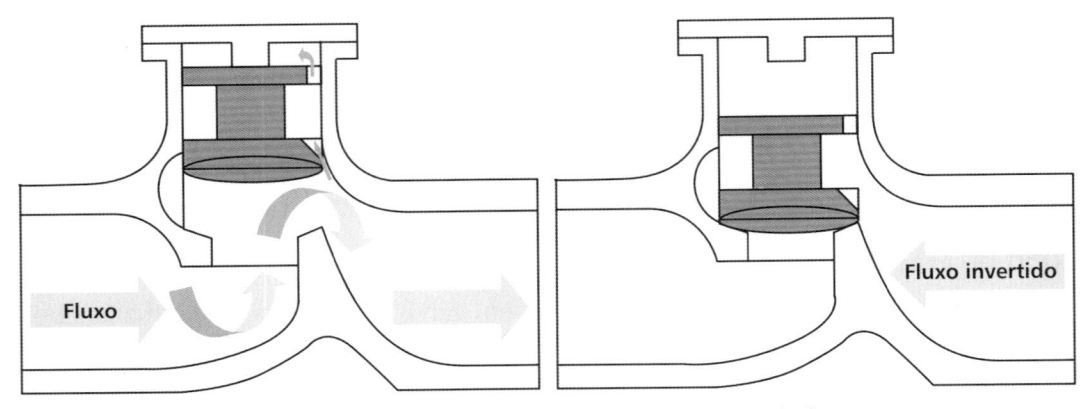

Fig. 9.9 – Sentido do fluxo de fluido para abertura e fechamento de uma válvula de retenção de pistão

9.1.2.4. Válvula de Retenção de Pistão com Mola

Uma Válvula de Retenção de Pistão com Mola consiste basicamente do corpo e de um obturador em forma de pistão móvel, que é preso por uma mola de pressão.

O fluido passa pela válvula somente em uma direção. Quando a pressão do sistema na entrada da válvula é muito alta, o suficiente para vencer a tensão da mola que segura o pistão, este é deslocado. O fluxo passa através da válvula. Se o fluido for impelido a entrar pela via de saída o pistão é empurrado contra a sua sede. O fluxo estanca.

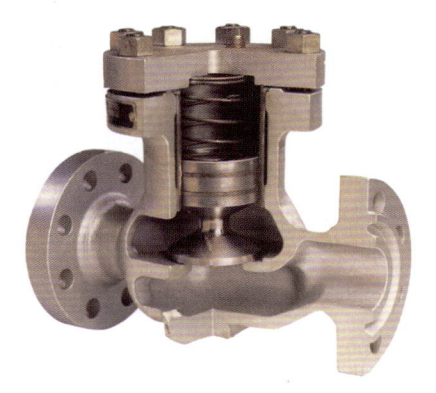

Fig. 9.10 – Válvula de retenção de pistão com mola (Cortesia Cameron)

9.1.2.5. Válvula de Retenção de Esfera

Esta válvula é semelhante às válvulas de retenção de pistão, entretanto seu obturador é uma esfera. É o tipo de retenção que tem o fechamento mais rápido. É fabricada com diâmetros de no máximo 2", e utilizada em fluidos de alta viscosidade e abrasivos.

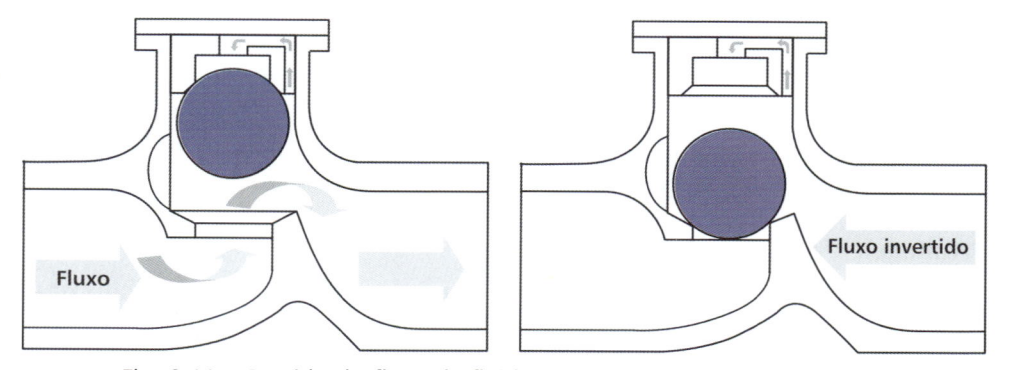

Fig. 9.11 – Sentido do fluxo de fluido para abertura e fechamento de uma válvula de retenção de esfera

O obturador deste modelo de válvula flutua livremente no fluxo de fluido dentro da carcaça. Desta forma, a cada ação de fechamento da válvula, uma região de selagem diferente do obturador fará contato com a sede de vedação da carcaça, aumentando a vida útil deste modelo de válvula de retenção.

9.1.2.6. Válvula de Retenção com Portinhola Dupla ou Bipartida

Tem as mesmas características funcionais das Válvulas de Retenção com Portinhola, porém sua construção se aproxima muito das Válvulas Borboletas, utilizadas em grandes e pequenos diâmetros. A válvula com portinhola dupla é acionada por uma mola, não necessitando da ação da força da gravidade, o que permite a sua utilização na posição vertical com fluxo descendente.

A mola e os obturadores funcionam como uma dobradiça, fechando e abrindo, e a função da mola é permitir que os obturadores fechem antes que possa ocorrer a reversão do fluxo, auxiliando o fechamento. Este modelo de válvula só deve ser utilizado para fluidos limpos e processos estáveis com poucas reversões.

O modelo de corpo Wafer, sem flanges, é muito utilizado e tem a vantagem de menores peso, custo e espaço ocupado.

Fig. 9.12a – Fluxo de fluido abrindo a válvula de retenção com portinhola dupla ou bipartida (Cortesia Pacific)

Fig. 9.12b – Componentes de uma válvula de retenção com portinhola dupla ou ou bipartida (Cortesia Pacific)

Vantagens:

- Seu peso reduzido e sua curta distância entre faces permitem fácil instalação entre dois flanges-padrão, sem o uso de equipamentos especiais.
- A ação da mola sobre as portinholas de menor peso possibilita a operação da válvula em posições verticais, permitindo uma disposição mais eficiente da linha. Em tamanhos mais usados, podem ser instaladas em linhas com o fluxo de cima para baixo.

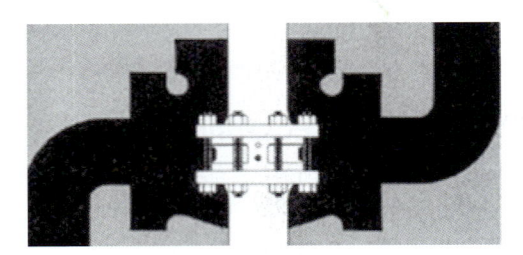

Fig. 9.13 – Sobreposição vertical de modelos de válvula de retenção de portinhola como modelo de portinhola dupla ou bipartida

9. Válvulas de Retenção de Fluxo

- Por ser mais rígida do que um tubo de aço de parede grossa, não requer fundações, suportes especiais ou juntas de expansão.

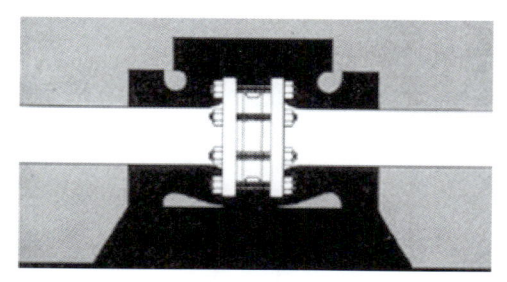

Fig. 9.14 – Sobreposição horizontal de diferentes modelos de válvula de retenção

Desvantagens:

- O modelo de vedação metal × metal possui uma vedação muito delicada. Os modelos com vedação resiliente possuem limitações de uso por temperatura, a exposição dos parafusos de fixação da válvula na tubulação é um elemento limitador de sua utilização, pois em caso de fogo a abertura dos flanges pode alimentar o incêndio e em caso de falha da mola a válvula perde toda a sua capacidade de controle.

- As Válvulas de Retenção com Portinhola Dupla ou Bipartida não podem mais ser especificadas para serviços com fluidos perigosos, como combustíveis, inflamáveis e tóxicos, nos quais as consequências de um vazamento, durante o fogo, podem aumentar o sinistro.

- Para produtos não-perigosos, como água, ar, vapor de água de baixa pressão, por exemplo, não temos restrições às válvulas "Wafer".

Fig. 9.15 – Desvantagem das válvulas com portinhola

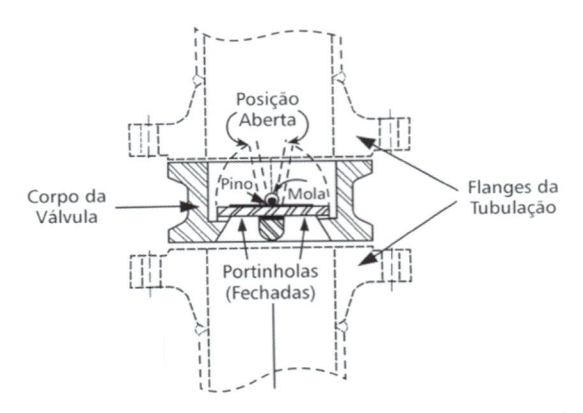

Fig. 9.16 – Desenho de uma válvula com portinhola

Fig. 9.17 – Simulação de abertura

Fig. 9.18 – Válvulas de retenção com portinhola

9.1.2.7. Válvula de Retenção de Pé

Tem as mesmas características da válvula de retenção de pistão. Possui na sua extremidade inferior uma grade de proteção para deter a entrada de detritos. Este modelo de válvula é utilizado em tubulações de sucção de bombas verticais e a sua função é manter a tubulação cheia a fim de evitar a cavitação da bomba.

9. Válvulas de Retenção de Fluxo

Durante o funcionamento da bomba, o obturador se mantém suspenso, permitindo o fluxo do fluido. Quando para o bombeamento, ocorre o fechamento da válvula de retenção de pé, impedindo o retorno do fluido.

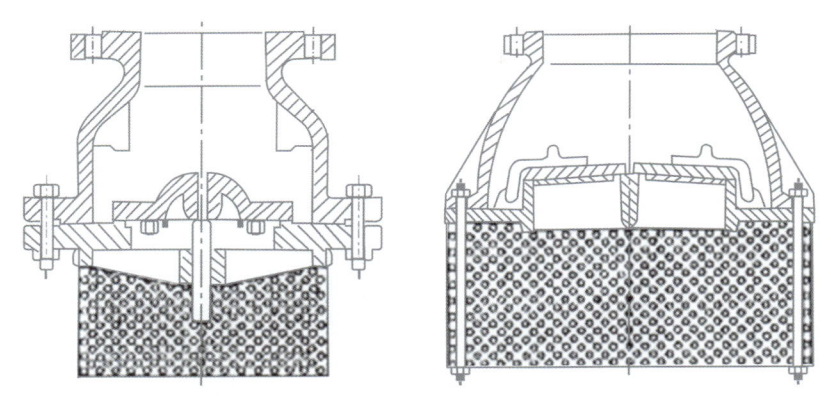

Fig. 9.19 – Válvulas de retenção de pé

Para a seleção do material construtivo devemos considerar que este modelo de válvula de retenção trabalha submerso, sendo que este fluido pode ser corrosivo. Portanto a especificação dos materiais para esta válvula deverá ser "resistente a corrosão".

Normalmente as válvulas PE são fabricadas em ferro fundido cinzento ASTM A 126 B, com o obturador em bronze.

Cuidados ao Especificar Válvula de Retenção com Portinhola Dupla ou Bipartida

Existem alguns cuidados que devem ser tomados para evitar problemas da utilização de parafusos longos nas conexões de tubulação quando expostas ao fogo.

Fig. 9.20 – Válvula de Retenção com Portinhola Dupla ou Bipartida

É conveniente ter alguns cuidados ao especificar a válvula de retenção de dupla portinhola. Quando da utilização em serviços com fluidos inflamáveis, os parafusos de fixação deste modelo de válvula não devem ficar expostos mais de 3 polegadas, por condições de segurança.

Os parafusos longos entrarão em contato com o fogo na área em caso de um sinistro. O contato com o fogo faz com que os parafusos rapidamente se expandam e se alonguem, permitindo que ambas as faces do flange se afastem e o produto escape pela junta de vedação.

Fig. 9.21 – Exposição de parafusos ao fogo

Uma boa avaliação do risco de fogo deve ser considerada ao especificar este modelo de válvula. Sempre que possível, substituir as válvulas Wafer por modelos normais com flange.

O risco na utilização deste modelo de válvula pode ser reduzido envolvendo-se os parafusos com um material resistente ao fogo e/ou envolvendo o conjunto inteiro com uma capa de material resistente ao fogo.

Fig. 9.22 – Capa de proteção

9. Válvulas de Retenção de Fluxo

A conexão de tubulação soldada obviamente oferece a melhor condição de segurança contra o fogo, mas o padrão de flange aparafusado é o mais utilizado pelas indústrias devido à facilidade da remoção de válvulas e equipamentos da tubulação para manutenção.

Projetos de válvula que possuem corpo Wafer não devem ser especificados para serviço com combustíveis inflamáveis ou GLP.

Caso este modelo de válvula esteja instalado em sua unidade nas condições acima, substituir assim que possível ou a mesma deve ser coberta corretamente.

9.1.2.8. Válvula de Retenção para Pequenos Diâmetros

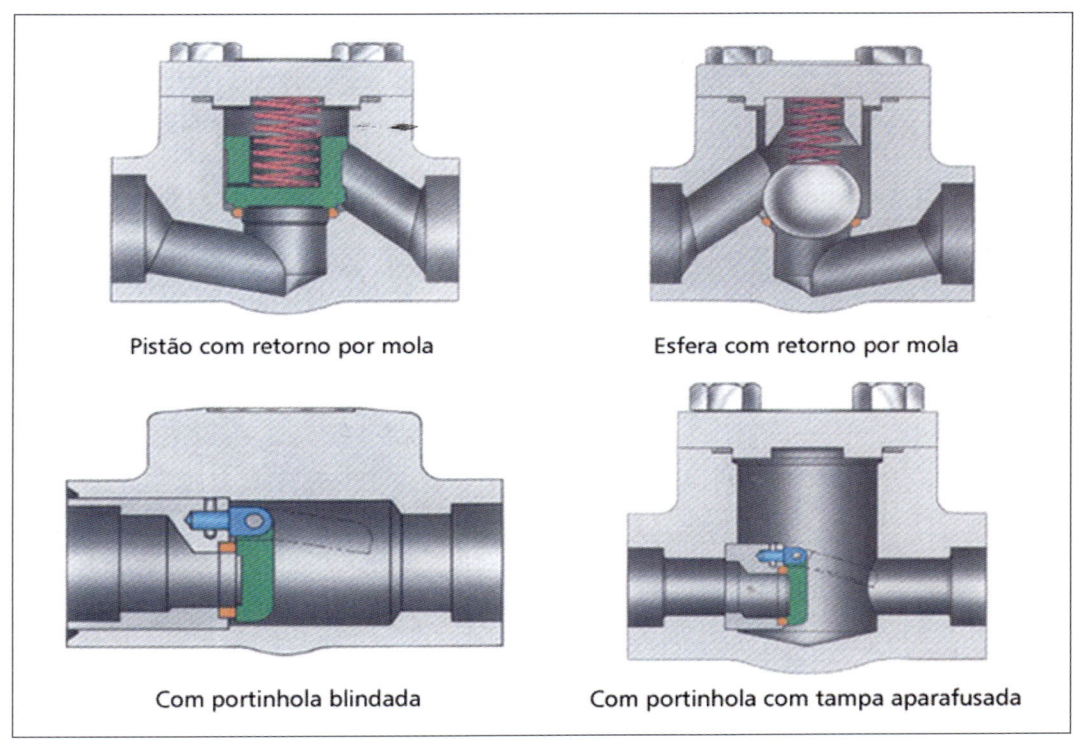

Fig. 9.23 – Válvulas de retenção para pequenos diâmetros

9.1.2.9. Válvulas de Retenção para Ar e Gases – Disco Integral

Projeto oriundo de válvulas de compressores alternativos, a válvula de disco integral é recomendada para trabalho com ar e gases limpos, e seu fechamento é efetuado tanto pelo fluxo quanto pelas molas. Sua ação de fechamento é rápida e silenciosa. Este modelo de válvula possui um corpo de adaptação construído conforme o ASME B16.10 e ASME B16.34 para atendimento do comprimento normativo de face a face.

Fig. 9.24 – Válvulas de retenção para ar e gases (Cortesia Hoerbiger)

A reversão do fluxo, combinado com a ação da mola e o pequeno curso do obturador, causa um rápido fechamento.

Este modelo de válvula pode ser instalado tanto na vertical quanto na horizontal, o importante é observar durante a montagem o sentido correto do fluxo do fluido, de acordo com a seta indicadora gravada no corpo da válvula.

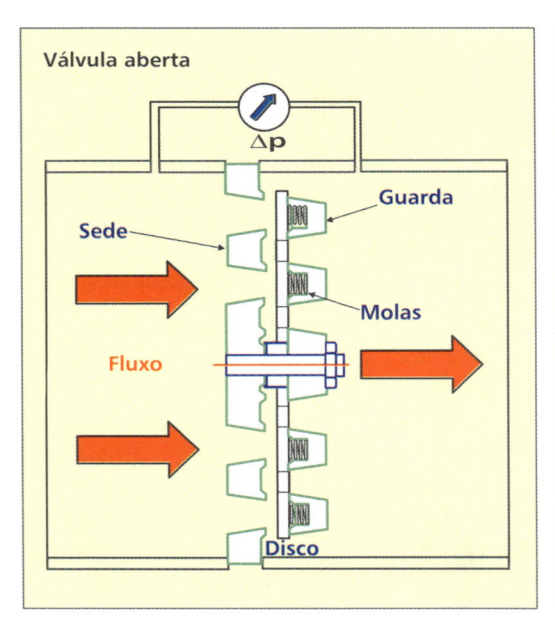

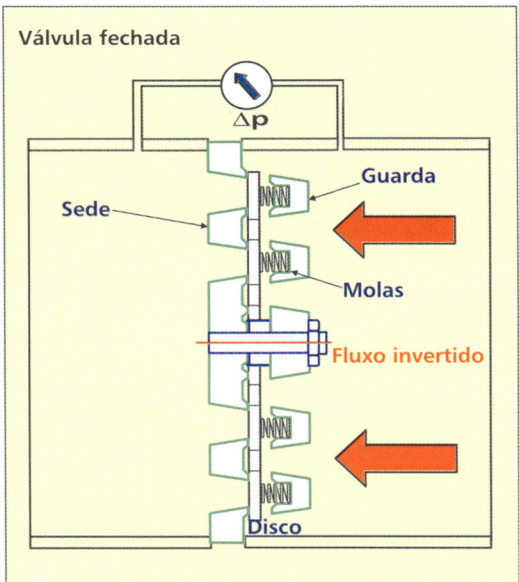

Fig. 9.25 – Sentido do fluxo do fluido para abertura e fechamento de uma válvula de retenção para ar e gases (Cortesia Hoerbiger)

9. Válvulas de Retenção de Fluxo

Principais Características:

- Durabilidade em fluidos pulsantes.
- Confiabilidade e segurança no fechamento (o elemento de vedação não se "congela" durante o funcionamento).
- Versatilidade de montagem. Pode ser instalada em qualquer ângulo e/ou posição.
- Baixos níveis de ruído.
- Fecha antes que ocorra o fluxo reverso, que pode danificar a tubulação e os equipamentos.
- Passagem de fluxo ampla, com mínima perda de pressão.

9.2. Análise de Falhas

As válvulas de retenção devem ser instaladas com a seta indicando o sentido do fluxo de fluido normal, devendo isso ser verificado cuidadosamente antes da instalação da válvula. A instalação errada da válvula de retenção impedirá a operação apropriada do obturador.

Válvulas de retenção do tipo Pistão ou Portinhola, sem mola, devem ser instaladas com a tampa para cima, sendo que o ângulo de inclinação da linha não deve ser maior do que 45° em relação ao plano horizontal. Além disso, o ângulo de giro da tampa da válvula não deverá exceder 45° de lado a lado.

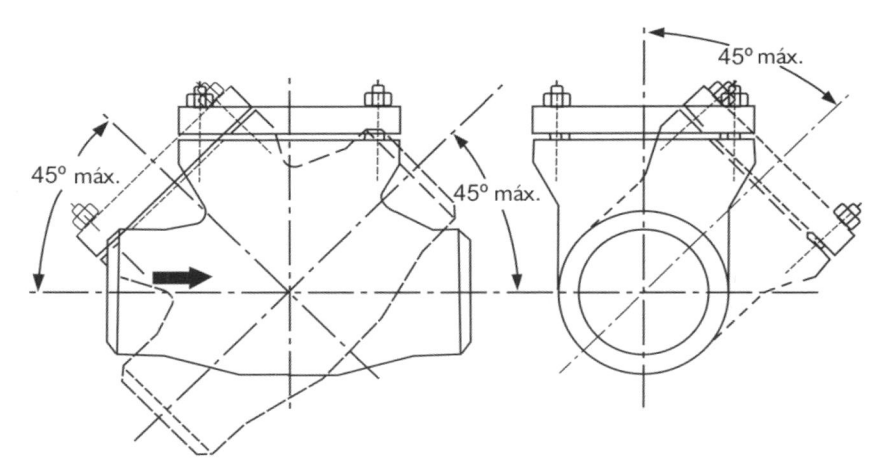

Fig. 9.26 – Instalação correta

10. Válvula de Controle

10.1. Designação

A designação "válvula de controle" é um nome genérico referente a uma ampla variedade de modelos de válvulas, capazes de regular a vazão ou a pressão de um fluido. Este pode ser líquido, gás ou vapor.

Vários tipos de fluido, como líquido, gases e vapores, podem ser controlados pelas válvulas de controle, mantendo as variações de um processo ou um valor desejado.

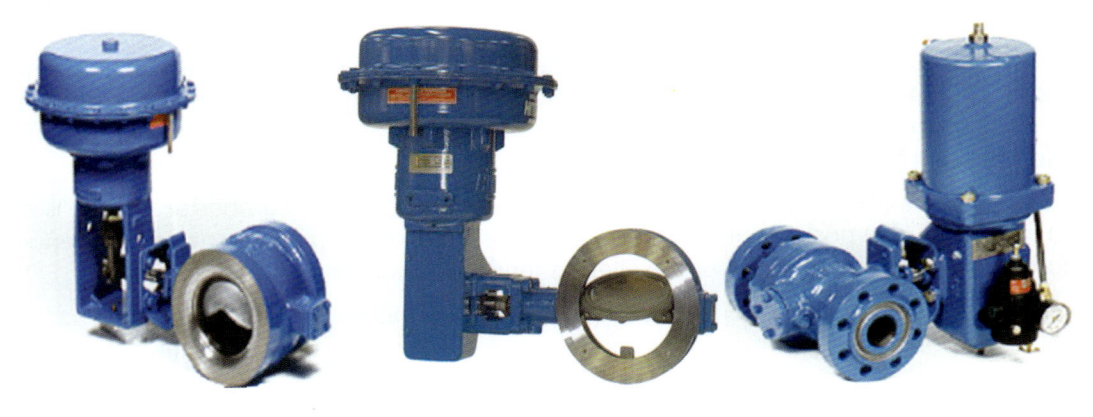

Fig. 10.1 – Válvulas de controle (Cortesia HITER)

O fluido escoa através da válvula e é controlado pelo posicionamento relativo do obturador. Este regula a área livre de passagem do fluido e seu deslocamento é promovido por um dispositivo de acionamento, o atuador (elétrico, hidráulico, pneumático etc.), que, por sua vez, é comandado por um sinal de fonte independente, como, por exemplo, a pressão de ar comprimido ou sinal elétrico, e enviado por um instrumento que está medindo a grandeza que se deseja controlar, permitindo assim abrir ou fechar totalmente a válvula ou mantê-la em qualquer posição de seu curso, proporcionalmente ao sinal de comando.

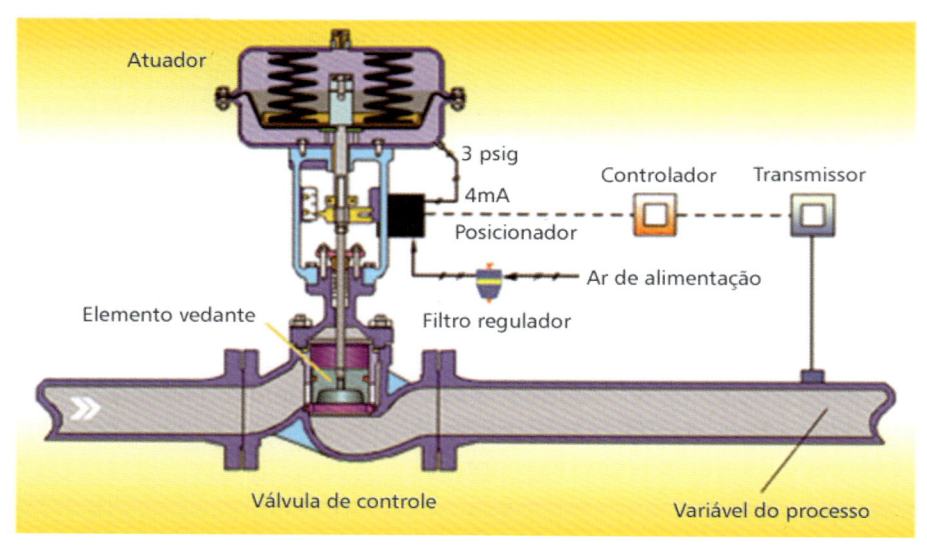

Fig. 10.2 – Malha de controle (Cortesia HITER)

10.2. COEFICIENTE DE VAZÃO – CV

É a vazão de água, em galões por minuto a 60°F, que passa pela válvula sob um diferencial de pressão de 1 psi. A porcentagem de fluxo de fluido permitido é função da porcentagem de abertura do obturador, isto é, existe a relação entre o fluxo permitido e a posição do obturador.

Quando a abertura é zero o fluxo de fluido é zero; quando a abertura é 100% o fluxo é 100%. Em posições intermediárias, a posição do fluxo pode ser maior ou menor do que a porcentagem da abertura, dependendo do modelo da válvula.

As válvulas de controle são caracterizadas pelo valor do Coeficiente de Vazão, CV. Este, por sua vez, varia em função do modelo de válvula e o seu dimensional.

O CV permite a seleção adequada da válvula de controle, determinando o diâmetro nominal, que pode ser diferente do diâmetro da tubulação.

Dados Necessários para Cálculo do CV

Cálculo do CV conforme Norma ANSI/ISA 75.01.01-2002 (IEC-60534-2-1):

Dados do Processo:

Condição Máxima	Condição Normal	Condição Mínima
Vazão	Vazão	Vazão
Pressão de entrada	Pressão de entrada	Pressão de entrada
Pressão de saída	Pressão de saída	Pressão de saída
Temperatura	Temperatura	Temperatura

10. Válvula de Controle

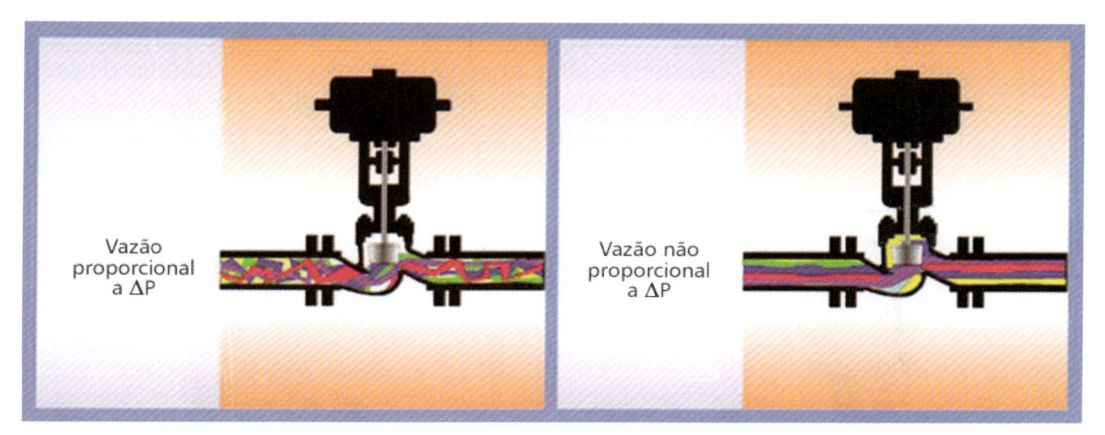

[Figura: Vazão proporcional a ΔP / Vazão não proporcional a ΔP]

Fig. 10.3 – Coeficiente de vazão (Cortesia HITER)

Dados do Fluido:

1. Nome.
2. Estado (líquido, gás, mistura de fases, massa).
3. Particularidades (viscoso, partículas sólidas em suspensão, grau de corrosão, abrasividade etc.).

Propriedades do Fluido:

Líquidos
- Gravidade específica ou peso específico.
- Pressão crítica.
- Pressão de vapor.
- Viscosidade.

Gases
- Gravidade específica ou peso molecular.
- Pressão e temperatura críticas ou fator de compressibilidade.
- Razão de calores específicos.

Diâmetro da Tubulação/Espessura, Entrada/Saída:

- Função ou serviço.
- Posição de segurança.
- Classe de vazamento.
- Nível de ruído admissível.
- Diferencial de pressão para cálculo do atuador.

10.3. Tipos de Válvulas de Controle

As válvulas de controle são classificadas em duas categorias básicas, de acordo com o modo de deslocamento do obturador:

1. **Válvula de Deslocamento Linear:** O obturador descreve um movimento retilíneo. É utilizada nas aplicações que exigem a necessidade de maiores quedas de pressão e menor taxa de fluxo de fluido. Modelos: válvulas globo, diafragma etc.
2. **Válvula de Deslocamento Rotativo:** O obturador descreve um movimento de rotação. É aplicada para maiores taxas de fluxo e menores taxas de pressão. Modelos: válvula esfera, borboleta, excêntrica etc.

Fig. 10.4 – Válvula de deslocamento rotativo (Cortesia HITER)

Fig. 10.5 – Válvula de deslocamento linear (Cortesia HITER)

10.4. Principais Componentes de uma Válvula de Controle

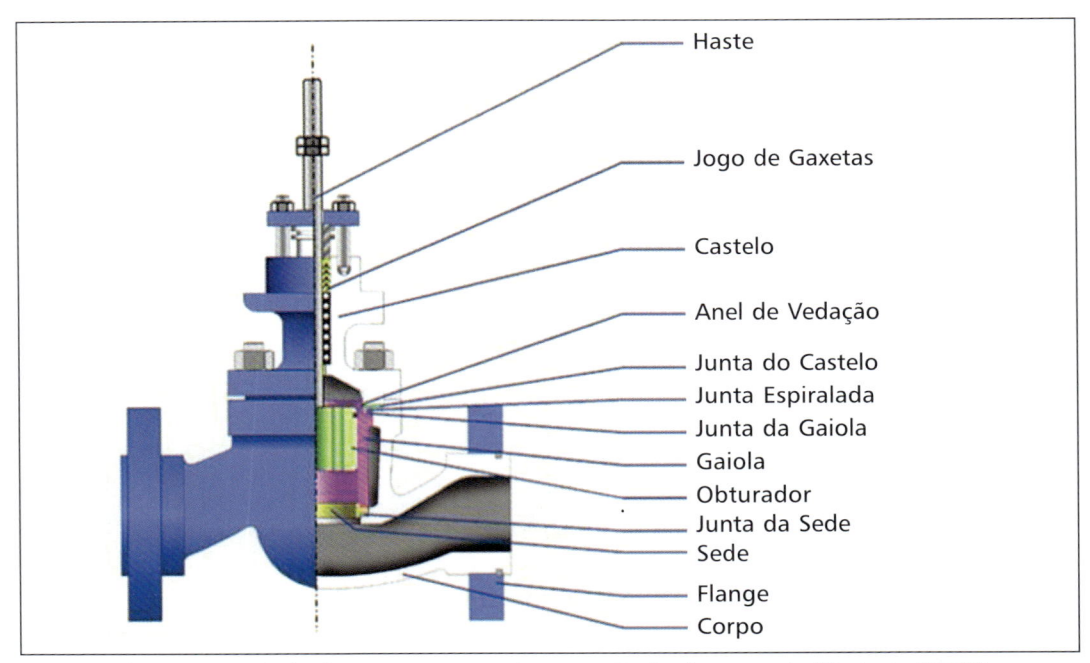

Fig. 10.6 – Principais componentes de uma válvula de controle (Cortesia HITER)

10. Válvula de Controle

Corpo

É o invólucro onde é instalada a sede de vedação e por onde ocorre a passagem do fluxo de fluido. Nas suas extremidades estão localizados os dois pontos de conexão com a tubulação.

Este componente determina o diâmetro nominal da válvula.

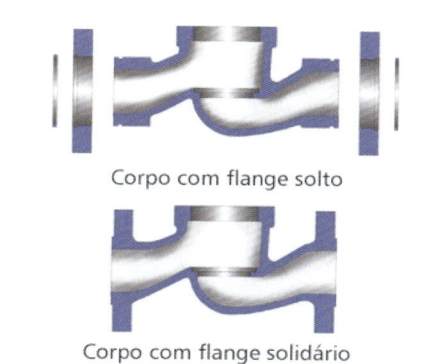

Corpo com flange solto

Corpo com flange solidário

Fig. 10.7 – Tipos de corpo (Cortesia HITER)

Obturador com guia superior

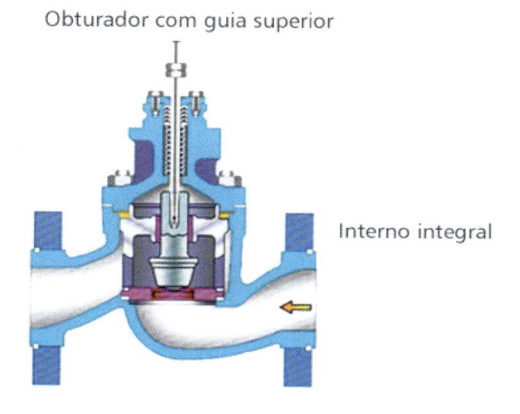

Interno integral

Fig. 10.8 – Válvula globo (Cortesia HITER)

Classificação do Corpo

- Sede Simples – Na válvula globo com sede simples, o fluido no interior do corpo passa através de um único orifício. Ideal para fluidos que contenham particulados em suspensão viscosos que podem desgastar a guia, porém se o fluido for erosivo ou abrasivo este modelo de sede deve ser evitado.
- Sede Dupla – Na válvula globo com sede dupla, o fluxo de fluido passa através de duas passagens ou orifícios. Sua principal vantagem é ser estável, não ne-

cessita de uma força de atuação muito grande e uma das sedes do obturador pode ser construída com material resiliente, para casos de alta estanqueidade.

- Sede Tripla – Adaptação da válvula globo para utilização em mistura ou separação de fluidos. O corpo é dotado de três conexões de fluxo, sendo duas em planos paralelos e a terceira em ângulo reto das demais, podendo ser duas conexões de entrada e uma de saída, fluxos convergentes-válvula misturadora, ou conexão de entrada e duas saídas, fluxos divergentes-válvula distribuidora.

Fig. 10.9a – Sede dupla

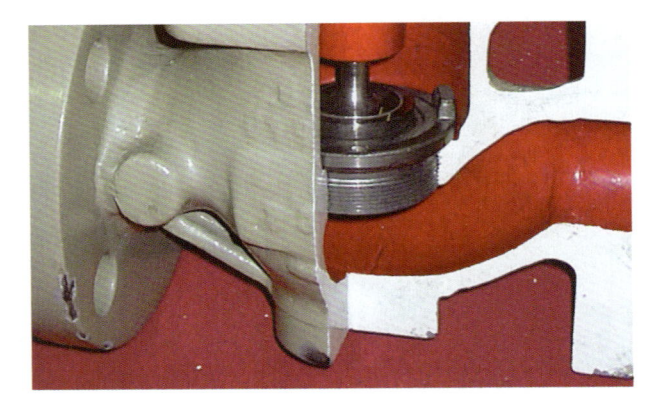

Fig. 10.9b – Sede simples

Gaiola

É uma bucha projetada para guiar o obturador com uma determinada quantidade de furos com formatos específicos, através dos quais direciona os jatos do líquido cavitante contra outros jatos dos furos na direção oposta, permitindo diferentes características de vazão.

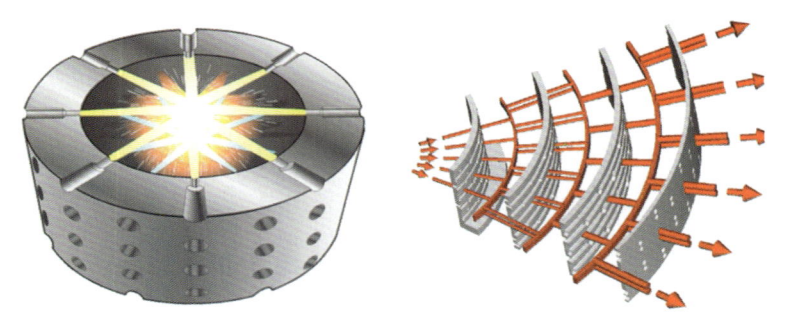

Fig. 10.10 – Gaiolas (Cortesia HITER)

A turbulência do fluxo durante o impacto provoca o colapso das bolhas de vapor exatamente no centro da gaiola, minimizando, assim, danos aos componentes internos da válvula, por isso a gaiola é construída com material de dureza superior ao obturador, a fim de evitar desgastes pela alta velocidade de escoamento do fluido.

Gaiolas são indicadas quando a força de atuação não é o bastante para controlar a pressão diferencial através de uma sede simples. Por trabalhar com folgas pequenas entre o obturador e a gaiola, esta só deve ser utilizada com fluidos limpos que não se cristalizem, pois estes podem causar o travamento da válvula.

Fig. 10.11 – Gaiolas

Gaiola Anticavitante

Bucha que tem por função implodir as bolhas de vapor longe dos componentes internos e da parede do corpo da válvula, utilizando múltiplos orifícios de tamanhos e formatos diferentes, que quebram a corrente de fluxo turbulento, minimizando o ruído e a cavitação.

Gaiola Antirruído

É formada por um conjunto de gaiolas. A quantidade de estágios atenua o ruído de acordo com a queda de pressão, reduzindo-o gradualmente.

Gaiola Balanceada

O obturador possui furos para equalizar a pressão. Este modelo é utilizado quando existe a necessidade de alta queda de pressão, e a força necessária para movimentar o obturador é menor. As aberturas da gaiola reduzem o risco de erosão causado pela alta velocidade do fluxo de fluido.

Gaiola de Múltiplos Estágios

O número de estágios utilizados depende das condições de operação e da atenuação de ruído requerida. O número de orifícios em cada elemento é calculado de forma a manter a velocidade média de escoamento igual em todos os estágios.

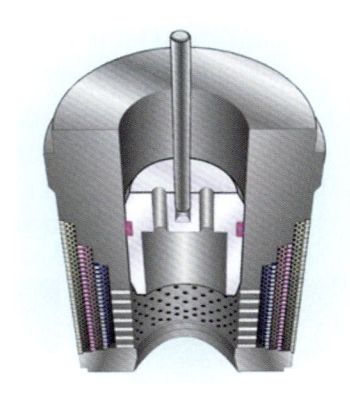

Fig. 10.12 – Gaiola de múltiplos estágios (Cortesia HITER)

Vantagens da Utilização da Gaiola:
- Alta estabilidade de operação, devido ao sistema de guia do obturador na gaiola, obtendo desta forma área de guia da ordem de 28% superior aos modelos convencionais.
- Capacidade de vazão da ordem de 20 a 30% maior do que a obtida nas válvulas globo convencionais.
- Facilidade de desmontagem na manutenção.
- Componentes internos mais leves, menos suscetível à vibração horizontal do obturador, menos ruído de origem mecânica.

Castelo

É a parte da válvula que serve de guia para a haste ou eixo do obturador e aloja o sistema de selagem. É também um meio para a montagem do atuador, além de evitar o escape do fluido para o meio ambiente.

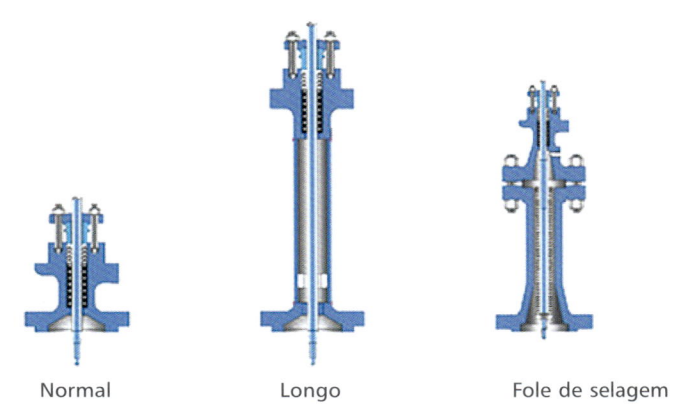

Normal   Longo   Fole de selagem

Fig. 10.13 – Tipos de castelo (Cortesia HITER)

10. Válvula de Controle

Os castelos são classificados em:

- **Castelo Normal** – Utilizado em aplicações comuns, nas quais a temperatura do fluido está entre –30 e 371ºC.

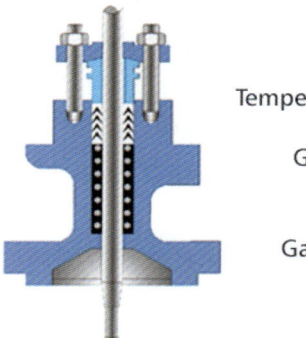

Temperatura de operação:

Gaxeta de PTFE:
–30 a 232ºC

Gaxeta de grafite:
–30 a 371ºC

Fig. 10.14 – Castelo normal (Cortesia HITER)

- **Castelo Longo** – Afasta a caixa de selagem do fluido. Utilizado em fluidos em temperaturas de – 45 a –18ºC e 232 a 430ºC.

- **Castelo Extralongo** – Semelhante ao anterior, mas possuindo uma altura maior, é utilizado para aplicações em baixíssimas temperaturas ou criogênicas como –100 a – 45ºC, evitando o congelamento das gaxetas.

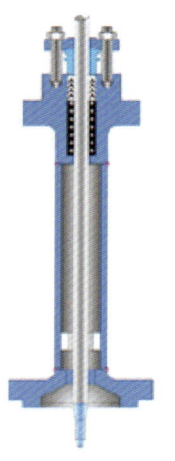

Fig. 10.15 – Castelo longo
(Cortesia HITER)

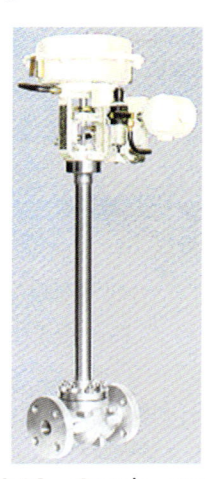

Fig. 10.16 – Castelo extralongo
(Cortesia HITER)

- **Castelo com Fole** – Utilizado em casos onde não possa haver vazamento de fluido para o meio ambiente através da gaxeta. Este modelo de castelo possui um fole metálico, formando uma câmara de pressurização interna, entre a parte do fole e a superfície da haste.

Fig. 10.17 – Castelo com fole

Caixa de Selagem

Tem como função proporcionar uma selagem contra vazamentos dos fluidos do processo pela haste de acionamento. As gaxetas podem ser de teflon com perfil de *design* em V, anéis de grafite ou gaxetas trançadas.

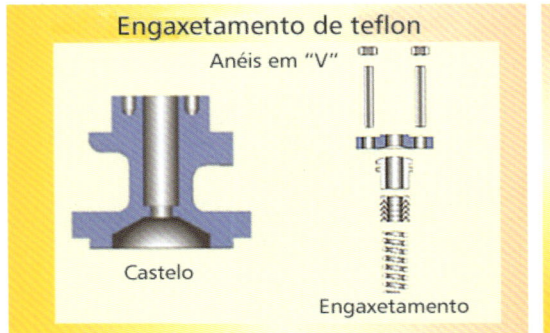

Fig. 10.18 – Caixa de selagem (Cortesia HITER)

10.5. VÁLVULAS BORBOLETAS PARA CONTROLE

Válvula borboleta excêntrica, como foi visto no Capítulo 8, é aquela cujo obturador é excêntrico em relação ao eixo diametral da válvula e também à linha de centro da tubulação. Algumas carcaças podem apresentar formato cônico.

A vedação desse modelo de válvula é bem superior à das válvulas convencionais. Estas válvulas contêm vedações metálicas e são indicadas para trabalhos em altas temperaturas e com produtos inflamáveis. São conhecidas como triexcêntricas.

10. Válvula de Controle

Desvio 1:
O desvio do eixo é exposto atrás da linha de centro do assento permitindo um contato de selagem completo.

Desvio 2:
O desvio da linha de centro do eixo em relação à linha de centro da válvula e da tubulação.
Permite abertura e fechamento sem qualquer interferência.

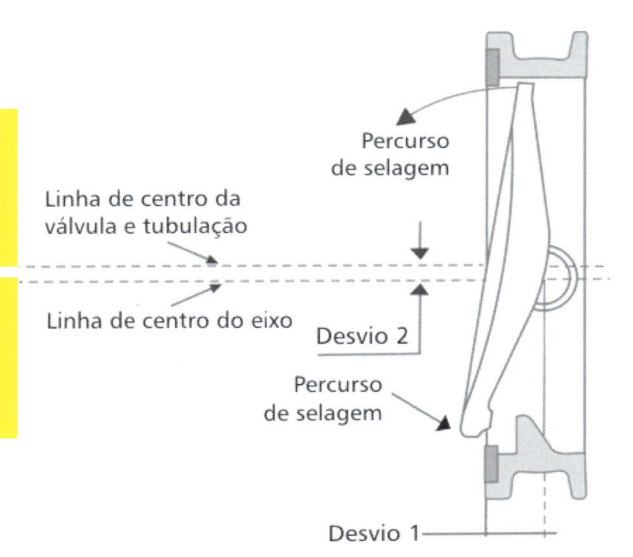

Fig. 10.19 – Válvulas biexcêntricas

Triexcêntricas – São válvulas borboletas projetadas de modo que o contato entre o anel de vedação e a sede ocorra somente no exato momento em que a válvula está totalmente fechada, eliminando qualquer atrito entre a vedação e a sede e, consequentemente, o desgaste dos elementos de vedação.

Fig. 10.20 – Válvulas triexcêntricas

Com a Válvula de Controle Triexcêntrica, o obturador deve ficar posicionado entre 15° e 75° de abertura em relação à sede fixa. Utilizada nos serviços de controle de fluidos em temperaturas e pressões elevadas, este modelo de válvula oferece vedação estanque, podendo ainda trabalhar com fluidos com particulados sólidos sem danificar as áreas de vedação.

10.6. Válvula Esfera de Controle

As Válvulas Esferas, em alguns casos, também podem ser utilizadas para o controle de fluxo de fluido, porém estas devem trabalhar numa posição entre 20% e 80% do seu curso máximo. Esta regulagem não deve ser realizada por longos períodos, pois a turbulência e a alta velocidade de escoamento na região dos anéis de vedação da carcaça podem destruir os mesmos.

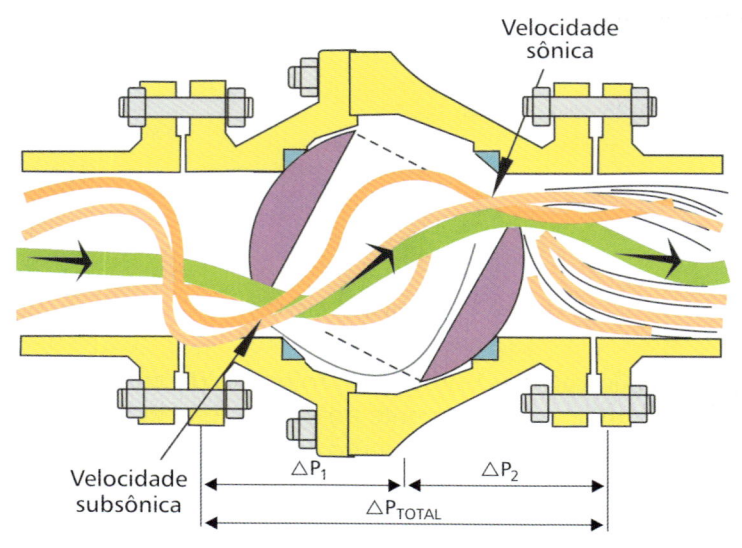

Fig. 10.21 – Limitação de controle de uma válvula esfera

10.7. Válvula de Segmento Esférico

Este modelo de válvula de controle possui um obturador semiesférico, com área 80% menor do que um obturador convencional de válvula esfera. Esta geometria oferece um alto coeficiente de fluxo, e o obturador controla de 0° a 90° do seu curso, aproximadamente de 300:1.

Utilizada para controle de fluidos viscosos e abrasivos, seu corpo é compacto e leve, e seu dimensional de face a face é normatizado pela ISA S75.04.

Fabricadas nas bitolas de 1" até 10".

- Leve, compacta e econômica.
- Corpo e castelo em uma única peça.
- Sede metálica.
- Alta capacidade de vazão.
- Menor torque de acionamento.

10. Válvula de Controle

Fig. 10.22 – Obturador (Cortesia HITER)

Fig. 10.22a – Obturador de uma válvula de segmento esférico

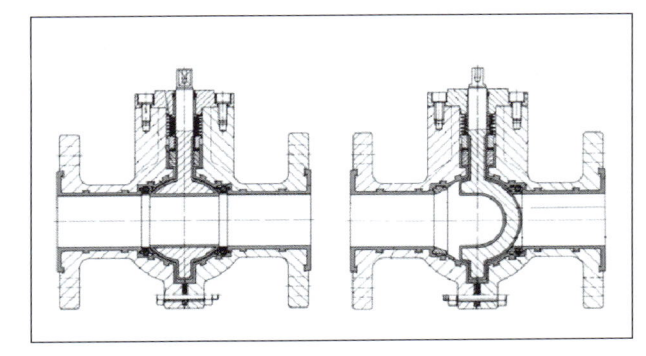

Fig. 10.22b – Posicionamento de abertura e fechamento de uma válvula de segmento esférico

Fig. 10.23 – Detalhe do obturador

10.8. Funcionamento de um Sistema "Anti-surge"

Todos os compressores centrífugos são susceptíveis a um fenômeno de instabilidade operacional conhecido como *surge* (em inglês) ou *pompage* (em francês).

Este fenômeno é um ponto de instabilidade e manifesta-se através de oscilação de vazão e pressão, acompanhado de forte ruído devido a pancadas do rotor no mancal de escora, podendo levar rapidamente a uma falha mecânica. O fenômeno do surge ocorre quando a pressão que o gás adquire na saída do difusor não é suficiente para vencer aquele existente no meio seguinte (pressão de descarga do estágio).

Ocorre a frenagem da corrente de gás mesmo com o rotor do compressor girando. Instantaneamente ocorrem problemas de turbilhonamento do gás dentro dos estágios e inicia-se o seu refluxo para a sucção. Nesse ponto, a pressão na descarga do difusor começa a se reduzir, uma vez que ela era mantida com o fluxo constante do gás da sucção para a descarga.

Quando essa pressão cai, o conjunto "rotor-difusor", imediatamente, fica em condições de fazer o gás vencer a nova pressão do meio, restabelecendo o fluxo em direção à descarga. Em consequência, a pressão no meio começa a se elevar outra vez até a mesma condição inicial, repetindo-se o processo.

O intervalo de tempo, entre cada ciclo, varia, em geral, de caso para caso, não passando, porém, de alguns segundos, fazendo com que o compressor oscile e trepide com violência. O problema só pode ser resolvido restabelecendo-se a vazão através da redução da pressão na descarga ou alterando-se sua rotação para uma nova condição de equilíbrio.

Nas curvas características do compressor são assinalados os pontos de ocorrência do surge e a linha que une esses pontos é chamada de "linha de surge". Esse levantamento é realizado empiricamente pelo fabricante do equipamento. Através do conhecimento da "linha de *surge*" são desenvolvidos sistemas automatizados de proteção contra a ocorrência desse fenômeno.

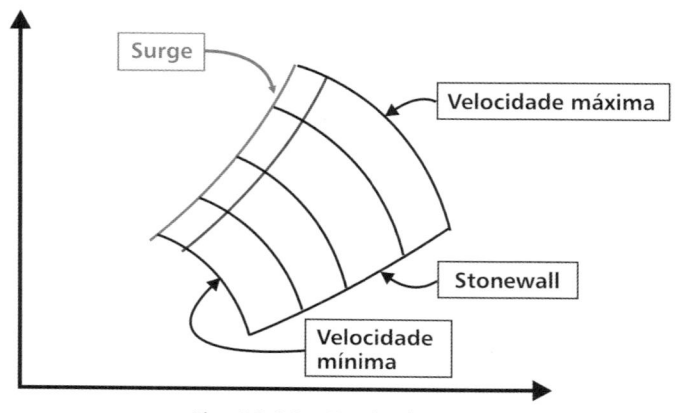

Fig. 10.24 – Teoria do surge

10.8.1. Controle Anti-surge

Tem por objetivo impedir que o compressor seja levado a uma condição operacional instável devido a uma redução na vazão requerida pelo sistema.

O controlador Automático de Surge (ASC) através da leitura de dados é utilizado para posicionar a válvula de reciclo (FV) na justa medida necessária para a estabilidade de funcionamento do compressor. As válvulas do modelo globo e borboleta são as mais recomendadas para esse tipo de serviço.

A instrumentação mínima necessária para a implantação de um sistema de controle anti-surge é constituída por:

- **Controlador anti-surge eletrônico digital** – Possibilita a implementação de múltiplas malhas numa única unidade computacional, simplificando o procedimento de interligação ou desacoplamento dos controles de capacidade e anti-surge. O uso de controlador dedicado, ao invés de compartilhar o PLC ou SDCD de controle de processo, garante a execução do algoritimo na velocidade necessária.
- **Transmissores de pressão** – Instrumentos microprocessados utilizados no monitoramento contínuo da pressão em processos.
- **Transmissores de vazão** – Instrumentos microprocessados que efetuam a indicação de vazão instantânea. A velocidade de resposta deste instrumento é fator crítico para o desempenho de todo o sistema.
- **Atuadores** – Instrumentos que produzem movimento, atendendo a comandos automáticos. O movimento pode ser induzido por cilindros pneumáticos ou cilindros hidráulicos.
- **Posicionadores** – Elementos dinâmicos cujo objetivo é realimentar a atuação da válvula com um sinal correspondente a sua abertura em cada instante. O posicionador reduz os efeitos de histereses e resistência de movimento introduzidas pelo atrito interno na válvula. Este equipamento é o principal responsável pela precisão no posicionamento e pela repetibilidade.
- **Válvula de reciclo** – Componente responsável pelo desempenho do sistema de controle anti-surge, tendo por característica permitir a vazão limite de surge na pior condição prevista de processo.

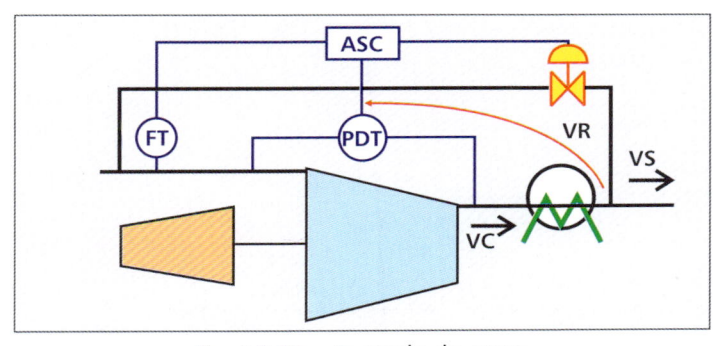

Fig. 10.25 – Controle do surge

Quando o compressor estiver operando numa condição sobre ou "à esquerda" dessa linha de proteção, o dispositivo lógico comanda a abertura da válvula de reciclo "anti-surge" que aumenta a vazão e/ou reduz a pressão de descarga.

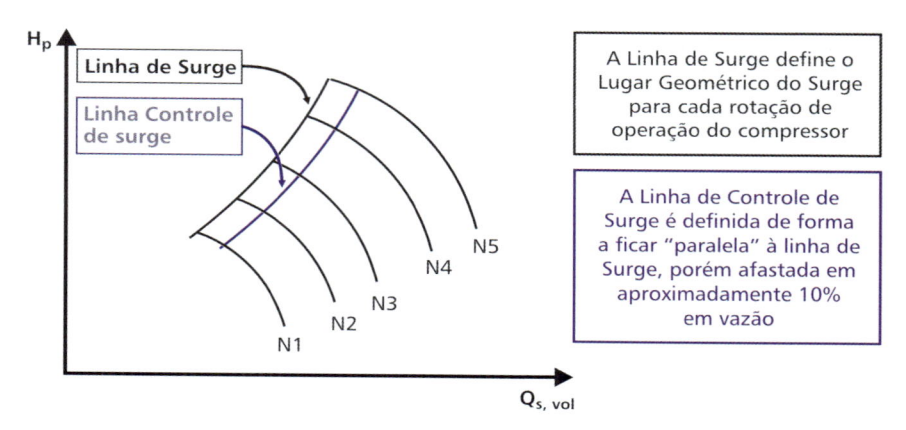

Fig. 10.26 – Controle do surge

Normalmente, essa linha de segurança se situa 10% em vazão a mais do que a "linha de surge" para se evitar qualquer risco. A válvula de reciclo "anti-surge" deve permanecer o mais fechada possível quando a máquina estiver em operação normal para economia de energia.

Um sistema de controle de alto desempenho devidamente ajustado e sintonizado viabiliza a operação segura com menor recirculação, resultando em menores custos operacionais.

11. Atuadores

É o dispositivo que, em resposta ao sinal enviado pelo controlador, produz uma força motriz necessária ao funcionamento da válvula de controle. Este deve proporcionar à válvula meios operacionais suaves e estáveis, contra a ação variável das forças dinâmicas e estáticas, originadas na válvula por ação do fluido de processo.

Tipos de atuadores:

- Pneumáticos Tipo Mola – Diafragma.
- Pneumáticos Tipo Pistão (Simples ou Dupla Ação).
- Hidráulicos.
- Eletro-hidráulicos.
- Manuais.

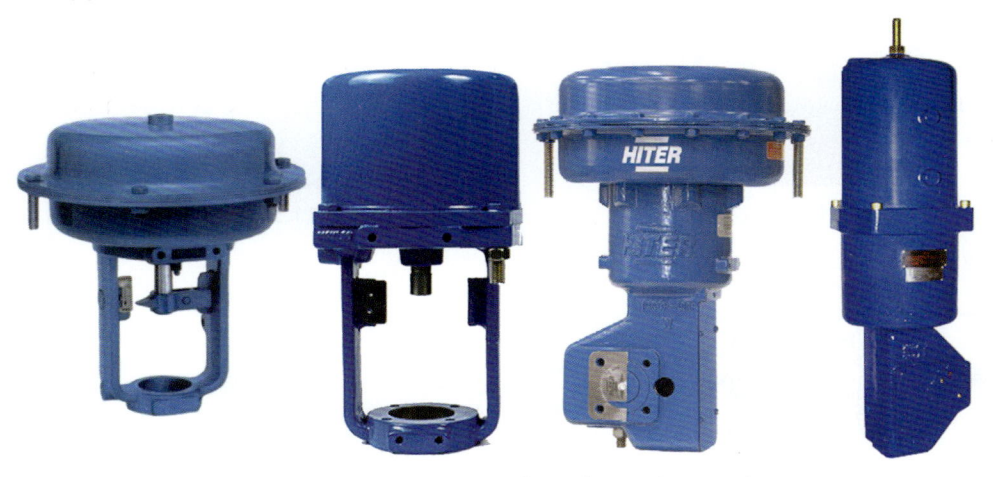

Fig. 11.1 – Tipos de atuadores (Cortesia HITER)

11.1. Atuador Pneumático Linear Tipo Mola-Diafragma

Este modelo de atuador é o mais utilizado em válvulas de controle. Ele utiliza um diafragma flexível de neoprene, sobre o qual age uma pressão de carga variável em oposição à força produzida por uma mola.

O diafragma fica alojado entre dois tampos, formando duas câmaras, uma das quais totalmente estanque, por onde entra o sinal da pressão de carga. A força motriz é obtida pelo produto da pressão de carga vezes a área efetiva do diafragma.

Existem dois tipos de atuador mola-diafragma:

1. **Ação Direta** – A pressão de ar aumenta a carga sobre o diafragma, que empurra a haste da válvula para fechar, enquanto que a mola força a haste para cima no sentido de abertura.

2. **Ação Inversa** – A elevação da pressão do ar aumenta a carga sobre o diafragma inferior, este empurra a haste para cima abrindo a válvula, enquanto a mola a empurra para baixo no sentido de fechamento.

Fig. 11.2 – Ação direta

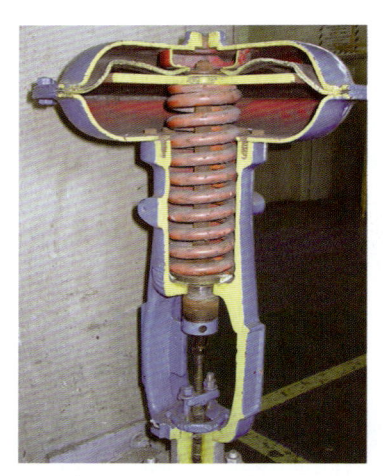

Fig. 11.3 – Ação inversa

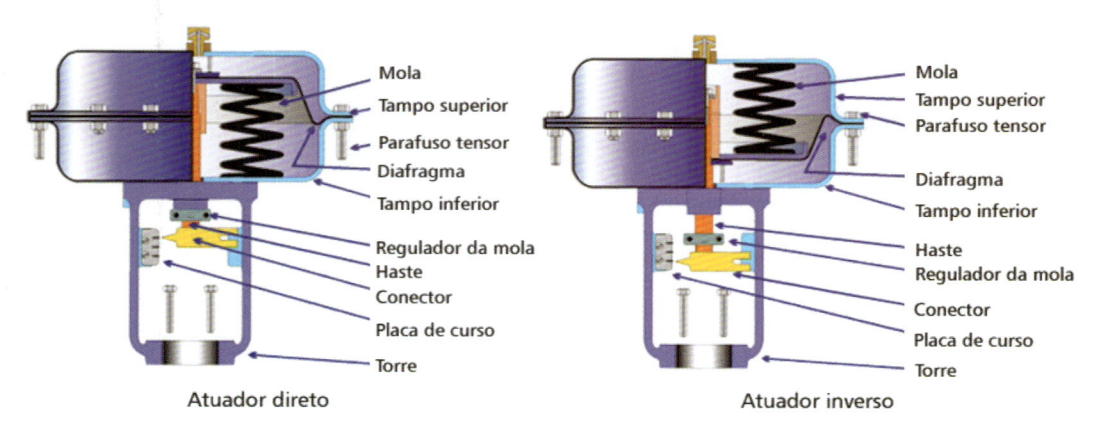

Fig. 11.4 – Comparação de posição da mola (Cortesia HITER)

11.2. Atuador Pneumático Rotativo Tipo Mola-Diafragma

Mesmo princípio de funcionamento do Atuador Pneumático Linear. A diferença está na transformação do movimento linear em rotativo. Utilizado em válvulas de obturador rotativo (1/4 de volta).

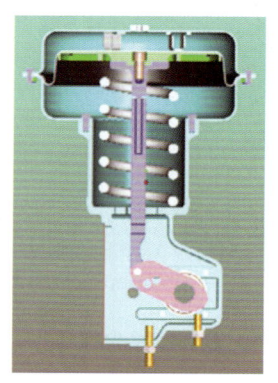

Fig. 11.5 – Atuador pneumático rotativo tipo mola-diafragma (Cortesia HITER)

11.3. Atuador Pneumático Tipo Pistão – Linear

Este modelo de atuador substitui o uso do diafragma flexível por um pistão metálico. Utilizado em aplicações nas quais os atuadores tipo mola e diafragma não proporcionam torque suficiente para suportar a pressão diferencial.

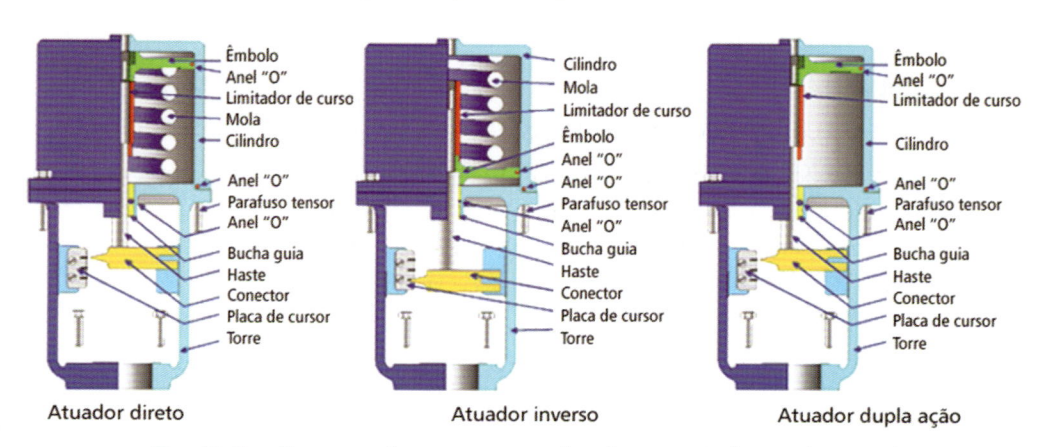

Fig. 11.6 – Comparação entre os modos de atuação (Cortesia HITER)

As desvantagens do uso deste atuador estão na necessidade de utilização do posicionador, caso a válvula seja utilizada em serviços de controle modulado e na ausência de recursos próprios para a obtenção da posição segura da válvula.

Em caso de falha por falta de suprimento de energia, ao contrário do atuador por diafragma e mola, para obtenção da posição de segurança por falha, este necessita da adaptação de uma mola de retorno ou, então, de um sistema auxiliar externo de armazenamento de energia.

Fig. 11.7 – Atuador pneumático tipo pistão

11.4. Atuador Pneumático Rotativo Tipo Pistão

Utilizado em válvulas de acionamento rotativo, transforma o movimento linear do pistão em rotativo.

Vantagens:
- Capacidade de força e torques elevados.
- Compactividade.
- Resposta rápida.
- Seguro em operações elétricas.
- Suporta maiores pressões de suprimento.

Desvantagens:
- Para dupla ação requer acessórios adicionais para posição de segurança.
- Necessidade de alta pressão de suprimento.

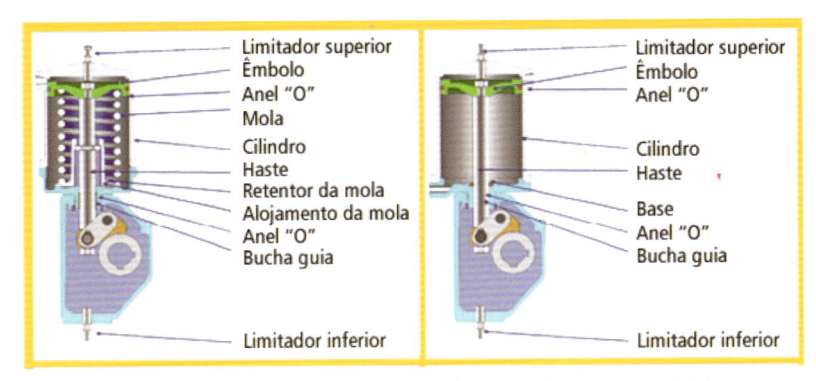

Fig. 11.8 – Simples ação e dupla ação (Cortesia HITER)

11.5. Atuadores Elétricos

O atuador elétrico é o equipamento ideal para motorização de válvulas por controle remoto. Conceitualmente, o atuador elétrico é um dispositivo que produz movimento atendendo a comandos que podem ser manuais ou automáticos, no local ou remotamente. Pode ser acoplado a qualquer tamanho ou modelo de válvula, sendo responsável pelo gerenciamento do torque, da posição e da velocidade de abertura e fechamento de uma válvula. Isso proporciona agilidade, confiabilidade, precisão, segurança, controle do processo, intertravamento, diagnose e alarmes.

Composto basicamente por um motor elétrico agregado a um conjunto de engrenagens, possui todo seu acionamento mecânico, assim como a estrutura eletrônica, embarcada em um único invólucro vedado, garantindo segurança para aplicação em ambientes industriais agressivos e expostos a intempéries.

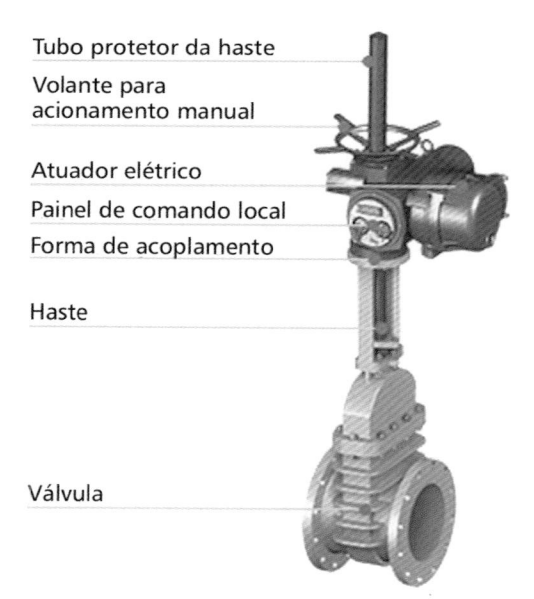

Fig. 11.9 – Conjunto atuador/válvula (Cortesia Coester)

O avanço da eletrônica proporcionou incorporar ao atuador elétrico uma unidade de processamento e controle (CPU) que monitora e controla todas as variáveis do equipamento. Além de diversificar as opções de controle, não se limitando aos tradicionais acionamentos por contato seco e sinais de 4-20mA, possibilita a comunicação digital via barramentos de campo, comunicação sem fio e várias opções de configuração e armazenamento de dados de operação. Por estes avanços, atualmente o atuador elétrico vem ganhando espaço na indústria e ocupando o lugar que antes pertencia a outros tipos de atuadores.

Fig. 11.10 – Atuadores aplicados em processos petroquímicos (Cortesia Coester)

Controle remoto

No que diz respeito a comandos remotos relacionados a atuadores elétricos, pode-se entender por controlar remotamente o ato de acionar e controlar o funcionamento do conjunto atuador/válvula à distância, possibilitando maior segurança, praticidade e agilidade para o processo a que se destina o equipamento. Em se tratando de controle remoto, são quatro as opções de controle, conforme apresentado a seguir:

Standard: Neste tipo de controle os equipamentos são compostos basicamente pelo conjunto mecânico, motor e sensores. Toda a parte de controle é realizada externamente através de CLP ou painel de comando, inclusive o acionamento do motor. Permite somente comando remoto, sem a possibilidade de comando local, com possibilidade de receber a posição por sinal 4 a 20 mA. Utilizado frequentemente em situações onde já existe uma estrutura de painéis elétricos montada, e em processos em que não haja uma necessidade de controle tão rigorosa, como, por exemplo, na automação da rede de esgotos e outras aplicações industriais.

Integral: No controle integral o equipamento dispõe de unidade de processamento local, sensores eletrônicos e sistema de autodiagnose. Ou seja, através da placa controladora permite programar, visualizar e controlar parâmetros, possibilitando diagnósticos precisos quando de alguma alteração no padrão de funcionamento. É configurável eletronicamente, sem a abertura do invólucro. Todos os elementos de controle são montados no interior do invólucro do equipamento. O comando remoto, quando necessário, é realizado através da duplicação de contatos e direcionado pela chave seletora do atuador. Os comandos são feitos via entradas e saídas digitais e este tipo de comando é também denominado Comando Fiado.

Integral Modulante: Versão integral, para controle proporcional (0-100%) através de sinal analógico de 4-20mA/0-20mA. Possibilita desta forma o controle preciso da posição de abertura da válvula, proporcionando assim o controle da vazão do fluido através da válvula. Projetados para motorização de válvulas e dampers de controle de fluxo.

Inteligente: Inclui todos os recursos do modelo integral. Pode ser conectado diretamente a redes de comunicação para controle remoto.

11.5.1. Alinhamento e Intertravamento

Possibilitados pelo controle remoto e acompanhamento dos parâmetros do processo, o alinhamento e o intertravamento são controles abrangentes de processos complexos, caracterizados pela necessidade de sincronização dos equipamentos. O alinhamento diz respeito a esta sincronia, por exemplo, controlando o escoamento de um fluido por tubulação de um tanque a outro. Para isso, suponha-se que seja necessário que determinadas válvulas sejam fechadas, enquanto que outras estejam abertas para ocorrer tal escoamento sem danos ao processo. Desta forma, via comandos remotos e *softwares* controladores há esta sincronização necessária para o escoamento. O intertravamento, por sua vez, age como mais uma forma de garantir controle e segurança ao processo, através de condicionamento do acionamento de uma válvula em relação a outra ou a algum dispositivo como uma bomba de vazão, por exemplo, ou vice-versa.

11.5.2. Redes Industriais

Redes industriais ou de comunicação são essencialmente sistemas distribuídos, ou seja, diversos elementos trabalham de forma simultânea a fim de supervisionar e controlar um determinado processo. Tais elementos (sensores, atuadores, CLP's, CNC's, PC's, etc.), necessitam estar interligados e trocando informações de forma rápida e precisa. Um ambiente industrial é, geralmente, hostil, de maneira que os dispositivos e equipamentos pertencentes a uma rede industrial devem ser confiáveis, rápidos e robustos.

Antes das tecnologias de rede, o controle remoto de equipamentos, como os atuadores, no campo ou chão de fábrica, era realizado através da duplicação de contatos, com uso intensivo de cabos e painéis elétricos. Para cada sinal ou comando era necessário um novo par de fios entre o equipamento e a sala de controle. Isto, à medida que o fluxo de informações se tornava mais pesado, gerou problemas como elevados custos de cabos e conexões, dificuldade de localização de defeitos nos cabos, dificuldade de expansão dos projetos, entre outros.

Graças às tecnologias de rede, os problemas acima foram resolvidos, dando lugar a um cabeamento mais simples, econômico e confiável. As instalações também se tornaram mais flexíveis, possibilitando uma gestão mais realista dos sistemas.

Os fabricantes de sistemas de integração industrial tendem a lançar produtos compatíveis com sua arquitetura própria, o que leva a graves problemas de compatibilidade entre as diversas redes e sub-redes presentes nos sistemas, em diversos níveis, equipamentos, dispositivos, *hardware* e *software*. Essa é a vantagem das arquiteturas de sistemas abertos, que tendem a seguir padrões, de maneira que o usuário pode encontrar diversas soluções diferentes para o mesmo problema. São exemplos de sistemas abertos: Profibus-DP, DeviceNet, Ethernet, Modbus, Asi, entre outros.

11.5.3. Controle Local

Para o caso de uma falha no controle remoto, os atuadores são munidos de um painel de comando local, proporcionando uma interface de operação no campo. Este painel, dentre outras características, disponibiliza informações como "status" de abertura da válvula e alarmes, permitindo ao operador uma correta operação do conjunto. Conforme detalhado na figura abaixo, o painel local dos atuadores possui:

Chave Seletora: Com três posições básicas, permite ao operador selecionar o modo de operação: a) desligado (centro); b) controle remoto (esquerda); c) controle local (direita). Há ainda uma quarta posição, em linhas mais modernas, que corresponde à parada de emergência, substituindo assim a botoeira dos modelos antigos que correspondia a tal função.

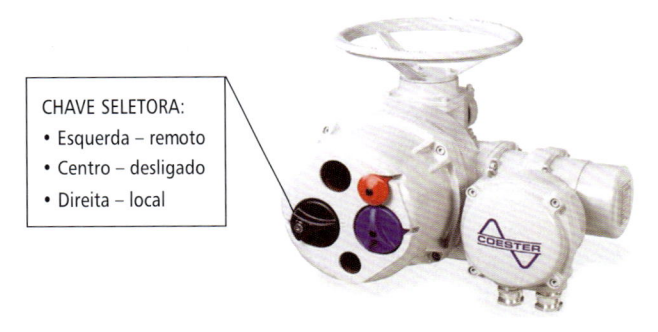

Fig. 11.11 – Chave seletora (Cortesia Coester)

Botão de Comando: Com duas posições, permite ao operador selecionar a abertura (esquerda) e o fechamento (direita) da válvula.

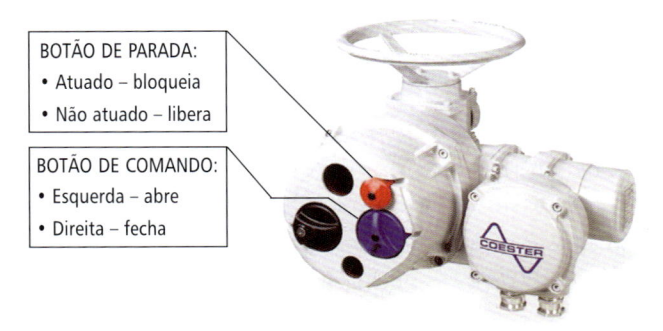

Fig. 11.12 – Botões de comando (Cortesia Coester)

11. Atuadores

Display: Mescla sinais visuais a informações escritas para permitir ao operador a leitura correta do funcionçamento do conjunto. Por exemplo: informa o percentual da posição atual da válvula, assim como o percentual de torque necessário para movimentação da mesma. Os sinais luminosos, funcionando como uma sinaleira, indicam através de convenções o estado da válvula: aberta, fechada, abrindo, fechando ou intermediário, por exemplo.

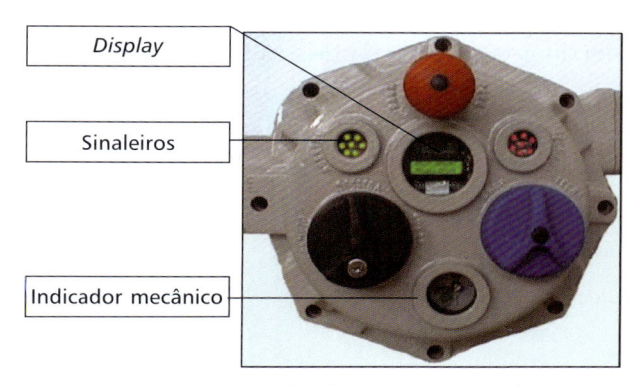

Fig. 11.13 – *Display* (Cortesia Coester)

11.5.4. Operação Manual

Quando da impossibilidade de realizar a movimentação eletricamente, seja pela falta momentânea de alimentação, seja pelo comissionamento da obra, um dispositivo permite engatar o volante, proporcionando o acionamento manual da válvula. Em linhas mais modernas, porém, o volante tem acoplamento direto, sem necessidade de ativar algum outro dispositivo. Considerando que em certas aplicações se torna difícil ou impraticável acionar o dispositivo de engate do volante, o acoplamento permanente possibilita que mesmo em situações de falhas elétricas e mecânicas seja possível a operação manual da válvula.

Na operação manual da válvula, um sistema antirretorno, instalado no atuador, garante a integridade física do operador, por não permitir que o motor elétrico arraste o volante e, consequentemente, o operador.

Para orientação do operador quanto à posição de abertura ou fechamento da válvula, em situações de falha do equipamento, o atuador possui, no painel local de comando, um indicador mecânico de posição, garantindo a disponibilidade de informação do *status* da válvula em qualquer instante e circunstância.

Assim, estas características descritas, como o acoplamento permanente do volante, o sistema antirretorno e o indicador mecânico de posição, agregam segurança operacional ao conjunto atuador/válvula, pois permitem a operação segura do mesmo em qualquer circunstância.

11.5.5. Descrição dos Componentes Mecânicos

O motor (1), responsável pelo movimento do equipamento, ativa um par de engrenagens (2), as quais ativam um conjunto coroa/sem-fim (3) que, finalmente, ativa um conjunto de engrenagens diferenciais (4).

O volante manual (5), responsável pelo movimento manual do atuador, tem acoplamento direto, sem necessidade de ativar algum outro dispositivo, devido ao conjunto de engrenagens diferenciais (4), o que assegura a total segurança do operador.

Fig. 11.14 – Componentes mecânicos do atuador elétrico (Cortesia Coester)

11.5.6. Atuadores Multivoltas e ¼ de Volta

Os atuadores elétricos são divididos em dois grandes grupos, a fim de possibilitar a motorização dos diferentes tipos de válvulas: multivoltas e ¼ de volta.

Os atuadores multivoltas são aplicáveis a dispositivos onde, para cada manobra de abertura ou fechamento, são necessárias várias revoluções da haste de acionamento. Esta é uma característica típica de válvulas de bloqueio, como, por exemplo, válvulas gaveta, esfera, macho, comporta, entre outras. São divididos em dois grupos: haste ascendente e haste fixa.

Os atuadores ¼ de volta são aplicáveis a dispositivos onde, para cada manobra completa de abertura ou fechamento, é necessária a rotação do eixo em cerca de 90°. São próprios para acionar válvulas de regulagem, como, por exemplo, válvulas borboletas, globo, agulha, entre outras.

Fig. 11.15 – Atuador elétrico em válvula gaveta (Cortesia Coester)

Fig. 11.16 – Atuador elétrico em válvula borboleta (Cortesia Coester)

11.5.7. Atuadores Multivoltas com Haste Ascendente

São os casos em que a haste da válvula se movimenta linearmente, requerendo que o atuador possua uma unidade de empuxo que será responsável pelo movimento. Esta unidade é composta por uma peça denominada porca de acionamento, onde é usinada a rosca conforme a haste da válvula.

Devido ao esforço axial exigido, são colocados dois rolamentos, um na parte inferior e outro na parte superior da unidade, com a finalidade de sustentar o empuxo.

No momento do acionamento, a porca de acionamento gira fazendo com que a haste da válvula deslize por seu interior.

Devido ao curso da válvula, em muitos casos a haste da válvula passa pela unidade de empuxo, passando por dentro do atuador e saindo no topo. Neste caso, é colocado um tubo de proteção no topo do atuador, que servirá de proteção para a haste e evitará a entrada de sujeira e água.

Este tipo de acoplamento entre atuador e válvula é chamado de Forma A.

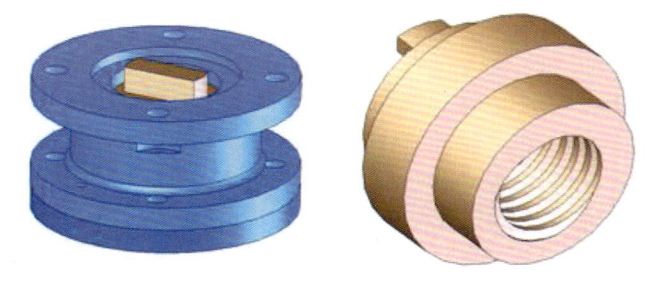

Fig. 11.17 – Forma A (Cortesia Coester)

11.5.8. Atuadores Multivoltas com Haste Fixa

São os casos em que a haste da válvula não realiza o movimento linear, pois o dispositivo está no obturador da válvula. Assim, a haste realiza o movimento giratório e o obturador é que realiza o movimento linear.

No atuador é desconsiderado o empuxo e a forma de acoplamento é composta de uma peça onde é acoplado o eixo da válvula. Normalmente este acoplamento do eixo é feito com chavetas, mas também pode ser do tipo quadrado ou oblongo.

Este tipo de acoplamento entre atuador e válvula é chamado de Forma B.

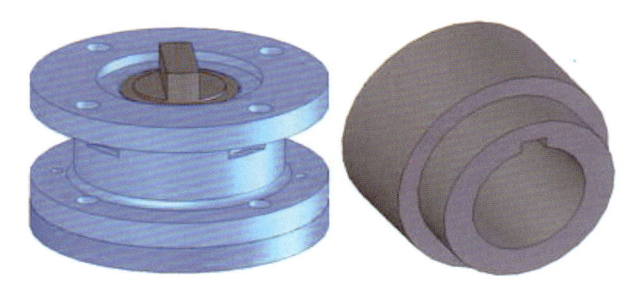

Fig. 11.18 – Forma B (Cortesia Coester)

11.5.9. Manutenção Preditiva

Em indústrias de processo contínuo, onde as válvulas são de fundamental importância e o seu mau funcionamento pode parar a produção, danificar um equipamento ou causar um grave acidente ambiental, torna-se de fundamental importância zelar pelo seu bom funcionamento, aumentando sua vida útil e diminuindo o tempo de parada para manutenção.

Desta forma, a manutenção preditiva voltada para as válvulas se mostra mais eficiente do que métodos tradicionais de manutenção corretiva ou preventiva.

Como a manutenção preditiva é baseada em informações do equipamento, estes devem ser coletados de alguma forma para que este método possa ser utilizado. Assim, o atuador elétrico, por estar em contato direto com a válvula, se torna peça fundamental para análise e diagnose de falha, e consequente manutenção preditiva.

O método mais eficiente de acompanhamento do funcionamento das válvulas é a medição contínua do torque necessário para movimentá-las. Isso é feito através de uma célula de carga, que é uma peça metálica projetada para sofrer deformação elástica conforme o esforço feito pelo atuador para acionar a válvula. Esta deformação é transformada em sinal elétrico através de *strain gages*, e posteriormente em informação do torque, permitindo assim uma análise do funcionamento da válvula, assim como disponibiliza uma base informativa para tomada de decisão quanto à necessidade de trocas ou reparos nas válvulas.

11.5.10. Vantagens do Acompanhamento da Curva de Torque

A medição de torque ou esforço aplicado ao eixo de saída do atuador, feita por meio de células de carga e circuitos eletrônicos do sistema de controle do atuador, permite duas funções básicas nos atuadores modernos:

1. *Aumento da segurança operacional:* o sistema de controle é programado com um valor máximo de torque para operação do conjunto. Se este valor é ultrapassado durante a operação, o sistema interrompe o ciclo de execução e gera um alarme ao operador. Isto impede o rompimento do sistema até a intervenção do operador, que verifica a causa do problema. No caso de medições indiretas, como a utilização da corrente do motor, a medição só é possível com o acionamento do motor o que diminui consideravelmente a segurança operacional.

2. *Coleta de dados para manutenção:* a capacidade de medição contínua de torque antes, durante e depois de todo o movimento (ciclo de abertura e fechamento), permite registrar uma curva do torque exercido em cada um dos movimentos. O estudo da evolução das curvas de torque nos permite verificar a condição real de operação do conjunto e até prever a necessidade ou não de uma futura manutenção. Esta condição não é possível com sensores discretos como microchaves, onde temos apenas a condição de limite de torque ultrapassado e não o seu valor.

A capacidade de poder prever a necessidade de alguma intervenção de manutenção futura tem grande impacto nos sistemas aplicados em processos, pois reduz em grande parte as paradas não programadas que geram enormes perdas financeiras.

Outro ponto importante é que se pode reduzir drasticamente as paradas ou o tempo necessário para as manutenções preventivas, pois através do comportamento das curvas de torque sabemos a real condição de operação do conjunto e podemos decidir exatamente quais equipamentos devem sofrer alguma intervenção e de que tipo. Esta estratégia também reduz o número de itens de reposição em estoque, pois permite manter um mínimo de peças sobressalentes para uma eventual manutenção corretiva e encomendar o material necessário para uma manutenção preventiva.

11.6. ATUADOR HIDRÁULICO

Os atuadores hidráulicos são especificados em casos de altíssimas forças de atuação, na impossibilidade da utilização de outros modelos de atuadores. Uma central hidráulica bombeia fluido hidráulico ao pistão a alta pressão, produzindo elevada força de atuação.

Fig. 11.19 – Atuadores hidráulicos

12. Válvula de Recirculação Automática ou Válvula de Fluxo Mínimo

Modernos processos industriais frequentemente requerem bombas centrífugas para operarem com vazão variável. Isto é resultado do controle automático de tais processos. Fluxos muito baixos em bombas centrífugas, entretanto, podem resultar em superaquecimento e levar ao dano ou causar instabilidade de operação. É muito importante que o fluxo através da bomba não atinja valores abaixo do mínimo recomendado pelo fabricante da bomba.

Fig. 12.1 – Válvula de recirculação automática

As válvulas de proteção de bombas centrífugas têm a função de assegurar continuamente a vazão mínima da bomba. Através delas, a bomba é protegida contra os problemas de superaquecimento, cavitação, desgaste nos mancais, vibração excessiva, instabilidade de operação, paradas frequentes para manutenção e, finalmente, contra a destruição. Quando o processo não permite nenhuma ou somente uma pequena quantidade de fluido, a válvula de fluxo mínimo retorna automaticamente a quantidade mínima requerida através de um *bypass*.

Em geral, as válvulas trabalham de forma modulante. Se a demanda do processo aumenta, a quantidade retornada pelo *bypass* é então reduzida automaticamente, e vice-versa. Isto aumenta o grau de eficiência da bomba e otimiza, por exemplo, a economia na condição de baixa carga.

Fig. 12.2 – Válvula de recirculação automática
(Cortesia de Schroedahl Int. Corp.)

A proteção da bomba é feita, exclusivamente, através de uma válvula auto-operada, ou seja, independente da pressão da linha, a válvula percebe a vazão do processo e retorna automaticamente pelo *bypass* a quantidade mínima requerida para a proteção da bomba.

Na maioria dos casos, as válvulas de fluxo mínimo são superiores às válvulas de controle convencionais, pelo fato de funcionarem sem alimentação de energia externa e apenas por acionamento mecânico. Também utilizam menos componentes.

Isto faz com que as válvulas de recirculação automática sejam menos suscetíveis a falhas e praticamente isentas de manutenção. Além disso, o peso total é reduzido consideravelmente, o que é de grande importância quando usada na área de *Offshore* e FPSO.

Outra importante vantagem é que as válvulas são muito econômicas em todas as fases: aquisição, partida, manutenção e desgaste. O custo de aquisição é aproximadamente 66% menor do que o sistema feito por medição de vazão.

Na montagem, a válvula de recirculação é montada diretamente no bocal de descarga da bomba, e pronto! Tudo isto representa vantagens, das quais o usuário pode se beneficiar na concepção geral da instalação.

Vantagens:
- Menor custo de aquisição, montagem, partida e manutenção (devido ao menor desgaste).

12. Válvula de Recirculação Automática ou Válvula de Fluxo Mínimo

- Maior economia devido à operação ser modulante.
- Funcionamento essencialmente mecânico, auto-operada, independente de energia externa.
- Somente uma válvula, sem componentes adicionais – por esta razão, menos suscetível a falhas e menor desgaste.
- Válvulas de retenção e controle do *bypass* já estão integradas na válvula.
- Praticamente isenta de manutenção.

Aplicação:

As válvulas são utilizadas em plataformas *offshore*, em petroleiros FPSO – (*Floating Production Storage Offloading*) ou FSO – (*Floating Storage Offloading*), assim como em refinarias e na indústria química.

As válvulas de proteção de bombas são combináveis com os mais diversos tipos de bombas.

- Bombas de óleo cru.
- Bombas para gás liquefeito, combustível de gás liquefeito, benzeno, amoníaco líquido.
- Bombas para meios líquidos de processo.
- Bombas *boster* (bombas de reforço ou auxiliares).
- Bombas de injeção de água do mar.
- Bombas de incêndio.

Considerando que as válvulas são utilizadas em processos críticos, elas obrigatoriamente devem ser fabricadas com o mais elevado nível de qualidade. Toda a cadeia de produção e processos deve estar em harmonia com as instruções e normas nacionais e internacionais: (DIN, UVV, Vd TÜV, AD-Mekblätter, TRD, ASME, ANSI, assim como DIN SIO 9001/EN 29001).

Além disso, somente materiais de alta qualidade devem ser utilizados, como, por exemplo, aço carbono, aço inoxidável ou duplex, para assegurar a confiabilidade através de um funcionamento perfeito e duradouro.

Características:
- Operação segura.
- Modulante.
- Baixa manutenção.
- Fácil instalação.
- Amortecimento de pulsações do sistema.
- Adequada para todos os fluidos.
- Auto-operada.
- Compacta.

Operação

O fluxo principal posiciona a válvula de retenção em um certo ponto. A haste da válvula de retenção transmite o movimento via uma alavanca para o *bypass*. O sistema do *bypass* controla a vazão do *bypass* do modo modulante e reduz a pressão do *bypass* até o nível da pressão de saída (reservatório de sucção).

A vazão do *bypass* será máxima quando a válvula de retenção estiver na posição de repouso. O *bypass* estará totalmente fechado quando a válvula de retenção estiver na posição superior, permitindo assim a vazão total da bomba para o sistema.

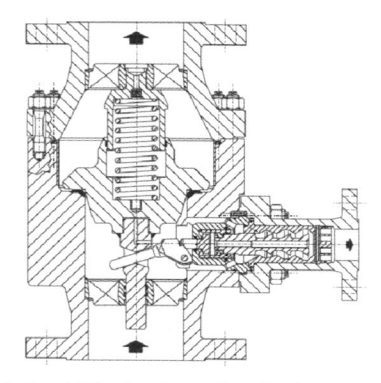

Fig. 12.3 – Válvula de recirculação automática
(Cortesia de Schroedahl Int. Corp.)

Sensor de vazão

A válvula de retenção move-se para cima com o incremento do fluxo principal e, para baixo, com o decréscimo do fluido. A válvula de retenção transmite este movimento via uma alavanca para o sistema do *bypass*.

Fig. 12.4 – Sensor de vazão

Tamanhos:

De 1" a 12", outros tamanhos sob consulta.

Classe de pressão:

De CL150# até CL2500#. Outras classes sob consulta.

Conexões:

As flanges são padronizadas conforme ANSI. Flanges com outros padrões podem ser fabricadas (ISSO, BS, JIS, NF). A conexão de entrada e saída pode ser fornecida com acabamento para solda. Já a conexão do *bypass* é sempre flangeada, de modo a permitir a inspeção.

Materiais:

Corpo:

ASTM A-105 (aço carbono); ASTM A 316L (aço inoxidável); Duplex.

Internos:

O padrão dos internos é de aço inoxidável com um mínimo de 13% de cromo. A seleção dos materiais de vedação é feita de acordo com o fluido e com a condição de temperatura. O material do corpo é selecionado de acordo com o fluido, pressão e temperatura.

Instalação:

A válvula de recirculação deve ser instalada o mais próximo possível da bomba centrífuga, preferencialmente diretamente na descarga da bomba. Para prevenir choques de baixa frequência causado pela pulsação do fluido, a distância entre a saída da bomba e a entrada da válvula não deve exceder a 1,5 metro.

A instalação vertical é preferida, mas a instalação horizontal também é possível. Assegure que o furo do dreno (se fornecido), esteja na parte baixa da válvula no caso de instalação horizontal.

As válvulas operam com um baixo nível de ruído e asseguram alta confiabilidade devido ao projeto robusto.

Seleção e dimensionamento:

1. Determine o tamanho da válvula com a Tabela 2.
2. Calcule a pressão diferencial na vazão mínima.

$$\text{Fluxo: } \Delta p = p_m - p_{bypass} \leq (\text{max. 40bar})$$

3. Calcule o valor requerido do Kv ou Cv da recirculação.

$$K_v = Q(m^3/hr) \times \sqrt{\frac{s.g.}{\Delta p(bar)}} \quad C_v = \frac{28}{24} \times K_v$$

4. Verifique se o Cv requerido é igual ao Cv disponível, conforme Tabela 2 (se não, selecione o imediatamente maior).
5. Determine a faixa de pressão requerida, instalação vertical ou horizontal e o padrão dos flanges.

Código das Válvulas

Diâmetro		Pressão	Configuração
05 = DN 25 (1")	11 = DN 100 (4")	1 = PN 10	V = Instalação vertical
06 = DN 32 (1-1/4")	12 = DN 125 (5")	2 = PN 16	H = Instalação horizontal
07 = DN 40 (1-1/2")	13 = DN 150 (6")	3 = PN 25 (ASME 150lbs)	CS = Corpo em aço carbono
08 = DN 50 (2")	14 = DN 200 (8")	4 = PN 40	SS = Corpo em aço inox
09 = DN 65 (2-1/2")	15 = DN 250 (10")	5 = PN 63/64 (ASME 300lbs)	D = Com furo para dreno
10 = DN 80 (3")			U = Flanges ASME
			F = Flanges DN

Manutenção:

A correta operação da válvula é para ser verificada com o procedimento usual de teste da bomba. Pelo fechamento da válvula na descarga a vazão é reduzida e portanto a recirculação abre. Com um estetoscópio técnico (ou uma chave de fenda) o fluxo através da tubulação do *bypass* deve ser ouvido. Com fluidos quentes, a tubulação deve ser aquecida. Desmonte e limpe a válvula todo ano. Como os anéis de vedação ressecam durante a operação, eles devem ser substituídos por novos.

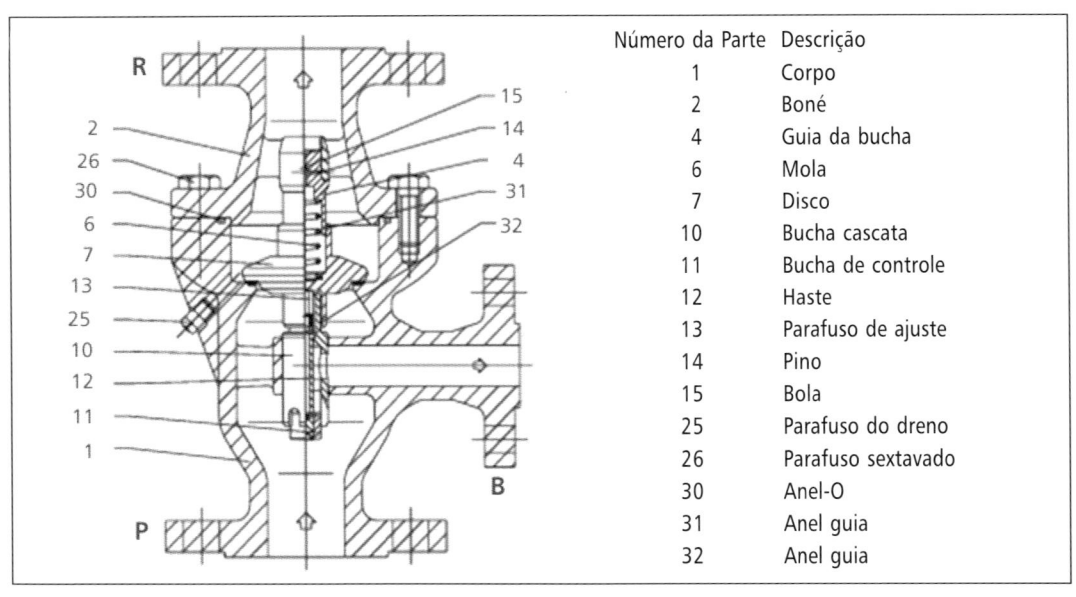

Número da Parte	Descrição
1	Corpo
2	Boné
4	Guia da bucha
6	Mola
7	Disco
10	Bucha cascata
11	Bucha de controle
12	Haste
13	Parafuso de ajuste
14	Pino
15	Bola
25	Parafuso do dreno
26	Parafuso sextavado
30	Anel-O
31	Anel guia
32	Anel guia

Fig. 12.5 – Cortesia de Schroedahl Int. Corp.

12. Válvula de Recirculação Automática ou Válvula de Fluxo Mínimo

Tabela 1.

Tamanho da Válvula (DN$_R$)		Dimensões mm (in)				Peso (kg)	
		S	H	L	(DN$_M$)	PN 10/16 150 lbs	PN 25/40/64 300 lbs
25	(1")	115	102	267	15 (½")	12	18
32	(1¼")	115	102	267	20 (¾")	14	20
40	(1½")	115	102	267	20 (¾")	14	20
50	(2")	130	108	305	25 (1")	22	26
65	(2½")	165	136	406	40 (1½")	46	51
80	(3")	165	136	406	40 (1½")	46	51
100	(4")	209	159	495	50 (2")	105	118
125	(5")	267	228	679	80 (3")	220	240
150	(6")	267	228	679	80 (3")	220	240
200	(8")	356	305	902	100 (4")	524	549
250	(10")	356	305	902	100 (4")	530	560

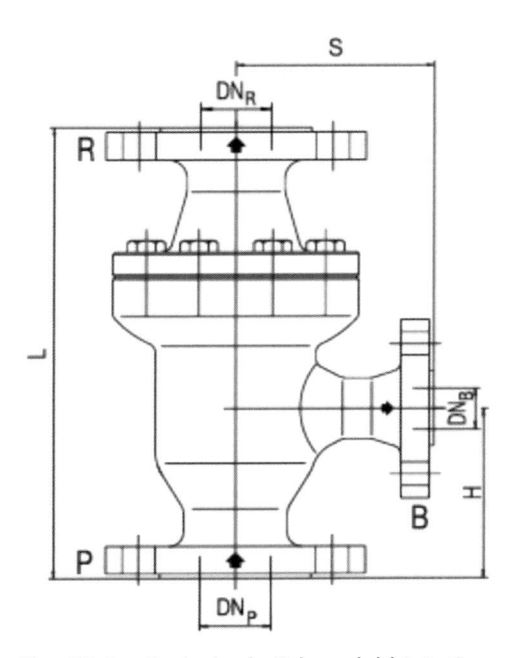

Fig. 12.6 – Cortesia de Schroedahl Int. Corp.

Tabela 2 – Selecionando e dimensionando

Tamanho da Válvula	mm (inches)	25 (1)	32 (1¼)	40 (1½)	50 (2)	65 (2½)	80 (3)	100 (4)	125 (5)	150 (6)	200 (8)	250 (10)
Max. main flow	m^3/hr	12	30	30	50	100	100	200	400	400	750	750
	GPM us.	52	135	135	220	440	440	800	1.760	1.760	3.300	3.300
	GPM imp.	44	110	110	183	366	366	732	1.464	1.464	2.745	2.745
Max. bypass flow	K_v	2	4	4	6	16	16	30	60	60	100	100
	C_v	2,3	4,6	4,6	6,9	18,5	18,5	34,7	69,3	69,3	116	116
	m^3/hr	6	8	8	18	42	42	65	180	180	280	280
	GPM us.	26	35	35	80	185	185	280	790	790	1.230	1.230
	GPM imp.	22	29	29	65	153	153	237	657	657	1.022	1.022
bypass size	mm (inches)	15 (½)	20 (¾)	20 (¾)	25 (1)	40 (1½)	40 (1½)	50 (2)	80 (3)	80 (3)	100 (4)	100 (4)

13. Emissões Fugitivas em Válvulas

Emissões fugitivas são vazamentos que muitas vezes não são possíveis de ser coletados e em geral não são observados visualmente, a não ser através de verificações muito cuidadosas.

Normalmente, vazamentos identificados por cheiro correspondem a concentrações da ordem de 20.000 ppm. As emissões chamadas de fugitivas estão na ordem de 500 ppm de concentração.

O limite admissível de emissões fugitivas estabelecido pelas normas e leis depende das características do produto. Estes valores têm sido cada vez mais rigorosos e exigidos através da emissão de novas leis e normas regulamentadoras que devem ser atendidas tanto nas novas plantas quanto naquelas que já operam há bastante tempo.

Para reduzir a probabilidade de vazamentos, a estanqueidade das válvulas era testada nas fábricas com vapor, água e nitrogênio. Hoje, os testes são realizados com metano, propano ou principalmente gás hélio (gás de moléculas pequenas), devido às maiores exigências de estanqueidade.

13.1. Vedação de Válvulas

O EPRI (Instituto de Pesquisa sobre Energia Elétrica Americano) após uma detalhada avaliação sobre vazamentos nas indústrias, concluiu que 85% deles (vazamentos) numa planta industrial são provenientes de 15% das válvulas instaladas.

A lei americana que regulamenta vazamentos, promulgada em 1990, chamada de Lei do Ar Limpo, catalogou limites de concentração no ar para cerca de 450 fluidos diferentes. De maneira geral, não são admitidos vazamentos cuja concentração do ar próximo à origem do vazamento seja superior a 500 ppm de concentração. Na Califórnia esse valor-limite foi rebaixado para 100 ppm, o que provocou pânico nas indústrias locais.

A EPA (Agência de Proteção Ambiental Americana) saiu em campo e fez inúmeras medições, chegando à conclusão de que numa planta industrial os vazamentos são oriundos dos seguintes equipamentos: 60% válvulas; 12% flanges de tubulação e trocadores de calor; 11% selos de bombas; 3% válvulas de segurança; 7% drenos; 7% compressores.

Estudos feitos pela Energy Loss Control Inc. (empresa que vende serviços e equipamentos para avaliação e medição de vazamentos nos EUA) calculam que um vazamento custa em média US$ 1.600,00 para ser sanado, sem contar multas ambientais, riscos de segurança para pessoas e equipamentos e a perda de produção.

A seguir veremos o que há de mais moderno desenvolvido e os novos tipos de vedação em gaxetas e juntas. Assim como as causas básicas que provocam os vazamentos.

13.2. Gaxetas

Avaliações de campo, conduzidas por empresas dos ramos siderúrgicos, papel e celulose, tintas, químicas e petroquímicas, mostraram que dos vazamentos existentes em válvulas, apenas 5 a 15% são em válvulas consideradas críticas em função das condições operacionais.

Uma válvula é considerada crítica, quanto à probabilidade de vazamento, quando se encaixa em uma ou mais das seguintes condições operacionais: válvulas de controle, reguladoras de fluxo, válvulas sujeitas a ciclos térmicos e válvulas de bloqueio que abrem e fecham mais do que 11 vezes por mês.

Estudos de laboratório testados no campo mostraram que uma gaxeta, para não vazar, precisa atender aos seguintes requisitos:
- ser flexível quando da aplicação;
- manter-se flexível ao longo do tempo;
- ser adequadamente apertada;
- ser submetida a carga constante;
- não ser danificada quando da instalação ou quando em operação;
- ser projetada para as condições de operação a que estará submetida;
- ter dimensionamento adequado com relação ao local de alojamento (caixa de gaxetas).

Com base nesse conhecimento, podemos dizer que os principais fatores que definem a gaxeta mais indicada para sua aplicação são:
- Pressão e temperaturas máximas de operação.
- Ciclo térmico operacional.
- Número de vezes que a válvula deve ser operada (se mais ou menos do que 11 vezes por mês).
- Disposição física da válvula no campo.

13.2.1. Controle de Emissões em Válvulas

Emissão – É a ação de emitir, de produzir, de transmitir, de entregar à circulação de gases na atmosfera. A preocupação com as emissões dos gases nas indústrias tem-se tornado constante. Alavancada pela Associação Brasileira de Normas Técnicas (ABNT). Várias empresas vêm adotando políticas que garantam a sustentabilidade dos negócios, o meio ambiente e a saúde de seus colaboradores.

O controle de emissões em válvulas pode ocorrer das seguintes formas:

1. Investimento na compra ou na adaptação dos projetos das válvulas. Existem modelos de válvulas que podem ser comprados ou assim como pode ser feita adaptação nos modelos já existentes, que são considerados de emissão ZERO.

- Sistema de fole envolvendo a haste.

A utilização do fole interno, para vedação estanque da haste, vazamento é zero, é a única forma de garantir que uma válvula não irá vazar pela gaxeta.

O inconveniente é o grande comprimento do castelo (exemplo: cerca de 2m para válvula gaveta de diâmetro nominal 10"), o que acarreta complicações no *layout* da tubulação.

Outro risco de se usar o fole é a possibilidade de falha por trincas de fadiga, em operação, com o consequente vazamento. Neste caso este modelo de válvula vedará como uma válvula normal, isto é, sem fole.

Assim, ao se usar o fole de selagem também deve ser utilizado o sistema de carga constante.

Fig. 13.1 – Sistema de selagem com uso de fole de vedação da haste

2. Sistema de carga constante sobre as gaxetas é um atenuante para as emissões, não pode ser considerada uma válvula de emissão ZERO, na melhor das hipóteses pode ser enquadrada como de baixa emissão.

A EPA (Environmental Protection Agency) e a Comissão Europeia para Meio Ambiente recomendam o sistema de selagem, denominado de "carga constante", como paliativo para o problema de emissão, compensando os efeitos de relaxação térmica e vibração.

Este sistema consiste de:

a) anéis pré-moldados de gaxetas de grafite flexível ou expandido com malha de Inconel e inibidor de corrosão passivo com certificados de teste *fire-safe* e de emissões fugitivas;

b) mola-prato (*belleville springs*) em cada parafuso da caixa de gaxetas, para manter carga constante sobre as gaxetas;

c) controle do torque de aperto dos parafusos da sobreposta ou preme-gaxetas.

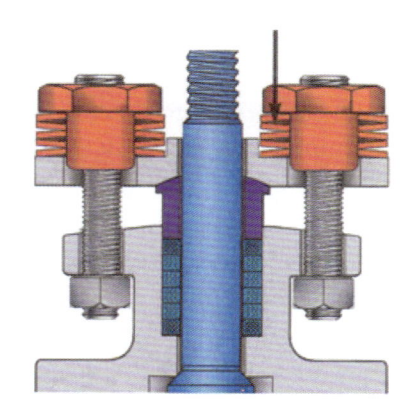

Fig. 13.2 – Sistema de selagem de carga constante com molas-prato para caixa de gaxetas.

3. Fórmulas Mágicas (cuidado) – Existem vários fabricantes no mercado que vendem a ilusão (e válvulas) ditas Emissão Zero e Baixa Emissão, que não se enquadram em qualquer um dos casos anteriores. Muito cuidado, pois estes modelos de válvulas além de mais caros não atendem à necessidade de reduzir as emissões.

13.2.2. Programa de Controle das Emissões Fugitivas

Implantar nas áreas com acompanhamento mensal através de relatórios mensais emitidos pelo programa para redução das emissões na atmosfera, melhorando a qualidade do ar no meio ambiente e na área de processo, com foco principal em saúde ocupacional.

A responsável deve ser a Gerência de Manutenção de Válvulas.

- Ações: elaboração de um contrato que possibilite o conhecimento e o controle das emissões fugitivas.
  - Reparos em equipamentos e acessórios de tubulações com a finalidade de reduzir as emissões fugitivas.
  - Engaxetamento para válvulas – A ser usado em válvulas de controle e em válvulas de bloqueio frequentemente operadas ou que operam com alto ciclo térmico.

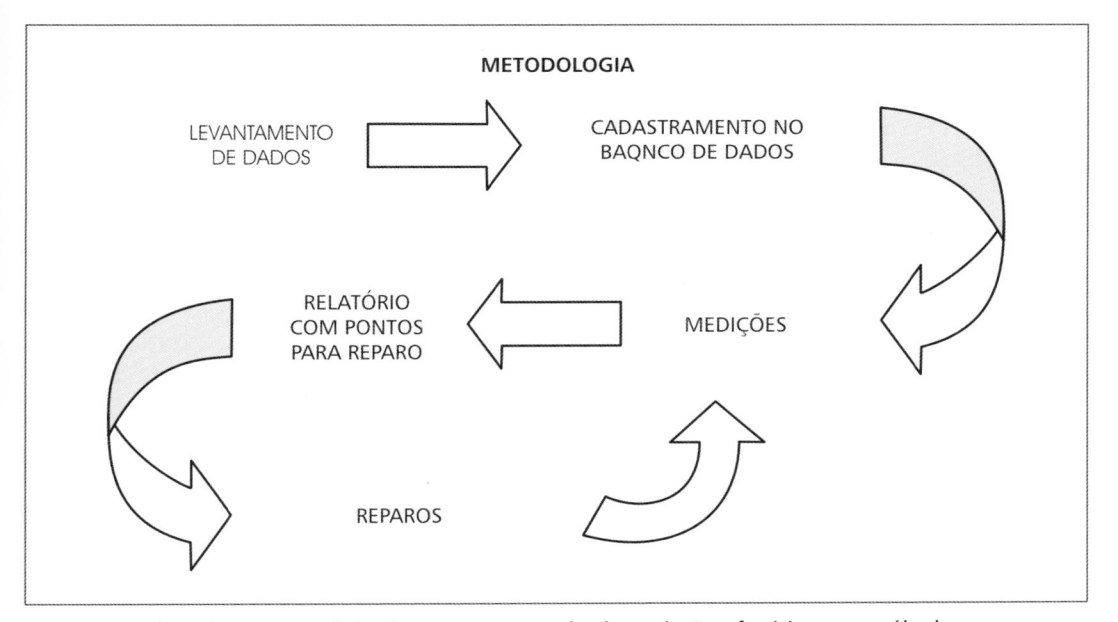

Fig. 13.3 – Metodologia para o controle de emissões fugitivas em válvulas

Metodologia
- Levantamento de dados com a avaliação geral da planta.
- Lista de equipamentos.
- Diagramas de processo.

Fontes de Emissões Fugitivas:
- Válvulas.
- Conexões.
- Linhas abertas.
- Drenos.
- A equipe de manutenção deverá levantar os fluxogramas das unidades de processo.

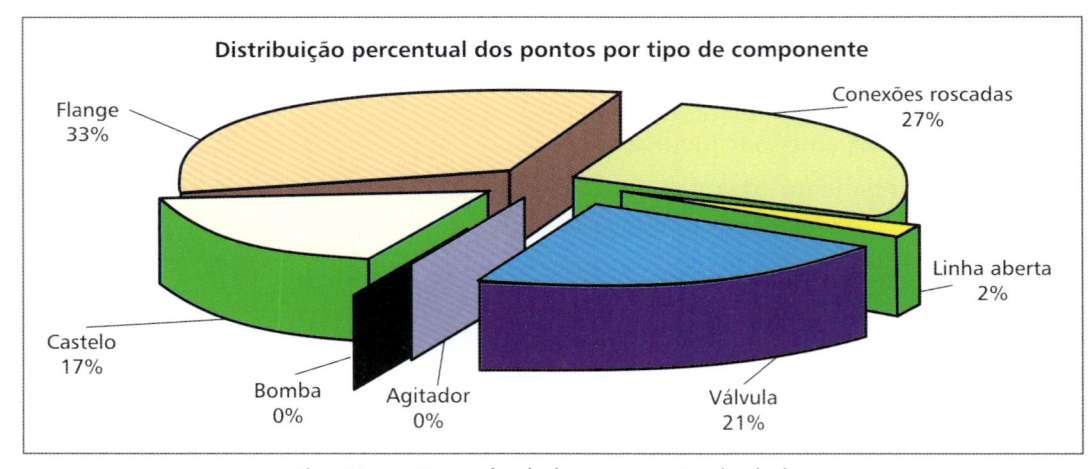

Fig. 13.4 – Exemplo de levantamento de dados

- Necessidade de atualização destes dados no campo.
- Apoio dos operadores das unidades.

Cadastramento no Banco de Dados, através de Software:
- Identificação dos equipamentos por fotografia digital.
- Identificações virtuais ligadas ao banco de dados.
- Campos disponíveis: área do processo, número de identificação, número do fluxograma, fase, número de horas de operação, fator de emissão.

Fig. 13.5 – Cadastramento no banco de dados

- **Medições no Campo**

Método 21 da EPA (Environmental Protection Agency). Instrumento utilizado: Analisador de Chama Ionizante, seu princípio de funcionamento é a quantificação dos íons gerados pela degradação da amostra coletada.

Escala – 0,5 a 50.000 ppm

Fig. 13.6 – Medições no campo

- Pontos com dificuldade de acesso são estimados.
- Máximo 10% de pontos estimados.
- Rota de medição estabelecida geograficamente com auxílio do software.
- Medição a 10 mm do acessório em toda a volta → prevalece o maior valor e este varia de acordo com as condições climáticas.
- Implantar programa de medição e controle de emissões fugitivas, com base no método EPA 40 CFR PART 60 - 21 para as válvulas, ligações flangeadas e equipamentos.
- EPA = Environment Protection Agency, emissão > 500 ppm.

Relatórios devem ser fornecidos diariamente com os pontos para engaxetamento, caso haja a necessidade de reparo é função do valor definido para vazamento, parâmetro.

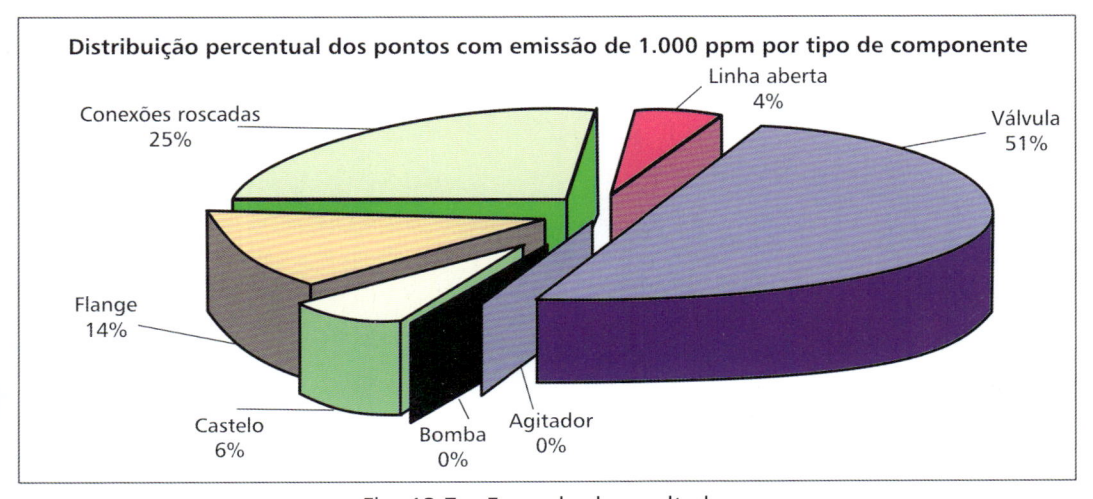

Distribuição percentual dos pontos com emissão de 1.000 ppm por tipo de componente

- Linha aberta 4%
- Válvula 51%
- Conexões roscadas 25%
- Flange 14%
- Castelo 6%
- Bomba 0%
- Agitador 0%

Fig. 13.7 – Exemplo de resultados

14. Válvulas de Segurança e Alívio

14.1. Válvulas de Segurança

A função da válvula de segurança instalada em processos industriais é aliviar o excesso de pressão, acima de um limite preestabelecido no projeto do equipamento por ela protegido.

Os termos "segurança", "alívio" e "alívio e segurança" se aplicam às válvulas que têm a finalidade de aliviar a pressão de um sistema. Nas indústrias, costuma-se confundir os modelos de válvulas, porém existem diferenças, e essas são principalmente o tipo de fluido manipulado e, consequentemente, no projeto construtivo de cada válvula.

Fig. 14.1 – Válvula de segurança

14.1.1. Histórico

A válvula de segurança é um dispositivo criado pelo físico francês Denis Papin em 1682. Este modelo funcionava com um sistema de contrapeso, em que um peso ao ser movimentado ao longo de uma alavanca alterava sua pressão de ajuste. Ele ainda é utilizado em alguns equipamentos.

Em 1848 o inglês Charles Ritchie foi o primeiro a introduzir um meio de aproveitar as forças expansivas do fluido para aumentar o curso de abertura do disco da válvula. Este nada mais era do que um lábio em volta da área de vedação do bocal, porém era fixo. Hoje, no lugar desse lábio existe o anel do bocal, uma peça rosqueada usada para variar a força de abertura da válvula.

Fig. 14.2 – Válvulas de contrapeso

Em 1863 William Naylor introduziu mais uma melhoria para aumentar o curso de abertura da válvula, aumentando a força reativa. Esta melhoria era um segundo lábio em volta do disco, e que hoje em dia é uma "saia" na face inferior do suporte do disco ou um anel superior rosqueado.

Fig. 14.3 – Suporte do disco ou "lábio, saia de Naylor"

As válvulas modernas utilizam os princípios de projeto de ambos para aproveitar as forças reativas e expansivas do fluido de processo para alcançarem o curso máximo e, consequentemente, a vazão máxima.

No começo da Revolução Industrial, quando o homem tentava compreender a energia e controlar o seu confinamento, ocorreram inúmeras baixas e grandes perdas materiais. Exemplo é que os primeiros geradores utilizados na indústria naval, a vapor, explodiram 66 vezes consecutivas com várias vítimas. Naquela época, ocorriam tragédias diárias devido a explosões de caldeiras para aquecimento doméstico, inclusive porque o controle dessas pressões era basicamente manual, dependia operacionalmente do homem e, consequentemente, estava sujeito a falha humana.

Somente a partir de 1869 é que foi inventada a válvula de segurança tipo mola, com origem no projeto de dois americanos, George Richardson e Edward H. Ashcroft.

14. Válvulas de Segurança e Alívio

Entre os anos de 1905 e 1911 houve na região da Nova Inglaterra, nos Estados Unidos, aproximadamente 1.700 explosões de caldeiras, que resultaram na morte de 1.300 pessoas. Em função disso, o ASME (American Society of Mechanical Engineers) começou a elaborar um código de projeto. Assim foi formado um Comitê de Caldeiras e Vasos de Pressão e com este surgiu a primeira seção do Código ASME para Vasos de Pressão Submetidos a Fogo (Caldeiras).

Esta seção do código tornou-se uma exigência em todos os estados americanos. Foi publicada em 1914 e formalmente adotada na primavera de 1915.

Fig. 14.4 – Válvula de segurança em corte

14.2. Componentes de uma Válvula de Segurança

Fig. 14.5 – Componentes de uma válvula de segurança

14.2.1. A Mola

É responsável por uma parte do desempenho correto das válvulas de segurança. Toda mola para uso nesse tipo de dispositivo tem uma faixa definida de trabalho, portanto a pressão de ajuste da válvula deverá permanecer dentro dos limites, mínimo e máximo, especificados pelo fabricante.

Um aperto excessivo na mola, com a intenção de aumentar a pressão de ajuste da válvula, pode diminuir o curso de abertura do disco e reduzir sua capacidade de alívio com um consequente aumento do diferencial de alívio desta.

Fig. 14.6 – Mola e suportes de mola

14.2.2. Bocal

O bocal nas válvulas de segurança, da mesma forma que o disco, é a peça que está em contato direto com o fluido, estando a válvula fechada ou aberta e descarregando.

Existem dois tipos de bocais usados em válvulas de alívio e/ou segurança. O bocal reativo integral (*full nozzle*) e o semibocal. O primeiro é uma peça rígida em aço inox e não permite o contato do fluido de processo com o corpo da válvula, enquanto a mesma estiver fechada.

O semibocal é rosqueado e, às vezes, soldado ao corpo da válvula, principalmente para as válvulas de alta pressão. Este possui uma grande desvantagem em relação ao bocal reativo integral. Neste tipo de bocal o fluido de processo além de entrar em contato com o disco e o bocal quando a válvula está fechada, também entra em contato com parte do corpo da válvula.

A área de passagem do bocal deverá ser suficientemente grande apenas para permitir que uma determinada quantidade de fluxo seja aliviada para ocorrer a redução de pressão do processo.

14. Válvulas de Segurança e Alívio

Fig. 14.7 – Modelos de bocal

A vedação pode ser metal-metal ou resiliente, mas a primeira é a mais usada no caso de vapores. Isto se deve ao fato de a temperatura não ser suportada pelos anéis de vedação em elastômeros, que normalmente são em Viton, Kalrez, Buna-N. As válvulas de segurança que possuem assento macio não são recomendadas para uso em vapor d'água.

A vedação resiliente é usada quando se deseja a máxima estanqueidade da válvula, como nos seguintes casos:

- Fluidos de difícil confinamento, como gases ou ar comprimido.
- Quando a pressão de operação oscila muito e se aproxima da pressão de ajuste da válvula.
- Em instalações sujeitas a vibrações excessivas.
- Fluidos com particulados em suspensão.
- Casos em que pode ocorrer a formação de gelo após o alívio pela válvula, como, por exemplo, em descarga de gases.
- Fluidos corrosivos.
- Tensões provenientes da tubulação de descarga e que possam induzir a válvula ao desalinhamento.

Fig. 14.8 – Vedação metálica

As válvulas com vedação metal-metal têm as superfícies de contato lapidadas para se obter o maior grau de estanqueidade com pouco diferencial de força, atuando entre a área do bocal e a força exercida pela mola.

O vazamento nas superfícies de vedação de uma válvula de segurança, principalmente quando operando com vapores, além de ter um efeito erosivo sobre essas superfícies pode também causar travamento do suporte do disco, tornando a válvula inoperante, devido ao diferencial de temperatura causado por esse vazamento.

14.2.3. Discos

Discos de vedação das válvulas de segurança têm a função de bloquear o fluxo de fluido quando a válvula estiver fechada e facilitar o escoamento do mesmo quando da abertura da válvula. Esses, em processos industriais, possuem um defletor integral que tem as seguintes funções:

- Direcionar o fluxo durante o ciclo de abertura e fechamento da válvula.
- Proteger a área de vedação do disco e bocal contra a erosão, devido à alta velocidade de escoamento do fluido neste ponto.
- Aumentar a velocidade de escoamento do fluido, auxiliando com isso a reduzir a pressão, assim como ocorre com a conicidade do bocal.
- Evitar o turbilhonamento do fluxo na saída do bocal com uma consequente rotação do disco e suporte do disco, o que causaria desgaste nas superfícies de vedação e nas superfícies de guia, entre o suporte do disco e a guia deste.

Fig. 14.9 – Discos de vedação

Tanto o bocal quanto o disco normalmente são feitos de materiais resistentes ao desgaste por erosão ou corrosão pela alta pressão e por altas temperaturas do processo. No caso dos discos, esses materiais podem ser laminados ou forjados e, para o bocal, esses materiais poderão ser fundidos, forjados ou laminados. Quando a superfície do bocal for revestida com Stellite, este deverá ser laminado para evitar contaminação e possíveis trincas ou poros na solda do revestimento. O material do disco deve ser mais duro, devido à total exposição ao fluido em escoamento.

A velocidade de escoamento do fluido na superfície de vedação do bocal praticamente não varia, comparando-se com a velocidade na face de vedação do disco, devido a este se movimentar durante a abertura e fechamento da válvula. Quanto mais próximo da superfície de vedação do bocal estiver o disco, maior será a velocidade de escoamento do fluido.

Fig. 14.10 – Dois modelos de disco: resiliente (à esquerda) e metálico (à direita)

14.2.3.1. Disco com Anel Macio (Anel "O")

São válvulas de segurança e alívio convencionais ou balanceadas, similares em todos os aspectos a estas válvulas, exceto que os discos são projetados para acomodar algum tipo de anel macio e resiliente, de modo a se obter uma maior estanqueidade do que a encontrada nos sistemas convencionais de vedação.

Os materiais utilizados na vedação são elastômeros dos tipos Viton, Buna-N, Silicone, Kalrez etc.

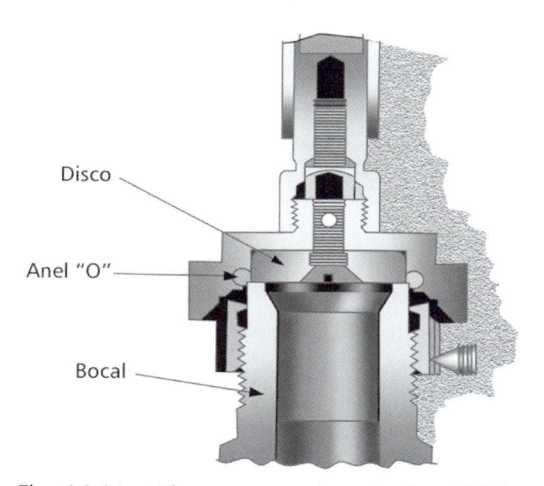

Fig. 14.11 – Disco com anel macio (anel "O")

As condições em que se devem utilizar válvulas com assento macio são:

a) Quando a pressão operacional se aproxima da pressão de abertura a vedação diminui, e a válvula tende a vazar. Esta condição pode causar erosão nas sedes.
b) Operação com fluidos leves, como hidrogênio, hélio, amônia, que são de difícil contenção.
c) Descarga de equipamentos, tais como compressores onde as ondas de pressão possam causar vibração do disco e pequenos vazamentos.
d) Quando fluidos corrosivos ou contendo partículas suspensas possam causar danos às sedes. O impacto das partículas ocorre preferencialmente no anel resiliente e mesmo em caso de danos às sedes metálicas a válvula mantém a vedação.
e) Para evitar que pequenos vazamentos de fluidos corrosivos provoquem corrosão ou incrustações nas partes móveis.

Tendo em vista que os anéis de vedação podem ser selecionados para resistir ao ataque da maioria dos fluidos, em geral as limitações destas válvulas se referem às temperaturas-limite em que estes anéis podem operar.

14.2.4. Suporte do Disco

Componente onde é alojado o disco de vedação, o *design* do suporte de disco aproveita as forças expandidas do fluido para aumentar o curso de abertura da válvula, aumentando também a força reativa.

Fig. 14.12 – Suporte do disco

Outro ponto importante, quando se comparam esses dois projetos de suporte do disco, é que no projeto convencional com 25% de sobrepressão o anel do bocal não tem muita influência sobre o diferencial de alívio da válvula, devendo ficar na posição mais baixa possível.

14. Válvulas de Segurança e Alívio

No projeto específico para líquidos, o anel do bocal auxilia no controle do *blow-down*. Isto se deve ao fato de este anel permitir alteração na área formada em conjunto com aquele perfil.

Fig. 14.13 – Suporte de disco balanceado

Fig. 14.14 – Suporte de disco não-balanceado

14.2.5. Haste e Guia

A haste e a guia fazem parte do importante sistema de guia da válvula de segurança. A haste transmite tanto as forças da mola no sentido do fechamento quanto do produto no sentido de abertura da válvula.

As superfícies deslizantes são usinadas observando-se as tolerâncias muito apertadas. Excesso de folga desse componente compromete a funcionalidade das válvulas de segurança e após o desgaste máximo, de acordo com os desenhos do fabricante, as peças devem ser substituídas.

Fig. 14.15 – Haste

Fig. 14.16 – Guias

14.2.6. Anel de Ajuste

O anel de ajuste do bocal é a peça que possibilita o controle da ação da válvula, abertura precisa, curso total e diferencial de alívio apropriado.

Fig. 14.17 – Anéis de ajuste

14.2.7. Fole

O fole é um importante componente de uma válvula balanceada. Possui uma área que cobre a parte superior do suporte do disco e a guia da válvula. A área do disco é igual à área do fole, e é essa equalização de áreas que anula as forças que atuam no sentido axial do suporte do disco e com isto a pressão de ajuste não é afetada pela contrapressão. O fole também é utilizado como barreira de proteção em casos de produtos muito viscosos e ácidos.

Fig. 14.18 – Foles novos

Fig. 14.19 – Foles danificados

14.3. Materiais de Fabricação

De modo geral, os fabricantes estabelecem materiais padronizados que satisfazem uma grande porcentagem das aplicações e, quando necessário, alteram os componentes que estarão sujeitos ao processo corrosivo.

Os fabricantes devem se preocupar tanto com os materiais que estarão em contato com o processo quanto com os que estarão em contato com o sistema de descarga, porque mesmo com a válvula fechada pode-se ter sérios problemas de corrosão no lado da descarga da válvula.

14.3.1. O Corpo e o Castelo

São as peças maiores e mais pesadas e normalmente não estão sujeitas a altas pressões e condições muito corrosivas. O material-padrão de fabricação é o aço carbono fundido. Para serviço em alta temperatura (acima de 430°C) o corpo é fabricado em aço liga cromo-molibdênio.

Para serviço em baixa temperatura (entre 30°C e –100°C) o corpo é fabricado em aço baixa liga com 3,5% de níquel; usam-se aços inoxidáveis do tipo austenítico para temperatura muito baixa ou serviço criogênico (abaixo de –100°C).

Para serviço corrosivo é necessário empregar materiais resistentes, como bronze, Monel, Hastelloy etc.

A utilização de pintura interna nas válvulas de aço carbono é um recurso que apresenta resultados satisfatórios quando as condições não são muito agressivas.

Capuz, alavanca, etc. são fabricados no mesmo material do castelo; o material-padrão é o aço carbono.

14.3.2. O Disco e o Bocal

São as partes que estão em contato permanente com o fluido de processo e submetidas a pressão e temperatura de trabalho. Além disso, são responsáveis pela vedação da válvula. Constituem-se, portanto, nos componentes mais solicitados, tanto mecanicamente quanto em termos de desgaste corrosivo, e precisam ser fabricados em materiais que resistam a essas solicitações.

Os materiais-padrão para disco e bocal são os aços inoxidáveis. Geralmente especificam-se aços inox austeníticos para o bocal (tipos 304 e 316) e aços inox ferrítico/martensíticos para os discos (tipos 410 e 420).

Alguns fabricantes utilizam inox austenítico ou aços inox endurecidos por precipitação (tipo 17-4 PH) para construir os discos.

Materiais resilientes utilizados nos anéis "O" (O-Ring) são fabricados em Buna-N, Kalrez, Viton, Teflon etc. Na determinação do tipo de material e da dureza adequada deve-se levar em consideração o fluido de serviço, a pressão e a temperatura de trabalho.

Válvulas de segurança utilizadas em sistemas de vapor de alta pressão podem apresentar danos nas superfícies de assentamento devido à erosão provocada por pequenos vazamentos de vapor.

O uso de revestimentos duros aplicados por soldagem, do tipo Stellite, aumenta significativamente a vida útil das sedes de disco e bocal.

Para serviços muito corrosivos, nos quais os aços inox não vão resistir, é necessário o uso de ligas especiais como Hastelloy, Monel etc.

API STD 526: Esta norma define os materiais construtivos dos componentes da válvula tais como corpo, mola, tamanhos dos flanges e bitolas de entrada e saída em função dos elementos construtivos tais como orifício padrão (ver tabela abaixo) acima do orifício requerido e o calculado (o calculado deve ser o superior mais próximo do requerido), da temperatura de projeto e a pressão de ajuste (P ajuste [psig] Temperatura [°F]) definem nessa norma os tamanhos dos bocais, bem como as classes de pressão dos flanges da válvula e os materiais construtivos recomendados, porém deve ser verificada a compatibilidade química do fluido com as partes molhadas da válvula, na temperatura e pressão.

Orifício Padrão	Área do Orifício (in^2)
D	0,110
E	0,196
F	0,307
G	0,503
H	0,785
J	1,287
K	1,838
L	2,853
M	3,600
N	4,340
P	6,380
Q	11,050
R	16,000
T	26,000

14.3.3. Suportes do Disco e Guias

São fabricados em aços inoxidáveis, geralmente do tipo ferrítico/martensítico (410 e 420), material com boa resistência mecânica e à corrosão, e que não apresenta problemas de gripamento ("galling").

A haste normalmente é fabricada em aço tipo 420, assim como o parafuso de ajuste e o parafuso trava do anel de fechamento.

Para serviço criogênico todos os componentes são fabricados em aço inox austenítico, e para serviço muito corrosivo os internos seguem a mesma especificação do material do corpo.

14.3.4. Molas

São fabricadas em aço carbono, para serviço abaixo de 230°C, e em aço ao tungstênio (8,75 a 9,75%W) para temperaturas acima de 230°C. Abaixo de – 60°C são utilizadas molas de aço para baixa temperatura, e para serviço criogênico molas de AISI 316.

Para evitar qualquer desgaste corrosivo, as molas são revestidas com cádmio, níquel ou alumínio. Para condições muito corrosivas são utilizadas molas em ligas especiais, como Inconel ou Hastelloy.

Na fabricação de válvulas pequenas, alguns fabricantes preferem padronizar as molas em materiais nobres, como Inconel e aço inox 17-7 PH, que atendem a uma ampla gama de processos e temperaturas.

14.3.5. Foles

São fabricados normalmente em AISI 316 L. Nas válvulas construídas inteiramente em ligas especiais, como Monel, os foles também são desses materiais especiais.

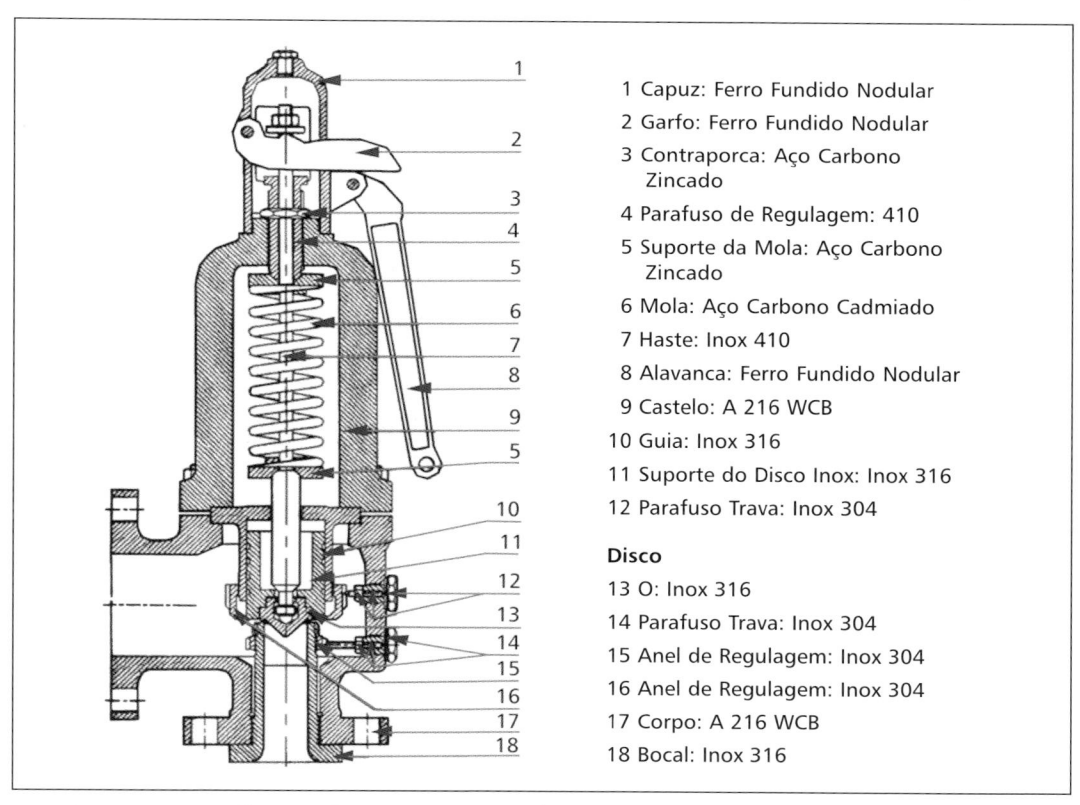

1 Capuz: Ferro Fundido Nodular
2 Garfo: Ferro Fundido Nodular
3 Contraporca: Aço Carbono Zincado
4 Parafuso de Regulagem: 410
5 Suporte da Mola: Aço Carbono Zincado
6 Mola: Aço Carbono Cadmiado
7 Haste: Inox 410
8 Alavanca: Ferro Fundido Nodular
9 Castelo: A 216 WCB
10 Guia: Inox 316
11 Suporte do Disco Inox: Inox 316
12 Parafuso Trava: Inox 304

Disco
13 O: Inox 316
14 Parafuso Trava: Inox 304
15 Anel de Regulagem: Inox 304
16 Anel de Regulagem: Inox 304
17 Corpo: A 216 WCB
18 Bocal: Inox 316

Fig. 14.20 – Componentes de uma válvula de segurança

14.4. Nomenclaturas

Pressão de Projeto (Design Pressure)

Pressão usada no projeto de um vaso com o propósito de determinar a espessura mínima permissível ou características físicas das diferentes partes do vaso.

Pressão de Operação

É a pressão de trabalho do processo em condições normais.

Pressão Máxima de Trabalho Admissível (PMTA)

É a máxima pressão de trabalho permitida para o equipamento na temperatura de projeto.

Pressão de Abertura ou Ajuste (Set Pressure)

A pressão de ajuste é a pressão de teste na bancada, que deve ser testemunhada por um profissional competente da inspeção, e essa informação deverá ser gravada de forma indelével.

A folha de dados (*Data Sheet*) deverá mostrar para futura confrontos e reajustes com os dados da válvula bem como discriminar o equipamento a ser protegido nesta instalação.

Este valor da pressão de ajuste da válvula depende do tipo da válvula convencional, com castelo fechado, deverá ser suprimida a contrapressão constante, porém deverá ser corrigida, quando a temperatura de operação for superior a 100°C aproximadamente.

No caso de balanceada, com castelo fechado, não precisa suprimir a contrapressão constante devido ao fole, porém deverá ser corrigida, quando a temperatura de operação for superior a 100°C aproximadamente.

Pressão de Abertura	Tolerâncias
Pressões até 70 psi (480 Kpa)	2 psi
Acima de 70 psi até 300 psi	3 psi
Acima de 300 psi até 1.000 psi	10 psi
Acima de 1.000 psi	1%

Obs.: Esta tabela tem por base o parágrafo 7.2.2 do Código ASME, Seção I.

O fabricante da válvula deverá ser consultado para informar a partir de que temperatura limite e quais as porcentagens para cima deverá ser adotada, pois os valores variam com cada fabricante.

14. Válvulas de Segurança e Alívio

No caso de ser com castelo aberto, as válvulas específicas para vapor de água não tem correção da temperatura de operação.

Observação: Os materiais das molas das válvulas de segurança/alívio variam de aço carbono para aço liga em função da elevação da temperatura.

Fabricantes	Temperatura de Operação	Acréscimo na Pressão de Ajuste
Válvulas	– 267,0 a 93,0°C	0,00%
Farris	94,0 a 232,0°C	2,00%
Castelo	233,0 a 482,0°C	3,00%
Fechado	483,0 a 660,0°C	4,00%
Válvulas	– 21,0 a 121,0°C	0,00%
Consolidated	122,0 a 538,0°C	3,00%
Válvulas	0 a 65,0°C	0,00%
Crosby	66,0 a 315,0°C	1,00%
Castelo	316,0 a 426,0°C	2,00%
Fechado	427,0 a 538,0°C	2,00%
Todas acima com castelo aberto	0,0 a 538,0°C	0,0%

Pressão de Calibração (Cold Differential Test Pressure)

Pressão estática na entrada, na qual uma válvula é ajustada para abrir na bancada de teste. Esta pressão de teste inclui correções para as condições de serviço, descritas a seguir:

- Contrapressão constante: diminuir o valor da contrapressão no caso de válvulas convencionais.
- Temperatura: acrescer conforme tabelas dos fabricantes, a seguir.

Temperatura de Operação		% Acréscimo de Pressão
°F	°C	
150	– 18 a 66	0
151 a 600	66 a 316	1
601 a 750	316 a 399	2
Acima de 750	Acima de 400	3

Sobrepressão (Over Pressure)

Acréscimo de pressão acima da pressão de ajuste durante a descarga da válvula, normalmente expresso em porcentagem da pressão de ajuste.

Acúmulo

Acumulo é o aumento da pressão expressa em porcentagem (%) acima da PMTA do equipamento, durante a descarga da válvula PSV.

Para os equipamentos:

ASME VIII (caso de alívio térmico e de bloqueio indevido): 10,0% × P ajuste ou 3 psig o maior valor dos dois.

Quando o equipamento usa válvulas múltiplas (grandes equipamentos) com mais de uma válvula.

ASME VIII (caso de Fogo); 21,0% × P ajuste.

Equipamentos ASME VIII	Primeira ou Única Válvula	Válvulas Adicionais (Não Fogo)	Válvulas Adicionais (Fogo)	Válvulas Suplementares (Somente caso Fogo)
Pressão de ajuste máxima	PMTA	105% da PMTA	105% da PMTA	110% da PMTA
Sobrepressão máxima	10% da PMTA	11% da PMTA	16% da PMTA	16% da PMTA
	21% da PMTA (Fogo)			
Acumulação	10% da PMTA	16% da PMTA	21% da PMTA	21% da PMTA
	21% da PMTA (Fogo)			

Para Caldeira:

ASME I (Alívio); 3,0% × P ajuste.

Ou 2,0 psig, o maior valor dos dois.

Equipamentos ASM I (Caldeiras)	Primeira ou Única Válvula	Válvulas Adicionais
Pressão de ajuste máxima	PMTA	103% da PMTA
Sobrepressão	3% da Pressão de ajuste	3% da Pressão de ajuste
Acumulação	3% da Pressão de ajuste	6% da PMTA

Este valor é usado no cálculo da área do orifício da PSV em pressão absoluta (isto é, a pressão manométrica de alívio + a pressão atmosférica).

Referências Principais:

API (*American Petroleum Intitute*).

RP (*Recommended Practice*).

1. API RP 520 (*Recommended Practice for Design and Installation of Pressure Relieving System*); que é a metodologia para o dimensionamento de processo para o calculo da vazão requerida.

2. API RP 2000 (*Venting Atmosspheric and Low-Pressure Storage Tanks*) atende os Tanques Atmosféricos de baixa pressão dando as vazões para os dimensionamentos das válvulas de alívio e vácuo e inclusive os corta-chamas.

3. API STD 521: Para o dimensionamento do orifício requerido em in² (polegada quadrada) que é padronizado com letras minúsculas conforme tabelas da API STD 526.

Pressão de Alívio (Relief Pressure)

É a pressão de ajuste mais a sobrepressão, na qual a válvula está totalmente aberta.

Pressão de Fechamento (Clossing Pressure)

É a pressão medida na entrada da válvula, na qual o disco reassenta com a sede e não há fluxo mensurável.

Contrapressão (Back Pressure)

A contrapressão será importante para definir o tipo da válvula (convencional, balanceada ou piloto operada), bem como a pressão de ajuste na bancada a frio.

Se a contrapressão for inferior a 10,0% da pressão de ajuste a válvula pode ser do tipo convencional desde que o produto liberado no alívio não seja produtos tóxicos ou contaminantes.

Se a contrapressão for maior que 10,0% e menor que 35% da pressão de ajuste, a válvula deverá ser do tipo balanceada (com fole).

Se a contrapressão for maior que 35%, a válvula deverá então ser piloto-operada.

1. **Superimposta (*Superimposed back-pressure*):** É a pressão ou a faixa de variação que existe na saída da válvula imediatamente antes da sua abertura.
2. **Desenvolvida (*Built-up back-pressure*):** É o aumento da pressão na saída da PSV, logo depois da abertura devido ao escoamento do fluido aliviado, expresso em porcentagem da pressão de ajuste.

Diferencial de Alívio (Blow Down)

É a diferença entre a pressão de abertura e a de fechamento, expressa em porcentagem da pressão de abertura.

Pressão de Disparo (Popping Pressure)

É a pressão na qual ocorre a abertura rápida da válvula. Ela se aplica somente a válvulas de segurança ou de segurança e alívio que trabalham com fluidos compressíveis.

Estanqueidade (Leak Test Pressure)

É a avaliação ou vedação quantitativa dos vazamentos permissíveis em uma válvula de segurança e/ou alívio.

O vazamento máximo permissível para válvulas de segurança e/ou alívio com pressão de calibração até 1.000 psig deve ser de:

Tipo de Válvula	Orifício	Nº Máximo Bolhas/minuto
Convencional	F e menores	40
Convencional	G e maiores	20
Balanceada	F e menores	50
Balanceada	G e maiores	30

Para valores de pressão de calibração acima de 1.000 psig, consultar API STANDARD 527.

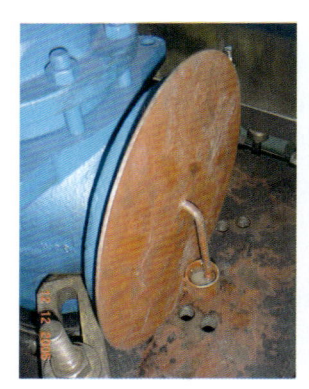

Fig. 14.21 – Verificação de estanqueidade com bolhômetro e com bolha

14.5. Modelos de Válvulas de Segurança para Vasos de Pressão

Vaso de Pressão: Qualquer equipamento que opera sobre pressão interna e/ou externa.

A diferença básica das válvulas de segurança de caldeiras para as válvulas de segurança instaladas em vasos de pressão está em sua construção. A seguir apresentamos os principais modelos de válvulas de vasos de pressão.

14.5.1. Válvula de Segurança (Safety Valve)

Este dispositivo é usado somente para gases e vapor, projetado para dar uma abertura rápida e total com pequena sobrepressão. Quando a válvula de segurança está fechada durante operação normal, a pressão atuando sob o disco é neutralizada pela força da mola. Quando o valor da pressão multiplicado pela área sob o disco (deno-

14. Válvulas de Segurança e Alívio

minada área do bocal) se aproxima da força aplicada pela mola, a válvula começa a apresentar um pequeno vazamento que pode ser audível. Este pequeno vazamento de gás passa pelas sedes de assentamento e se expande na "câmara de aprisionamento" formada pelo suporte do disco, bocal e anel de regulagem, criando uma pressão adicional sob o suporte do disco.

No instante em que se atinge o ponto de abertura, a soma da pressão primária atuando sob o disco com a pressão secundária atuando contra o suporte do disco supera em muito a força da mola, e a válvula se abre num estalo (ação de disparo, ou "pop"). A ação de disparo é decorrente da força expansiva do gás na "câmara de aprisionamento"; se o anel de regulagem estiver ajustado em posição muito baixa essa ação poderá não ocorrer.

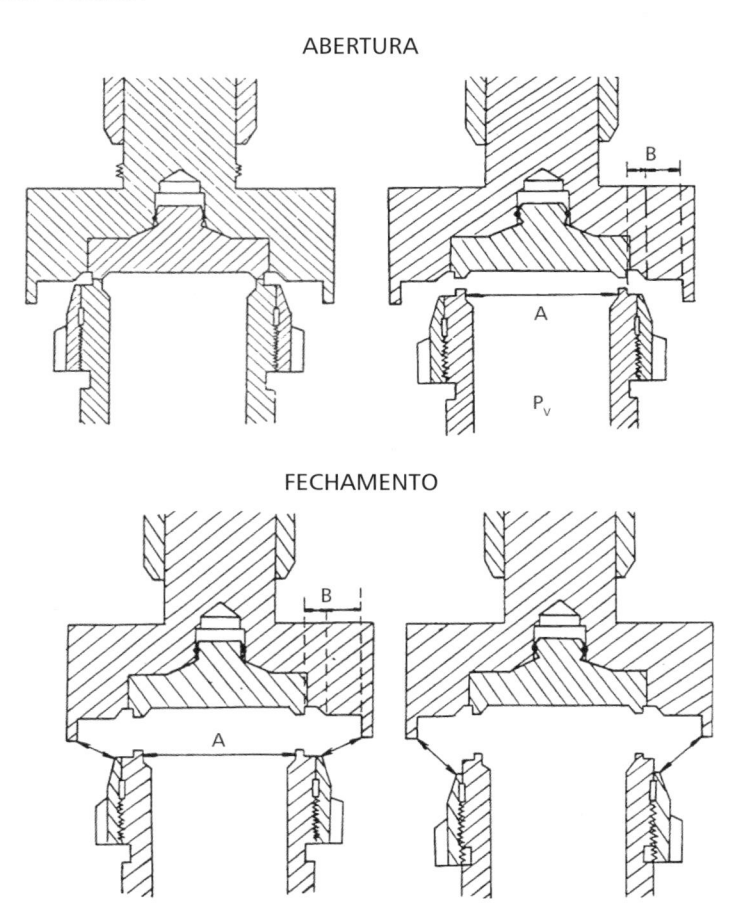

ABERTURA

FECHAMENTO

Anel Alto: Pressão de fechamento menor
Anel Baixo: Pressão de fechamento maior

Fig. 14.22 – Posicionamento do anel de ajuste

Estando a válvula aberta e a pressão no equipamento diminuindo, o fechamento só vai ocorrer quando a força da mola sobrepujar a pressão atuando nas áreas do disco e do suporte do disco. A pressão nesse instante é a pressão de fechamento. Como a restrição oferecida pelo suporte do disco e anel de regulagem é menor no fechamento do que na abertura, resulta que a pressão atuando na área sob o suporte do disco é maior no fechamento do que na abertura, e, consequentemente, a pressão de fechamento é menor do que a pressão de abertura.

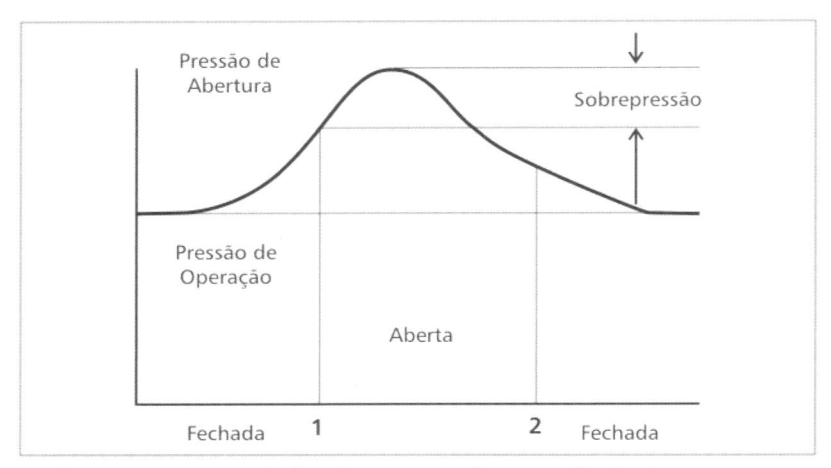

Fig. 14.23 – Curva de funcionamento de uma válvula de segurança

14.5.2. Válvula de Alívio (*Pressure Relief Valve*)

É um dispositivo automático de alívio de pressão, acionado pela pressão estática à montante da válvula. A abertura é proporcional ao aumento de pressão acima da pressão de abertura. É utilizada em aplicações com fluidos no estado líquido, a sobrepressão será entre 10% e 25% da pressão de alívio.

A pressão de operação deverá ser pelo menos 10% menor do que a pressão de alívio. Se a pressão de operação se aproximar da pressão de alívio ela ficará oscilando e provocará danos à válvula.

A pressão de ajuste deverá ser inferior ou no máximo igual à PMTA = Pressão Máxima de Trabalho Admissível (manométrica) do equipamento protegido.

A Pressão de Projeto para o caso de uma caldeira é a Pressão Máxima de Trabalho Admissível.

A PMTA deverá ser corrigida, em função da corrosão do equipamento com o tempo de trabalho, por um profissional habilitado, atendendo à NR-13 e consequentemente as válvulas de alívio deverão ser calibradas e ajustadas periodicamente.

Fig. 14.24 – Válvulas de alívio de um sistema de bombeamento de óleo de um compressor

14.5.3. Válvula de Segurança e Alívio (*Safety Relief Valve*)

É um dispositivo automático de alívio de pressão, que serve para atuar tanto como uma válvula de alívio quanto como uma válvula de segurança, adequado para operar com gás/vapor e líquido simultaneamente.

- **Válvulas de Segurança e/ou Alívio Convencionais (*Conventional Safety Relief Valves*):** São construídas de maneira que a variação na contrapressão a jusante (descarga) da válvula afeta a pressão de abertura da mesma.

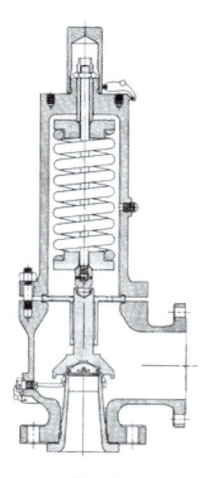

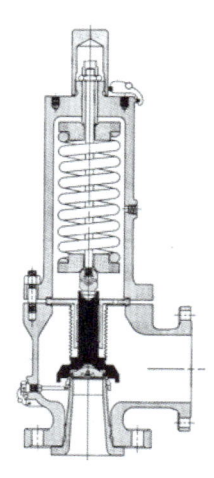

Fig. 14.25 – Válvula convencional

Fig. 14.26 – Válvula balanceada

- **Válvulas de Segurança e/ou Alívio Balanceadas (*Balanced Safety Relief Valves*):** São válvulas projetadas de tal modo que a contrapressão tem muito pouca influência na pressão de abertura. Estas válvulas são balanceadas com fole.

Fig. 14.27 – Válvula de segurança ou alívio balanceada

A válvula balanceada com fole na área superior do disco, que tem a mesma dimensão da área do bocal, não sofre ação da contrapressão, pois fica protegida pelo fole. A área superior do disco externa ao fole é igual à área inferior do disco externa ao bocal, não existindo, assim, forças desbalanceadas sob qualquer contrapressão. O fole isola também do castelo o fluido de serviço, o que torna este tipo de válvula indicado para trabalho com fluido corrosivo.

Fig. 14.28 – Fole destruído pela contrapressão

A válvula balanceada com fole torna possível a descarga em coletores de pressão alta ou variável. Ambos os tipos de válvulas balanceadas devem ter a abertura do castelo suficientemente grande para garantir que ele não seja pressurizado durante a descarga da válvula.

Quando há risco de contaminação em caso de ruptura ou furo no fole, deve-se conectar ao castelo uma tubulação que transporte os fluidos para local seguro.

Fig. 14.29 – Válvulas balanceadas

Válvulas balanceadas com fole podem ser utilizadas para valores de contrapressão total (superimposta + desenvolvida) de até 50% da pressão de abertura. Acima deste valor a válvula não vai manter a capacidade de descarga projetada.

As válvulas de segurança e alívio balanceadas podem ser utilizadas para alívio de líquidos ou gases tóxicos, inflamáveis ou corrosivos, onde a contrapressão do sistema seja constante ou variável.

As válvulas balanceadas com fole são especialmente efetivas no alívio de produtos considerados corrosivos ou tóxicos porque, pelas suas características construtivas, impedem a passagem destes fluidos através das superfícies das partes móveis, evitando não só o emperramento destas partes em função da formação de produtos de corrosão, como também o seu possível escapamento para o meio ambiente.

Válvulas que trabalham com fluidos perigosos devem ter tubulações de pequeno diâmetro conectadas ao furo do castelo e ventadas para local seguro. Nunca se deve pluguear o furo do castelo, porque em caso de danos no fole o castelo será pressurizado e o valor da pressão de abertura poderá se alterar.

14.6. Válvula de Segurança Balanceada com Pistão ou Fole

Válvulas de segurança de pequeno diâmetro. Quando existe a necessidade de balanceamento, a opção mais recomendável é a utilização do pistão.

Esta solução, embora normalizada, não é muito conhecida no meio técnico.

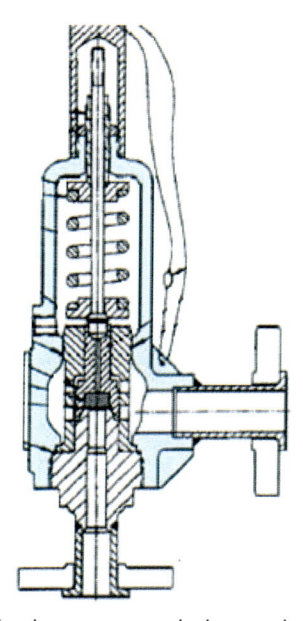

Fig. 14.29 – Válvula de segurança balanceada com pistão

Entendendo as diferenças dos métodos de balanceamento de válvulas de segurança

Balanceadas com pistão – A área da face superior do disco, exposta à contrapressão, é igual à da face inferior de modo que o efeito da contrapressão se neutraliza. Como o castelo é aberto para a atmosfera, a face do topo do pistão, que tem a mesma área que o bocal, está sujeita à pressão atmosférica e, portanto, não afeta a abertura. Os gases que escapam do castelo das válvulas balanceadas do tipo com pistão devem ser removidos com um mínimo de restrição e de maneira segura.

Balanceadas com fole – A área superior do disco, que tem a mesma dimensão da área do bocal, não sofre ação da contrapressão, pois fica protegida pelo fole. A área superior do disco externa ao fole é igual à área inferior do disco externa ao bocal, não existindo, assim, forças desbalanceadas sob qualquer contrapressão. O fole isola também do castelo o fluido de serviço, o que torna este tipo de válvula indicado para trabalhos com fluido corrosivo.

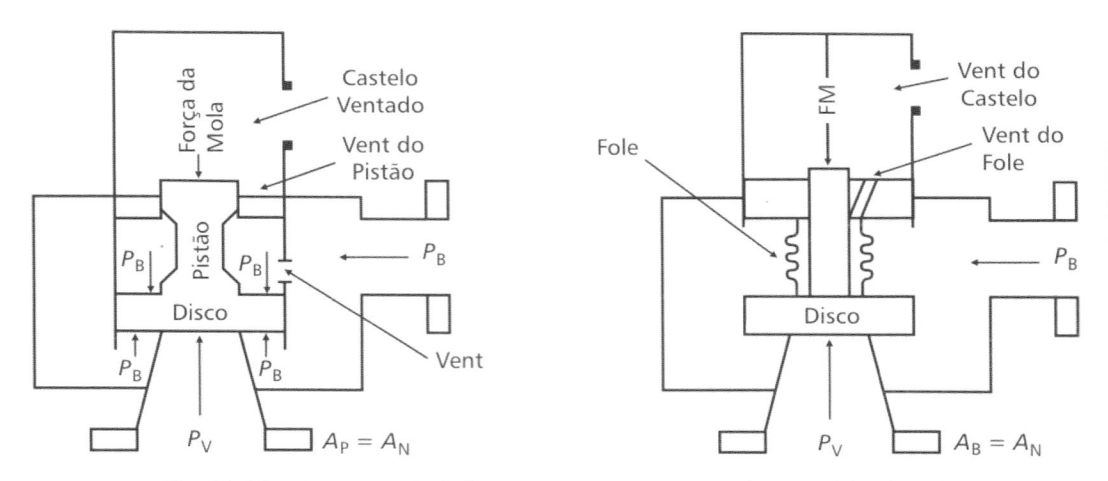

Fig. 14.30 – Esquema de balanceamento com pistão (esquerda) e fole (direita)

Para serviços com temperatura de trabalho acima de 200°C, o único material (elastômero) recomendado é o Kalrez 4079. Este O'Ring pode ser utilizado até 320°C mas a API recomenda sua utilização em 280°C.

Os demais materiais devem ser descartados para esta faixa de trabalho.

Limitações dos outros materiais:

VITON – Pico 205°C – Recomendado 175°C.

BUNA N – Pico 120°C – Recomendado 95°C (não suporta hidrocarbonetos).

14.7. FENÔMENOS OPERACIONAIS DA VÁLVULA DE SEGURANÇA

O *chattering*, o *simmering* e o *flutting* são os fenômenos operacionais mais comuns que ocorrem com a válvula de alívio e/ou segurança. A seguir, as definições desses fenômenos, suas causas e as soluções.

14.7.1. Chattering

É o mais comum encontrado na indústria. É o movimento rápido e anormal das partes móveis de uma válvula de alívio e segurança em que o disco contata o bocal. É uma vibração muito forte que ocorre com essas peças no momento da abertura da válvula.

Este fenômeno normalmente ocorre com fluidos compressíveis, porém nos líquidos pode ser encontrado quando a tubulação de entrada para a válvula de alívio é muito longa e induz o líquido a altas velocidades de escoamento.

As principais causas para o *chattering* são:

a) **Válvula superdimensionada:**

Uma válvula de segurança nunca deve ser superdimensionada, para não causar *chattering*. Em situações assim, a seleção de múltiplas válvulas deve ser usada para eliminar essa possibilidade. É recomendado o uso de múltiplas válvulas quando as variações na demanda de fluxo são frequentemente encontradas, mesmo em operação normal do processo e a capacidade normal do sistema for menor do que 50% de uma válvula grande. Usando-se duas válvulas, a capacidade de vazão da primeira válvula será baseada na capacidade normal do sistema e a segunda válvula será responsável pela capacidade restante. A soma total das duas válvulas deverá ser igual ou superior a essa capacidade total.

Se essas válvulas tiverem tamanhos ou orifícios diferentes, a pressão de ajuste de valor mais baixo também deverá ser da válvula que tem o tamanho ou orifício menor. Como esta prática limita as perdas de produto ao mínimo possível, as válvulas adicionais só irão atuar quando um aumento de capacidade for requerido. A capacidade máxima exigida para o processo requer uma válvula com a área do orifício maior do que "P" (6,38 pol²).

A instalação de duas ou mais válvulas menores pode se tornar um investimento mais econômico do que uma única válvula grande.

b) **Anel do bocal muito alto.**
c) **Tubulação de descarga maldimensionada ou malprojetada.**
d) **Perda de carga muito alta no tubo de entrada.**

14.7.2. Simmering

É um vazamento audível ou visível que ocorre em uma válvula de segurança operando com fluidos compressíveis. Normalmente este ocorre a 98% da pressão de ajuste da válvula. O principal dano é o desgaste das superfícies de vedação devido à erosão causada pela alta velocidade do fluido escoando nesse momento, além de fadiga da mola e desgaste nas superfícies de guia.

Quando as superfícies de vedação do bocal e disco são mais largas do que o mínimo necessário, parte da força da mola é reduzida quando a válvula trabalha com pressões abaixo de 50 psig, podendo reduzir sua pressão de ajuste.

14.7.3. *Flutting*

Este é um fenômeno parecido com o *chattering*, porém não ocorre o contato físico entre disco e bocal. Portanto, as superfícies de vedação dessas peças não são danificadas, mas as superfícies de guia podem ser. O curso de abertura e consequentemente a vazão da válvula ficam "flutuando".

Por ser um fenômeno semelhante ao *chattering*, porém com menor intensidade, as causas e as ações corretivas são semelhantes.

14.8. VÁLVULAS DE SEGURANÇA PARA CALDEIRAS

14.8.1. Elementos Constitutivos e suas Funções

Caldeira é um equipamento cuja função, entre muitas, é a produção de vapor através do aquecimento da água.

As válvulas de segurança instaladas em caldeiras têm por finalidade aliviar a pressão do sistema, garantindo a continuidade operacional, protegendo vidas e assegurando o patrimônio das empresas.

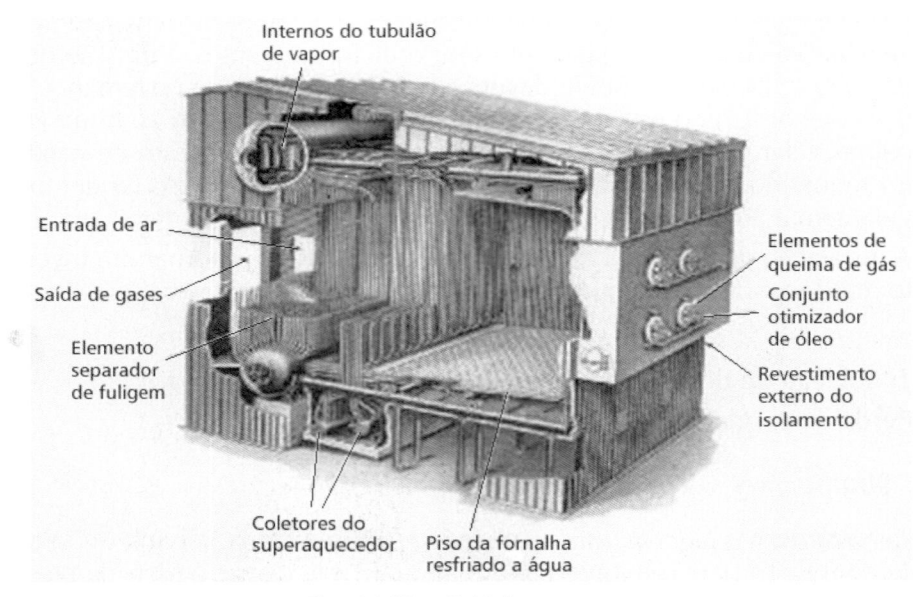

Fig. 14.32 – Caldeira em corte

A diferença básica entre as válvulas de segurança instaladas em caldeiras e as instaladas em vasos de pressão está no seu projeto construtivo. A diferença mais evidente está no castelo aberto das válvulas de caldeira que aumenta a troca térmica entre a mola e o meio ambiente, diminuindo a tendência ao relaxamento da força desta devido à temperatura, mantendo o valor da pressão de ajuste constante, mesmo após vários ciclos operacionais.

O castelo fechado é usado para proteger a mola contra intempéries ou um ambiente corrosivo ou quando a válvula opera com pressão no lado da descarga (contrapressão), mas esta condição não é aceita para válvulas de segurança operando em caldeiras, onde a descarga é feita de forma curta e direta para a atmosfera.

Fig. 14.33 – Válvula de segurança com castelo aberto

Fig. 14.34 – Válvulas de segurança com castelo fechado

Existem outras diferenças construtivas que veremos mais adiante.

Conforme determinado no parágrafo P.G. 67.1 do código ASME Seção I, toda caldeira na qual a superfície de aquecimento for superior a 500 pés^2 (46,5m^2) deverá ter no mínimo duas válvulas de segurança no tubulão superior (balão de vapor).

No caso das caldeiras aquatubulares providas de superaquecedor, a válvula de segurança deste deverá ser responsável por 15 a 25% da capacidade total de geração de vapor da caldeira. Desta forma, o valor da superfície de aquecimento de uma caldeira determinará apenas a quantidade mínima e a capacidade de vazão das válvulas de segurança instaladas no tubulão superior. Pelo menos uma válvula de segurança instalada no superaquecedor é obrigatória, independente daquele valor. Assim, as válvulas instaladas no tubulão superior devem ser responsáveis pela quantidade restante de vaporização da caldeira.

Todas as válvulas de segurança que protegem o corpo da caldeira (tubulão e superaquecedor) devem ser capazes de aliviar o excesso de pressão desta, de tal forma que a pressão máxima de acúmulo não ultrapasse 6% da Pressão Máxima de Trabalho Admissível (PMTA) que é a máxima pressão manométrica permitida no topo da caldeira, base para o ajuste das válvulas de segurança que a protegem, com todas as válvulas de segurança totalmente abertas e aliviando. Para isso, a soma da capacidade de vazão dessas válvulas deverá ser igual ou superior à capacidade máxima de vaporização da caldeira.

A pressão máxima de acúmulo ou acumulação é definida como sendo um aumento de pressão acima da PMTA permitido dentro da caldeira (ou vaso de pressão) com as válvulas de segurança abertas e descarregando. É o mesmo que sobrepressão, ou seja, é o aumento de pressão acima da pressão de ajuste de uma válvula de segurança, quando a válvula está ajustada abaixo da PMTA. O valor da PMTA é um referencial para a acumulação permitida de acordo com o código de construção da caldeira.

A sobrepressão é um aumento de pressão acima da pressão de ajuste da válvula, necessário para que o disco de vedação da válvula possa atingir seu curso máximo de abertura e, consequentemente, a válvula possa alcançar sua capacidade máxima de vazão, ou seja, a vazão será limitada pela área da garganta do bocal. As válvulas de segurança instaladas no corpo da caldeira têm a sobrepressão em 3%, tanto no tubulão superior como no superaquecedor.

As válvulas instaladas no tubulão deverão ter uma capacidade de vazão juntas de, no mínimo, 75% da capacidade de vaporização da caldeira, e, para isso, as áreas do orifício do bocal dessas válvulas poderão ser iguais ou diferentes; quando forem diferentes, a área de passagem da válvula menor deverá ser superior a 50% da válvula maior.

Fig. 14.35 – Bocal de válvula de segurança

As pressões de ajuste dessas válvulas poderão ter uma diferença máxima de 3% da primeira para a segunda válvula, instaladas no tubulão. Se houver mais do que duas válvulas no tubulão, a última válvula deverá ter uma diferença máxima de 3% para a primeira válvula. Para as caldeiras de vapor saturado, a faixa de ajuste dessas válvulas não deve ultrapassar 10% do valor daquela com pressão de ajuste maior.

14. Válvulas de Segurança e Alívio

Numa eventual sobrepressão da caldeira, onde pode ser exigida a abertura de todas as válvulas de segurança, deverá haver uma sequência exata de abertura entre elas, e com isso deverá ser considerada a perda de carga localizada entre o tubulão superior e o superaquecedor.

Quanto maior o consumo do vapor produzido pela caldeira, maior será essa perda de carga. A abertura de todas as válvulas de segurança simultaneamente, além de desperdiçar vapor, ainda pode ser muito prejudicial à caldeira, pois ocorre uma redução muito rápida em suas pressão e temperatura.

Fig. 14.36 – Válvula de segurança de caldeira

As válvulas de segurança de caldeiras normalmente têm dois anéis de ajuste para controlar seu ciclo de abertura e fechamento. Um é o anel inferior, que é uma peça rosqueada no bocal, e o outro é o anel superior, que é rosqueado na guia do suporte do disco. Ambos se utilizam das forças reativas e expansivas do vapor para que o ciclo operacional da válvula ocorra. A montagem destes anéis é mostrada na figura abaixo junto com o bocal, disco e suporte do disco.

Fig. 14.37 – Anéis de regulagem

O anel inferior (anel do bocal) é usado em praticamente todas as válvulas que operam com fluidos compressíveis, como gases e vapores, tanto em caldeiras como em processos. O anel superior praticamente só é usado em válvulas de segurança de caldeiras e sua função é variar a força exercida pela pressão do fluido na face inferior do suporte do disco após o início da abertura da válvula, desse modo alterando o valor do diferencial de alívio.

Fig. 14.38 – Anéis de regulagem

Quando o anel do bocal está posicionado corretamente, a vazão da válvula atinge de 60 a 70% de sua capacidade máxima, sendo que a vazão restante é conseguida através da "saia" do suporte do disco ou do posicionamento do anel superior (depende do modelo da válvula).

Como a área interna tanto do anel superior como da "saia" do suporte do disco é maior do que a área do anel do bocal, a pressão da caldeira ou do processo atuando nessa área exerce uma força muito maior contra a força reativa da mola, causando a abertura completa da válvula e, consequentemente, sua vazão máxima.

Quando a válvula é testada numa bancada em que normalmente o volume desta é bem inferior à sua capacidade de vazão, esse anel tem a função de produzir o "pop", pois é este quem indica o valor real da pressão de ajuste da válvula. Na instalação da válvula na caldeira ou no processo, este anel tem uma posição definida pelo fabricante para que não ocorra uma força de reação ainda maior no momento em que a pressão de ajuste é alcançada. Existem projetos que não possuem esses anéis.

O anel superior tem a função de controlar o diferencial de alívio da válvula, fazendo com que o vapor ao sair do bocal mude sua direção em 180° e formando junto com o anel deste uma câmara acumuladora que irá multiplicar a força exercida contra aquela força reativa da mola, mencionada anteriormente.

Fig. 14.39 – Anéis de regulagem

Como já foi dito, o anel de ajuste superior é o principal responsável por alterar a vazão e a força geradas pelo vapor na face inferior do suporte do disco. É a posição correta desse anel que determina o início do ciclo de fechamento da válvula. Ambos possuem uma folga um pouco maior na rosca para compensar os efeitos da dilatação térmica, enquanto a válvula estiver sob a pressão e a temperatura normais de operação da caldeira, facilitando qualquer ajuste adicional que venha a ser necessário.

O código ASME Seção I exige 4% ou quatro PSI, o que for maior, para o diferencial de alívio das válvulas de segurança instaladas em caldeiras.

14.8.2. *Blowndown*

É o diferencial de alívio de uma válvula de segurança é a relação entre a pressão de abertura e a pressão de fechamento da válvula, expressado sempre em porcentagem da pressão de ajuste ou em unidades de pressão.

As válvulas de segurança operando no tubulão superior da caldeira têm como fluido o vapor saturado. Este vapor tem a particularidade de que para cada pressão haverá sempre uma temperatura definida (transformação isovolumétrica). Estando no estado superaquecido, esses valores dependerão da temperatura de superaquecimento em relação à temperatura de saturação para aquela pressão.

A descarga de vapor saturado por uma válvula de segurança é sempre acumulativa, pois esse vapor oferece uma grande resistência ao escoamento devido à formação de condensado, o que não ocorre com a descarga do vapor superaquecido. Sendo assim, são esperadas algumas variações na posição desses anéis de acordo com a pressão e a temperatura.

Nas válvulas de segurança operando em caldeiras em que o diferencial de alívio exigido deve ser de 4% da pressão de ajuste da válvula, esse recurso é muito útil, principalmente para as válvulas instaladas no tubulão de vapor, pois qualquer variação no nível de água deste causa uma consequente variação na densidade do vapor, o que altera o desempenho operacional da válvula. Nesse caso, quanto maior for a densidade do vapor, maior também será o diferencial de alívio, pois com o aumento da densidade a velocidade de escoamento é reduzida.

A posição original do ajuste desses anéis deve ser registrada e guardada durante o tempo em que a válvula estiver instalada. Em futuras manutenções da válvula é esse ajuste que deverá ser feito nos anéis.

O ajuste incorreto desses anéis, além de aumentar o diferencial de alívio da válvula, pode também aumentar a sobrepressão da caldeira para que o disco de vedação alcance seu curso máximo. Dependendo de quanto esse ajuste estiver incorreto, a operação da válvula pode ser indefinida e causar uma vibração excessiva que irá danificar as superfícies de vedação e o sistema de guia da válvula, além de fadiga da mola inferior do suporte do disco, tanto para o anel superior quanto para o anel inferior. É a partir desta face que é alterada a área de escoamento do vapor por esses anéis e, consequentemente, todo o desempenho operacional da válvula.

Nas válvulas instaladas no superaquecedor, o ajuste desse anel pode evitar a ocorrência de *chattering*, que é uma vibração muito forte que ocorre com essas peças no momento da abertura da válvula, pois o vapor superaquecido é aquele que se encontra em uma temperatura bem superior ao seu ponto de condensação, é isento de umidade e tem a velocidade de escoamento maior em função de seu peso específico ser menor. A função do anel superior nesse caso é "aumentar" (se necessário) o diferencial de alívio através da redução da área disponível ao escoamento do vapor, formada pelo anel superior e pelo anel do bocal.

Quanto maior for o diferencial de alívio de uma válvula de segurança, tanto na caldeira como no processo, maiores serão as perdas de produto. Por outro lado, um diferencial de alívio curto demais também pode causar o *chattering*, principalmente em valores abaixo de 2% da pressão de ajuste.

O volume específico e a temperatura do vapor superaquecido são maiores do que os do vapor saturado para a mesma pressão (transformação isobárica).

Quanto maior for a temperatura do vapor superaquecido em relação ao vapor saturado para a mesma pressão, maior também será seu volume específico. No cálculo de dimensionamento usa-se um fator de correção (Ksh) que adequa esse aumento de volume à área de passagem do bocal da válvula de segurança.

Para vapor superaquecido, o valor de Ksh é sempre menor do que um e seu valor está relacionado diretamente com a pressão e a temperatura; para vapor saturado, esse valor será sempre um, independente da pressão e da temperatura. Os valores de Ksh são encontrados nos catálogos dos fabricantes.

14. Válvulas de Segurança e Alívio

A válvula de segurança instalada no superaquecedor deverá sempre ser a primeira a atuar no caso de uma sobrepressão da caldeira, e com isso haverá sempre um fluxo contínuo através dos tubos do superaquecedor. A temperatura do vapor saturado entrando nesses tubos apesar de alta será sempre menor do que a temperatura do vapor superaquecido, ocorrendo a refrigeração de seus tubos.

É justamente em função dessa necessidade de haver um fluxo contínuo através dos tubos do superaquecedor, que tanto a NR13 como o ASME Seção I Parágrafo P.G. 70.3.1 não permitem o teste de suficiência (teste de acumulação) para as caldeiras providas de superaquecedores.

Fig. 14.40 – Válvula de segurança de caldeira

Nesse teste a válvula de bloqueio principal na saída da caldeira é fechada e sua pressão é elevada até que todas as válvulas de segurança abram, porém, num teste desses, os tubos do superaquecedor podem ser danificados devido à alta temperatura causada pela falta de circulação do vapor.

Esse teste deve ser feito de forma individual, ou seja, cada válvula deve ser testada separadamente, de forma decrescente de pressão de ajuste. Para esse teste, a capacidade de vaporização da caldeira deve ser no mínimo 30% superior à capacidade de vazão da válvula de segurança que está sendo testada.

Uma capacidade de vaporização menor pode tornar a válvula "superdimensionada" para aquele momento, causando o *chattering*, além de não permitir a avaliação completa de seu ciclo operacional.

Essa prática, que também é conhecida na indústria como "teste real", foi substituída, já há algum tempo, por um teste *on-line*, no qual um equipamento eletrônico/pneumático verifica a pressão de ajuste através da rápida abertura e fechamento da válvula de segurança sem a necessidade de elevar a pressão da caldeira.

Em função de não ser necessário esse aumento na pressão da caldeira, problemas que poderiam ser causados, tais como fadiga no material dos tubos, devido a um aumento na pressão e temperatura sem necessidade; vazamentos em juntas de flanges ou pelo bocal e disco da válvula no momento da abertura, podem ser evitados com o uso desse tipo de equipamento.

A função do teste é aferir apenas a pressão de ajuste da válvula, sendo que o pouco volume de vapor que sai pelo deslocamento do disco não é suficiente para se verificar sua pressão de fechamento. Montagem correta da válvula, posicionamento de seus anéis de ajuste, nível de água do tubulão de vapor (para as válvulas instaladas neste), alinhamento dos internos e a vedação entre disco e bocal é que irão determinar sua pressão de fechamento real. Esse teste é financeiramente bem mais econômico, além de não exigir tanto da caldeira ou da válvula como num teste real, sendo permitido pela norma regulamentadora número treze (NR-13).

A NR-13 define também o teste de acionamento manual para abertura de válvulas de segurança de caldeiras de baixa pressão, visando a inspeção de funcionamento desses equipamentos

Item: 13.5.7 – As válvulas de segurança instaladas em caldeiras devem ser inspecionadas periodicamente conforme segue:

a) Pelo menos uma vez por mês, mediante acionamento manual da alavanca, em operação, para caldeiras das categorias "B" e "C".

Para os propósitos desta NR, as caldeiras são classificadas em 3 (três) categorias conforme segue:

a) Caldeiras "A" são aquelas cuja pressão de operação é igual ou superior a 19,98 kgf/cm^2.

b) Caldeiras "C" são aquelas cuja pressão de operação é igual ou inferior a 5,99 kgf/cm^2 e o volume igual ou inferior a 100 litros.

c) Caldeiras "B" são todas as caldeiras que não se enquadram nas categorias anteriores.

No caso das válvulas de segurança instaladas em caldeiras, além da alavanca de acionamento que é obrigatória, o castelo aberto só é obrigatório na válvula do superaquecedor, sempre que a temperatura de alívio for superior a 450°F (232°C), conforme exige o código ASME Seção I, Parágrafo P.G. 68.6.

O castelo aberto aumenta a troca térmica entre a mola e o meio ambiente, diminuindo a tendência ao relaxamento da força desta devido à temperatura, mantendo o valor da pressão de ajuste constante, mesmo após vários ciclos operacionais.

Fig. 14.41 – Teste de abertura NR-13

O castelo fechado é usado para proteger a mola contra intempéries ou um ambiente corrosivo; ou quando a válvula opera com pressão no lado da descarga (contrapressão), mas esta condição não é aceita para válvulas de segurança operando em caldeiras, onde a descarga é feita de forma curta e direta para a atmosfera. O único tipo de contrapressão que até pode ser encontrado em válvulas de segurança operando em caldeiras é a contrapressão desenvolvida, que ocorre devido a uma tubulação de descarga malprojetada ou maldimensionada.

Entre a válvula de segurança e a caldeira ou entre a válvula de segurança e a tubulação de descarga não são permitidos, em hipótese alguma, válvula de bloqueio, disco de ruptura ou qualquer outro acessório que venha a interferir na capacidade de vazão da válvula ou isolar esta da caldeira, conforme determinado pelo Código ASME Seção I em P.G. 71.2. Para vasos de pressão, o Código ASME Seção VIII permite, desde que sejam obedecidas as regras por ele estabelecidas.

Fig. 14.42 – Válvula de segurança utilizada em caldeiras de acordo com o código ASME

O período máximo de inspeções das válvulas de segurança operando em caldeiras dependerá da função da caldeira. No caso das caldeiras de força, esse período é de no máximo 24 meses, desde que aos 12 meses sejam feitos testes para aferição da pressão de ajuste dessas válvulas, conforme determina a NR-13. O período para inspeção e manutenção das válvulas de segurança é definido pelo período de manutenção e inspeção interna dos equipamentos por elas protegidos.

14.9. Manutenção, Inspeção e Testes de Válvulas de Segurança

Fig. 14.43 – Bancada de testes

Primeiramente devem ser verificadas as recomendações prévias das válvulas a serem inspecionadas.

Obs.: **Ao longo do procedimento será utilizada a designação TIE para referência ao Técnico de Inspeção de Equipamentos.**

14.9.1. Inspeção

A inspeção periódica é fator necessário para se garantir a confiabilidade das válvulas de segurança e alívio de pressão. Periodicamente deve-se inspecionar em serviço as instalações verificando se as válvulas de segurança e alívio de pressão estão adequadamente instaladas, nos locais corretos e sem obstruções ou outras anormalidades que possam impedir o funcionamento esperado.

Periodicamente deve-se liberar as válvulas de segurança e alívio para inspeção. A primeira razão para esta inspeção é garantir que elas vão funcionar adequadamente e proporcionar a proteção esperada.

A segunda razão é a avaliação da condição física da válvula, para se estar seguro de que seu comportamento satisfaz os requisitos de uma determinada instalação.

Nesta determinação existem duas áreas de inspeção:

- a inspeção na oficina para determinar as condições internas e se o desempenho na bancada está de acordo com a especificação do projeto;
- a inspeção visual no campo, assim que a válvula é removida, para verificar se existem depósitos provenientes dos fluidos de processo ou devidos à corrosão que impregnam as partes móveis, ou provocam obstruções ou restrições à vazão na entrada ou saída da válvula, e uma inspeção das tubulações de entrada e saída, quanto à presença de depósitos internos.

Uma terceira razão é a evolução da frequência de inspeção, uma vez que a própria inspeção das válvulas de segurança vai fornecendo dados para uma melhor definição dos melhores intervalos entre inspeções, até chegar, em função dos registros históricos, em frequências seguras e econômicas.

14.9.1.1. Determinação dos Prazos para Inspeção de Válvulas de Segurança

Para válvulas novas e recém-instaladas, deve-se seguir a seguinte orientação:

- verificar os prazos máximos estabelecidos na NR-13, que não podem ser excedidos;
- verificar se as válvulas trabalham em condições semelhantes às de outras válvulas que tenham histórico conhecido; adotar prazos iniciais de campanha iguais a ou menores do que os dessas válvulas;
- analisar as condições operacionais com o objetivo de determinar potenciais agentes agressivos (corrosão, erosão) ou condições operacionais limitantes (pressão de abertura próxima da operacional; vibração; fluidos viscosos) que implicam redução no prazo de campanha;
- estabelecer inicialmente prazos menores, que poderão ser ampliados à medida que se vai conhecendo o desempenho das válvulas;
- caso as válvulas estejam instaladas numa mesma unidade de produção, programar a inspeção de todas ao final da primeira campanha;
- fazer inspeção externa em serviço verificando se as válvulas estão corretamente instaladas e se há vibração, vazamento ou alguma outra ocorrência anormal.

14.9.1.2. Alteração dos Prazos de Inspeção

À medida que as válvulas são inspecionadas, determina-se com maior precisão a periodicidade de inspeção ideal. Na determinação dessa periodicidade deve-se considerar, além das condições físicas dos componentes, o resultado dos testes de bancada e possíveis ocorrências operacionais (abertura em operação, vazamentos etc.).

O prazo de inspeção deve ser mantido quando:

- não houve ocorrências em serviço e as condições operacionais não foram alteradas;

- a válvula apresentou boas condições físicas na inspeção interna e bom desempenho nos testes de bancada (recepção, vedação, fole).

O prazo de inspeção pode ser ampliado quando:

- o prazo de inspeção do equipamento protegido é maior do que o da válvula;
- a válvula apresentou perfeitas condições físicas e bom desempenho nos testes de bancada.

O prazo de inspeção deve ser reduzido quando:

- houve ocorrência em serviço, como vazamento ou abertura;
- a válvula apresentou más condições físicas na inspeção interna;
- a válvula apresentou mau desempenho nos testes de bancada;
- as condições operacionais foram alteradas, implicando menor confiabilidade.

14.9.1.3. Oportunidade para Inspeção

A oportunidade para inspeção deve ser escolhida de tal forma a interferir o mínimo possível com a operação normal:

a) **Inspeção de novas instalações.** Todas as válvulas devem ser testadas antes de serem instaladas e devem ser identificadas.

b) **Inspeção durante as paradas planejadas.** É a ideal, porque minimiza custos de manutenção e reduz o risco de interrupções de processo.

c) **Inspeção após paradas extensas, ou montagem.** É interessante porque após três meses ou mais sem operar a válvula pode ter problemas de corrosão, sujeira etc.

d) **Inspeção não-programada.** Considera-se que a inspeção está dentro do programado quando os intervalos estão entre 90 e 110% do estabelecido. Nas considerações sobre desvios da programação deve-se verificar a experiência anterior naquele serviço e se a PSV pode ser isolada através de uma válvula de bloqueio. Se uma válvula abre em serviço, ela necessita de atenção imediata. Se a válvula abre e fica dando passagem, a urgência de inspeção e reparo vai depender da quantidade do vazamento, dos impactos humanos e ambientais etc.

14.9.1.4. Inspeção Externa em Serviço

Logo em seguida à parada de manutenção de uma unidade de processo deve-se promover uma verificação em serviço das válvulas de segurança e observar:

- Se a válvula foi instalada no local correto.
- Se existe uma identificação (plaqueta) que informa o *tag* da válvula, sua pressão de ajuste e a data da última calibração.
- Se não existem raquetes, bloqueios fechados ou obstruções nas tubulações que vão impedir o funcionamento adequado da válvula.

14. Válvulas de Segurança e Alívio

- Se os lacres não estão rompidos.
- Se os *vents* no castelo das válvulas com fole estão abertos, e as tubulações a ele conectadas estão alinhadas para local seguro.
- Se as válvulas de bloqueio a montante ou jusante do dispositivo de alívio de pressão estão devidamente lacradas na posição aberta.
- Se as linhas de descarga e pequenas derivações estão adequadamente suportadas.
- Se drenos no corpo da válvula e na linha de descarga estão abertos.
- Se as alavancas estão em condições de atuar e corretamente posicionadas.
- Se os manômetros instalados entre as válvulas de alívio de pressão estão atuando corretamente.

Periodicamente quando se executa a inspeção externa programada de vasos de pressão ou quando previamente programado deve-se verificar os itens anteriormente mencionados e mais os seguintes:

- Se o prazo de inspeção não foi excedido.
- Se o dispositivo de alívio não está vazando. Em válvulas com fole deve-se ver se o *vent* está vazando.

Sempre que uma válvula de alívio de pressão abrir em serviço ela deve ser verificada quanto a vazamento e possíveis danos causados por vibração.

Fig. 14.44 – Instalação individual

Fig. 14.45 – Instalação em linha

Nas caldeiras: A inspeção das válvulas no caso de caldeiras deve seguir as recomendações dos fabricantes e as normas específicas. A inspeção e a manutenção podem ser feitas removendo-se o castelo e os internos da válvula. Em válvulas que são soldadas diretamente na conexão da caldeira este procedimento é obrigatório. Após a manutenção, deve-se proceder à calibração e aos testes aumentando-se a pressão do vapor até a abertura da válvula. Deve-se verificar também o diferencial de alívio. Manômetros de precisão são fundamentais para se conseguir bons resultados.

A Norma Regulamentadora NR-13 estabelece que anualmente deva ser verificada a pressão de abertura das válvulas de segurança e que mensalmente deva ser verificado o funcionamento da alavanca das caldeiras com pressão abaixo de 20 kgf/cm^2.

Uma válvula de segurança e alívio de pressão pode ser testada em operação através de dispositivos especiais que elevam a haste por meios hidráulicos. Estes métodos são considerados válidos pela NR-13 para verificação e ajuste da pressão de abertura de válvulas de segurança.

14.9.2. Remoção, Transporte e Instalação

- O inspetor deve definir a retirada/instalação das válvulas de acordo com a programação de inspeção.
- Depois que uma válvula é retirada ela deve ser removida para inspeção e manutenção. Antes de movimentar a válvula, as faces dos flanges da válvula e da tubulação devem ser protegidas com tampões de plástico ou discos de compensado para evitar danos nas faces das juntas. As válvulas devem sempre ser transportadas na posição vertical e, sempre que possível, acondicionadas em caixas apropriadas.

Fig. 14.46 – Embalagem de proteção   Fig. 14.47 – Válvulas embaladas para transporte

Em hipótese alguma se deve utilizar a alavanca para transportar a válvula. Válvulas grandes e pesadas devem ser movimentadas através de equipamentos de movimentação de carga para evitar quedas e pancadas. Após a chegada na oficina, as válvulas devem ser manuseadas e armazenadas com cuidado.

14. Válvulas de Segurança e Alívio

Fig. 14.48 – Recepção em oficina

Fig. 14.49 – Válvulas de segurança não podem ser transportadas em empilhadeiras

Precaução

Considerando que o manuseio descuidado pode alterar o ajuste da pressão de abertura de uma válvula de segurança e alívio ou deformar suas partes de modo que ela não consiga operar satisfatoriamente, deve-se tomar muito cuidado durante o seu transporte.

As válvulas de segurança e alívio de pressão devem ser tratadas como instrumentos sensíveis porque seu perfeito funcionamento é fundamental para uma operação segura da unidade industrial.

14.9.3. Teste de Recepção

A limpeza prévia é necessária em alguns casos para se testar a válvula. Utilizam-se solventes adequados ou água nesta tarefa. Para evitar um *flash* durante a desmontagem, válvulas que trabalham com fluidos inflamáveis, como hidrocarbonetos leves, devem ser previamente lavadas com soluções apropriadas. Válvulas em boas condições devem ser limpas com jato de ar comprimido.

Fig. 14.50 – Válvulas antes da manutenção

Fig. 14.51 – Válvulas após a manutenção

Após a limpeza inicial, a válvula é instalada na bancada de teste para comprovação das suas características operacionais: pressão de abertura, vedação e funcionamento corretos. Verifica-se também nesta etapa a integridade das juntas e do fole, quando existentes. Os testes devem ser feitos preferencialmente com ar comprimido ou gás inerte (nitrogênio).

Fig. 14.52 – Válvulas na bancada de teste

- Verificar se a válvula está lacrada; verificar o número de identificação da válvula. Caso não seja possível, separar a válvula e avisar à supervisão.
- Antes de a válvula ser instalada na bancada de teste, o inspetor deve observar as conexões de entrada e saída, a fim de verificar a existência de depósitos de produto e outras avarias.
- No caso de a válvula se apresentar muito suja, dispensar o teste de recepção, devendo a válvula ser aberta para inspeção e esta situação será registrada.
- O inspetor pode acompanhar o teste de recepção ou indicar alguém qualificado para tal, registrando a estanqueidade e a pressão de abertura, sem alterar a regulagem do anel do bocal, ou seja, sem disparo (*pop*). Anotar outros detalhes que julgar conveniente.
- No caso de válvulas que trabalhem com fluidos compressíveis que possuam o anel de alívio (*blowndown*), este não deve ser alterado de sua posição de operação.

Observação: Em válvulas de segurança (serviços em caldeiras), registrar a situação original dos anéis superior e inferior (*blowndown* e bocal).

- Se a válvula vazar durante o teste, anotar a pressão na qual isto acontece.
- Se a válvula não abrir a uma pressão 1,2 vez a pressão de abertura, registrar e solicitar a desmontagem da mesma.

- Caso a válvula em teste seja do tipo balanceada, realizar teste no fole com a válvula montada. Se for detectado rompimento do fole e o produto puder causar fragilização da mola, executar teste de carga sólida na mesma.

- Caso a válvula ao ser testada apresente valores de abertura e estanqueidade dentro de tolerâncias, o inspetor pode dispensar a desmontagem desde que esteja perfeitamente limpa, sem indícios de avarias e apresente em seus registros bom desempenho operacional. Para válvulas de alívio, verificar também a pressão de fechamento.

- Após a desmontagem da válvula, todas as partes devem ser inspecionadas quanto a depósitos de materiais que possam interferir no seu funcionamento normal.

14.9.4. Recondicionamento e Substituição de Componentes

As partes que estão gastas ou danificadas devem ser recondicionadas ou substituídas. Molas e foles danificados precisam ser trocados. O corpo, o castelo e os flanges podem ser reparados utilizando-se métodos adequados a equipamentos sujeitos a pressão, de material similar. Quando há evidência de dano no disco e no bocal as sedes devem ser lapidadas ou usinadas.

Os componentes que têm superfícies esféricas em contato, como, por exemplo, haste e retentor, suporte da mola e parafuso de regulagem, precisam ser lapidados em conjunto para garantir perfeito acoplamento.

Fig. 14.53 – Haste danificada

A lubrificação interna das superfícies que são guiadas ou servem de acoplamento é muito importante para garantir o desempenho esperado. Devem-se utilizar lubrificantes apropriados, seguindo-se as recomendações dos fabricantes. Válvulas que trabalham em alta temperatura exigem maiores cuidados e uso de lubrificantes à base de molibdênio ou níquel.

14.9.5. Inspeção após Desmontagem e Limpeza

Após a desmontagem e a limpeza dos componentes, o inspetor deve executar a inspeção visual dos mesmos. A lista de inspeção a seguir é orientativa. Para componentes não citados, assim como valores de tolerâncias e desgastes, devem ser consultadas as normas, os guias internacionais e os manuais de instruções do fabricante. Todos os reparos executados e as condições físicas devem ser registrados.

14.9.5.1. Corpo, Castelo e Capuz

- Verificar o estado quanto a corrosão e outras avarias.
- Verificar as condições de pintura externa/interna.
- Verificar as superfícies roscadas.
- Verificar as condições do sistema de acionamento manual do capuz (alavanca, garfo etc.).

Fig. 14.54 – Válvulas desmontadas e componentes segregados individualmente

14.9.5.2. Bocal, Disco de Vedação e Anéis de Ajuste

- Inspecionar as faces de vedação, determinando a origem e as causas prováveis das avarias.
- As áreas de vedação do bocal e do disco devem estar dentro das dimensões admissíveis, conforme orientação de cada fabricante.
- Verificar as superfícies roscadas e as condições físicas dos componentes.

Fig. 14.55 – Disco

Fig. 14.56 – Bocal

14.9.5.3. Mola

- Inspecionar visualmente quanto às condições físicas.
- Proceder ao teste de paralelismo e perpendicularidade (contratada).
- Recomendar, se necessário, o teste de carga sólida.
- Suporte da mola: corrosão e desgaste no acoplamento com haste ou parafuso de regulagem.

Carga sólida: É a compressão da mola ao seu estado sólido, conforme descrito no item de teste de carga sólida.

Fig. 14.57 – Molas em estoque   Fig. 14.58 – Molas mais haste de acionamento

Teste de Carga Sólida:

a) Medir o comprimento da mola distendida sem carga.

b) Comprimir as espiras até 80% do espaço livre, que é a máxima deformação prevista no projeto, conforme ASME. *Observação:* Utilizar um dispositivo para proteção contra qualquer rompimento da mola, que não impeça a visualização das espiras da mesma.

c) Com a mola comprimida a 80% do espaço livre, não deve haver contato entre as espiras.

d) Repetir a compressão mais duas vezes.

e) Com a mola distendida, aguardar 10 minutos para medir a deformação.

f) Rejeitar a mola se a deformação for maior do que 0,5% do comprimento original:

$$\% \text{ deformação} = \frac{(L_{inicial} - L_{final}) \times 100}{L_{inicial}}$$

14.9.5.4. Suportes e Guia do Disco

- Verificar desgaste na área de guia.
- Verificar as superfícies roscadas.
- Verificar as folgas nas guias (contratada).

14.9.5.5. Haste

Inspecionar a parte cilíndrica e roscada quanto a corrosão, folga, desgaste e empenamento.

14.9.5.6. Parafusos, Plugues, Suportes da Mola e Porcas

Inspecionar as regiões roscadas e a face de assentamento, quanto a corrosão e desgaste.

14.9.5.7. Fole

- Inspecionar visualmente quanto a corrosão, deformações e outras avarias.
- Observar o teste do fole (desmontado).

Fig. 14.59 – Fole danificado

Fig. 14.60 – Fole novo

14.9.5.8. Juntas

Substituir conforme as especificações do fabricante (contratada).

14.9.5.9. Outras Situações

Em algumas situações é necessária a execução de exames adicionais, com técnicas não-destrutivas, para se avaliar a condição de algum componente. Exemplo: líquido penetrante nas sedes de assentamento para verificação de trincas; exame com partículas magnéticas no corpo para verificação de ocorrência de trincas devido à corrosão sob tensão.

Após a conclusão de todas as etapas de inspeção e manutenção, devem ser feitos todos os registros necessários para se manter o histórico de desempenho da válvula. Estes registros são importantes para o uso futuro da válvula porque servirão de guia para se definir os prazos de inspeção, e para a eventual reposição de componentes ou mesmo substituição da válvula. O arquivamento dos relatórios de inspeção e manutenção e dos registros de testes pode ser requerido por regulamentos legais ou por sistemas de garantia de qualidade.

14.9.6. Causas de Mau Funcionamento e Desgastes

14.9.6.1. Corrosão

Vários tipos de corrosão estão presentes numa instalação industrial e podem ser as causas básicas de muitas das dificuldades encontradas. A corrosão pode provocar pites nos componentes das válvulas, depósitos de sujeira que interferem com o funcionamento das partes móveis, quebra de várias partes ou uma deterioração generalizada dos materiais da válvula.

Fig. 14.61 – Suporte de disco e disco

Fig. 14.62 – Suporte de disco com fole

O ataque corrosivo pode ser eliminado ou reduzido adotando-se as seguintes medidas:

- Melhorar a vedação para evitar a circulação de fluido corrosivo nas partes superiores da válvula.
- Melhorar a vedação utilizando válvula com anel "O".
- Quando não se consegue eliminar totalmente o vazamento e nos casos em que o fluido a jusante é corrosivo deve-se especificar válvula com fole.
- Melhorar a especificação dos materiais.
- Aplicar pintura ou revestimento anticorrosivo quando a corrosão não é severa.

14.9.6.2. Sedes Danificadas

As superfícies de assentamento devem ser mantidas as mais perfeitas possíveis para se ter perfeitas as vedações metal contra metal, caso contrário poderá ocorrer ação imperfeita da válvula. As causas de danos nessas superfícies são:

- *Corrosão*

Fig. 14.63 – Bocal danificado

- *Partículas estranhas*. Carepa, rebarba de solda ou escória, depósitos corrosivos, coque ou sujeira que entram na válvula ou passam através dela quando se abre podem destruir o perfeito contato das sedes, necessário para a vedação. Isto pode acontecer tanto na oficina quanto no equipamento que está protegendo a válvula.

- *Batimento* (chattering). Provocado por tubulação da entrada da válvula muito comprida ou por obstruções na linha. A pressão estática atuando na válvula é suficiente para abri-la. No entanto, assim que o fluxo se estabelece a perda de carga na linha de entrada é tão grande que a pressão atuando no disco diminui e a válvula fecha. O ciclo de abertura e fechamento pode continuar repetidamente, às vezes a taxas altas, o que resulta numa ação de batimento que danifica as sedes seriamente, em alguns casos, além da possibilidade de reparo. Outras causas de batimento são: superdimensionamento da válvula, fluxo bifásico, perda de carga excessiva na tubulação de descarga, ajuste inadequado dos anéis de regulagem.

- *Manuseio descuidado da válvula*. Quedas, pancadas ou arranhões dos componentes das válvulas.

- *Vazamento através das sedes da válvula após a sua instalação*, que pode ser causado por manutenção ou instalação inadequadas, tais como desalinhamento das partes móveis ou deformação na tubulação de descarga devido a suportes inadequados ou mesmo ausência deles.

Fig. 14.64 – Conjunto suporte e disco bastante agredidos durante a descarga da válvula

Este escapamento danifica a sede porque provoca erosão ou corrosão e o consequente agravamento do vazamento.

Outras causas frequentes de vazamento são:
- desalinhamento da haste;
- ajuste inadequado da mola com os suportes da mola;
- apoio inadequado entre assentos da mola e seus respectivos pontos de apoio, e entre haste e disco ou suporte do disco;
- desalinhamento dos internos devido à junta do castelo com o corpo estar malposicionada ou presença de depósitos nas faces de assentamento.

As hastes devem ser examinadas para que estejam completamente retas. A mola e seus assentos devem ser mantidos juntos como um conjunto durante a vida da mola.

14.9.6.3. Molas Quebradas

Geralmente ocasionadas por algum tipo de corrosão. Dois tipos prevalecem:
- Corrosão generalizada, que ataca a superfície da mola até que a área da seção da mola não seja mais suficiente para manter o esforço necessário. Pode haver também formação de pites que atuam como concentradores de tensão, causando trincas na superfície da mola que levam a sua falha.
- Corrosão sob tensão, causando uma falha rápida e inesperada da mola porque é muito difícil detectá-la antes da quebra. Meios contendo H2S causam este tipo de problema em molas de aço carbono.

As avarias em molas dependem do tipo e da agressividade do agente corrosivo, do nível de tensão na mola e do tempo. Onde a corrosão prevalece, a correção pode ser por metalização da mola (com material que resista ao meio corrosivo e seja suficientemente dúctil para flexionar com a mola) ou pela especificação de um material que resista mais satisfatoriamente à corrosão. A utilização de fole, isolando a mola do fluido corrosivo, é outro modo efetivo de proteção.

Fig. 14.65 – Mola danificada

14.9.6.4. Ajustes Inadequados

O ajuste inadequado é normalmente devido à falta de cuidado do pessoal de manutenção, ao uso de equipamentos inadequados ou à falta de conhecimento sobre os ajustes exigidos. O uso de manuais de fabricantes ajuda a eliminar estas deficiências. Causas comuns de ajustes inadequados são o uso de manômetros descalibrados e o ajuste incorreto dos anéis de regulagem.

14.9.6.5. Entupimento e Emperramento

Sólidos do processo, tais como coque ou produtos solidificados, podem provocar incrustações, ou em casos extremos entupir a entrada ou a saída da válvula. A presença de produto de corrosão é outra causa comum de entupimento.

Outra razão de mau funcionamento é o possível emperramento do disco ou do suporte do disco na guia, devido a corrosão, partículas estranhas ou aspereza do material nas superfícies das guias. Arranhões nas guias podem ocorrer também por batimento ou flutuação do disco, causados por instalação imprópria da tubulação de entrada ou saída, ou por superdimensionamento da válvula.

Fig. 14.66 – Bocal obstruído

O gripamento dos internos pode ocorrer devido à usinagem fora dos limites de tolerância. O desalinhamento do disco é outra causa de emperramento, e pode ser provocado por limpeza malfeita das superfícies de contato da guia com o corpo da válvula ou por desalinhamento das juntas durante a montagem da mesma.

O uso de fole, que protege as partes móveis do fluido corrosivo ou partículas estranhas, ou o uso de anel "O", que elimina vazamentos pelas sedes de vedação, são soluções que reduzem ou eliminam o emperramento. O uso de diferentes materiais nas partes em contato, com maior resistência à corrosão e a durezas diferenciadas, reduz o gripamento. O uso de lubrificantes apropriados (graxa, compostos contendo grafite e sulfeto de molibdênio etc.) é essencial para se garantir o bom funcionamento das partes móveis.

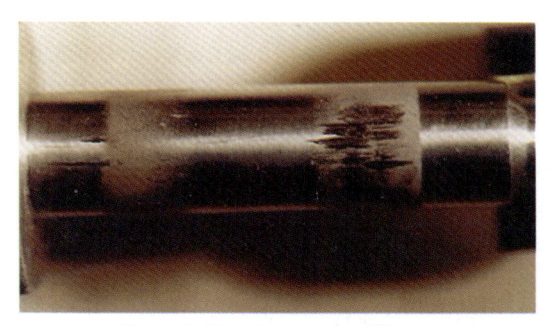

Fig. 14.67 – Haste danificada

14.9.6.6. Especificações Incorretas de Materiais

Geralmente, a especificação de materiais para um determinado serviço é ditada pelos requisitos de temperatura, pressão e corrosão do fluido sob a válvula, e pelas condições ambientais às quais a válvula está exposta. A seleção de materiais padronizados dentro desses limites é normalmente possível. Há ocasiões, entretanto, em que ocorrências não previstas podem surgir, havendo necessidade, portanto, de se utilizar materiais especiais que resistam às condições de trabalho.

Alguns exemplos de especificação incorreta: usar mola de aço carbono em ambiente que contém H2S ou disco de aço inoxidável AISI 304 em meios que contêm cloretos. Quando a experiência indica que o tipo selecionado de material não é correto para as condições de trabalho, deve-se proceder imediatamente a uma troca para material mais adequado. É interessante que se mantenha um registro desses materiais especiais e dos locais onde devem ser utilizados.

14.9.6.7. Localização ou Identificação Incorreta

A válvula perde sua finalidade se não for instalada no local exato para o qual foi projetada. Para evitar erros na instalação deve-se estabelecer um sistema rígido de controle que evite trocas nas posições das válvulas. As normas de projeto exigem que as válvulas tenham uma placa de identificação e que nesta placa conste a localização das mesmas.

14.9.6.8. Utilização Inadequada

A válvula é um dispositivo exclusivamente de segurança, não podendo ser utilizada para outras finalidades operacionais. Deve-se tomar cuidado no acionamento da alavanca, durante os testes de abertura em operação, para evitar empenamento da haste. Não se pode apertar excessivamente os grampos ou *gag* utilizados na calibração a quente, e nunca se pode forçar o fechamento de uma válvula que apresenta vazamento ou que está aberta.

14.9.6.9. Instalação Imprópria

A montagem da válvula deve ser feita com muito cuidado, utilizando-se juntas adequadas e efetuando-se rigorosa limpeza das superfícies flangeadas que estão em contato. A montagem obrigatoriamente é na posição vertical, com a haste para cima.

As tubulações de entrada e saída devem ser adequadamente suportadas para evitar que tensões devidas a peso próprio ou dilatação térmica sejam transmitidas ao corpo da válvula.

14.9.6.10. Manuseio Bruto

Um manuseio descuidado da válvula pode afetar a sua calibração, destruir sua estanqueidade e alterar o desempenho na bancada de teste, ou provocar vazamento excessivo em operação se a válvula já foi testada. Este problema pode ocorrer:

- *No transporte.* Devido à impressão de construção robusta, as válvulas de segurança não são tratadas com cuidado pelos caldeireiros, encanadores ou carregadores. Na verdade, são instrumentos sensíveis que devem ser transportados somente na posição vertical e com muito cuidado. Devem também ser protegidas de sujeira e partículas estranhas que danificam a superfície de vedação.

- *Na manutenção.* Durante todas as fases de manutenção deve-se manusear cuidadosamente a válvula e mantê-la limpa e perfeitamente alinhada.

- *Na instalação.* Deve-se evitar quedas ou impactos na válvula. Válvulas pesadas devem ser movimentadas com equipamento apropriado.

Fig. 14.68 – Instalação incorreta de PSV na posição horizontal

14.9.7. Sobressalentes

Um suprimento adequado de peças sobressalentes deve estar facilmente disponível para se poder reparar as válvulas que estão em serviço. A relação de sobressalentes deve ser feita considerando-se a experiência prévia e as recomendações dos fabricantes.

Os sobressalentes devem ser corretamente identificados e protegidos adequadamente para evitar danificação. Devido à importância das válvulas de segurança, é importante ressaltar que não se deve fazer improvisações que possam comprometer as condições originais das válvulas.

Uma lista típica de sobressalentes deve incluir o seguinte: molas; juntas; discos; bocais; foles; anéis "O"; parafusos.

14.9.8. Lapidação

As superfícies de assentamento precisam estar perfeitamente planas e lisas para evitar vazamentos. A operação de lapidação é rotineiramente executada após a desmontagem da válvula.

Os fabricantes recomendam o uso de blocos lapidadores e abrasivos especiais. Os blocos lapidadores são confeccionados em ferro fundido, e individuais para cada tamanho de orifício. Após o uso, os blocos devem ser recondicionados no recondicionador de blocos lapidadores. Recomenda-se a utilização da mesma granulação de abrasivo em determinado bloco ou recondicionador. Para se obter resultados satisfatórios é preciso que se disponha de um jogo de blocos e recondicionadores para cada granulação que se pretenda usar. Quando se passa de uma etapa de polimento para outra se deve limpar cuidadosamente a sede e os blocos lapidadores.

Quando se deseja um acabamento especial é recomendável a utilização de abrasivos à base de diamante.

O trabalho de lapidação tem um cunho pessoal e varia muito de um indivíduo para outro, ainda que os resultados finais acabem sendo satisfatórios. As recomendações a seguir são, no entanto, de caráter geral e devem ser seguidas:

1. Jamais tente lapidar o disco contra o bocal. Cada um deles deve ser refaceado pelo bloco lapidador de seu correspondente tamanho.

2. Examine constantemente o bloco lapidador contra o recondicionador, para se assegurar de que ambas as superfícies estão constantemente planas.

3. A granulação inicial para lapidação dependerá do estado em que se encontra a sede. Para trocar de abrasivo, limpe completamente o bocal ou disco e troque o jogo de blocos lapidadores para o correspondente grau a empregar. Reduza a granulação para a imediatamente inferior até chegar ao acabamento fino.

4. Movimente o bloco contra o bocal. Jamais pratique uma rotação contínua, mas faça uso de um movimento oscilatório.

5. Quando todas as marcas tiverem desaparecido, limpe cuidadosamente o bocal e aplique o abrasivo de polimento com o jogo de blocos apropriado.

6. É preciso todo cuidado e atenção para se assegurar de que as superfícies de assentamento sejam mantidas perfeitamente planas.

14.9.9. Montagem

Depois que a válvula foi limpa e inspecionada e feitos todos os reparos e substituições necessários, a montagem deverá ser feita de acordo com as recomendações dos fabricantes.

De modo geral, devem ser seguidas as seguintes etapas:

1. Rosqueie o bocal no corpo. Enrosque o anel de regulagem inferior no bocal, mantendo-o abaixo da superfície superior da sede do bocal. A regulagem do anel será feita após o teste final.

2. Coloque a guia, anel da guia, disco e haste no corpo da válvula. Coloque o anel de regulagem superior acima da sede do disco. A regulagem do anel será feita após o teste final.

3. Cuidadosamente abaixe o castelo e a mola para o lugar, tomando cuidado para não danificar as sedes ou a haste. Então, centralize o castelo e aperte-o para baixo de maneira plana para impedir distensões desnecessárias ou um possível desalinhamento das peças.

4. Aperte os parafusos do corpo com o castelo.

5. Antes de aplicar qualquer carga à mola, rode-a rapidamente para certificar-se de que a haste está livre.

6. Aperte o parafuso de ajuste até a posição medida anteriormente antes da desmontagem da válvula.

7. Leve a válvula para a bancada de teste para calibração e teste final.

14.9.10. Teste de Calibração

Após terem sido atendidas todas as recomendações, a válvula deve ser remontada para teste. Este teste deve ser presenciado pelo inspetor.

14.9.10.1. Válvulas de Segurança e Alívio que Trabalham com Gases

a) Abaixar totalmente o anel do bocal. Para válvulas que possuem o anel do diferencial de alívio (superior), este deve ser colocado tangente ao suporte do disco ou acima.

b) Elevar lentamente a pressão até ocorrer a abertura da válvula (não haverá disparo).

c) Verificar se o valor da pressão de abertura corresponde ao valor da pressão de calibração.
- Repetir o passo "b" com sucessivos ajustes da mola, até que a válvula abra na pressão de calibração.
- Em seguida, sem pressão na válvula, elevar o anel do bocal, até encostar-se ao suporte do disco e recuar (abaixar) 1 ou 2 dentes.

  Observação: Válvulas com pressão de calibração acima de 350 psig devem possuir capuz que permita a utilização de um limitador mecânico da haste para evitar cursos longos, o que poderia danificar as superfícies do bocal ou do disco. Neste caso, encostar o limitador no topo da haste e retornar 1,5 volta de rosca para possibilitar um pequeno curso da haste. Após a calibração o limitador deve ser substituído por um bujão.

d) Devem ser conseguidos em dois disparos consecutivos valores de pressão dentro das tolerâncias da pressão de calibração.

e) Caso não se obtenha, após cinco disparos, valores de pressão dentro das tolerâncias da pressão de calibração, a válvula deve ser desmontada, a fim de sofrer nova manutenção.

f) Estando aprovado com relação à pressão de calibração, fazer teste de estanqueidade.

g) Reposicionar o(s) anel(éis) do bocal e do diferencial de alívio na posição indicada pelo fabricante para as condições de trabalho.

Reposição do Anel de Ajuste:

Abaixo do contato com o disco, ou seja, o sinal (–) indica o número de dentes que devem ser girados no sentido de fazer descer o anel (afastando do disco). A seguir, quatro exemplos de ajustes de válvulas de fabricação nacional: X, Y, W e K.

1. Válvulas X
1.1. Ar, gás e vapor

Pressão de Calibração (psi)	Número de Dentes	Pressão de Calibração (psi)	Número de Dentes	Pressão de Calibração (psi)	Número de Dentes
menos de 15	– 2	175	– 16	600	– 60
40	– 4	190	– 18	675	– 70
65	– 6	225	– 20	825	– 80
85	– 8	270	– 25	1.000	– 90
110	– 10	365	– 30	1.001 a 6.000	9% da Pressão de Calibração
135	– 12	450	– 40		
145	– 14	550	– 50		

1.2. Válvulas X, vapor saturado – Posição do anel do bocal

Tamanho da Válvula e Orifício	Número de Dentes	Tamanho da Válvula e Orifício	Número de Dentes
1 D 2	– 25	1 D 2	– 25
1.1/2 D 2	– 25	1 E 2	– 25
1.1/2 D 2.1/2	– 25	1 F 2	– 25
1 E 2	– 25	1.1/2 F 2	– 25
1.1/2 E 2	– 25	1.1/2 G 2.1/2	– 25
1.1/2 E 2.1/2	– 25	1.1/2 H 2	– 25
1.1/2 F 2	– 25	2 H 3	– 25
1.1/2 F 2.1/2	– 25	2 J 3	– 25
1.1/2 G 2.1/2	– 25	2.1/2 J 4	– 25
2 G 3	– 25	4 L 4	– 10
1.1/2 H 3	– 25	4 M 4	– 15
2 H 3	– 25	4 N 4	–15
2 J 3	– 25	4 L 6	– 25
2.1/2 J 4	– 25	4 M 6	– 25
3 J 4	– 25	4 N 6	– 30
3 K 4	– 15	4 P 6	– 30
3 K 6	– 15	6 Q 8	– 25
3 L 4	– 15	6 R 8	– 25
4 L 6	– 25	8 T 10	– 25
6 M 6	– 25		
4 N 6	– 30		
4 P 6	– 30		
6 G 8	– 25		
6 R 8	– 25		
6 R 10	– 25		
8 T 10	– 25		
ORIFÍCIO		Séries 2745	
13		– 2 dentes	
20		– 2 dentes	

2. Válvulas Y (número de dentes anel do bocal)

Orifício	Pressão Até 100 psi	Pressão Acima de 100 psi
D, E, F, G	– 4 dentes	– 7 dentes
H, J	– 5 dentes	– 9 dentes
K	– 6 dentes	– 14 dentes
M, N	– 7 dentes	– 20 dentes
P	– 8 dentes	– 24 dentes
Q	– 10 dentes	– 28 dentes
R	– 28 dentes	– 36 dentes
T	– 30 dentes	– 38 dentes

3. Válvulas W

Orifício	Anel do Bocal (nº dentes)	Anel Guia (nº dentes)
D	– 5	L
E	– 5	L
F	– 5	L
G	– 7	L
H	– 7	L
J	– 7	L
K	– 9	+ 10
K2	– 9	+ 10
L	– 10	+ 10
M	– 12	+ 10
M2	– 12	+ 10
N	– 12	+ 20
P	– 12	+ 20
Q*	– 9	+ L
R**	– 10	+ L
T**	– 10	+ L

* Para pressões acima de 14 kgf/cm^2 (200 psi), ajustar: anel bocal – 9 e anel guia + 50.
** Para pressões acima de 7 kgf/cm^2 (100 psi), ajustar: anel bocal – 12 e anel guia + 50.
L: O anel guia fica no mesmo nível da face inferior do disco.

4. Válvulas K

4.1. Ar, gases e vapores

Pressão de Calibração (Bar)	Número de Dentes	Pressão de Calibração (Bar)	Número de Dentes
1 ou menos	– 3	25	– 15
3	– 2	30	– 20
5	– 3	38	– 25
7	– 4	42	– 50
10	– 6	47	– 35
12	– 8	58	– 40
14	– 9	70	– 45
15	– 10	71 a 420	70% da pressão de calibração
19	– 12		

4.2. Vapor saturado

Orifício	Anel Guia	Anel do Bocal
D	1,2	0,3
E	1,2	0,3
F	1,2	0,5
G	1,6	0,5
H	1,6	1,0
J	1,6	1,0
K	2,0	2,0
L	2,0	2,0
M	2,4	2,0
N	2,4	3,0
P	2,8	3,0
Q	2,4	2,0
R	2,4	2,0
T	2,4	2,0

h) Verificar o aperto da contraporca do parafuso de ajuste da mola antes da instalação do capuz.

i) Fazer teste de integridade quando a contrapressão for maior do que ou igual a 0,5 kgf/cm^2.

j) Liberar a válvula após a lacração do capuz e do(s) parafuso(s) de trava do(s) anel(éis).

14.9.10.2. Válvulas de Alívio que Trabalham com Líquido, mas que são Testadas com Ar

Para calibração: Se no teste de vedação a válvula apresentar vazamento acima do permitido, repetir o teste de vedação com água conforme sequência abaixo:

a) Pressurizar até 90% da pressão de calibração.

b) Verificar, com auxílio de uma lanterna, vazamentos entre disco e bocal durante 1 minuto. Observação: Não é permitido qualquer vazamento durante o tempo do teste.

14.9.10.3. Válvulas de Segurança para Serviços em Caldeiras

14.9.10.3.1. Teste na Oficina (Pré-teste):

a) Abaixar totalmente o anel do bocal. Para válvulas que possuem o anel diferencial de alívio (superior), este deve ser colocado tangente ao suporte do disco ou acima.

b) Elevar lentamente a pressão até que ocorra a abertura da válvula (não haverá disparo).

14. Válvulas de Segurança e Alívio

c) Verificar se o valor da pressão corresponde ao valor da pressão de calibração:
- Repetir o passo "b" com sucessivos ajustes da mola, até que o valor da pressão de abertura esteja próximo do valor da pressão de calibração.
- Em seguida, sem pressão no bocal (a montante), elevar o anel do bocal até este encostar no suporte do disco e recuar (abaixar) 1 ou 2 dentes. Nesta condição, proceder conforme o item seguinte.

  Observação: Para válvulas com pressão acima de 350 psig (*set pressure*), utilizar um limitador mecânico na haste para evitar cursos longos, e com isso não danificar as superfícies do bocal ou do disco.

d) Devem ser conseguidos em dois disparos consecutivos valores de pressão dentro das tolerâncias da pressão de calibração.

e) Caso não se obtenha, após 5 disparos, valores de pressão dentro das tolerâncias de pressão de calibração, a válvula deve ser desmontada, a fim de sofrer nova manutenção.

f) Estando aprovado com relação à pressão de calibração, fazer teste de estanqueidade.

g) Reposicionar o(s) anel(éis) do bocal e do diferencial de alívio na mesma posição indicada pelo fabricante para as condições de trabalho.

14.9.10.3.2. Teste no Campo (Teste Definitivo): Deve ser executado quando ocorrer alguma das disposições dos itens 13.5.7 ou 13.5.8 da NR-13:

a) Observar por ocasião da instalação das válvulas de segurança que o(s) parafuso(s) de fixação do(s) anel(éis) de regulagem tenham livre acesso, para os devidos ajustes.

b) Nos testes de campo das válvulas de segurança, é recomendada a utilização de rádio e apoio ao inspetor para verificação dos valores de pressão.

c) Permitir para todas as válvulas de segurança do superaquecedor e do tubulão um máximo de 4 disparos. Se o comportamento da válvula após os 4 disparos não apresentar qualquer repetibilidade apaga-se a caldeira e aguarda-se um período mínimo de 12 horas para que se faça nova série de testes.

d) Sendo necessários ajustes na válvula, manter um intervalo entre disparos de modo a permitir uma redução de pressão na caldeira de 70% da pressão de calibração e a equalização da temperatura.

e) Após a abertura da válvula, calcular 4% desta pressão, que será a variação máxima permitida para a pressão de fechamento. Em qualquer caso esta variação não poderá ser mais de 2 psi.

f) Se a válvula de segurança atingir o valor da pressão de abertura dentro das tolerâncias sem, contudo, apresentar sinal iminente de abertura (leves sopros de vapor pela descarga), solicitar de imediato o abaixamento da pressão e proceder ao ajuste da mola (aliviar a tensão).

Observação: Este procedimento tem por objetivo poupar um disparo (*pop*), que significa exigir menos do conjunto da caldeira e da própria válvula de segurança.

g) Se a válvula de segurança atingir o valor de pressão de abertura dentro das tolerâncias e houver indícios de que abrirá (sopros de vapor pela descarga), permitir o acréscimo máximo de pressão conforme a Tabela 1 a seguir.

   1) Se não abrir, solicitar de imediato o abaixamento da pressão e proceder o ajuste da mola (aliviar a tensão).

   2) Se a válvula abrir, ajustar conforme orientação do fabricante o(s) anel(éis) superior e/ou inferior (subida ou descida de entalhes).

Tabela 1: Variações Além das Tolerâncias da Pressão de Abertura

Pressão de Abertura	Tolerâncias
Pressões até 70 psi (480 kpa)	2 psi
Acima de 70 psi até 300 psi	3 psi
Acima de 300 psi até 1.000 psi	10 psi
Acima de 1.000 psi	1%

Obs.: Esta tabela tem como base o parágrafo 7.2.2 do Código ASME, Seção I.

h) Se a válvula de segurança atingir o valor da pressão de abertura dentro das tolerâncias e houver indícios de que abrirá (sopros de vapor pela descarga), permitir o acréscimo máximo de pressão conforme a tabela acima. Se a válvula abrir apresentando vibração (*chaterring*), deve-se proceder a uma abertura manual da mesma, com a utilização de extensão para acionamento da alavanca e executar o seguinte: Não alterar o anel superior (anel do diferencial de alívio), porém subir o anel inferior (anel do bocal) e repetir o teste.

i) Se a válvula de segurança antes de atingir o valor da pressão de abertura apresentar escape ou chiado muito acentuado, evitar que ela dispare abaixando imediatamente a pressão da caldeira e fazer o seguinte ajuste: elevar o anel inferior.

   Observação: Caso não se consiga evitar que a válvula dispare, verificar o diferencial de alívio e a pressão de abertura, procedendo a ajustes, se necessário.

j) Se a válvula de segurança abrir abaixo das tolerâncias da pressão de disparo, executar os seguintes ajustes:

   1) Ajustar a mola (aumentar a tensão).

   2) Ajustar conforme orientação do fabricante o(s) anel(éis) superior e/ou inferior (subida ou descida de entalhes).

Se a válvula de segurança atingir o valor da pressão de abertura dentro das suas tolerâncias, apresentando um fechamento fora dos limites estabelecidos, proceder ao seguinte ajuste: Se o diferencial de alívio estiver maior do que 4%, elevar o anel superior (anel guia ou diferencial de alívio) no sentido anti-horário (subindo) alguns dentes, e repetir a operação até que se consiga o valor desejado de abertura. Se a válvula apresentar descargas sucessivas, deve-se proceder a uma abertura manual da mesma, com a utilização de extensão para acionamento da alavanca e executar o ajuste a seguir que se fizer necessário:

1) Subindo o anel guia, diminui-se o diferencial.
2) Abaixando o anel guia aumenta-se o diferencial.
3) Para válvulas de alta pressão é possível alterar o diferencial (pouco) através do anel: levantando-o aumenta-se o diferencial; abaixando-o diminui-se o diferencial.

Observação: Após as operações, verificar se não foi alterada a pressão de calibração.

k) O ajuste de campo somente é realizado quando as posições indicadas pelo fabricante não atenderem o usuário.

l) Proceder à liberação da válvula verificando:

1) Aperto da porca do parafuso de ajuste da mola. Atenção: Quando se determinar a pressão de calibração, o aperto deve ser definitivo.
2) Lacração do capuz e do(s) parafuso(s) de trava do(s) anel(éis).

14.9.11. Teste para Válvulas Despressurizadas

Abaixar totalmente o anel do bocal e subir todo o diferencial de alívio, se existir:

a) Elevar gradualmente a pressão até 90% da pressão de calibração.

Observação: Para válvulas com pressão de calibração até 50 psig a pressão será mantida 5 psig abaixo desta.

b) Instalar dispositivo apropriado (bolhômetro) para o teste de estanqueidade, conforme croqui:

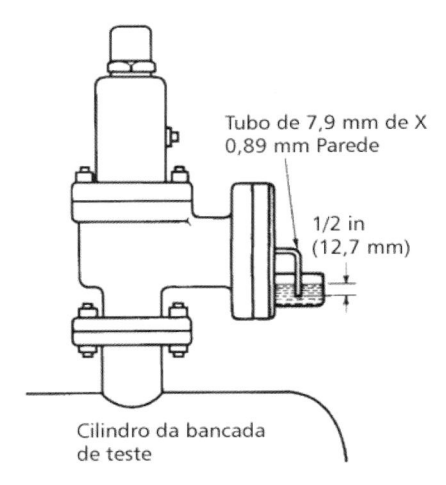

Fig. 14.69 – Bolhômetro

c) Tempo de pressurização: Antes de iniciar a contagem das bolhas, a pressão de teste deve ser aplicada segundo a tabela a seguir:

Tabela 2

Diâmetro do Flange de Entrada	Tempo
Até 2"	1 minuto
de 2,5" até 4"	2 minutos
de 6" até 8"	5 minutos

d) O vazamento máximo permitido para válvulas de segurança e/ou alívio com pressão de calibração até 1.000 psig, deve ser de:

Tabela 3

Tipo de Válvula	Orifício	Número Máximo Bolhas/Minuto
Convencional	F e menores	40
	G e maiores	20
Balanceada	F e menores	50
	G e maiores	30

Observações:

- Para valores de pressão de calibração acima de 1.000 psig, consultar a Fig. 2 do API STANDARD 527.
- Todas as aberturas interligadas com a descarga da válvula deverão ser fechadas antes da contagem da taxa de bolhas. Isto inclui itens como: capuz, furos para dreno, *vent's* e linhas de interligação com a câmara interna da válvula principal, no caso de válvulas-piloto operadas. Uma solução de água e sabão deve ser aplicada às juntas secundárias para detectar qualquer escape de ar que não seja aquele que está sendo medido.
- No teste de válvulas que trabalhem com fluidos letais e/ou tóxicos sem sistema de proteção, o vazamento máximo permitido seguirá a orientação do órgão operacional.

e) A válvula estará aprovada se atender aos requisitos de vazamento máximo permitido. Reposicionar os anéis, conforme indicação do fabricante.

f) Caso o número de bolhas por minuto seja superior ao relacionado pode-se tentar os seguintes recursos:
- Dar um novo disparo (*pop*) na válvula de maneira a tentar assentar melhor o conjunto.
- Dar pequenos giros na haste para procurar um melhor assentamento entre as sedes do disco de vedação e do bocal. Cuidado, este procedimento pode causar riscos nas regiões de assentamento e piorar o vazamento. Se persistir o

problema no teste de estanqueidade a válvula deve ser reaberta e o conjunto bocal/disco novamente lapidado.

14.9.12. Teste para Válvulas de Segurança que Trabalham em Caldeiras (Pré-teste)

a) Abaixar totalmente o(s) anel(éis) inferior(es) e elevar o(s) anel(éis) superior(es) a fim de evitar um disparo acidental. Elevar gradualmente a pressão até 90% da pressão de calibração.

b) Instalar uma placa de borracha no flange de descarga de maneira a vedar a metade inferior, e colocar água no interior da válvula de segurança em um nível que cubra o disco de vedação.

c) Se aparecerem bolhas na água a válvula está reprovada e deve ser novamente aberta para manutenção.

Procedimento mais seguro:

1. Proceder como se fosse uma válvula convencional.

2. Com massa de vedação, eliminar vazamento na guia com a haste do suporte do disco.

3. Os outros passos são os mesmos para as válvulas convencionais.

14.9.13. Teste de Integridade das Juntas

Este teste deve ser presenciado pelo inspetor. O teste é necessário para válvulas de segurança que trabalhem com contrapressão acima de 0,5 kgf/cm^2 e possuam ou não fole.

1. Após a calibração com a válvula na vertical, instalar capuz e conectar dispositivo no bocal de descarga. Pressurizar com o valor da contrapressão ou 30#, o que for maior entre eles.

2. Com solução de água e sabão, verificar os vazamentos:

   a) Na junta do bocal com o corpo.

   b) Na junta entre o corpo e o castelo.

   c) No pino trava entre o corpo e o castelo.

   d) No caso de válvula convencional testar também a junta do capuz.

14.9.14. Teste do Fole

1. Válido para válvulas balanceadas com contrapressão menor ou igual a 0,5 kgf/cm^2.

a) Testar o fole pressurizado com 30 psig através do furo roscado existente no castelo.

b) Verificar com uma solução de água e sabão neutro a junta do capuz, a junta entre o castelo e o corpo da válvula e a conexão de fixação da mangueira ao castelo.

c) Não sendo detectado qualquer vazamento nos locais citados no item anterior, verificar a integridade do fole com a solução de sabão no bocal de entrada, nos parafusos trava dos anéis e no plugue de drenagem.

2. Válido para válvulas balanceadas com contrapressão maior do que 0,5 kgf/cm^2.

Testar o fole simultaneamente com teste de integridade das juntas, verificando vazamentos com solução de sabão nos seguintes pontos:

a) Furo roscado do castelo.

b) Na junta do capuz.

c) Junto ao eixo da alavanca de acionamento manual, se houver.

3. Após a verificação destes itens, se nenhum vazamento for encontrado, o fole está aprovado. Caso contrário, substituir o fole e retornar ao item 20.5 para nova calibração.

14.9.15. Tolerâncias da Pressão de Calibração

1. Para válvulas de segurança e/ou alívio e válvulas de alívio.

O ASME VIII fixa as seguintes tolerâncias para a abertura da válvula:

Tabela 4

Pressão de Calibração	Tolerâncias
0 a 70 psig (0 a 4,92 kgf/cm^2)	2 psig (0,14 kgf/cm^2)
mais de 70 psig	3%

2. Para válvulas de segurança (serviços em caldeiras).

O ASME I fixa as seguintes tolerâncias para a abertura da válvula:

Tabela 5

Pressão de Calibração	Tolerâncias
Pressões até 70 psig (480 kpa)	2 psig
de 71 psig até 300 psig	3 psig
De 301 psig até 1.000 psig	10 psig
Acima de 1.000 psig	1%

14. Válvulas de Segurança e Alívio

3. Condições de aceitação.

A válvula deverá estar em boas condições físicas e devidamente calibrada conforme os padrões adotados nesta rotina.

14.9.16. Requisitos de Segurança Necessários

1. Requisitar permissão para trabalho.
2. Utilização de EPI's (Equipamentos de Proteção Individual) básicos. Excetuam-se casos em que se necessitem de EPI's específicos indicados pelo Setor de Segurança.
3. Utilizar equipamentos à prova de explosão.
4. Durante o teste de estanqueidade:
   a) Não ficar em frente ao bocal de descarga, principalmente durante e após a instalação do bolhômetro.
   b) Fixar o bolhômetro ao flange através de massa de calafetar de forma a aliviar a pressão no corpo em caso de uma abertura acidental da válvula.

Fig. 14.70 – Verificação da estanqueidade através de bolha de sabão

14.10. Tolerância do Código ASME para Vasos de Pressão

Pressão de Ajuste – ASME Seção I

Até 70 psig = 2 psi

71 a 300 psig = 3%

301 a 1.000 psig = 10 psi

Acima de 1.000 psig = 1%

Sobrepressão – ASME Seção I
Até 70 psig = 2 psi
Acima de 70 psig = 3%

Pressão de Ajuste – ASME Seção VIII
5 a 70 psig = −1 a +2 psi
71 a 300 psig = −1,5 a 3%
301 a 1.000 psig = −5 a +10 psi

Sobrepressão – ASME Seção VIII

Para vasos protegidos por uma única válvula:
Até 30 psig = 3 psi
Acima de 30 psig = 10%

Para vasos protegidos por múltiplas válvulas:
Acumulação máxima = 16%
Até 25 psig = 4 psi
Acima de 25 psig = 16%

14.11. Tolerância do Código ASME para Caldeiras

Pressão de Ajuste – ASME Seção I
Até 70 psig = 2 psi
71 a 300 psig = 3%
301 a 1.000 psig = 10 psi
Acima de 1.000 psig = 1%

Sobrepressão – ASME Seção I
Até 70 psig = 2 psi
Acima de 70 psig = 3%

A seguir, são listadas as áreas efetivas e os respectivos diâmetros de passagem dos bocais de acordo com o tamanho das válvulas de segurança, conforme determinado pelo padrão API-RP-526.

Tamanho da Válvula	Orifício	Área Efetiva	Diâmetro	Tamanho da Válvula	Orifício	Área Efetiva	Diâmetro
1" × 2"	D	0,110 pol²	9,5 mm	3" × 4"	L	2,853 pol²	48,4 mm
1" × 2"	E	0,196 pol²	12,7 mm	4" × 6"	M	3,6 pol²	54,4 mm
1.1/2" × 2"	F	0,307 pol²	15,9 mm	4" × 6"	N	4,34 pol²	59,7 mm
1.1/2" × 2.1/2"	G	0,503 pol²	20,3 mm	4" × 6"	P	6,38 pol²	72,4 mm
1.1/2" × 3"	H	0,785 pol²	25,4 mm	6" × 8"	Q	11,05 pol²	95,3 mm
2" × 3"	J	1,287 pol²	32,5 mm	6" × 8"	R	16 pol²	114,65 mm
3" × 4"	K	1,838 pol²	38,8 mm	8" × 10"	T	26 pol²	146,1 mm

14. Válvulas de Segurança e Alívio

		FOLHA DE ESPECIFICAÇÕES			FE – Nº:		
	USUÁRIO:				FOLHA:		DE:
	EMPREENDIMENTO:						
	UNIDADE:						

		VÁLVULAS DE SEGURANÇA E ALÍVIO					
1		IDENTIFICAÇÃO					
2		SERVIÇO					
3		LINHA/EQUIPAMENTO					
4		BOCAL INTEGRAL/SEMIBOCAL					
5		TIPO: SEGURANÇA OU ALÍVIO					
6		CONVENCIONAL/BALANCEADA/PILOTO OPERADA					
7		CASTELO ABERTO/FECHADO					
CONE-XÕES	8	DIMENSÃO E TIPO DE ENTRADA					
	9	DIMENSÃO E TIPO DE SAÍDA					
MATERIAIS	10	CORPO	CASTELO				
	11	BOCAL	DISCO				
	12	GUIA	ANÉIS				
	13	MOLA					
	14	FOLE					
	15						
OPÇÕES	16	CAPUZ ROSCADO	CAPUZ APARAFUSADO				
	17	ALAVANCA SIMPLES	ALAVANCA ENGAXETADA				
	18	TRAVA GAG					
	19						
	20						
BASE	21	CÓDIGO					
	22	CRITÉRIO DE DIMENSIONAMENTO					
CONDIÇÕES DE OPERAÇÃO	23	FLUIDO E ESTADO FÍSICO					
	24	CAPACIDADE REQUERIDA					
	25	DENS. A TEMP. ALÍVIO (P. Mol.)					
	26	VISCOSIDADE A TEMP. ALÍVIO (cP)					
	27	FATOR DE COMPRESSIBILIDADE					
	28	Cp/Cv					
	29	PRESSÃO OPERAÇÃO	PRESSÃO ABERTURA				
	30	T. OPERAÇÃO	T. ALÍVIO	T. PROJETO			
	31	CONTRAPRESSÃO	CONSTANTE				
			DESENVOLVIDA				
			SUPERIMPOSTA				
	32	PRESSÃO DE AJUSTE					
	33	SOBREPRESSÃO (%)					
34		ORIFÍCIO CALCULADO	ORIFÍCIO SELECIONADO				
35		DESIGN ORIFÍCIO	CÓDIGO DA MOLA				
36		FABRICANTE DE REFERÊNCIA					
37		MODELO					
38		UNIDADES:	PRESSÃO ( )				
39	NOTAS:						

	ORIGINAL	REV. A	REV. B	REV. C	REV. D	REV. E	REV. F	REV. G	REV. H
DATA									
EXECUÇÃO									
VERIFICAÇÃO									
APROVAÇÃO									

15. Exemplo de Montagem Incorreta da Válvula de Segurança e Alívio

O arranjo válvula de segurança e alívio com válvula de retenção na saída é um bom exemplo de erro de projeto, já que contraria os requisitos da ASME VIII. Este tipo de arranjo, em caso de sinistro, pode pôr em risco vidas, a continuidade operacional e a cobertura pela seguradora.

Fig. 15.1 – Arranjo perigoso

Abaixo, dois conceitos importantes:
- Uma válvula de segurança interligada com outros sistemas interligados, como, por exemplo, um sistema de tocha, deve ser balanceada, isto é, deve ter um fole, pois a mistura de produtos da linha a jusante pode afetar e comprometer os componentes internos da válvula de segurança e alívio de uma unidade de processo.
- A contrapressão pode ser variável, quando da ocorrência de outro alinhamento para esta linha, portanto a utilização do fole compensa a contrapressão, garantido assim que as válvulas de segurança protejam os equipamentos pressurizados.

Fig. 15.2 – Detalhe de válvula de segurança associada com válvula de retenção

A falta de conhecimento a respeito deste modelo de válvula certamente gerou o erro nesta instalação. Provavelmente alguém de boa-fé acreditou que poderia "matar dois coelhos com uma única cajadada", instalando uma válvula de retenção na descarga das válvulas de segurança e alívio.

- Para evitar que um fluido agressivo chegasse até a válvula.
- Para evitar contrapressão, isolando a PSV da linha de tocha.

Fig. 15.3 – Arranjo perigoso

O ASME é claro quando assegura que não pode haver válvula de bloqueio ou regulagem na entrada ou saída da PSV, no máximo um disco de ruptura.

A válvula de retenção não acrescenta qualquer benefício, sendo mais uma perda de carga e uma possível fonte de falhas, passando assim a existir a probabilidade de não haver estanqueidade (ataque químico e contrapressão).

Existe também o risco de a válvula de retenção emperrar, no momento de abertura da PSV, havendo restrição na vazão (limitando a descarga) e acarretando aumento da pressão interna do vaso, podendo causar a sua ruptura.

No caso de a válvula de retenção não se abrir totalmente, tendo travamento parcial, o efeito pode ser um golpe de aríete, que poderá causar:

- A quebra da mola.
- *Chattering* (vibração muito forte).

E o principal, não proteger o sistema para o qual a válvula foi dimensionada.

Conclusão

A seleção, montagem e instalação de válvulas de segurança, segundo o Código ASME e API, são bastante conservadoras, principalmente no que diz respeito ao momento de atuação da válvula. A Norma API-RP-526 que demonstra na sua página 9 uma das poucas alternativas de utilização de dispositivos após a saída da PSV e até o local da coleta do fluido. A exceção se refere a uma válvula de bloqueio de passagem plena, mas travada na posição aberta e uma série de recomendações para esta aplicação.

Uma outra fonte de consulta é o código ASME no apêndice "M", que igualmente não propicia a instalação vista nas fotos. É importante ressaltar que caso não seja possível a utilização de válvula com fole, a alternativa imediata é a utilização de uma válvula do tipo piloto-operada.

Face ao demonstrado em anexo, esta aplicação descrita está irregular em relação às normas vigentes, inclusive com a falta de um trecho reto após a saída da válvula onde você poderá observar em uma das fotos uma curva que pode propiciar problemas operacionais.

O uso de uma válvula de retenção a jusante da válvula de segurança é uma violação do código ASME, pois a válvula de retenção não é nem uma válvula de bloqueio e nem de isolação.

16. Especificação de Válvulas de Segurança

16.1. Dados Adicionais

Para as válvulas de segurança ou de alívio, os seguintes dados adicionais são necessários:

- Pressão de abertura, norma de cálculo e tempo para a abertura.
- Descarga livre ou valor da contrapressão de descarga.
- Vazões máxima, mínima e de regime.
- Letra indicativa da área do orifício de descarga.
- Necessidade, ou não, de fole de balanceamento.

Em muitos casos, os catálogos dos fabricantes de válvulas especificam vários desses dados, sendo assim dispensável repeti-los no documento de compra, desde que seja claramente citado o modelo do fabricante.

O dimensionamento dos componentes internos é feito com muito cuidado, especialmente disco e bocal, que devem ser bastante estreitos para garantir máxima vedação, mas precisam ter área suficiente para resistir às altas tensões causadas pela mola.

Para se garantir perfeita vedação é necessário que as superfícies das sedes do disco e do bocal estejam perfeitamente planas e polidas no grau máximo de acabamento. Outros fatores importantes com relação ao disco são: resistência mecânica adequada do disco para resistir ao momento flexor; eliminação da distorção térmica que aparece quando o fluido do processo está em temperatura muito diferente da descarga (isto é conseguido reduzindo-se ao máximo a transferência de calor através do disco).

Além disso, deve-se manter concentricidade das partes internas; a haste precisa permanecer perfeitamente reta e concêntrica com o disco para garantir que não será criado um momento entre a força da mola e a pressão atuando no disco.

O suporte do disco e a guia, responsáveis pelo guiamento interno, precisam ter folgas adequadas, para evitar travamento ou folga excessiva que pode causar desalinhamento.

É importante também que as superfícies estejam perfeitamente lisas para evitar agarramento. Cada fabricante adota valores máximo e mínimo de folga, bem como dimensões mínimas de disco e bocal. Na manutenção das válvulas é importante que essas dimensões sejam conhecidas e levadas em consideração, para se manter a garantia de funcionamento adequado das válvulas. Para evitar ataque corrosivo e reduzir o coeficiente de atrito alguns fabricantes utilizam revestimentos metálicos nas guias, com espessuras pequenas da ordem de 0,02 mm.

Para garantir o rigoroso posicionamento do disco sobre o bocal os fabricantes projetam superfícies de contato na extremidade da haste esférica e também no suporte do disco. Estes componentes são polidos conjuntamente, para proporcionar um acoplamento perfeito. Os suportes da mola também são polidos em conjunto com o parafuso de regulagem e o ponto de apoio na haste. Mesmo quando ocorre um pequeno desalinhamento dos internos em relação ao bocal, este sistema construtivo proporciona o posicionamento adequado das superfícies de assentamento. Além disso, as superfícies esféricas permitem livre rotação das peças e evitam danos por fricção nas sedes quando as válvulas abrem em serviço ou nos testes de bancada.

As molas devem ser adequadas ao tamanho da válvula e à pressão de abertura. Quanto maior o comprimento da mola maior a tendência para vazamento próximo à pressão de abertura; reduzir o número de voltas tende a eliminar o vazamento.

A Norma API 526 estabelece dimensões padronizadas para o corpo das válvulas flangeadas fabricadas em aço fundido (tamanho e classe de pressão dos flanges, dimensões centro a face dos flanges de entrada e de saída). Padroniza também as áreas dos orifícios dos bocais e os materiais de fabricação do corpo e da mola, em função da pressão e da temperatura de projeto.

16.2. Instalação

No que diz respeito à instalação de dispositivos de alívio de pressão, na fase de projeto das instalações industriais os projetistas sempre procuram seguir as recomendações estabelecidas nas normas de projeto e construção de vasos de pressão, caldeiras e tubulações. Modificações de projeto efetuadas posteriormente, após a entrada em operação das unidades, precisam ser feitas com muito cuidado, e sempre levando em conta as recomendações das normas de projeto.

Deve-se considerar em primeiro lugar que a válvula de segurança e alívio é dispositivo exclusivamente de segurança e jamais poderá ser considerada como elemento de controle ou de operação normal. O projeto de instalação deverá considerar outros meios de controlar a magnitude de pressão, de modo a não afetar a integridade dos equipamentos, cabendo à válvula de segurança e alívio agir quando da falha destes mencionados meios.

16.2.1. Localização e Posicionamento

As válvulas de segurança somente proporcionam o desempenho esperado quando regularmente inspecionadas e mantidas. Para tanto, precisam ser instaladas em locais que facilitem o acesso, remoção, manutenção e inspeção. Deve-se providenciar espaço adequado ao redor da PSV para facilitar os trabalhos de manutenção. Quando é instalado um conjunto de válvulas lado a lado, elas devem ser instaladas na mesma direção para facilitar montagem e manutenção.

A válvula de segurança normalmente deve ser instalada próximo ao equipamento protegido para que as perdas de carga na entrada fiquem dentro dos limites aceitáveis. A montagem de válvula de alívio de pressão diretamente no topo de vasos de pressão é uma instalação comum. Entretanto, em instalações onde ocorrem flutuações de pressão (descarga de compressores, válvulas etc.), em que há possibilidade do pico da pressão se aproximar da pressão de abertura da válvula de alívio de pressão ou da pressão de rompimento do disco de ruptura, a válvula de segurança deve ser instalada distante da fonte de perturbação e colocada em uma região de pressão mais estável.

PSV's não devem ser localizadas onde há fluxo instável. O ramal de entrada onde a linha de entrada se conecta com a linha principal deve ser arredondado, com cantos suaves para minimizar turbulência e resistência ao fluxo.

Quando as conexões do ramal para a válvula de segurança são montadas próximo a equipamentos que causam turbulência, este ramal deve ser montado a montante a uma distância suficiente para evitar fluxo instável na válvula de segurança. Exemplos de equipamentos que causam fluxo instável são estações de redução de pressão, placas de orifício, válvulas de controle ou bloqueio, curvas etc.

- *Posição de montagem.* A instalação de válvulas de segurança e alívio de pressão deve ser feita sempre na vertical e com a haste para cima. A variação máxima admissível na inclinação da válvula é de um grau. A instalação em outra posição pode afetar de modo adverso a operação da válvula de alívio de pressão, causando alteração na pressão de abertura ou redução no grau de estanqueidade. Além disso, outra posição pode possibilitar o acúmulo de líquido no castelo, e a solidificação desse líquido pode interferir na operação da válvula.
- *Alavancas de teste.* Quando exigido pelos códigos de construção, a válvula tem alavancas de acionamento manual. As alavancas devem ser posicionadas para baixo, e o garfo não pode encostar na porca de levantamento da haste, porque isto poderia causar alteração na pressão de abertura ou vazamento. O mecanismo de levantamento deve ser checado para garantir que não está forçando a haste para cima. Quando é necessário colocar a alavanca em posição diferente da vertical, ou quando existem cabos para acionamento à distância, a alavanca deve ser contrabalanceada para que o mecanismo de atuação não exerça qualquer força sobre a porca da haste.

- *Dispositivo de teste em válvulas-piloto operadas.* Para as válvulas-piloto operadas podem ser especificados meios de conectar e aplicar pressão no piloto de modo a verificar se a válvula principal está funcionando corretamente.
- *Traços de aquecimento e isolamento.* Produtos altamente viscosos podem solidificar e obstruir as válvulas de alívio de pressão. Nestes casos deve-se providenciar o uso de traços de aquecimento e isolamento nas linhas de entrada e saída. Deve-se tomar cuidado para que a plaqueta ou conexões de vent não fiquem cobertas pelo isolamento.

16.2.2. Juntas e Parafusos

Antes da montagem da válvula de segurança deve-se limpar cuidadosamente as superfícies dos flanges para evitar que material estranho cause desalinhamento e leve a vazamento. Válvulas pesadas devem ser elevadas com meios adequados para não danificar a face dos flanges. Juntas tipo anel devem ser manuseadas com cuidado para não danificar as superfícies de vedação.

As juntas devem estar corretamente dimensionadas para os flanges especificados, permitindo passagem plena na entrada e sua saída. As juntas e os parafusos devem atender os requisitos de projeto das tubulações com respeito aos limites de pressão e temperatura. Quando um disco de ruptura é usado, o material da junta e as cargas utilizadas no aperto dos parafusos podem ser críticos. Deve-se seguir as recomendações do fabricante para assegurar desempenho adequado.

16.2.3. Uso de Válvulas Múltiplas

A prática normal é utilizar apenas uma válvula protegendo um equipamento. Entretanto, para alguns sistemas, apenas uma fração da vazão estimada precisa ser aliviada durante contingências mais brandas. Se o volume de fluido que passa pela válvula de alívio de pressão não é suficiente para mantê-la aberta, a válvula vai operar ciclicamente, abrindo e fechando, resultando em desempenho inadequado e afetando a estanqueidade.

Fig. 16.1 – Válvulas múltiplas

16. Especificação de Válvulas de Segurança

Quando variações na capacidade são frequentemente encontradas em operação normal, uma alternativa é utilizar válvulas múltiplas, de menor tamanho, com pressões de abertura em degraus. Com este arranjo, a válvula de alívio de pressão com o menor ajuste vai cuidar de contingências menores, e as válvulas adicionais serão colocadas em operação à medida que for requerida maior capacidade.

Fig. 16.2 – Válvulas múltiplas

Quando se usam válvulas múltiplas, a tubulação de entrada que é comum às válvulas deve ter uma área de fluxo que é pelo menos igual às áreas combinadas das múltiplas válvulas conectadas a ela. Uma alternativa ao uso de válvulas múltiplas é o uso de válvulas-piloto operadas do tipo modulante.

16.2.4. Manuseio e Armazenamento

As válvulas, até o momento da instalação, devem ser conservadas com as conexões e bocais tamponados e em ambientes livres de poeira ou contaminação. Invólucros de plástico, hermeticamente fechados, atendem esta exigência.

É indispensável que se proceda a uma inspeção visual cuidadosa antes da instalação das válvulas. A válvula deve estar em perfeitas condições para funcionamento, absolutamente limpa, e com qualquer meio de proteção para estocagem e transporte removido. Tampões de transporte instalados no castelo de válvulas balanceadas devem ser removidos.

Antes da instalação da válvula, todo o sistema a ser protegido deve ser inspecionado, limpo completamente e purgado. Pequenos corpos estranhos, como simples carepas ou rebarbas de solda, podem causar danos permanentes e comprometer o desempenho da válvula.

Deve-se tomar cuidado no transporte e no manuseio para evitar choques, que podem resultar em danos aos internos e desalinhamento, comprometendo a estanqueidade da válvula de alívio de pressão.

As válvulas devem ser testadas antes da instalação.

Fig. 16.3 – Válvula de segurança instalada

16.3. Instalação de Válvulas de Bloqueio

As válvulas não devem ser bloqueadas em operação. Nos casos em que seja prevista a retirada de uma válvula com o equipamento em operação, devem ser empregados conjuntos "multiválvula" ou derivações "Y" semibloqueáveis. Nestes dispositivos apenas uma válvula pode ser bloqueada de cada vez e este bloqueio não pode afetar a máxima vazão requerida.

O Código ASME VIII (Vasos de Pressão) admite excepcionalmente a instalação de bloqueios antes ou depois de dispositivos de segurança, desde que estes sejam mantidos abertos e travados nesta posição (por exemplo, com cadeados). Para caldeiras, o código de construção proíbe a instalação de válvulas de bloqueio antes ou após as válvulas de segurança.

Fig. 16.4 – Válvula macho de duas vias

16. Especificação de Válvulas de Segurança

Se a válvula de alívio de pressão tem um histórico de serviço de vazamento, entupimento, ou outro problema grave que afeta seu desempenho, isolar e instalar reserva da válvula de segurança é uma estratégia de projeto que permite que a válvula de segurança possa ser inspecionada e reparada sem parar o processo.

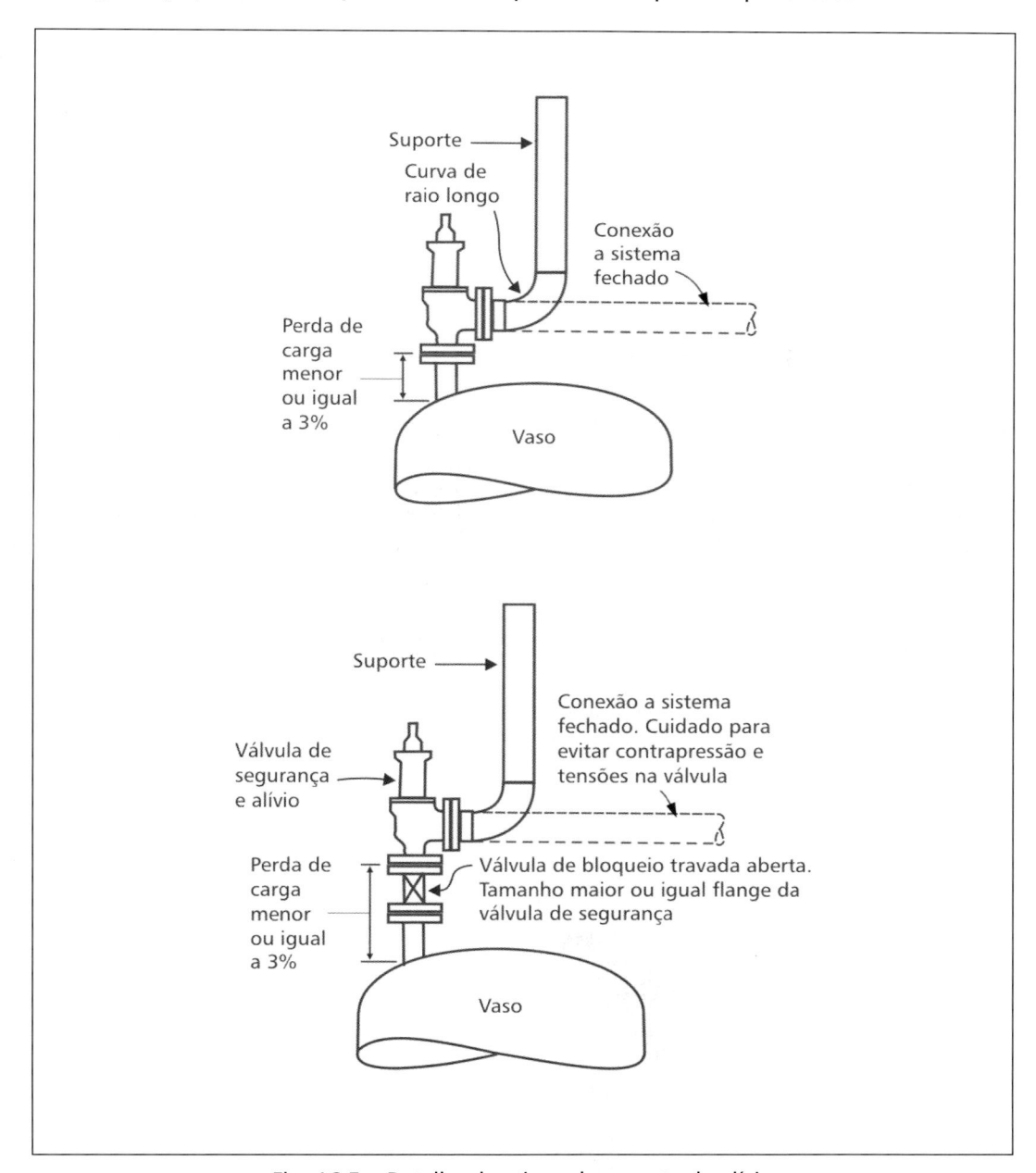

Fig. 16.5 – Detalhe dos tipos de suporte de alívio

Adicionalmente às restrições de perda de carga, todas as válvulas de bloqueio instaladas nas tubulações do sistema de alívio devem seguir as seguintes recomendações:

- as válvulas devem ser de passagem plena;
- as válvulas devem ser compatíveis com a qualificação de serviço da linha;
- as válvulas devem ser capazes de ser travadas na posição aberta;
- quando válvulas-gaveta são usadas, elas devem ser instaladas com a haste na posição horizontal, ou, caso não seja possível, a haste deve ser orientada no máximo a 45° da horizontal para evitar que a gaveta se desprenda e bloqueie o fluxo;
- pintar a válvula de bloqueio com uma cor especial ou utilizar alguma outra identificação apropriada.

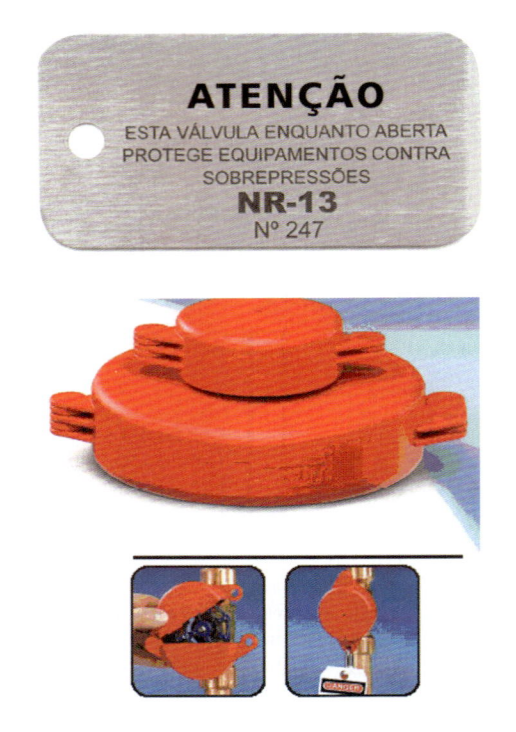

Fig. 16.6 – Identificações de válvulas de bloqueio

Quando uma válvula de bloqueio é instalada na descarga de uma válvula de alívio de pressão, deve-se providenciar um meio de evitar aumento de pressão entre a válvula de alívio de pressão e o bloqueio (com válvula de sangria, por exemplo). Deve-se considerar também o uso de uma válvula de sangria para permitir que o sistema seja despressurizado antes de se iniciar a manutenção do mesmo.

A maior proteção é conseguida quando se instala um dispositivo de alívio de pressão adicional, de modo que 100% de capacidade de alívio são proporcionados enquanto qualquer dispositivo de alívio de pressão está fora de serviço.

Pode-se também armazenar a válvula reserva até o momento em que será utilizada, para preservar sua integridade e permitir teste de bancada pouco antes da instalação.

Quando válvulas reservas são instaladas, um sistema mecânico de intertravamento deve ser providenciado de modo a garantir que a proteção não fique comprometida. Válvulas de 3 vias são aceitáveis desde que atendam as condições de tamanho e perda de carga na entrada.

Uma válvula de bloqueio pode ser instalada no limite de bateria de uma unidade de processo, para permitir a manutenção desta unidade enquanto outras unidades estão descarregando no sistema principal de *blowndown* da planta. De modo similar, válvulas de bloqueio podem ser usadas para equipamentos como compressores, secadores, etc. que são duplicados e necessitam parar para manutenção enquanto o sistema reserva permanece em linha.

Procedimentos de manuseio devem ser estabelecidos de modo a proibir o bloqueio inadvertido. Esses procedimentos devem estabelecer que a abertura e o bloqueio sejam feitos por pessoa autorizada.

Deve-se manter uma lista atualizada de todas as válvulas de bloqueio, com suas posições e a razão por que foram providenciados. Inspeção periódica dos bloqueios deve ser feita para verificar a posição das válvulas e a condição do dispositivo de travamento.

ASME SEÇÃO VIII – DIV. 1 – Apêndice M

- **Controle Administrativo:**

    Procedimento que, em combinação com o sistema de travamento, tem a intenção de assegurar que a ação pessoal não compromete a proteção contra sobrepressão do equipamento. Ele inclui, no mínimo, procedimento de operação e manutenção e treinamento de operadores e pessoal de manutenção nesse procedimento.

- **Controle de Operação da Válvula:**

    Dispositivo usado para garantir que a válvula de bloqueio instalada no sistema de alívio esteja na posição correta (Aberta/Fechada). Inclui o seguinte:

    – Fechadura mecânica projetada para evitar que a operação indevida da válvula resulte em um bloqueio do sistema de alívio de pressão do equipamento.

    – Fechadura eletrônica com o mesmo objetivo do item anterior.

    – Válvula de Três Vias, projetada para evitar o bloqueio de um fluxo, sem a abertura simultânea de outro fluxo.

- **Elemento de Fechadura Mecânica:**

    Elemento que quando instalado na válvula de bloqueio cria uma barreira física para a operação da válvula sem uma ação deliberada para remover ou desativar o elemento. Esse elemento, quando usado em combinação com o controle administrativo, assegura que a proteção contra sobrepressão do equipamento não está comprometida por uma ação pessoal. Exemplo de elemento de fechadura mecânica inclui cadeados (com ou sem corrente) no volante da válvula, alavanca ou atuador, ou lacre de plástico ou metal.

- **Sistema de Gerenciamento:**

    A reunião do controle administrativo, controle de operação da válvula e do controle de falha da válvula, de acordo com os requisitos dessa divisão.

17. Calibração no Campo (Teste *On-line*)

Válvulas de segurança instaladas em caldeiras de vapor eram no passado calibradas nas unidades de produção através do que se intitulava teste real. Este teste consistia em retirar a caldeira da rede, elevando a sua pressão até que as válvulas de segurança abrissem. Dessa forma era verificado se as mesmas estavam com o *set* de abertura correto, isto é, se a caldeira estava protegida.

Fig. 17.1 – Caldeiras

Caso o *set* de abertura da válvula de segurança e alívio não estivesse correto, o capuz da válvula era aberto para realização de ajuste da pressão de abertura e, então, outra elevação de pressão da caldeira era iniciada para aferir este ajuste.

Conforme observado, este tipo de teste implicava correr uma série de riscos que foram eliminados pela calibração *on-line*.

A calibração no campo (*on-line*) é realizada através de dispositivos hidráulicos acoplados à válvula de segurança e alívio (PSV's), sem a necessidade da elevação da pressão da caldeira para forçar a abertura das válvulas e sem a necessidade de retirar a caldeira da rede.

O teste *on-line* possibilita um ajuste preciso da pressão de abertura da válvula de segurança, o ajuste da pressão de fechamento e a verificação do comportamento da válvula em condições "quase" reais.

Dizemos "quase", pois a curva de aquecimento da caldeira é mantida a temperatura próxima das condições operacionais. Durante os testes, a vazão é reduzida, e geralmente são deixados poucos queimadores para o aumento da pressurização (o que numa situação de testes realmente reais seria com a caldeira a todo vapor).

Fig. 17.2 – Dispositivo instalado na válvula para realização de teste

A calibração *on-line* é um ajuste que deve ser realizado com cuidado para não causar danos às válvulas e nem provocar acidentes. Por isso deve ser executada por pessoal qualificado na manutenção de válvulas de segurança (PSV's).

Fig. 17.3 – Aparelho de teste *on-line* (Cortesia Sigmatronic)

Quando da execução do teste *on-line* existe um limite máximo de abertura para cada válvula, obedecendo a um determinado espaço de tempo entre uma abertura de válvula e outra, a fim de não superaquecer a válvula ou mascarar os testes.

Este cuidado evita a ocorrência de algum travamento dos componentes internos da válvula e consequentemente provocar a parada da caldeira para novos reparos.

Quadro Comparativo de Alguns Dados de Testes Real e On-line

	Teste Real	Teste On-line
Situação da caldeira para os testes	Fora de linha (não liberada para operação)	Em linha, já nas condições operacionais
Situação das PSV's	Geralmente são grampeadas (travar) as PSV's de menor valor de abertura e inicia-se a calibração pela de maior valor (tubulão)	Não há necessidade de se travar as PSV's, geralmente inicia-se pela PSV do superaquecedor
Para ajustar a PSV	Baixa-se a pressão operacional para mais ou menos 80% devido as oscilações de pressurização e para dar segurança aos mecânicos	Como a pressão já está controlada, pode-se ajustar nas condições operacionais
Tempo de abertura	A válvula permanece aberta por mais de um minuto	A válvula abre por apenas uns cinco segundos
Número de aberturas por válvulas	De quatro a cinco, com espaços de no mínimo 30 minutos para resfriamento da PSV.	Não há limite de aberturas, pois a válvula não aquece pelo mínimo tempo de abertura (geralmente uma média de seis aberturas)
Condições de risco	Por ter de levar a caldeira na pressão máxima de abertura da PSV e como a mesma fica aberta por muito tempo, torna-se arriscado travar uma válvula e também a atenção operacional para o aumento de pressão é fundamental (nada pode dar errado).	Como a pressão para teste está bem abaixo do set de calibração da PSV, faz-se a calibração sem problemas

Válvulas instaladas em vasos de pressão também podem ter a pressão de abertura verificada no campo.

Estes testes são executados onde existem válvulas de bloqueio entre ambos (válvula × vaso), visto a necessidade de estancar a passagem do fluido para não causar um descontrole operacional e/ou causando outros danos à válvula.

Com a entrada da Norma Regulamentadora (NR-13) para Caldeiras e Vasos de Pressão, onde nos seus itens 13.5.4 e 13.10.4 dispõe que os testes poderão ser executados através de dispositivos hidráulicos, com os equipamentos em operação, nos dias atuais encontramos no mercado alguns equipamentos especiais que permitem a verificação e a calibração da pressão de abertura com as válvulas instaladas e os equipamentos em operação normal. Para esses testes damos o nome de calibração on-line, ou seja, calibração em linha. Estes testes chegam a ser quase que um teste real, inclusive estando a caldeira ou o vaso em condições operacionais (pressão × temperatura) normais e alinhadas e a vazão é a normal de processo.

Os equipamentos que realizam o teste *on-line* aplicam uma força na haste da válvula (contrária à ação da mola) e verificam, através de células de carga e sensores de deslocamento, o ponto exato em que a força aplicada somada à pressão de operação no momento dos testes multiplicada pela área de assentamento da vedação vence a força da mola.

Fa = força aplicada;

Fm = força da mola;

A = área de assentamento da vedação;

Po = pressão de operação;

Äp = diferencial de pressão (é a diferença de pressão entre a pressão de abertura e a operacional);

Fa = Äp · A

Fm = Po · A + Äp · A

Fm = (Po + Äp) A

Como os valores de pressão de operação, área de assentamento da vedação e a força aplicada são conhecidas. Em consequência, determina-se a força que está atuando na mola e, portanto, a pressão de abertura da válvula.

Existem hoje no mercado vários modelos de dispositivos, alguns mais simples e outros mais sofisticados que, em geral, apresentam bons resultados. Com aberturas rápidas e seguras sem esquentar a válvula consegue-se ajustar a PSV em curto espaço de tempo e ainda em vários casos distinguir um defeito na válvula (travamento, agarramentos, ajustes incorretos de anéis).

Deve-se observar, no entanto, que existem algumas limitações para esses testes:

- Não são aplicáveis para todas as válvulas de alívio e/ou de segurança, dependem do tamanho das mesmas.
- Para válvulas com contrapressão, precisam ser avaliadas quanto a ser convencional ou balanceada, situação do fole, a que valor de contrapressão está imposta, qual o fluido do processo, entre outros.
- Não é possível determinar com precisão a pressão de fechamento.
- Deve-se saber o valor exato da área de assentamento da vedação, que está sujeita a pressão, do contrário o método apresentará erro, sendo necessário, portanto, que a empresa executante possua um banco de dados com valores de área de vedações das válvulas que serão verificadas.

Apesar das limitações acima, esse método proporciona várias vantagens em relação aos testes convencionais, devido à diminuição de Paradas de Unidades de Produção por simples descalibração de uma válvula de segurança e alívio.

17. Calibração no Campo (Teste *On-line*)

Este possibilita executar o ajuste das válvulas pela metodologia *on-line*, ganhos de tempo e aumento da disponibilidade operacional.

Manutenções programadas (especificações mínimas da NR-13) não devem nem podem ser substituídas pelo teste *on-line*.

Quando da desmontagem da válvula, inspeções são necessárias para uma criteriosa avaliação dos componentes internos, além da manutenção adequada que permitirá à válvula de segurança e alívio manter as suas características originais de projeto e construção.

A NR-13

A Norma Regulamentadora nº 13 (NR-13) define o teste de acionamento manual, para abertura de válvulas de segurança, visando a inspeção de funcionamento desses equipamentos.

A seguir, veremos um procedimento e o treinamento visando a segurança dos operadores de unidades de produção, com o objetivo de garantir a segurança na realização dos testes mensais nas caldeiras de geração de vapor ou vasos de pressão.

Durante a inspeção os operadores devem estar preparados para conviver com o barulho e pequenas fugas de vapor.

A fim de evitar acidentes durante o teste de acionamento da válvula de segurança, é necessário tomar alguns cuidados com o posicionamento do operador.

Fig. 17.4 – Posição incorreta   Fig. 17.5 – Posição correta

O tempo de abertura do teste da válvula deve ser rápido a fim de evitar danos aos componentes internos da válvula.

Requisitos da NR-13

ANEXO B – Caldeiras

13.1.4. Constitui risco grave e iminente a falta de qualquer um dos seguintes itens:

a) válvula de segurança com pressão de abertura ajustada em valor igual ou inferior à PMTA.

13.1.9. Para os propósitos desta NR, as caldeiras são classificadas em 3 categorias, conforme segue:

a) caldeiras de categoria "A" são aquelas cuja pressão de operação é igual ou superior a 1.960 kPa (19,98 kgf/cm^2);

b) caldeiras categoria "C" são aquelas cuja pressão de operação é igual ou inferior a 588 kPa (5,99 kgf/cm^2) e o volume é igual ou inferior a 100 litros;

c) caldeiras categoria "B" são todas as caldeiras que não se enquadram nas categorias anteriores.

13.5.3. A Inspeção de Segurança Periódica, constituída por exames interno e externo, deve ser executada nos seguintes prazos máximos:

a) 12 (doze) meses para caldeiras das categorias "A", "B" e "C";

b) 12 (doze) meses para caldeiras de recuperação de álcalis de qualquer categoria;

c) 24 (vinte e quatro) meses para caldeiras da categoria "A", desde que aos 12 (doze) meses sejam testadas as pressões de abertura das válvulas de segurança;

d) 40 (quarenta) meses para caldeiras especiais, conforme definido no item 13.5.5.

13.5.4. Estabelecimentos que possuam Serviço Próprio de Inspeção de Equipamentos, conforme estabelecido no Anexo II, podem estender os períodos entre inspeções de segurança respeitando os seguintes prazos máximos:

a) 18 (dezoito) meses para caldeiras das categorias "B" e "C";

b) 30 (trinta) meses para caldeiras da categoria "A".

O teste para determinação da pressão da abertura das válvulas de segurança poderá ser executado com a caldeira em operação, valendo-se dos dispositivos hidráulicos apropriados. O procedimento escrito adotado no teste, os resultados obtidos e os certificados de aferição do dispositivo deverão ser anexados à documentação da caldeira.

A extensão do prazo de inspeção das caldeiras da categoria "A" para 30 (trinta) meses não dispensa a execução dos testes para determinação da pressão de abertura das válvulas de segurança a cada 12 (doze) meses.

13.5.5. As caldeiras que operam de forma contínua e que utilizam gases ou resíduos de processo, como combustível principal para aproveitamento de calor ou para fins de controle ambiental, podem ser consideradas especiais quando todas as condições seguintes forem satisfeitas:

a) estiverem instaladas em estabelecimentos que possuam Serviço Próprio de Inspeção de Equipamentos, citado no Anexo II;

b) tenham testados a cada 12 (doze) meses o sistema de intertravamento e a pressão de abertura de cada válvula de segurança;

c) não apresentem variações inesperadas na temperatura de saída dos gases e vapor, durante a operação;

d) existam análise e controle periódico da água;

e) exista controle de deterioração dos materiais que compõem as principais partes da caldeira;

f) sejam homologadas como classe especial mediante:
   - acordo entre a representação sindical da categoria profissional predominante no estabelecimento e o empregador;
   - intermediação do órgão regional do MTb, solicitada por qualquer uma das partes, quando não houver acordo;
   - decisão do órgão regional do MTb quando persistir o impasse.

13.5.7. As válvulas de segurança instaladas em caldeiras devem ser inspecionadas periodicamente conforme segue:

a) pelo menos uma vez por mês, mediante acionamento manual da alavanca, em operação, para caldeiras das categorias "B" e "C";

b) desmontando, inspecionando e testando, em bancada, as válvulas flangeadas e, no campo, as válvulas soldadas, recalibrando-as numa frequência compatível com a experiência operacional da mesma, porém respeitando-se como limite máximo o período de inspeção estabelecido no subitem 13.5.3 ou 13.5.4, se aplicável, para caldeiras de categorias "A" e "B".

13.5.8. Adicionalmente aos testes prescritos no subitem 13.5.7, as válvulas de segurança instaladas em caldeiras devem ser submetidas a testes de acumulação, nas seguintes oportunidades:

a) na inspeção inicial da caldeira;

b) quando forem modificadas ou tiverem sofrido reformas significativas;

c) quando houver modificação nos parâmetros operacionais ou variação na PMTA;

d) quando houver modificação na sua tubulação de admissão ou descarga.

O teste de acumulação é feito para verificar se a válvula ou válvulas de segurança instaladas em caldeiras têm capacidade de descarregar todo o vapor gerado, na máxima taxa de queima, sem permitir que a pressão interna suba para valores acima daqueles considerados no projeto (ASME Seção I, 6% acima da PMTA). Este teste deve ser executado com base em procedimentos estabelecidos pelo fabricante da caldeira e/ou pelo fabricante das válvulas de segurança.

Como este teste é executado com todas as saídas de vapor bloqueadas, a falta de circulação poderá provocar danos em caldeiras providas de superaquecedores ou em caldeiras para aquecimento de água, não sendo, portanto, recomendável sua execução em caldeiras desta configuração.

Vasos de Pressão

13.6.2. Constitui risco grave e iminente a falta de qualquer um dos seguintes itens:

a) válvula ou outro dispositivo de segurança com pressão de abertura ajustada em valor igual ou inferior à PMTA, instalada diretamente no vaso ou no sistema que o inclui;

b) dispositivo de segurança contra bloqueio inadvertido da válvula quando esta não estiver instalada diretamente no vaso.

São exemplos de "outros dispositivos": discos de ruptura, válvulas quebra-vácuo, plugues, fusíveis etc.

O dispositivo de segurança é um componente que visa aliviar a pressão do vaso, independentemente das causas que provocaram a sobrepressão. Desta forma, pressostatos, reguladores de pressão, malhas de controle de instrumentação, etc. não devem ser considerados dispositivos de segurança.

O "dispositivo de segurança contra bloqueio inadvertido" é aplicável a:

– vasos de pressão com 2 (dois) ou mais dispositivos de segurança;

– conjunto de vasos interligados e protegidos por uma única válvula de segurança.

São exemplos destes "dispositivos" válvulas de duas ou mais vias, válvulas gaveta sem volante ou com volante travado por cadeado etc.

13.10.3. A inspeção de segurança periódica, constituída por exames externo e interno e teste hidrostático, deve obedecer aos prazos máximos estabelecidos a seguir:

a) Para estabelecimentos que não possuam Serviço Próprio de Inspeção de Equipamentos.

Categoria do Vaso	Exame Externo	Exame Interno	Teste Hidrostático
I	1 Ano	3 Anos	6 Anos
II	2 Anos	4 Anos	8 Anos
III	3 Anos	6 Anos	12 Anos
IV	4 Anos	8 Anos	16 Anos
V	5 Anos	10 Anos	20 Anos

b) Para estabelecimentos que possuam Serviço Próprio de Inspeção de Equipamentos.

Categoria do Vaso	Exame Externo	Exame Interno	Teste Hidrostático
I	3 Anos	6 Anos	12 Anos
II	4 Anos	8 Anos	16 Anos
III	5 Anos	10 Anos	a critério
IV	6 Anos	12 Anos	a critério
V	7 Anos	a critério	a critério

13.10.4. As válvulas de segurança dos vasos de pressão devem ser desmontadas, inspecionadas e recalibradas por ocasião do exame interno periódico.

Os serviços previstos nesse item poderão ser realizados através da remoção da válvula e deslocamento para oficina ou no próprio local de instalação.

Os prazos estabelecidos nesse subitem para inspeção e manutenção das válvulas de segurança são máximos. Prazos menores deverão ser estabelecidos quando o histórico operacional das mesmas revelar problemas em prazos menores do que os previstos para exame periódico do vaso. Desta maneira, a inspeção das válvulas de segurança poderá ocorrer em datas defasadas do exame interno periódico.

Da mesma forma, quando os prazos de inspeção forem muito dilatados, como no caso de vasos criogênicos, prazos menores para inspeção das válvulas de segurança deverão ser estabelecidos.

18. Linha de Manutenção

O presente trabalho foi desenvolvido pelo autor deste livro e apresentado no Congresso Brasileiro de Manutenção da ABRAMAN, em Florianópolis, no ano de 2007.

O laboratório de válvulas de segurança funciona como uma linha de produção automobilística, visando otimizar e diminuir os prazos de manutenção e inspeção destes equipamentos, durante as paradas para manutenção.

Os profissionais envolvidos são os especialistas numa etapa específica da inspeção e manutenção de uma válvula de segurança desta linha, sendo, com isso, possível atender os curtos prazos de manutenção durante as paradas de produção para manutenção.

Esta metodologia pode e deve ser utilizada pela comunidade de manutenção de forma a garantir prazo e a qualidade da manutenção destes equipamentos, durante as paradas de manutenção para atendimento da NR-13, quando a demanda é muito grande e os prazos pequenos.

Fig. 18.1 – Transporte adequado para oficina

Fig. 18.2 – Cadastramento antes do teste de recepção

Fig. 18.3 – Teste de recepção
(Cortesia Protego Leser)

Fig. 18.4 – Segregação individualizada dos componentes

Fig. 18.5 – Ajuste em bancada após manutenção e inspeção

Fig. 18.6 – Embalagem para retorno à unidade

19. Teste de Recepção

O teste de recepção é uma boa prática que deve ser adotada pelas empresas preocupadas com a confiabilidade e a segurança de suas unidades de produção, pois quando todos os sistemas de controle e segurança falham, o último recurso que assegura e garante a integridade física dos equipamentos e das pessoas é a válvula de segurança, sendo o correto funcionamento deste equipamento vital para qualquer empresa.

O teste de recepção tem por finalidade mapear estatisticamente dados como a estanqueidade e a pressão de abertura em bancada de testes. Este teste deve ser realizado nas válvulas de segurança e alívio novas em estoque e também nas válvulas que foram removidas da unidade de produção para atendimento da NR-13.

O TESTE DE RECEPÇÃO

OBJETIVOS

1. Garantir o funcionamento da válvula.
2. Avaliar a adequação das válvulas de segurança às condições de serviço.
3. Avaliar prazos de campanha.
4. Levantar históricos do funcionamento das válvulas durante a campanha.

Estes dados são planilhados e analisados, e com isso é possível entender e corrigir vários desvios e falhas, garantindo a confiabilidade das válvulas de segurança.

IMPORTÂNCIA DA MANUTENÇÃO E DA INSPEÇÃO PERIÓDICA

1. Prazo de campanha compatível com as condições de serviço.
2. Verificação do funcionamento e das condições físicas.
3. Restabelecer o funcionamento da válvula de segurança.
4. Garantir a proteção esperada.

O TESTE DE RECEPÇÃO

QUANDO REALIZAR

1 Válvulas novas.

2 Válvulas armazenadas.

3 Sempre que as válvulas forem removidas.

OU SEJA, SEMPRE!

No meu trabalho de consultoria, através do contato com colegas de outras indústrias, tenho a oportunidade de observar que várias indústrias não utilizam ou não compreendem a importância desta prática, que proporciona ferramentas para a correção de falhas de funcionamento, que são vitais para a continuidade operacional e, consequentemente, para o bom resultado final destas empresas.

Fig. 19.1 – Perda de produção por falha em válvulas de segurança

Fig. 19.2 – Perda de vidas por falha em válvulas de segurança

20. Válvula de Segurança Tipo Piloto Operada

Válvula automática operada por piloto que recebe o sinal de comando a montante da válvula principal, possui elevada precisão e descarrega tanto para sistemas abertos quanto para fechados, possuindo excelente desempenho com alta contrapressão.

Este modelo de válvula não pode ser utilizado em aplicações em que o fluido é viscoso ou que pode polimerizar.

Fig. 20.1 – Válvula de segurança tipo piloto operada

As válvulas de segurança tipo piloto operadas são utilizadas para altas pressões e quando se necessita de alta capacidade, porque proporcionam uma abertura ampla e rápida e custam menos do que as válvulas de segurança e alívio de grandes diâmetros. São compostas de uma válvula tipo piloto, de pequenas dimensões, e uma válvula principal.

O sistema de controle da válvula atua diretamente pela pressão do fluido. A função da válvula tipo piloto é acionar a válvula principal, por onde vai escoar o fluido contido no equipamento protegido pela válvula.

Fig. 20.2 – Válvula tipo piloto operada

A válvula principal é mantida fechada pela pressão estática que atua sobre a parte superior do pistão. Como esta face tem aproximadamente o dobro da área da face inferior, o esforço resultante mantém a válvula fechada. Quando a pressão no equipamento atinge a pressão de abertura da válvula tipo piloto ocorre a abertura instantânea do disco da válvula tipo piloto. A ação de levantamento do disco fechará o obturador, cortando a alimentação do fluido. Desta forma haverá uma rápida exaustão do pequeno volume acima do pistão da válvula principal para a atmosfera.

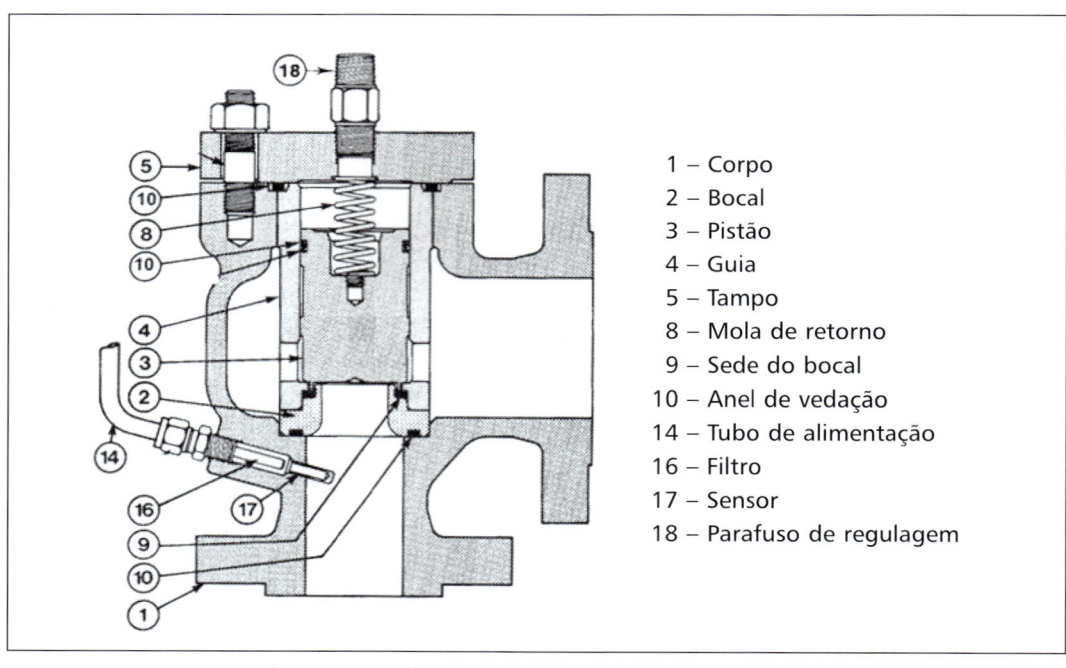

1 – Corpo
2 – Bocal
3 – Pistão
4 – Guia
5 – Tampo
8 – Mola de retorno
9 – Sede do bocal
10 – Anel de vedação
14 – Tubo de alimentação
16 – Filtro
17 – Sensor
18 – Parafuso de regulagem

Fig. 20.3 – Válvula principal, componente inferior

20. Válvula de Segurança Tipo Piloto Operada

O pistão é então impulsionado para cima pela pressão atuando na sua parte inferior, e a válvula principal abre rápida e completamente. Sobrepressão não é necessária para se alcançar o curso máximo e, portanto, a capacidade máxima.

A válvula principal permanece aberta no curso máximo até que a pressão no equipamento seja reduzida a um valor predeterminado. Isto é conseguido porque a área do obturador é pouco maior do que a área do disco, e a válvula permanece fechada. O movimento de abertura da válvula tipo piloto transfere a função de atuação do disco para o obturador, que comandará a exaustão e o curso da válvula principal.

Quando a pressão no equipamento for reduzida, a força resultante da atuação da pressão na área do obturador é superada pela carga da mola e dispara a abertura do obturador e o fechamento do disco. A pressão de entrada é então rapidamente dirigida ao topo da válvula principal, que fecha suave e firmemente. A condição de pressão estática é refeita e as forças originais mantêm a válvula fechada e estanque.

O funcionamento da válvula tipo piloto operada não é afetado pela contrapressão. Válvulas tipo piloto operadas podem ser utilizadas em serviços com contrapressão de até 90% da pressão de abertura.

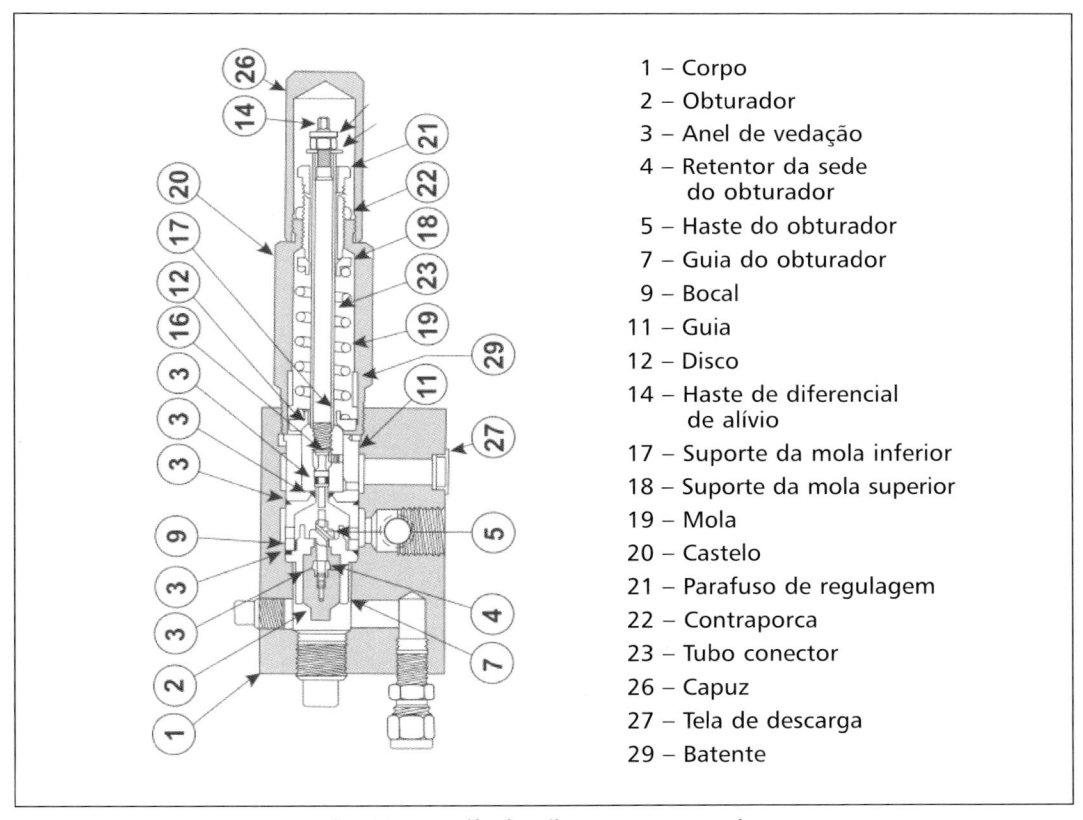

1 – Corpo
2 – Obturador
3 – Anel de vedação
4 – Retentor da sede do obturador
5 – Haste do obturador
7 – Guia do obturador
9 – Bocal
11 – Guia
12 – Disco
14 – Haste de diferencial de alívio
17 – Suporte da mola inferior
18 – Suporte da mola superior
19 – Mola
20 – Castelo
21 – Parafuso de regulagem
22 – Contraporca
23 – Tubo conector
26 – Capuz
27 – Tela de descarga
29 – Batente

Fig. 20.4 – Válvula piloto, parte superior

As válvulas tipo piloto operadas são usadas onde são requeridas grandes áreas de alívio para altas pressões de ajuste; onde o diferencial entre a pressão normal de operação e a pressão de ajuste do dispositivo é muito baixo; onde descargas muito curtas são requeridas; onde as contrapressões são elevadas e dispositivos balanceados são requeridos; em vasos de armazenamento de baixa temperatura para evitar congelamento e emperramento do dispositivo.

As válvulas tipo piloto operadas não devem ser usadas onde é necessário aliviar fluidos viscosos, "sujos" ou com alta temperatura, e onde a compatibilidade química do produto a aliviar é questionável em relação aos materiais dos anéis de vedação da válvula, ou onde a corrosão possa impedir a atuação adequada do piloto.

21. Proteção de Tanques Através de Dispositivos de Proteção contra a Sobre ou Subpressão Interna

21.1. Tanques (Introdução/Normas/Tipos)

Dentre os diversos tipos de tanques e também das diversas finalidades existentes o nosso foco está nos tanques de armazenamento de fluidos inflamáveis.

É de grande importância entender todos os aspectos relevantes que norteiam este tipo de tanque, normas construtivas e relacionadas, e também o desenvolvimento histórico da proteção dos tanques, não somente contra a entrada de chamas, mas também com o início da utilização de válvulas de alívio de pressão e vácuo e sua finalidade, condição de fogo externo com a utilização de respiro de emergência, métodos de dimensionamento através da norma API 2000 5ª edição.

As normas mais conhecidas e utilizadas para a construção de tanques são a API 620 e API 650, e ambas utilizam a API 2000 para o dimensionamento das vazões de aspiração e expiração em função dos fatores operacionais e climáticos e também para os casos de fogo externo.

No segmento de Petróleo & Gás em função das exigências crescentes quanto à segurança das plantas, da normatização interna própria, e também da utilização de normas internacionais sobre o tema, as exigências quanto a segurança e qualidade destes equipamentos são crescentes, inclusive com a exigência de certificados de capacidade e desempenho.

O Brasil é signatário da ISO, e as normas internacionais vigentes sobre o assunto deveriam ser mais utilizadas, mas infelizmente outros segmentos que utilizam tanques para armazenamento de fluidos inflamáveis ainda não demonstram preocupação em definir a norma construtiva dos tanques, e adotam até mesmo o nome de "reservatório" para designação de tanques.

21.2. Dispositivo de Emergência

Utilizado quando for impossível a ligação entre teto e cantoneira de topo do costado do tanque, onde há baixa resistência (solda frágil).

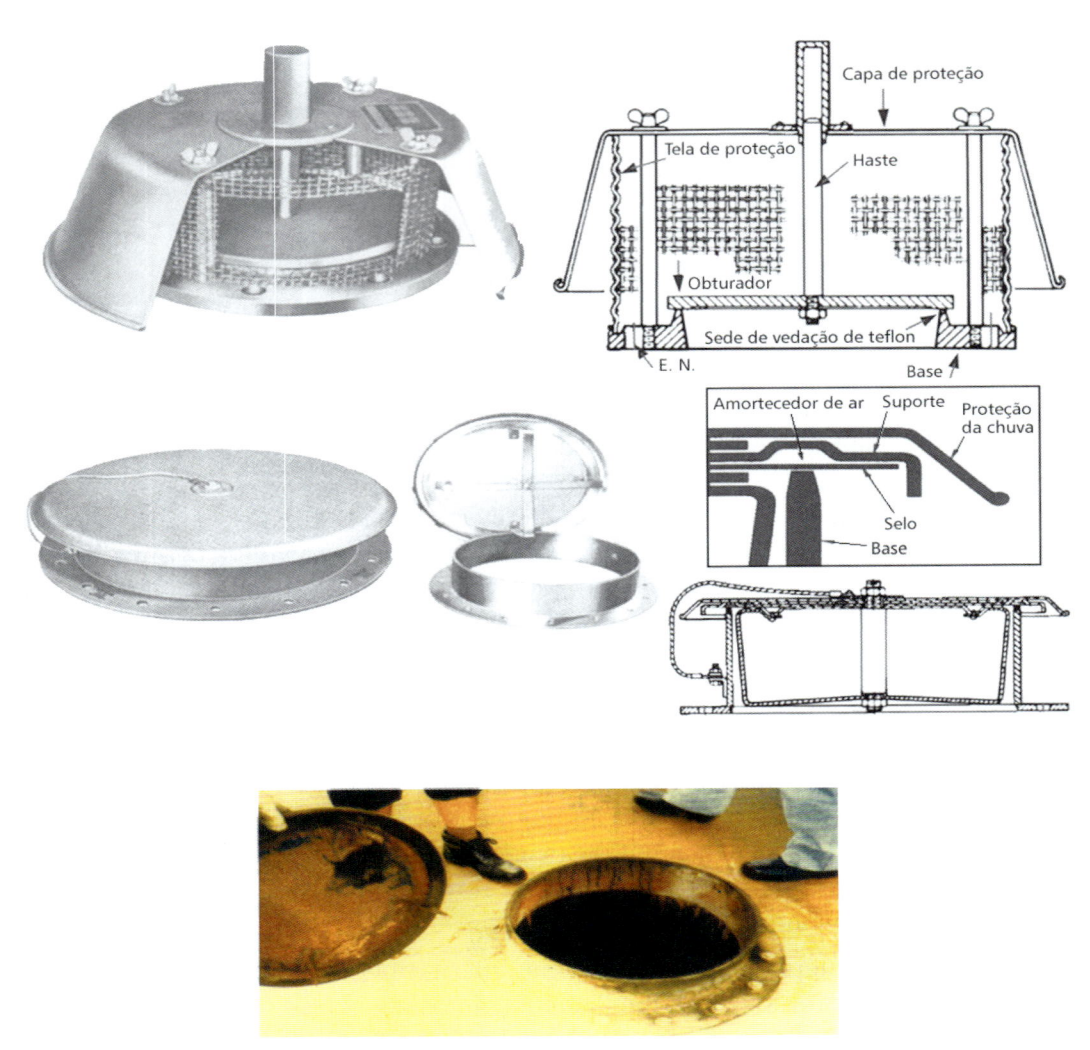

Fig. 21.1 – Dispositivos de proteção contra a sobre ou subpressão interna de tanques

Este tipo de dispositivo é chamado de respiro de emergência e é dimensionado para atender a vazão adicional gerada na ocorrência de fogo externo, e pode também ser utilizado em tanques que possuem "solda frágil", pois evitam o rompimento da mesma e necessidade de reparos no tanque.

Fig. 21.2 – Respiro de emergência tipo manhole cover (Cortesia Protego Leser)

21.3. Respiro Aberto

Todo tanque atmosférico deve possuir um respiro aberto para a atmosfera para garantir que a sua pressão interna seja igual à externa, ou seja, atmosférica.

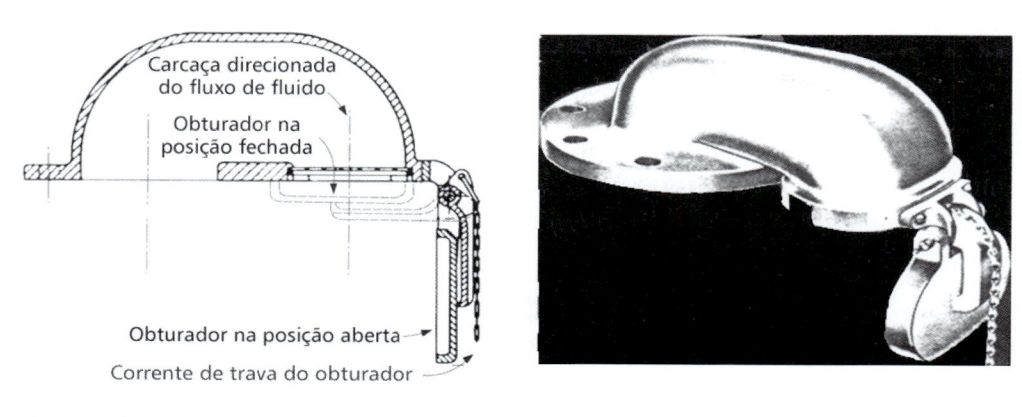

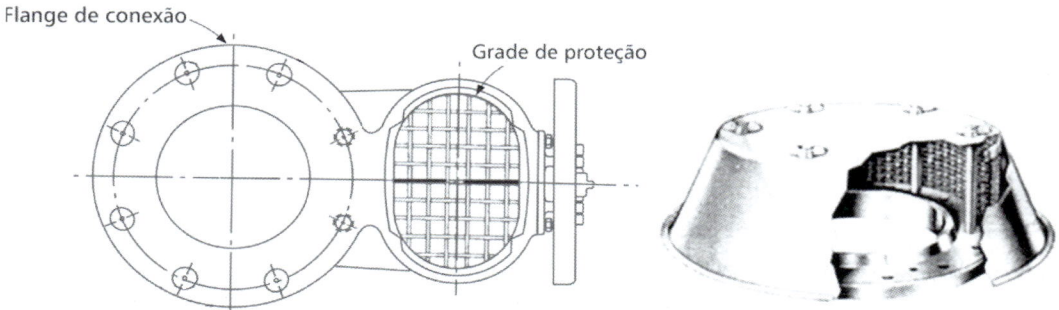

Fig. 21.3a – Respiro aberto

O respiro deve ser dimensionado com no mínimo o diâmetro das linhas de enchimento e esvaziamento do tanque. Uma forma de definir sua utilização é quando o produto armazenado tiver ponto de fulgor igual ou superior a 38°C, apesar de também ser permitido utilizar válvula de pressão e vácuo (PVRV).

Os *vents* instalados sobre os tanques de armazenamento estão incluídos nesta classe de dispositivos de alívio e podem ser classificados em duas categorias principais: *vents* acionados por ação de peso e *vents*-piloto operados.

Fig. 21.3b – Respiro aberto

21.4. Respiro Livre, Perdas por Evaporação e Válvulas de Alívio de Pressão e Vácuo

Permite a saída de todo o gás acumulado sob o teto, por ocasião do enchimento inicial. Quando o tanque for esvaziado, os quebra-vácuos abrem antes do teto atingir a posição de repouso e evitam, portanto, o desenvolvimento de vácuo sob o teto.

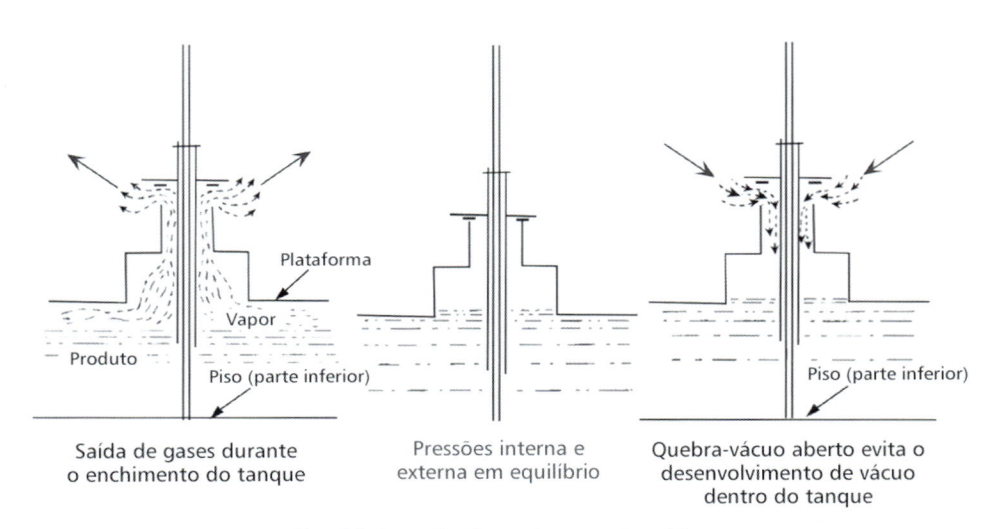

Fig. 21.4a – Quebra-vácuo automático

Fig. 21.4b – Quebra-vácuo automático

Os tanques de armazenamento inicialmente eram utilizados respirando livremente para a atmosfera, mantendo a sua pressão interna equalizada, onde a preocupação era definir o tamanho do bocal do tanque que deveria atender as vazões operacionais de enchimento e esvaziamento mais as vazões de influência climática sem que a pressão interna do tanque fosse alterada.

Explicando melhor este conceito, durante o enchimento de um tanque saem pelo seu respiro de ventilação vapores do combustível estocado misturados ao ar. Durante o esvaziamento é aspirado um volume de ar no qual se dissolverão mais vapores do combustível, dando início a novo ciclo de perdas por evaporação.

Este processo de ventilação ocorre também em decorrência da dilatação e contração por influência climática (aquecimento pelo Sol durante o dia e resfriamento à noite ou pela chuva). As perdas por evaporação podem atingir diversos níveis, em função dos seguintes aspectos:

- *Pressão de vapor do fluido (Pv)* – Os fluidos com maior Pv geram maiores perdas, pois podem atingir uma pressão parcial na mistura com o ar mais elevada do que outros combustíveis de menor Pv.

- *Limites de pressão do tanque* – As válvulas de pressão e vácuo serão ajustadas para abrirem abaixo dos limites de pressão e vácuo admissíveis nos tanques. Quanto mais altos forem estes limites menores serão as perdas por evaporação, uma vez que tanto a saída dos vapores quanto a entrada de uma nova massa de ar são dificultadas.

- *Regime de operação do tanque* – As perdas serão mais intensas na medida em que ele estiver mais vazio e quanto mais intensa for sua utilização.

- *Tipo de construção do tanque* – Os tanques de teto flutuante ou selo flutuante foram desenvolvidos para reduzir ao máximo o volume gasoso e a sua superfície livre de evaporação, e com isso também as perdas por evaporação.

Entretanto seus custos iniciais e de operação também são superiores aos dos chamados tanques de teto fixo. Tanques subterrâneos e tanques isolados termicamente são menos sensíveis às variações climáticas e desta forma também apresentam menos perdas por evaporação.

- *Interligação do sistema de ventilação* – Em todo o mundo e mais intensamente na Europa cresce a exigência por sistemas em que a interligação dos respiros de ventilação dos tanques com os dos navios, vagões ou caminhões permite que os vapores não sejam jogados na atmosfera durante os processos de enchimento e descarga.

  Este conceito pode chegar até os veículos comuns, quando são abastecidos nos postos de serviço. A economia gerada é bastante superior àquela decorrente do uso exclusivo de PVRV'S, entretanto tais sistemas não eliminam as perdas devidas às variações climáticas.

- *Sistemas de recuperação de vapores* – São também chamados de *Vapour Recovery Units* (VRU's). São pequenas unidades de liquefação por condensação (abaixamento de temperatura) ou adsorção em filtros de carvão ativado que podem complementar os sistemas anteriores.

21.5. Válvula de Pressão e Vácuo – PVRV

Dispositivo de funcionamento conjugado, para alívio da pressão e vácuo, utilizado quando o produto armazenado for volátil e se desejar obter economia das perdas por evaporação.

Uma forma de definir sua utilização é quando o produto armazenado tiver ponto de fulgor menor do que 38°C.

Considerando o ponto de fulgor inferior a 38°C, as exigências normativas para o dimensionamento das PVRV's resultam em maiores valores de aspiração e expiração.

São dispositivos projetados de modo a permitir a expiração dos vapores internos e aspiração de ar da atmosfera em um equipamento, evitando a existência de pressões excessivamente altas ou baixas no interior do equipamento, garantindo que não ultrapassem os limites de pressão positiva e negativa admissíveis.

Estas válvulas normalmente trabalham fechadas quando não existem operações de enchimento e esvaziamento do tanque, operando somente para atender as vazões decorrentes de variação climática.

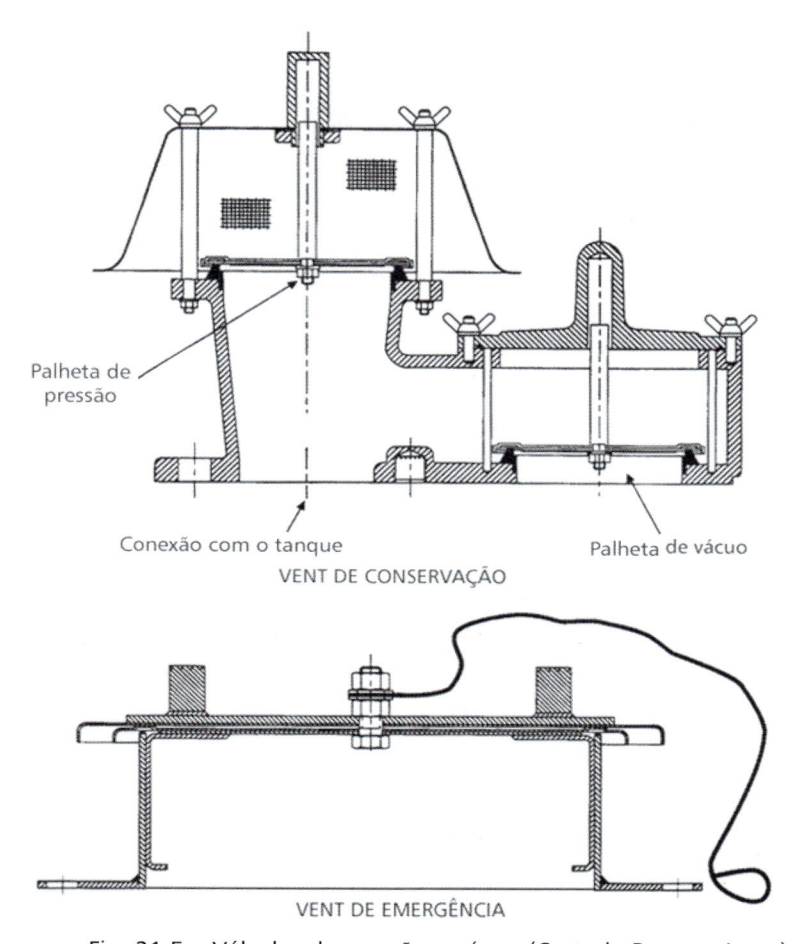

21. Proteção de Tanques Através de Dispositivos de Proteção...

Palheta de pressão

Conexão com o tanque
VENT DE CONSERVAÇÃO

Palheta de vácuo

VENT DE EMERGÊNCIA

Fig. 21.5 – Válvulas de pressão e vácuo (Cortesia Protego Leser)

Fig. 21.6 – Tanques protegidos e interligados por PVRV e CC (Cortesia Protego Leser)

Fig. 21.7 – Corta-chamas em linha (Cortesia Protego Leser)

Fig. 21.8 – Válvula de pressão e vácuo

Embora esses *vents* possam ser fornecidos separadamente em unidades para alívio de pressão excessiva ou para alívio de vácuo excessivo, eles são normalmente combinados em uma só unidade.

Fig. 21.9 – Válvula de pressão e vácuo em corte
(Cortesia Valeq)

Fig. 21.10 – Posição em equilíbrio
(Cortesia Protego Leser)

Fig. 21.11 – Alívio de pressão positiva
(Cortesia Protego leser)

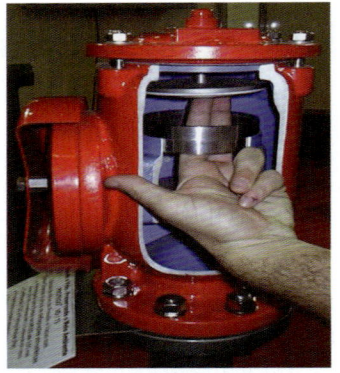

Fig. 21.12 – Entrada de ar para o tanque evitando a formação de vácuo
(Cortesia Protego Leser)

Retentores de chama podem ser inseridos entre esses dispositivos e o tanque, solução antiga muito utilizada, porém não é recomendado pelo aumento de problemas de manutenção e limpeza que ocasionam e também por reduzirem a capacidade de alívio do dispositivo; só devem ser usados quando os códigos regulamentares o exigirem.

Os *vents* para alívio de pressão e vácuo excessivo devem considerar em seu projeto uma correta determinação das vazões e também da sobrepressão, pois após sua instalação uma função secundária de proteção aos limites de pressão dos tanques de armazenamento deve ser cumprida.

Para minimizar as perdas por evaporação ocorreu o desenvolvimento da válvula de alívio de pressão e vácuo (PVRV) com a função de explorar os limites de pressão positiva (PMTA) e negativa (VMTA), gerando economia pelo fato de o tanque não mais respirar livremente para a atmosfera.

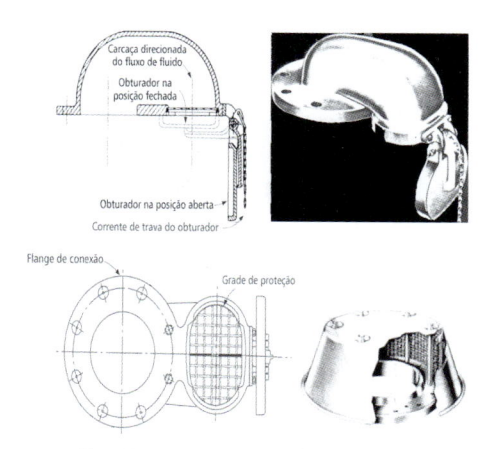

Fig. 21.13a – Exemplo de PVRV expirando para a atmosfera

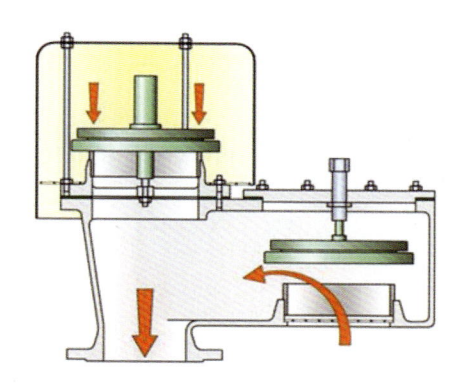

Fig. 21.13b – Exemplo de PVRV aspirando da atmosfera

(Cortesia Protego Leser)

As PVRV's são mais eficientes quanto menor é sua sobrepressão, ou seja, quanto menor for o diferencial entre a pressão de abertura e a pressão de alívio mais eficiente é a válvula. Também vale dizer que quanto menor for o diferencial de alívio menor será o seu vazamento admissível, pois poderemos ter a pressão de refechamento mais distante da pressão de operação.

Outro ponto importante a ser observado é a exigência quanto à estanqueidade deste tipo de válvula. A norma existente (API 2.521) é muito permissiva e certamente com os métodos de produção modernos podem ser exigidos níveis de estanqueidade maiores. Outras normas poderiam ser adotadas, pois o fato é que se as válvulas utilizadas tiverem níveis de estanqueidade comparáveis aos da API 527, por exemplo, a economia sobre as perdas por evaporação seria maior.

As PVRV's de final de linha também podem ser fabricadas combinadas com corta-chamas à prova de deflagração atmosférica e combustão contínua. Sua utilização pode ser em linha com sua descarga para sistemas de recuperação ou incineração de gases, e ainda considerando a estocagem de fluidos que sofrem polimerização e/ou solidificação, com construções especiais.

API 2000 5ª EDIÇÃO – VENTILAÇÃO DE TANQUES DE ARMAZENAMENTO ATMOSFÉRICOS E DE BAIXA PRESSÃO

×

ISO 28300 – PETRÓLEO, PETROQUÍMICOS E GÁS NATURAL – VENTILAÇÃO DE TANQUES DE ARMAZENAMENTO ATMOSFÉRICOS E DE BAIXA PRESSÃO (NOVA API 2000 6ª EDIÇÃO)

As principais causas do aumento de pressão no interior do tanque são:
- Vazão da bomba de enchimento.
- Fatores climáticos.
- Fogo externo.
- Falha de sistemas de inertização, e outras.

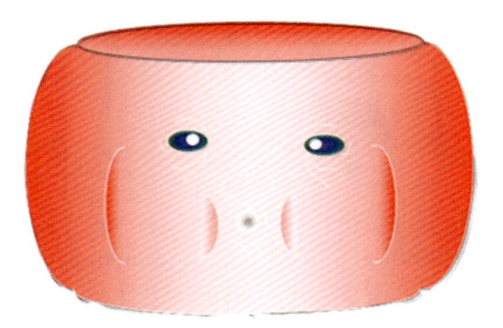

Fig. 21.14 – Representação do aumento de pressão no interior do tanque (Cortesia Protego Leser)

As principais causas da ocorrência de vácuo são:
- Vazão da bomba de esvaziamento.
- Fatores climáticos, considerando chuvas fortes, chuvas de verão, ventos e sombras.
- Condensação de vapor após "STEAM OUT", e outras.

Fig. 21.15 – Ocorrência de vácuo (Cortesia Protego Leser)

Como já citado anteriormente, esta norma é utilizada para cálculo das vazões de aspiração e expiração tanto para as condições operacionais como para as de influências climáticas, e também para as vazões de expiração em função da condição de fogo externo, sempre considerando em seus cálculos o hexano como referência. Estes métodos de cálculo já são amplamente difundidos e utilizados no Brasil, inclusive com os devidos ajustes de cálculos de engenharia em função de diferentes combustíveis estocados que não sejam similares ao hexano.

No entanto, existem críticas à norma em questão, onde abordaremos uma delas que é a vazão por aspiração. Após vários problemas ocorridos em campo com a implosão de tanques de várias empresas, inclusive as participantes do grupo que responde pelo API, verificou-se que existe uma diferença significativa entre os resultados da vazão climática calculada pelo API 2000 e as outras normas existentes, como, por exemplo, a TRbF 20 -Alemã, que foi desenvolvida pelo Dr. Hans Foerster do Instituto Federal de Física, que resulta em valores muito maiores para a vazão de aspiração climática. Outras empresas simplesmente adotam fatores de correção para gerar uma reserva nos valores obtidos.

Outros estudos então foram realizados, como o do Professor Saladino da Universidade de Nápoles, que também previu que talvez o API 2000 5ª edição não considerasse os efeitos térmicos no cálculo. O fato é que todos os cálculos utilizando métodos com um detalhado modelo termodinâmico encontravam resultados maiores do que os do API 2000 5ª edição, resumindo o problema de forma simples. Como exemplo, vamos imaginar um tanque com 50% de seu nível com um aumento gradual de temperatura desde o amanhecer do dia até o horário em que se atingem as maiores temperaturas no interior do tanque. De repente cai uma chuva de verão que atinge o tanque com sua temperatura nos maiores níveis, e ocorre um resfriamento brusco de todo o seu costado, ocasionando uma contração rápida da massa gasosa, gerando vazões de aspiração muito maiores do que as consideradas pelo API 2000 5ª edição. É justamente este o ponto crítico da vazão climática para a aspiração que não está considerado e pode levar o tanque a colapsar.

Como uma forma de resolver problemas do API 2000 5ª edição foi criado um grêmio para discussão da norma ISO 28300 com membros pertencentes aos mercados americano e europeu, com a finalidade de unificar o texto da ISO 28300 com o da nova edição da API 2000, ou seja, sua 6ª edição.

Este novo trabalho resultou em alterações que já estão contempladas na ISO 28300 e também na futura API 2000 6ª edição. A nova norma utilizou como base a norma européia EN-14015.

As principais alterações que ocorreram foram as seguintes:

- Novos métodos de cálculo para obtenção dos resultados de vazão de aspiração e expiração contemplam corretamente as variações climáticas.
- A latitude correspondente ao local de instalação do tanque é considerada no cálculo.
- A pressão de vapor, a latitude e a temperatura média de estocagem geram um fator que também pode diminuir ou aumentar os resultados.
- É considerada no novo cálculo a existência de isolamento parcial ou total do tanque, que resulta em valores menores de vazão.
- A sobrepressão das válvulas de alívio de pressão e vácuo deve ser informada pelos fabricantes, pois quanto menor a sobrepressão de uma PVRV maior é sua economia.

Nota: A Petrobras foi pioneira em entender e adotar esta evolução dos equipamentos com diferentes sobrepressão e diferencial de alívio. Na página 42 do N-270 encontra-se o seguinte texto:

> *"26.2.4.4 O respiro aberto (com ou sem corta-chamas) e a válvula de pressão e vácuo, devem ser dimensionados para maior vazão de entrada de ar ou saída de vapor de produto do tanque, como especificado na norma API STD 2000, e atender a pressão e vácuo de projeto indicados nas folhas de dados do equipamento.*
>
> *Nota: Os valores de calibração (pressão e vácuo) devem ser fornecidos pelo fabricante do dispositivo".*

- A válvula de alívio de pressão e vácuo não é mais considerada uma barreira/proteção contra entrada de chamas, sendo que o uso de corta-chamas deve ser adotado (veremos este item mais adiante com maiores detalhes).
- Foram definidos métodos de ensaio e teste para medição das vazões e determinação das capacidades.

21.6. Causas de Entrada de Chama em Tanques (Fontes de Ignição)

No texto da API 2000 5ª edição a utilização de corta-chamas em conjunto com a PVRV que descarrega para a atmosfera não é exigida, isto porque a norma entende que a velocidade de propagação das chamas é menor do que a velocidade de alívio que ocorre através do escoamento entre as sedes da PVRV. Isto significa dizer que uma PVRV já é uma barreira contra a entrada de chamas, funcionando parecido a um corta-chamas dinâmico. Esta foi e é uma das principais causas de entrada de fogo e explosão de alguns tanques ao longo dos anos!

O leitor pode então perguntar por que somente alguns e não todos os tanques que somente possuíam instaladas as PVRV's não explodiram? De fato ocorreram problemas e ainda ocorrem. Por exemplo, pelo menos dois tanques que armazenam álcool são perdidos por ano no Brasil. Na Internet se encontra com certa facilidade vídeos de acidentes causados pela entrada de fogo em tanque deflagrado pela ocorrência de raios. Uma das explicações para a pergunta acima é que as PVRV's foram criadas para utilização em tanques de hidrocarbonetos leves, que possuem a pressão de vapor alta e facilmente atingem o ponto de saturação no interior do tanque, ficando acima do limite superior de explosividade e menos suscetível à ocorrência de explosões, que ficam limitadas aos períodos de esvaziamento do tanque, quando ocorre a entrada de ar no tanque colocando a mistura novamente dentro dos limites de explosividade. Temos também como explicação o fato de que uma tempestade de raios é sempre precedida por ventos que dificultam a formação de concentração de vapores próximo aos tanques. Porém se o tanque estiver num processo de enchimento o risco persiste. Também grande parte da indústria passou a utilizar como solução a utilização de corta-chamas em linha embaixo da PVRV, o que também ajudou na prevenção, mas não eliminou totalmente o risco.

Fig. 21.16 – Válvula de pressão e vácuo com corta-chamas
(Cortesia Protego Leser)

Outras normas como, por exemplo, a TRbF 20, exigem a instalação de corta-chamas em tanques com fluidos inflamáveis, assim como existem seguradoras que também fazem esta exigência.

Algumas empresas vêm conduzindo ensaios para simular esta situação de forma extremamente realista. Com a utilização do propano, um fluido relativamente brando do ponto de vista de capacidade de propagação, o ensaio foi conduzido com diversos níveis de concentração propano/ar, sendo:

- Concentração 4,2% (Crítica).
- Concentração 5,5% (Rica).
- Concentração 6,0% (Mais rica).

Os resultados destes ensaios comprovaram que a chama pode se propagar através de uma válvula de alívio de pressão e vácuo e entrar na atmosfera interna do tanque. Isto acontece durante a ocorrência de baixas vazões no ramal de pressão ou através do ramal de vácuo que, devido à baixa pressão de ajuste, em caso de ocorrência de uma deflagração atmosférica por um raio é gerada pressão suficiente para levantar o ramal de vácuo e ocorrer a propagação para o interior do tanque.

Fig. 21.17 – Incêndio em tanque (Cortesia Protego Leser)

EXIGÊNCIA DE CORTA-CHAMAS DA ISO 28300 (NOVA API 2000 6ª EDIÇÃO) NORMA EN-12874 – REQUISITOS DE DESEMPENHO, MÉTODOS DE TESTE E LIMITES DE USO PARA CORTA-CHAMAS (ISO 16852)

Como já dito anteriormente, na ISO 28300 no item 4.5.1(c) está claramente definido que os corta-chamas são um método efetivo de proteção contra entrada de chamas em tanques:

> "A flame arrester, the use of which in an open vent line or on the inlet to the pressure/vacuum valve is an effective method to reduce the risk of flame transmission. The user is cautioned that the use of a flame arrester within the tank's relief path introduces the risk of tank damage from overpressure or

> vacuum due to plugging if the arrester is not maintained properly. More information on flame arresters can be found in ISO 16852, NFPA 69, TRbF 20, EN 12874, FM 6061, and USCG 33 CFR 154. The use of a flame arrester increases the pressure drop of the venting system. The manufacturer(s) should be consulted for assessing the magnitude of these effects. For the proper selection of a flame arrester, the piping configuration, operating pressure and temperature, oxygen concentration, compatibility of flame arrester material and explosive gas group (IIA, IIB, etc.) should be considered. For selection of the correct flame arrester, the manufacturer should be consulted".

Em seu item 4.5.4 também consta que as PVRV's não são uma medida efetiva contra entrada de chama, como já explicado anteriormente:

> "Testing has demonstrated that a flame can propagate through a pressure vacuum valve and into the vapour space of the tank. Tests have shown that ignition of a PV's relief stream (possibly due to a lighting strike) can result in a flash back to the PV valvewith enough overpressure to lift the vacuum pallet causing the flame to enter the tank's vapour space. Other tests have shown that under low flow conditions a flame can propagate though the pressure side of the PV".

É de grande importância utilizar corta-chamas que seja testado de acordo com normas que definam claramente que requisitos devem ser atendidos, que métodos de testes devem ser aplicados para um resultado real e também que identifiquem todos os limites de uso destes equipamentos. As normas mais completas sobre estes equipamentos são a EN-12874 e a nova ISO 16852, que além de ser uma transcrição da EN-12874, introduz novas exigências que se mostraram necessárias devido aos avanços das pesquisas sobre o tema.

Lembramos ao leitor que é de grande importância a exigência de certificado de teste de desempenho que tenham sido conduzidos de acordo com as normas citadas e também validados por terceira parte independente, por exemplo PTB, Atex, DNV, IMO etc.

21.7. CORTA-CHAMAS

Corta-chamas são equipamentos que têm como finalidade permitir o fluxo contínuo dos vapores e não permitir a passagem de fogo.

Os principais tipos de corta-chamas são:

- Estático seco.
- Selo líquido.
- Dinâmicos de alta velocidade.

Os mais utilizados em tanques são os estáticos secos e para o perfeito entendimento é necessário explicar alguns conceitos e tipos de combustão existentes.

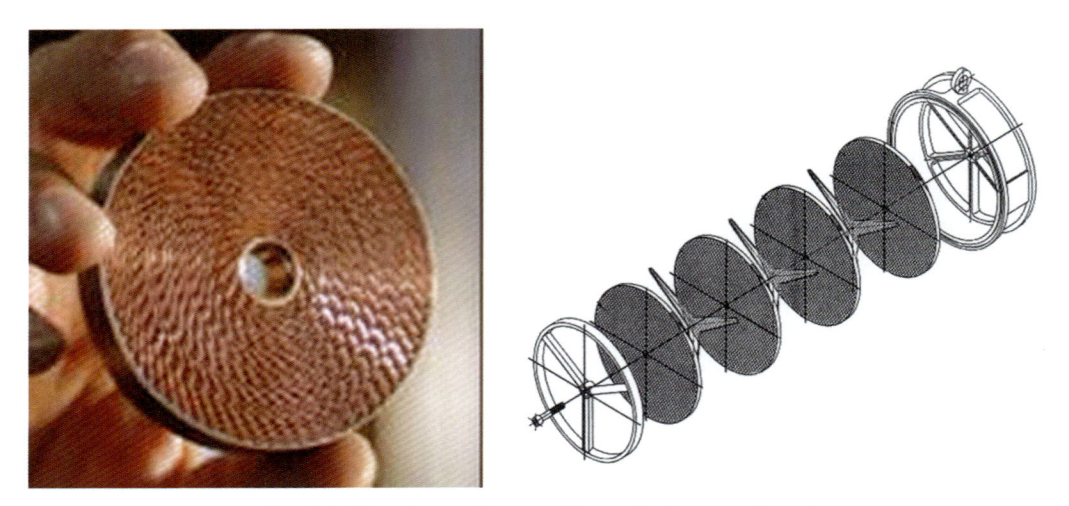

Fig. 21.18 – Corta-chamas (Cortesia Protego Leser)

21.7.1. Conceito MESG

Para entender os riscos de explosão e o funcionamento dos corta-chamas é necessário observar as normas e regulamentos que tratam de líquidos e gases inflamáveis. Os parâmetros relevantes são:

- Ponto de fulgor (*Flash-point*).
- Limites superior e inferior de explosividade.
- Temperatura de ignição.
- Energia de ignição.

Com a finalidade de classificar cada produto quanto à sua inflamabilidade, foi criado internacionalmente um parâmetro chamado MESG (Maximum Experimental Safe Gap). De acordo com este MESG os materiais inflamáveis são classificados em grupos de diferentes explosividades.

Além do conhecimento completo dos possíveis processos de combustão que serão citados adiante, também é importante estar atento ao fato de que misturas inflamáveis diferentes têm diferentes capacidades de se propagar através de pequenos espaços, em função principalmente dos níveis de energia liberados durante a combustão de cada uma delas.

Se uma mistura inflamável entre duas superfícies metálicas planas muito próximas é acendida, a chama propaga-se através do espaço estreito entre elas em direção à mistura não queimada restante. Calor será transferido da frente-de-chama às superfícies metálicas. Quanto mais próximas as superfícies e quanto mais longo for o espaço a ser percorrido, menor será a possibilidade de a chama se propagar até o outro lado, pois o calor absorvido pelas paredes causa um abaixamento da temperatura da chama até um ponto em que esta se extingue.

Além da distância entre as duas superfícies, a reatividade das misturas, o comprimento da fresta a ser percorrida, a rugosidade das superfícies metálicas que absorvem o calor, a estequiometria, pressão e temperatura inicial influenciam a capacidade de propagação da chama.

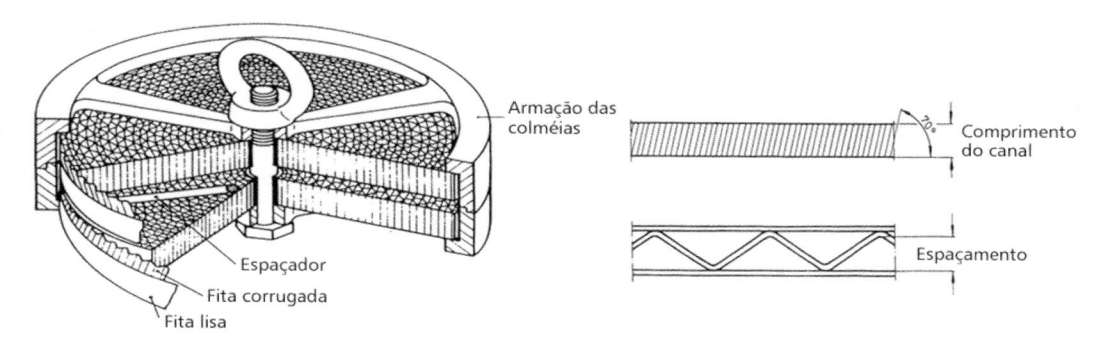

Fig. 21.19 – Detalhe da colméia do corta-chamas (Cortesia Protego Leser)

21.7.2. Dispositivo para Determinação do MESG

Com tantas, variáveis tornou-se necessário definir um aparelho, padronizado pela PTB (Physikalisch-Technische Bundesanstalt), que é um instituto físico-técnico alemão. Esta forma de determinar o MESG foi normalizada na IEC 79-2, que é hoje reconhecida mundialmente.

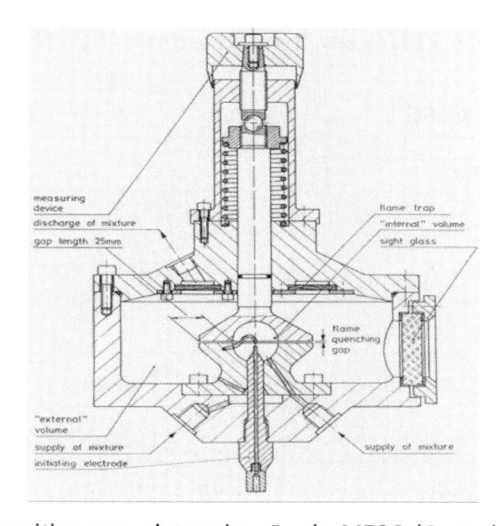

Fig. 21.20 – Dispositivo para determinação do MESG (Cortesia Protego Leser)

Este aparelho consiste num invólucro à prova de explosão com dois visores. Dentro existem duas conchas com uma semiesfera em cada uma. Entre a borda interna da semiesfera e a borda externa da concha existe uma área anular plana em cada uma. O espaço entre estas duas superfícies planas pode ser ajustado por um micrômetro externo, e este espaço corresponderá justamente ao MESG (ou espaçamento) que se deseja determinar. Através de canais internos é possível injetar a mistura explosiva a ser testada em todo o volume interno do aparelho. Existe um ignitor que permite acender a mistura no interior da esfera e é possível ver claramente nos visores se a explosão se limita ao interior da esfera ou se se propaga através da fresta para o volume restante do aparelho.

O ensaio é feito normalmente em condições-padrão de temperatura e pressão e para uma composição próxima da estequiométrica, com a máxima capacidade de propagação. O maior espaçamento em que não ocorre a propagação para o volume maior é o MESG daquela mistura.

A grande vantagem é a possibilidade de classificar os fluidos em níveis de explosividade, e para os corta-chamas isto é fundamental, pois permite garantir que um corta-chamas testado e aprovado para um fluido com um determinado MESG possa ser aplicado em todos os fluidos de MESG menor para uma mesma condição de combustão.

Isto é importante, pois à exceção apenas dos corta-chamas menores, não é possível construir um único tipo de corta-chamas para resistir a todas as condições de risco (deflagração externa e interna, combustão contínua e detonação), pois cada uma delas resulta em condições muito particulares e diferenciadas sobre o corta-chamas.

Classificação dos fluidos em grupos de explosividade conforme IEC 79-1 e EN-12874, em comparação com NEC/NFPA

Grupo	MESG	NFPA	Exemplo	
I	1,14mm	–		Metano
IIA	> 0,9mm	D		Propano
IIB1	≥ 0,85 ≤ 0,9mm	C	Etanol	
IIB2	≥ 0,75 < 0,85mm	C		Nitropropano
IIB3	≥ 0,65 < 0,75mm	C	Etileno	
IIB	≥ 0,5 < 0,65mm	B	Óxido etileno	
IIC	< 0,5mm	B		Hidrogênio

21.7.3. Tipos de Combustão

Quando ocorre a ignição de uma mistura gasosa explosiva, o desenvolvimento da combustão depende, entre outras coisas, das dimensões do volume circunvizinho. Em função disso, as explosões podem ser classificadas conforme segue:

Deflagração Atmosférica

Nuvens explosivas podem formar-se na atmosfera como resultado, por exemplo, do enchimento de tanques de armazenamento. A ignição pode ocorrer através de influências externas, como, por exemplo, raios, balões ou serviços de manutenção. A explosão (termo genérico) resultante é chamada Deflagração Atmosférica. A pressão e a velocidade de propagação da chama são relativamente baixas devido à possibilidade de expansão livre na atmosfera. A chama, no entanto, tenderá a entrar pelo respiro do tanque. O corta-chamas instalado neste ponto, chamado corta-chamas de final-de-linha, precisa garantir que esta deflagração atmosférica não se propague para o interior do tanque. Os protetores para resistir a estas condições são chamados Corta-chamas à Prova de Deflagração Atmosférica.

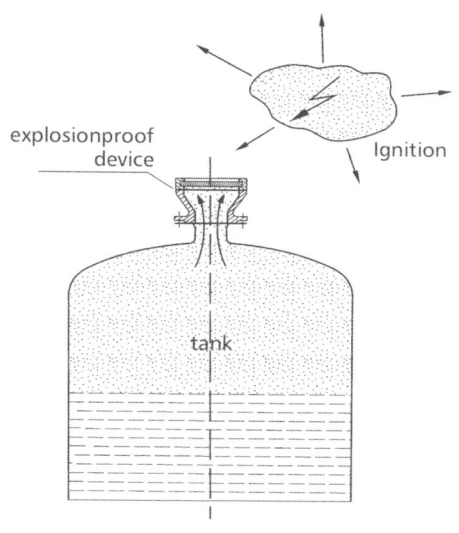

Fig. 21.21 – Deflagração atmosférica
(Cortesia Protego Leser)

Combustão Contínua

Durante o enchimento de um tanque, por exemplo, pode ocorrer uma situação de combustão contínua sobre um corta-chamas instalado em linha ou em final-de-linha. A combustão contínua consiste na queima continuada da mistura proveniente do tanque sobre o corta-chamas. Um corta-chamas de final-de-linha seguro e satisfatório tem que prevenir não só a deflagração atmosférica, como também a eventual combustão contínua subsequente. Os protetores para resistir a estas condições são chamados de Corta-chamas à Prova de Deflagração Atmosférica e Combustão Contínua.

Fig. 21.22 – Combustão contínua

Deflagração em Tubulação

No caso de a ignição da mistura inflamável ocorrer em um tubo, o efeito da deflagração volumétrica é intensificado devido à possibilidade de um aumento permanente da velocidade de propagação da chama, da pressão e da temperatura dos gases não queimados ao longo da tubulação. A máxima velocidade de propagação da chama dependerá da relação entre o comprimento do tubo L e o diâmetro de tubo D, a chamada relação L/D. Podem ser atingidas velocidades de propagação de mais de 400 m/s e pressões de até 20 vezes a pressão inicial. Os protetores para resistir a estas condições são chamados de Corta-chamas à Prova de Deflagração em Tubulação.

Detonações

Em uma tubulação suficientemente longa o processo de deflagração em tubulação pode se intensificar a tal ponto que a onda de choque de pressão e a frente-de-chama se sobrepõem levando, na mistura não queimada imediatamente à frente, às condições de temperatura e pressão de autoignição (compressão adiabática). Isto conduz a um aumento intenso e descontínuo da combustão, em que ocorrem picos de tensões dinâmicas (80 a 200 bar) de curtíssima duração (nanossegundos) e velocidades de chama superiores a 2.000 m/s. Esta fase de transição é chamada de Detonação Instável ou Transição de Deflagração para Detonação (DDT). Depois o processo de combustão continua na forma de uma Detonação Estável com velocidade constante de aproximadamente 2.000 m/s. As detonações estáveis conduzem a pressões estáticas de até 80 vezes a pressão inicial. Os protetores para resistir a estas condições são chamados de Corta-chamas à Prova de Detonação e resistem também às deflagrações em tubulação.

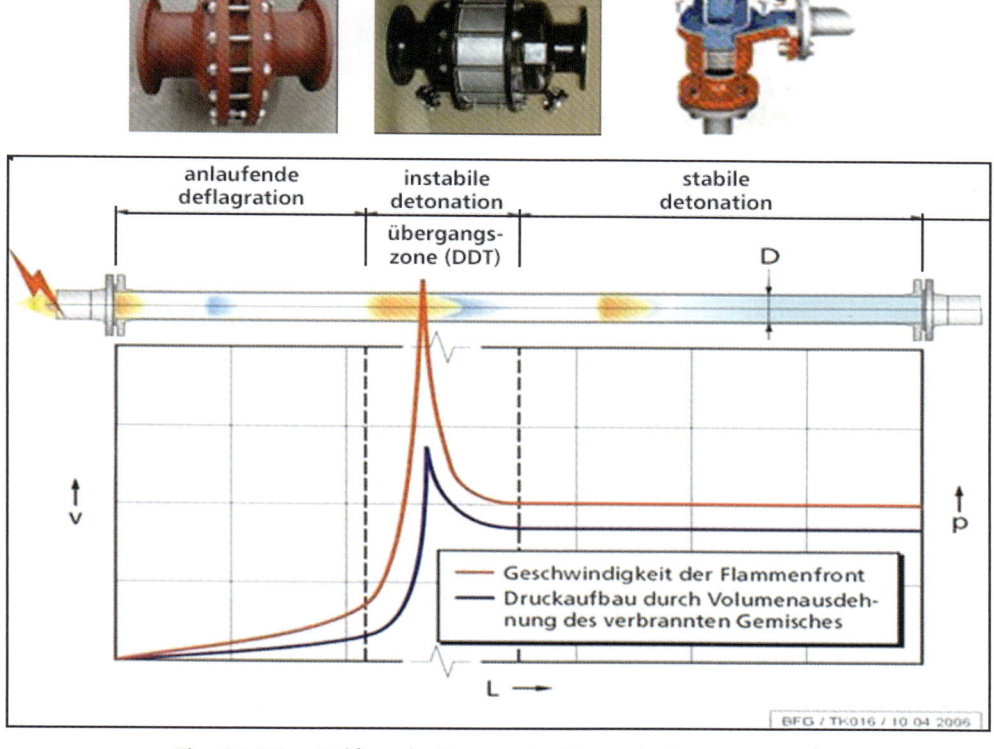

Fig. 21.23 – Gráfico de Detonação (Cortesia Protego Leser)

21.8. Corta-chamas de Final de Linha e Combinado com PVRV's

Os corta-chamas específicos para proteção de tanques que respiram livremente para a atmosfera através dos bocais e/ou PVRV's são os de final-de-linha que podem ser combinados com as válvulas de pressão e vácuo.

Fig. 21.24 – Modelo mais simples é o de final-de-linha à prova de deflagrações atmosféricas (Cortesia Protego Leser)

Fig. 21.25 – PVRV combinada com corta-chamas à prova de deflagração atmosférica (e ao lado à prova de combustão contínua) (Cortesia Protego Leser)

Outro modelo para final-de-linha é o à prova de combustão contínua e deflagrações atmosféricas:

Fig. 21.26 – Corta-chamas de final-de-linha em teste de combustão contínua (Cortesia Protego Leser)

É importante lembrar que existem parâmetros de verificação para seleção do tipo adequado de corta-chamas a ser adotado. Por exemplo, é preciso realizar o dimensionamento das vazões que passarão pelo equipamento, a perda de carga gerada pelo equipamento deve ser checada, e o tipo de fluido estocado é importante para definir o grupo de explosividade do corta-chamas.

No caso de uma válvula de pressão e vácuo combinada com corta-chamas as vazões também devem ser verificadas, considerando os limites máximos admissíveis pelo tanque para determinação do diâmetro aplicável.

Considerações Finais

Para finalizarmos o assunto não podemos deixar de mencionar que ainda existem os tanques de teto fixo com selo flutuante que possuem janelas laterais de ventilação que intentam manter a atmosfera interna do tanque fora da zona 0, isto somando-se ao fato de que a emanação deste tipo de solução é muito pequena. Existem estudos e medições que comprovam que no interior destes tanques, mesmo com a existência das janelas de ventilação, pode ocorrer a formação de zona 0 por longos períodos, criando uma situação de risco.

Existem métodos de proteção alternativos às janelas de ventilação, inclusive citados no apêndice H da API 650, que inclusive pode ser a aplicação de um corta-chamas de final-de-linha, com sua bitola dimensionada para atender as vazões das bombas de enchimento, esvaziamento que ao invés de criar uma ventilação para não permitir a formação de zona 0, funciona da mesma forma que na proteção de tanque de teto fixo, não permitindo a entrada de fogo.

Há uma tendência mundial em recuperar, tratar ou incinerar os vapores provenientes de tanques. Neste caso são necessários dutos interligando os tanques com estes sistemas para coletar os vapores. Para esta situação devem ser usadas válvulas de alívio de pressão e vácuo em linha, assim como os corta-chamas devem ser do tipo em linha e à prova de detonações em tubulação. Um estudo de engenharia deve ser realizado para determinação do conceito do projeto e definição dos modelos adequados a serem aplicados.

21.9. INSPEÇÃO DE VÁLVULAS DE ALÍVIO DE PRESSÃO E VÁCUO

As válvulas de alívio de pressão e vácuo normalmente são inspecionadas, testadas e sofrem manutenção com o tanque operando, porque estes raramente são liberados para manutenção, e as válvulas estão sujeitas a emperramento caso não sejam periodicamente examinadas.

Fig. 21.27 – Acidente em tanque (Cortesia Protego Leser)

Na inspeção de campo deve-se verificar se as paletas se movem livremente, se há obstruções e se as sedes apresentam emperramento ou vazamento. Quando existem telas corta-chamas deve-se verificar se há obstrução e, se necessário, devem ser removidas para limpeza.

Fig. 21.28 – Carcaça de PVRV

Fig. 21.29 – Vedações do obturador

Quando as válvulas são desmontadas para manutenção, os discos (paletas) devem ser limpos e pesados. Se a massa do disco não está correta deve-se adicionar ou remover massa para se ajustar a pressão de abertura.

Fig. 21.30 – Obturador de PVRV

Fig. 21.31 – Obturador com novas vedações

22. Discos de Ruptura

22.1. Código ASME Relativo a Dispositivos de Disco de Ruptura

Um disco de ruptura é um diafragma fino, normalmente mantido em um alojamento especial, que alivia o excesso de pressão de um equipamento através do rompimento a uma pressão predeterminada. Os discos de ruptura estão disponíveis em vários tipos de ligas metálicas, metais associados com plásticos ou metais revestidos com pintura.

ASME, Seção VIII, Divisão1, Edição de 1998 (Código ASME) estabelece regras para o uso de dispositivos de disco de ruptura para proteção de sobrepressão. De acordo com o escopo do Código ASME, dispositivos de disco de ruptura são caracterizados como dispositivos de alívio de pressão não-reutilizável que podem ser usados para satisfazer requisitos de alívio para proteção de sobrepressão de um vaso de pressão.

Fig. 22.1 – Discos de ruptura

22.1.1. Terminologia sobre Disco de Ruptura do Código ASME

- Um **dispositivo de disco de ruptura** é um dispositivo de alívio de pressão não-reutilizável acionado por pressão estática interna e designado a funcionar pelo estouro de um disco de contenção de pressão.
- Um **disco de ruptura** é o elemento de contenção e suscetível à pressão de um dispositivo de disco de ruptura.

- O **corpo do dispositivo de disco de ruptura** é a estrutura que envolve e prende o disco de ruptura na posição.
- O **campo de aplicação industrial** é o campo de pressão de acordo com a qual a pressão de estouro definida deve compreender para um requisito em particular como combinado entre o fabricante e o usuário ou seu representante.
- A **temperatura do disco especificada** fornecida para o fabricante do disco deve ser a temperatura do disco quando este é esperado romper.
- Um **lote de discos de ruptura** é aquele constituído de discos manufaturados de um material ao mesmo tempo, do mesmo tamanho, espessura, tipo, temperatura e processo de manufatura incluindo tratamento térmico.
- A **área de fluxo líquida mínima** é a área líquida calculada após o completo estouro do disco, levando em conta qualquer elemento estrutural, o qual possa reduzir a área de fluxo líquida através do dispositivo de disco de ruptura. A área de fluxo líquida para tamanhos propostos não deve exceder a área nominal da tubulação do dispositivo de disco de ruptura.
- O **fator K_R de resistência de fluxo certificado** é um fator adimensional usado para calcular a perda de velocidade resultante da utilização de um dispositivo de disco de ruptura num sistema de alívio de pressão.

22.1.2. Requisitos de Performance de Discos de Ruptura

O Código ASME prevê requisitos de performance para discos de ruptura. A **tolerância para ruptura** a uma temperatura de disco especificada não deve exceder ± 2 psi para pressões definidas até ou igual a 40 psi e $\pm 5\%$ para pressões de estouro definidas acima de 40 psi. O disco de ruptura deve ser marcado com a pressão de acordo com o campo industrial. Os campos industriais avaliados são definidos na literatura do produto para cada modelo de disco.

Discos de ruptura são tipicamente manufaturados para que cada pedido represente um lote. O Código ASME define três métodos de ensaios de homologação para discos de ruptura. O método mais comum requer que ao menos dois discos de ruptura do lote sejam estourados à temperatura do disco. Os resultados destes testes devem estar de acordo com a tolerância de ruptura.

22.1.3. Requisitos de Aplicação ASME

O Código ASME define certos critérios para tamanhos e classes de pressão para várias aplicações de discos de ruptura. No caso de **alívio primário** ou **dispositivo de alívio único** (veja Fig. 22.2) este deve ser dimensionado para prevenir vasos com elevação de pressões maiores do que 10% ou 3 psi, ou qualquer que seja maior, acima da máxima pressão de trabalho permitida MAWP (Pressão Máxima de Trabalho Efetivo) do vaso. Em adição, a pressão de estouro marcada no disco de ruptura não poderá exceder a MAWP.

22. Discos de Ruptura

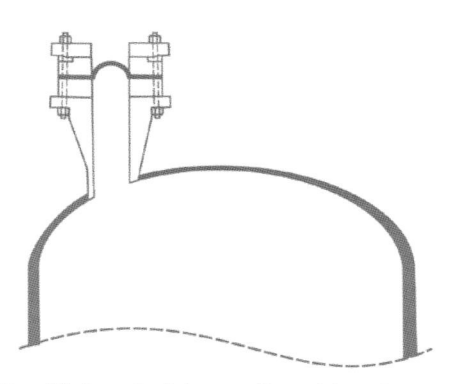

Fig. 22.2 – Alívio primário ou dispositivo de alívio único

O Código ASME permite que dispositivos de disco de ruptura sejam usados em **múltiplo** como um **dispositivo secundário** para outro dispositivo de disco de ruptura ou válvulas de alívio de pressão (veja Fig. 22.3). Neste caso o dispositivo secundário é dimensionado para prevenir a pressão em vasos com aumentos maiores do que 16% ou 4 psi, ou qualquer que seja maior, acima da MAWP (Pressão Máxima de Trabalho Efetivo). A pressão de estouro do segundo dispositivo deve ser marcada como não excedendo 105% da MAWP.

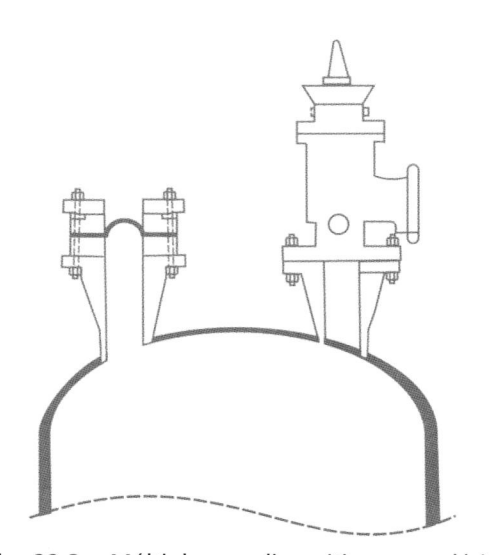

Fig. 22.3 – Múltiplos ou dispositivo secundário

Outra aplicação permitida pelo Código ASME é o uso de discos de ruptura combinado com uma válvula de alívio de pressão (veja Fig. 22.4). Nesta aplicação, o dispositivo de disco de ruptura sela a válvula de alívio de pressão do conteúdo do vaso ou vapores internos.

A combinação disco/válvula deve ser usada como um dispositivo primário ou secundário de alívio de pressão. O Código ASME provê diretrizes para o uso de combinações disco/válvula.

Um disco de ruptura pode ser instalado entre uma válvula de alívio de pressão e o vaso, contanto que:

- a combinação produza uma ampla capacidade de satisfazer os requisitos de sobrepressão;
- o disco de ruptura certamente não interfira com o correto funcionamento da válvula (por exemplo: discos de ruptura não-fragmentáveis);
- a capacidade marcada da válvula seja recalculada por um fator de capacidade combinada de 0,90 ou um fator certificado para a específica combinação disco/válvula;
- o espaço entre o disco e a válvula seja provido de um calibrador de pressão, com arrasto, com escape, ou um apropriado indicador sinalizador. Este arranjo deve ser capaz de detectar um vazamento e/ou prevenir a formação de pressão no espaço, porque qualquer formação de pressão afetará o alívio de pressão no lado de progresso do disco.

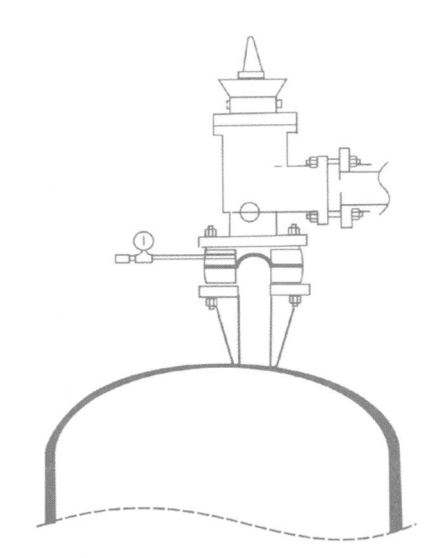

Fig. 22.4 – Disco de ruptura combinado com válvula de ajuste de pressão

Diferentemente das válvulas de segurança, o disco de ruptura não bloqueia novamente. Após uma ocorrência operacional o disco rompido tem que ser substituído. O disco de ruptura pode ser o único dispositivo de alívio de pressão do sistema ou pode ser usado conjuntamente com válvulas de segurança, em série ou em paralelo.

22. Discos de Ruptura

Fig. 22.5 – PSU com disco de ruptura

Fig. 22.6 – Dispositivo de alívio secundário

São utilizados em paralelo com válvulas de segurança e alívio, como um dispositivo de alívio secundário, para atender contingências remotas que requerem grandes áreas de alívio e ação de resposta instantânea, como é o caso de furos em tubos de trocadores de calor ou reações explosivas em reatores de polimerização.

São utilizados antes de válvulas de segurança e alívio, para protegê-las de fluidos corrosivos, que provocariam danos às sedes e corrosão dos internos; evitar obstruções internas e emperramento das guias provocados pelo vazamento de fluidos que polimerizam; evitar emissões fugitivas de fluidos tóxicos, muito voláteis ou economicamente muito valiosos.

Fig. 22.7 – Detalhe de instalação do disco de ruptura

Existem diversos tipos e modelos de discos de ruptura normalmente disponíveis. Os tipos mais utilizados, com suas características de funcionamento, vantagens e desvantagens, são apresentados a seguir.

22.2. Discos Convencionais

Também chamados de discos sólidos, são fabricados em metal com um abaulamento em forma de domo previamente conformado. Este tipo de disco é instalado com o lado côncavo voltado para o fluido, de modo que a membrana fica submetida a tensões de tração. Quando a pressão no sistema atinge a pressão de rompimento (PR), o domo se deforma e então rompe devido à excessiva carga de tração. A pressão de rompimento é em função do material do disco, de sua espessura e diâmetro e da temperatura de trabalho.

Disco convencional antes do rompimento

Disco convencional após rompimento

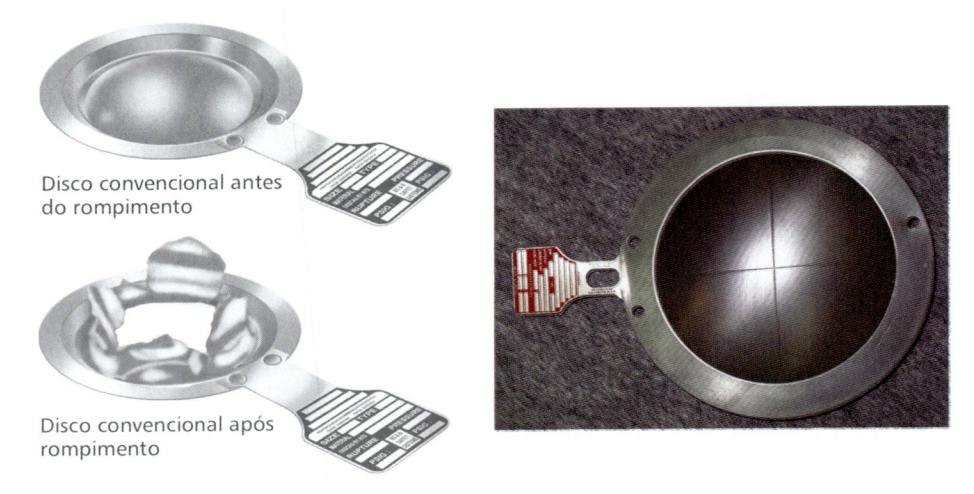

Fig. 22.8 – Discos convencionais

Dependendo do tamanho do disco e da pressão de rompimento, um disco convencional pode ser muito fino. Para evitar danos na região de contato com os alojamentos são instalados anéis de apoio. Suportes para vácuo também podem ser necessários quando a pressão no sistema protegido ficar em valor menor do que a pressão a jusante do disco. Esses suportes são colocados na parte côncava do disco e vão abrir rapidamente quando o disco romper. Para garantir o uso correto dos anéis de apoio e suportes para vácuo eles devem ficar permanentemente acoplados ao disco.

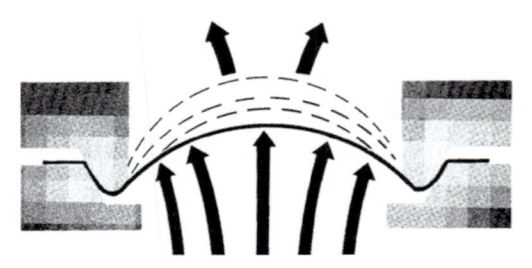

Fig. 22.9 – Modelo didático de rompimento

No uso desses discos deve-se considerar que seu modo de falha é irregular, podendo fragmentar quando utilizados com fluidos compressíveis. Isto pode se tornar perigoso se os fragmentos obstruírem a passagem do fluxo. Durante a instalação deve-se tomar cuidado para não amassar ou riscar o disco porque as tensões desenvolvidas nestas regiões podem reduzir a pressão de rompimento. Outro cuidado na instalação é quanto à posição do disco; se instalado ao contrário vai romper em pressão menor do que a especificada, a não ser que tenha suporte para vácuo. Neste caso, o suporte para vácuo somente irá se abrir em pressão muito mais alta do que a especificada, o que configura uma condição muito insegura. Se estes discos forem instalados em serviço pulsante com oscilações na ordem de 10% da pressão de operação, esta condição causará uma falha prematura por fadiga.

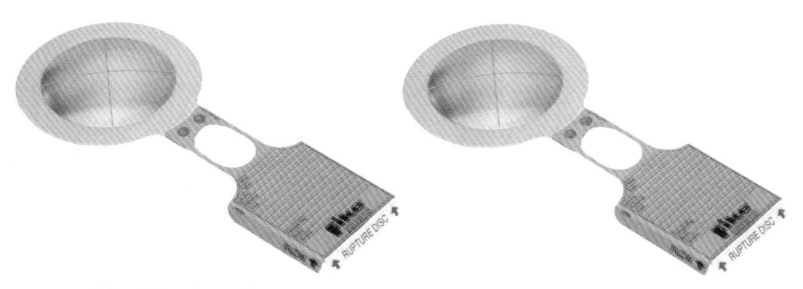

Fig. 22.10 – Disco com suporte de vácuo (Cortesia FIKE)

22.3. Discos Vincados

São discos previamente conformados e fabricados com sulcos em um padrão definido de modo a ficarem menos resistentes. Eles rompem devido a tensões de tração ao longo dos sulcos. As vantagens destes discos em relação aos convencionais é que não se fragmentam após ruptura e não necessitam de suporte para vácuo. São fabricados em tamanhos de 1,5" a 24", para pressões desde 10 psi até 1.800 psi, nos materiais-padrão utilizados nos discos convencionais.

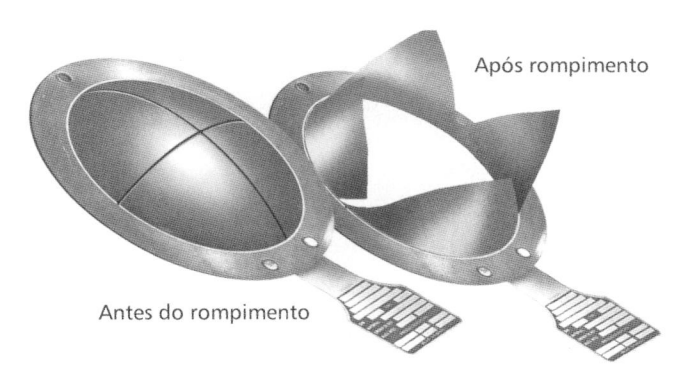

Fig. 22.11 – Discos vincados

22.4. Disco Composto

Tipicamente, o disco composto possui uma seção superior perfurada, que define a pressão de rompimento pelo tamanho e localização dos furos e rasgos. Sob essa seção resistente à pressão há uma membrana metálica ou plástica que veda e protege a seção superior. De modo semelhante ao disco convencional, o disco composto pode necessitar de anéis de apoio e suportes para vácuo, em função do tamanho, pressão de rompimento e temperatura. Os anéis de apoio podem ser instalados a montante ou a jusante, enquanto que o suporte para vácuo é colocado a montante, internamente ao conjunto. Todos esses componentes são acoplados, formando um sanduíche.

Fig. 22.12 – Disco composto

Fig. 22.13 – Detalhe do alongamento do disco

Esses discos permitem o uso em condições mais corrosivas do que os discos convencionais, mas somente em pressões mais baixas. São fabricados em tamanhos de 1" até 30", para pressões de 5 psi a 1.000 psi. A seção superior resistente à pressão é fabricada nos materiais-padrão. A seção de vedação geralmente é fabricada em polímero do tipo fluorelastômero, como o Teflon, podendo-se utilizar também metais muito resistentes à corrosão, como hastelloy, inconel, prata, platina, titânio e tântalo.

Fig. 22.14 – Disco composto com anéis (Cortesia FIKE)

22.5. Disco Reverso com Facas

O disco reverso funciona de modo totalmente diferente: o lado convexo do disco fica em contato com o fluido, de modo que o domo trabalha sob compressão. Ao contrário do disco convencional, o disco reverso não afina quando a pressão se aproxima do ponto de rompimento. Ao invés, aparece uma deformação que aumenta de tamanho e leva o disco a reverter na direção de menor pressão. Quando isto acontece, as facas que estão a jusante penetram e cortam o disco em três ou mais pétalas sem fragmentação.

Fig. 22.15 – Disco reverso

A pressão de abertura do disco reverso com facas não depende da espessura do material; é quase exclusivamente em função da geometria do domo e das características das facas.

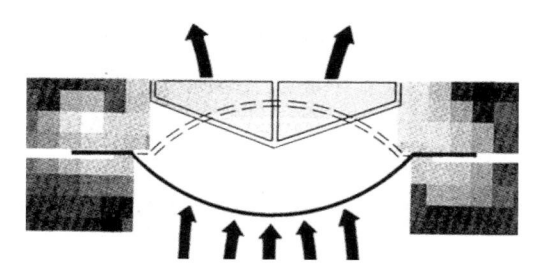

Fig. 22.16 – Modelo didático de rompimento do disco reverso com facas

Os discos reversos com facas são fornecidos em tamanhos de 1" até 24", em pressões de 10 psi a 1.800 psi, nos materiais-padrão fornecidos para discos convencionais, atendendo temperaturas até 560°C.

Podem ser fornecidos também com pintura ou revestimento para melhorar o desempenho em serviço corrosivo.

Deve-se tomar cuidado em evitar que danos nas facas (corrosão, perda de corte por reutilização etc.) resultem em mau funcionamento do disco, e também que não sejam instalados ao contrário, porque devido à maior espessura o disco só vai romper a uma pressão 3 a 4 vezes acima do especificado.

Discos reversos não podem ser usados em sistemas contendo líquido, porque como os líquidos são incompressíveis, a reversão do disco não vai ser rápida; assim, o disco vai assentar sobre as facas, sem romper ou mesmo furar, e a pressão necessária para empurrar o disco pelas facas será muito alta, cerca de 3 ou 4 vezes a pressão especificada para rompimento.

22.6. Disco Reverso Vincado

São discos em forma de domo tornados menos resistentes através de sulcos feitos ao longo de um padrão definido.

O mecanismo de atuação destes discos é semelhante ao do disco reverso com facas, com a diferença de que assim que o disco reverte, os sulcos não conseguem suportar a ação combinada da pressão e da força de reversão, e o disco se rompe ao longo dos sulcos.

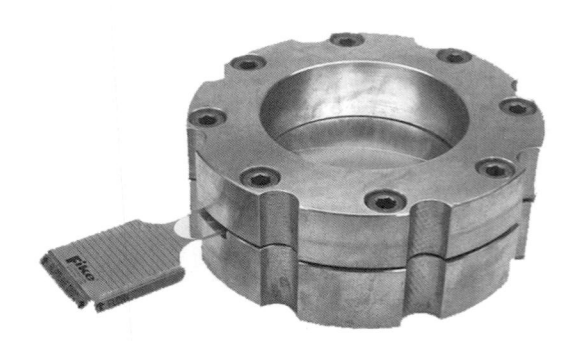

Fig. 22.17 – Disco reverso vincado (Cortesia FIKE)

A ruptura não é dependente das facas e sim controlada pela espessura do metal na linha dos sulcos. A reversão é definida pela geometria do domo. A possibilidade de fragmentação é eliminada, permitindo o uso na proteção de válvulas de segurança.

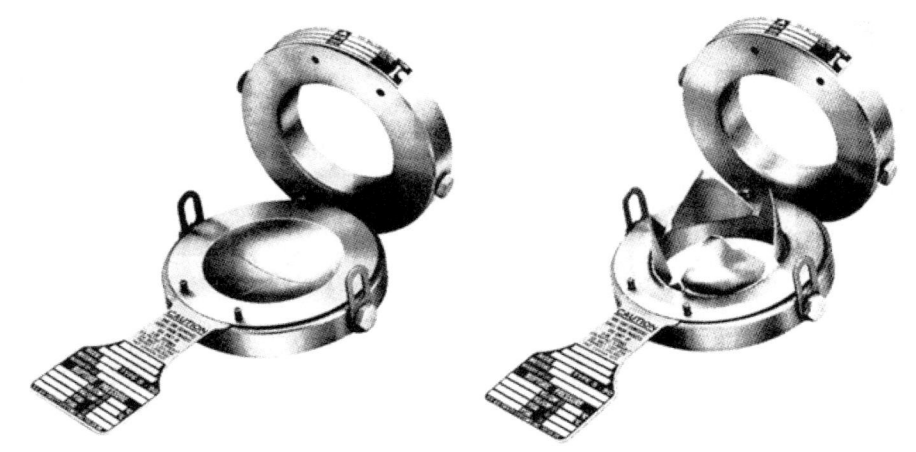

Fig. 22.18 – Disco reverso com sulcos antes do rompimento

Fig. 22.19 – Disco reverso com sulcos após rompimento

22.7. Disco Plano

Discos compostos planos são utilizados para proteger vasos que operam em baixa pressão (operação até 7,5 psig), tanto de pressões positivas quanto de pressões negativas.

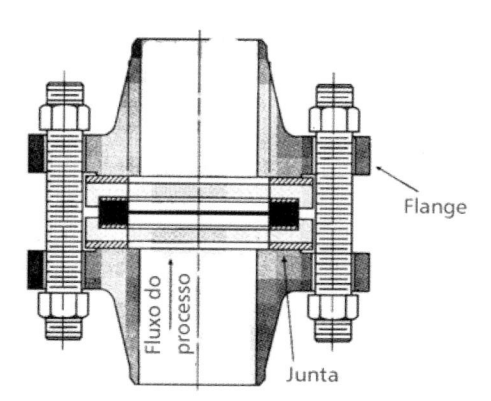

Fig. 22.20 – Disco plano

22.8. Dimensionamento de Discos de Ruptura

O Código ASME define três metodologias para dimensionamento de discos de ruptura.

O **método do coeficiente de descarga (K_D)** usa a capacidade de fluxo calculada do dispositivo e depois recalcula esta capacidade por um K_D de 0,62. Este método somente é aplicado sobre as seguintes condições:

- O disco descarrega para a atmosfera.
- O disco deve ser instalado longe do bocal a, no máximo, oito vezes o diâmetro da tubulação.
- O comprimento da tubulação de descarga não deve exceder cinco vezes o diâmetro da tubulação.
- A tubulação que antecede a descarga deve ter pelo menos o mesmo diâmetro nominal do dispositivo de disco de ruptura.

O **método de resistência ao fluxo (K_R)** tem sido adotado pelo Código ASME para dimensionar o sistema de alívio quando o método de coeficiente de descarga não é aplicável. O disco de ruptura é tratado como um elemento de resistência ao fluxo dentro do sistema de alívio. A resistência do disco de ruptura é definida pelo certificado de resistência do fator K_R. O código requer que a capacidade de alívio calculada do sistema seja multiplicada por 0,90 para cobrir incertezas inerentes neste método.

O **método de capacidade combinada** é usado quando o disco de ruptura é instalado no duto anterior à válvula de alívio de pressão. Usa-se um disco de ruptura do mesmo tamanho ou maior do que o duto e recalcula-se a capacidade da válvula por 0,9 ou um valor certificado maior para a combinação disco/válvula.

22.8.1. Certificação do Fabricante

O Código ASME tem fornecido para aplicação do código UD simbologia para dispositivos de disco de ruptura. A autorização para uso do estampo UD é baseado em uma auditoria pelo representante da ASME de várias manufaturas, testes e sistemas de qualidade assegurada. Em adição, testes de validação periódicos são realizados para garantir a concordância próxima entre produção de discos e certificação de discos.

22.8.2. Certificação de Dispositivos de Disco de Ruptura

Com o intuito de aplicar a simbologia UD para discos de ruptura, a família de dispositivos de disco de ruptura deve ser certificada através de testes autorizados por uma pessoa designada da ASME. O teste envolve o estouro de 3 discos de 3 diferentes tamanhos dentro da família de produto. Cada um destes discos deve estourar dentro da tolerância de estouro definida pela ASME. Cada um dos discos é montado em um aparato de teste de fluxo certificado pela ASME e testado o fluxo para determinar o valor K_R. O fator de resistência ao fluxo certificado é publicado na Junta Nacional de Caldeira e Inspetores de Vaso de Pressão "Livro Vermelho".

22.8.3. Requisitos para Marcação em Discos de Ruptura

O Código ASME define os requisitos mínimos para marcação em dispositivos de discos de ruptura. Discos de ruptura certificados para a presente edição do Código

ASME são marcados como mostrados. Marcações incluem a área de fluxo líquida mínima, fator K_R certificado de resistência ao fluxo, simbologia do Código ASME UD e simbologia NB.

22.9. Instalação

Discos de ruptura são normalmente instalados para proteger vasos, tubulações, bombas, etc., mas são proibidos pelo ASME I para uso em caldeiras.

Quando instalados separadamente das válvulas de segurança e alívio, os discos de ruptura devem atender de modo geral aos requisitos de instalação exigidos para estas válvulas. As tubulações de descarga devem ser adequadamente dimensionadas, suportadas, com inclinação para o local de drenagem e atendendo às possíveis limitações advindas de contrapressão desenvolvida. Não há necessidade de se preocupar com perda de carga na tubulação de entrada, porque com os discos não há batimento (*chattering*), como ocorre com as válvulas, mas se deve levar em conta a perda de carga total no estabelecimento da pressão de projeto do sistema.

Válvulas de bloqueio travadas na posição aberta devem ser instaladas a jusante dos discos, e também a montante quando a descarga é para sistema fechado. As válvulas de bloqueio não são requeridas quando o equipamento protegido puder ser colocado fora de operação enquanto o restante da unidade de processo permanece em linha.

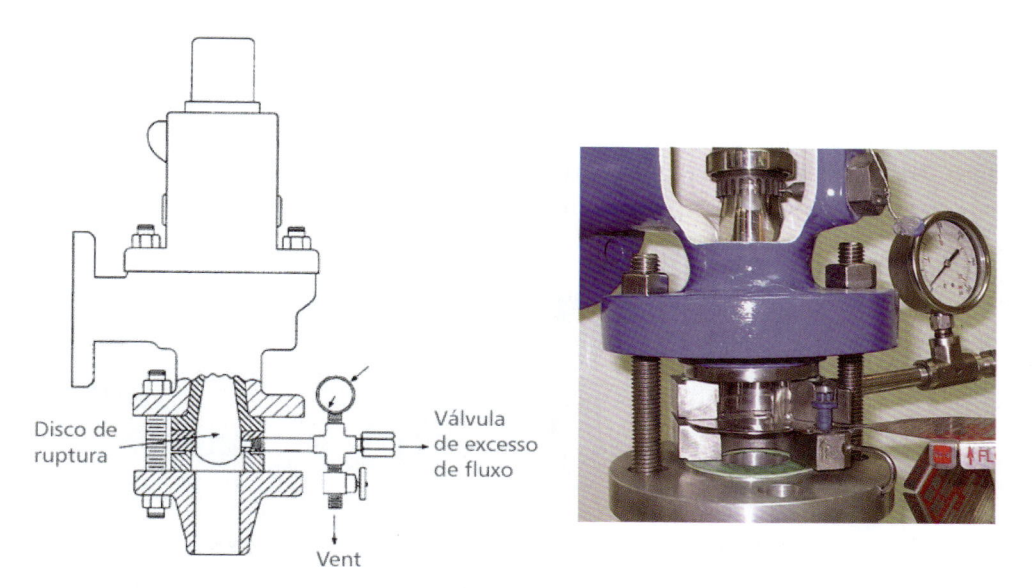

Fig. 22.21 – Detalhe da instalação conjugado com válvula de segurança e alívio

Deve-se atender aos requisitos estabelecidos no ASME VIII. As recomendações principais são: o disco deve romper em pressão igual ou menor do que a pressão de abertura da válvula; a capacidade de alívio do conjunto disco/válvula deve ser certificada em testes padronizados.

Apesar de pouco comum, o disco de ruptura também pode ser instalado na saída para proteger a válvula de corrosão atmosférica ou de fluidos corrosivos existentes no sistema de descarga, ou para prevenir vazamentos de fluidos tóxicos ou inflamáveis para a atmosfera.

Para instalação correta desta combinação de dispositivos devem-se considerar possíveis efeitos de contrapressão e perda de capacidade da válvula de segurança.

Fig. 22.22 – Alojamento e disco em corte

Na montagem do disco nos alojamentos deve-se usar torque adequado nos parafusos, para evitar esmagamento ou até mesmo rompimento do disco na região de contato. As superfícies de contato dos alojamentos com o disco devem ser mantidas limpas e perfeitamente lisas para evitar danos quando os discos forem apertados.

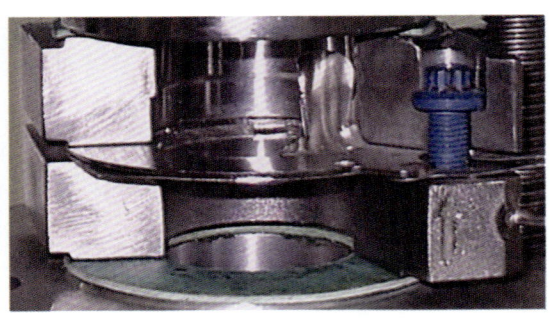

Fig. 22.23 – Detalhe do alojamento do disco de ruptura (Cortesia FIKE)

22.10. Inspeção de Discos de Ruptura

Os discos de ruptura podem ser inspecionados visualmente quando instalados isoladamente. Deve-se verificar os discos quanto a danos provocados por fadiga e corrosão, e se há desenvolvimento de coque ou outro material estranho que possa afetar adversamente o desempenho do disco. A inspeção deve incluir uma verificação dos alojamentos quanto à presença de depósitos nas superfícies de contato com os discos e se estas superfícies estão adequadamente lisas.

Como os discos não podem ser testados, periodicamente devem ser substituídos, com base nas recomendações dos fabricantes e experiência prévia.

Quando os discos são instalados em conjunto com válvulas de segurança eles somente podem ser inspecionados quando as válvulas são removidas. Neste caso a inspeção do disco deve fazer parte da rotina de inspeção da válvula. Periodicamente devem ser verificados os manômetros que obrigatoriamente são instalados entre os dois dispositivos para indicar eventual pressurização do espaço entre eles.

23. Manutenção de Válvulas

23.1. Cuidados com o Recebimento e Preparação para Instalação

23.1.1. Inspeção de Recebimento

Todas as válvulas têm que ser examinadas, para detecção de possíveis danos que possam ocorrer durante o transporte. O dano deve ser analisado e descrito em relatório e, dependendo da sua gravidade, a válvula deverá ser devolvida ao fabricante para a realização dos eventuais reparos.

23.1.2. Controle de Qualidade

Verificar todos os documentos do lote de válvulas adquirido e se os certificados de Controle de Qualidade estão completos, de acordo com a ordem de compra.

23.1.3. Armazenagem

Deve ser feita em lugar com proteção da ação do tempo, umidade e sujeira. Normalmente as válvulas são enviadas com protetores na entrada e na saída dos flanges, e estes devem permanecer nas válvulas até a instalação das mesmas.

23.1.4. Movimentação para Instalação

Válvulas de grandes diâmetros exigem a utilização de equipamentos de elevação de cargas. Deve-se evitar o choque durante a instalação da válvula. Os protetores dos flanges devem ser removidos de todos os modelos de válvulas e inspecionado o interior das mesmas antes da instalação.

Qualquer objeto estranho visível dever ser removido.

23.1.5. Regras para Instalação de Válvulas

- As recomendações do fabricante do equipamento devem ser seguidas.
- O corpo da válvula, quando bipartido, não deve ser forçado ao ser montado na instalação.

- O espaço em torno do local da instalação deve ser o suficiente para que a válvula possa ser instalada sem choques com outros equipamentos e permitir livre acesso.
- O ar de instrumentação para os atuadores devem ser drenados, para eliminação de óleo, umidade e impurezas antes da instalação.
- Válvulas gavetas devem ser montadas na posição fechada para proteção das áreas de vedação e da haste.
- Válvulas esferas devem ser montadas na posição aberta para proteção das áreas de vedação.
- Válvulas borboletas devem ser montadas na posição entreaberta (fora da sede) para evitar ruptura da sede resiliente na 1ª movimentação.
- Verificar se existe corpos estranhos na tubulação onde a válvula será instalada.
- Verificar o sentido de vazão para alguns modelos de válvula para que esta não venha a travar devido a instalação incorreta.

23.2. Manutenção, Confiabilidade e Testes de Válvulas de Bloqueio (Travamento em Função do Desalinhamento da Tubulação)

As seguintes precauções são necessárias antes da remoção de uma válvula de uma linha:

- Antes da remoção da válvula da linha, obrigatoriamente a pressão da mesma deve ser aliviada. Não existem exceções para este procedimento.
- Profissionais que estiverem realizando qualquer tipo de manutenção em válvulas devem utilizar o mesmo equipamento de segurança usado para trabalhar com o fluido da linha onde elas estiverem instaladas.
- Em casos de remoção da bucha de acionamento da válvula, na qual a mesma esteja pressurizada, a válvula deverá estar totalmente aberta, para prevenção de acidentes.
- Antes da remoção de qualquer tipo de acionamento, como caixa de engrenagens, atuadores eletromecânicos e hidráulicos, a pressão dos dois lados da válvula deve ser aliviada e equalizada.
- O padrão API para válvulas de bloqueio alerta para o fato de que a conclusão bem-sucedida de um teste de contravedação não deve ser interpretada como uma recomendação do fabricante para que a mesma possa ser reengaxetada pressurizada.
- A contravedação pode ser usada como um meio de interromper e/ou reduzir um vazamento pela caixa de gaxeta de uma válvula, até que esta possa ser trocada, em uma condição onde não haja pressão. É muito arriscada e desacon-

selhada a troca do engaxetamento de uma válvula, quando a mesma ainda estiver pressurizada.

- Uma válvula de bloqueio não deve permanecer na posição totalmente aberta ou fechada demasiadamente apertada, para evitar emperramento térmico. É recomendável que a válvula seja removida do limite de curso 1/4 de giro do volante, a partir das posições-limite. Este procedimento garantirá condições de funcionamento e vedação sastifatórias para o equipamento.

- Em certas condições, válvulas de sede dupla, que possuam cavidade de passagem interna preenchidas com fluido sujeitas ao aumento de temperatura, podem estar sujeitas ao aumento excessivo no centro da cavidade, induzindo a acidentes. Isto pode acontecer no momento da desmontagem da válvula para manutenção, quando é normal a utilização de maçarico.

23.3. INSPEÇÃO E LUBRIFICAÇÃO

Os materiais das partes deslizantes são selecionados de modo a reduzir ao máximo o desgaste. A vedação da junta e da gaxeta deve ser checada periodicamente para assegurar os requerimentos de segurança. Inspeções devem ser realizadas a cada 12 meses em válvulas consideradas críticas para o sistema de produção.

Alguns fabricantes, através da hmologação e testes cíclicos dos projetos de construção, conseguem garantir a integridade do sistema de acionamento e da estanqueidade da válvula por até 1.000 atuações.

Após o período de 24 meses, caso o ambiente de trabalho possua temperatura elevada, pode-se tornar necessário limpar o conjunto haste e bucha de acionamento durante e revisão da planta (paradas). O lubrificante da rosca da bucha com a haste deve ser trocado na oportunidade da revisão da planta ou a cada 36 meses, o que vencer primeiro.

A inspeção feita pelo setor de operação/manutenção da planta deve incluir a checagem do aperto de todos os parafusos das conexões, particularmente aqueles da conexão flangeada.

23.4. VAZAMENTO EM VÁLVULAS

Logo após o início das operações, é possível que algumas das válvulas que foram instaladas possam apresentar vazamentos. Estes vazamentos podem e devem ser corrigidos o mais rápido possível. Se os reparos forem postergados, com o tempo a erosão e/ou a corrosão formada pelo vazamento agravarão o problema, e este poderá levar à perda definitiva da válvula.

Causas e correções de vazamentos mais comuns:

23.4.1. Vazamentos nos Flanges

Uma das causas deste tipo de vazamento é a alteração do torque dos parafusos nos flanges. Isto pode acontecer devido às vibrações na linha ou por causa de mudanças dos esforços na linha ocasionadas por ciclos térmicos no processo.

Outra razão, não muito incomum, é o esquecimento do torque correto dos parafusos durante a montagem da válvula. Se a causa for uma destas, reapertando os parafusos, tomando cuidado para não forçá-los demais, acabará o vazamento. Se a válvula ainda apresentar vazamento nos flanges, ela deverá ser removida da linha para a inspeção, da junta e das faces dos flanges.

Quando inspecionar a junta, verificar se esta foi comprimida uniformemente. Caso isto não tenha ocorrido, provavelmente os parafusos dos flanges foram apertados de maneira incorreta. Uma vez retirada a válvula, nunca reutilizar as juntas antigas.

Juntas devem sempre ser trocadas por novas. Aproveite para verificar se a linha está transmitindo esforços excessivos para o corpo da válvula. Para isso, basta observar se a válvula ao ser retirada sai com facilidade ou não.

Caso sejam observadas tais forças, estudar a necessidade da colocação de suportes adicionais na linha.

Quando a face de um dos flanges for danificada, esta deve ser recuperada. Infelizmente, ainda hoje, por imperícia ou desconhecimento do risco envolvido, alguns poucos profissionais mal qualificados e orientados tentam "dar um jeito" colocando duas juntas em um lugar só. Isso é uma prática, perigosa e incorreta, e este tipo de iniciativa deve ser abolido, desencorajado e proibido.

23.4.2. Vazamento no Castelo

Se o castelo for flangeado, aplicam-se os mesmos procedimentos para os flanges da válvula, não sendo, porém, necessário retirar a válvula da linha. Se o castelo for rosqueado ou do tipo união pode ser que a rosca esteja frouxa, ou que tenha sido apertada demais, danificando a junta, que deverá ser trocada.

23.4.3. Vazamento na Caixa de Selagem

O motivo principal deste vazamento é a falta de manutenção. O material da gaxeta é flexível e menos rígido do que o da haste, e cada vez que a válvula é operada, a haste causa deformação na gaxeta, que com o tempo apresentará vazamento.

A manutenção do sistema de selagem compreende um ajuste que precisa ser realizado periodicamente. A haste com o tempo pode perder a superfície lisa que possui por causa da corrosão ou da erosão. Sem esta superfície lisa, a haste danificará a gaxeta em cada operação da válvula. Nesse momento, já não adianta mais ajustar ou trocar a gaxeta. A única solução é a remoção e a usinagem da haste, ou sua substituição.

Alguns modelos de válvula tipo gaveta e globo possuem uma haste que permite que a gaxeta seja trocada, mesmo com a válvula em operação e na posição completamente aberta, contudo isso deve ser feito por pessoas experientes, e nunca quando o fluido na linha estiver sob alta pressão, for quente, tóxico ou de alguma outra forma perigosa.

23.4.4. Vazamento pelo Obturador

Este vazamento é grave, e sua solução pode ser mais trabalhosa. Pode acontecer pelo seguintes motivos: sólidos no fluido, corrosão das sedes e a própria vida útil da válvula.

Caso o material da área de vedação seja elástico, este só poderá ser reparado com a manutenção da válvula.

Nas válvulas modelo gaveta, é necessário desmontar o castelo e retirar o obturador do corpo. Verificar se existem sólidos no assento que podem estar impedindo seu fechamento por completo e, se o obturador estiver limpo, observar se existem pontos brilhantes no disco, o que indica desgaste ou fabricação desigual.

É possível que lixando estes pontos brilhantes o problema das áreas de selagem possa ser resolvido, e somente em último caso estes componentes deverão ser ajustados nos anéis de vedação e o obturador.

Em válvulas modelo globo ou agulha com obturador metálico, verificar se há irregularidades, lixando-as em volta, por igual, para restabelecer o acabamento destas superfícies.

Sempre devem ser comparados os custos dos reparos com o custo de uma válvula nova. Se estes ultrapassarem 50% do preço de uma nova, a melhor solução será sua troca, ficando a válvula velha como elemento fornecedor de futuras peças sobressalentes.

23.5. Recomendações para Evitar Danos Pessoais ou Risco de Morte

Cuidados no campo:

1) Não remova parafusos dos flanges ou da válvula caso a linha esteja pressurizada.
2) Não permaneça no lado da descarga da válvula durante teste de calibração a quente ou nas inspeções externas com o sistema em operação.
3) Não desmonte a válvula com o equipamento pressurizado.
4) Instale *gag* ou grampo na regulagem dos anéis de regulagem a quente.
5) Conheça todos os pontos de exaustão ou drenagem da válvula, para evitar danos pessoais.

6) Se a válvula é equipada com alavanca manual de acionamento posicione a alavanca de modo a evitar contato acidental com outros objetos.

Cuidados na oficina:

1) Use protetor auricular e óculos de segurança quando estiver efetuando calibração em bancada.
2) Reduza a pressão na bancada quando estiver efetuando ajustes na válvula.
3) Não permaneça no lado da descarga quando estiver fazendo calibração da válvula.
4) Direcione o lado da descarga para a parede quando for fazer a calibração.
5) Tome cuidado com ajustes inadequados, pois estes podem resultar em danos aos equipamentos e pessoas.

24. Seleção da Válvula

O mais importante ao selecionar uma válvula é determinar sua função, e essa avaliação influirá na correta escolha do tipo mais adequado de válvula a ser instalada no processo. Para uma melhor seleção, é necessário investigar os fatores que podem afetar a performance da válvula e o efeito que a mesma tem sobre o fluido manipulado. Os fatores principais são:

- *Finalidade da válvula:* Retenção, segurança, regulagem e bloqueio.
- *Condição operacional:* Pressões e temperaturas máximas e mínimas de operação devem ser conhecidas para determinar a faixa de pressão apropriada à seleção correta da válvula.
- *Propriedade dos fluidos:* Para a perfeita escolha dos materiais construtivos da válvula, devem ser bem conhecidas as seguintes propriedades dos fluidos: peso específico, corrosividade, viscosidade, abrasividade etc. Os fluidos podem ser vapores, óleos, gases, líquidos, pastas e podem possuir ou não partículas sólidas em suspensão.
- *Materiais construtivos:* A temperatura, a pressão e a natureza corrosiva e erosiva do fluido manipulado determinarão o material de construção da válvula.

Tabela 1

Temperatura Máxima °C	Materiais	
	Corpo e Castelo	Mecanismo Interno
400	Aço-carbono	Aço inoxidável 410
450	Aço-liga 1/2 mob.	Aço inoxidável 410 (sedes de "stellite")
500	Aço-liga 1 1/4 – 1/4 mob.	
550	Aço inoxidável 304	Aço inoxidável 304 (sedes de "stellite")

- *Diâmetro nominal da tubulação.*
- *Custo.*
- *Posição de instalação, espaço disponível.*
- *Atendimento de necessidades:* Fechamento rápido, operação frequente, fechamento estanque, comando automático e resistência a fogo.

24.1. Dados Adicionais para Especificação de Válvulas

- Tipo de extremidades e norma dimensional respectiva.
- Especificação completa de todos os materiais.

Para as válvulas de macho, de esfera, borboleta e de retenção de portinhola é necessário especificar também o tipo de corpo. *Macho:* regular, curto, Venturi, circular, 3 ou 4 vias; *esfera:* passagem plena ou reduzida; *borboleta e retenção:* corpo convencional, tipo "Wafer" ou tipo "Lug".

Além desses dados mínimos, é geralmente necessário especificar ainda os seguintes, que se aplicarem:

- Tipo de ligação corpo-castelo.
- Tipo de peças internas (por exemplo: gaveta maciça, em cunha ou paralela, gaveta bipartida, sedes integrais ou removíveis, macho lubrificado ou não etc.).
- Tipo de sistema de movimentação da haste.
- Acessórios opcionais e condições e/ou exigências especiais. Por exemplo: Tubo de contorno com válvula (*by-pass*), indicador de posição de abertura, volante com adaptação para corrente, alavanca com catraca de fixação, alavanca para comando de válvula de retenção, válvula com camisa de aquecimento, válvula com corpo alhetado, válvula à prova de fogo, válvula com exigência de fechamento estanque, válvula com comando remoto, válvula com dimensões fora das usuais etc.
- Norma dimensional ou outras normas que devam ser obedecidas.

Os seguintes dados devem também ser especificados no documento de compra sempre que houver alguma exigência diferente do que pedem as normas, ou diferente da prática usual dos fabricantes:

- Tipo de engaxetamento (da haste e do castelo).
- Testes de inspeção e de aceitação: exigência de certificados da qualidade dos materiais, inspeção radiográfica ou por ultrassom, teste de estanqueidade, teste de resistência a fogo etc.

Para muitos tipos de válvulas é necessário também, em alguns casos, especificar o sistema de operação desejado.

Para válvulas de qualquer tipo, principalmente em serviços de responsabilidade, alto risco, ou com fluidos não usuais, recomenda-se muito que sejam indicados no documento de compra a natureza do(s) fluido(s) circulante(s) e os valores de pressão e de temperatura máximas de operação, bem como da temperatura mínima de operação, caso tenha valor abaixo de 0°C, para que o fabricante ou o vendedor da válvula tenha condições de assumir responsabilidade pela válvula e, em alguns casos, propor possíveis alternativas melhores ou mais econômicas.

Tabela 2: Válvulas de Qualquer Tipo

Tipo de Válvula	Classes de Pressão Nominal						
	150#	300#	400#	600#	900#	1.500#	2.500#
Gaveta	1,5" a 60"	1,5" a 24"	4" a 24"	1,5" a 24"	3" a 24"	1,5" a 24"	1,5" a 12"
Globo	1,5" a 12"	1,5" a 12"	4" a 28"	1,5" a 8"	3" a 8"	1,5" a 8"	1,5" a 8"
Angular	1,5" a 8"	1,5" a 8"	4" a 28"	1,5" a 8"			
Macho	1,5" a 24"	1,5" a 24"	4" a 16"	1,5" a 12"	3" a 12"	1,5" a 12"	
Esfera	2" a 36"	2" a 36"	4" a 30"	2" a 30"			
Retenção	1,5" a 48"	1,5" a 48"	4" a 12"	1,5" a 24"	3" a 10"	1,5" a 10"	
Borboleta	1,5" a 60"	1,5" a 48"					
Borb. Tr-ex.	3" a 72"	3" a 48"		3" a 48"	6" a 24"	6" a 24"	
Controle	1,5" a 12"	1,5" a 12"		1,5" a 12"			
Diafragma	1,5" a 6"						

Tabela 3: Recomendações para Utilização das Válvulas mais Usuais

SERVIÇOS	VÁLVULAS	Gaveta (Gate)	Globo (Globe)	Macho (Plug)	Esfera (Ball)	Diafragma (Diafragm)	Borboleta (Butterfly)	Obliqua ("Y" Type)	Agulha (Needle)	Mangote	Guilhotina	Ret. Portinhola (Swing Check)	Ret. Horizontal	Ref. Fundo de Poço	Segurança e/ou Alívio	Redutora de Pressão
Bloqueio	On Off	■	■	■	■	■	■	■		■	■					
Regulagem	Throthing		■*	■*	■*	■	■*	■*	■	■						
Operações Frequentes	Frequent Operating		■	■	■	■		■								
Baixa Pressão Difer.	Low Pressure Drop	■		■	■	■	■*			■	■	■				
Fluidos Densos	Slurry Handling					■	■*			■	■					
Acionamento Rápido	Quick Opening	■*		■	■	■	■*				■*					
Passagem Livre	Free Drawing	■		■*	■*	■	■*			■	■					
Prevenção de Refluxo	Prev. Reversal of Flow											■	■	■		
Prevenção de Sobrepressão	Prev. Over Pressure														■	
Controle de Pressão	Pressure Control															■

* Somente certas configurações.

25. Inspeção em Válvulas

25.1. Tipos de Inspeção

A inspeção técnica tem dois objetivos distintos, a saber:

a) **Primeira Inspeção ou Inspeção Preliminar:** Inspeção realizada nas instalações da contratada com o objetivo de definir os serviços de recuperação e de substituição de componentes adicionais, realizada com a válvula totalmente desmontada, limpa e jateada. Nesta etapa, o fiscal avalia juntamente com um representante da recuperadora, que preenche formulário com as informações que orientarão na recuperação da válvula.

Obs.: Somente em casos excepcionais e com a aprovação da fiscalização, a primeira inspeção poderá ser realizada sem a fiscalização, permanecendo, contudo, a exigência do preenchimento do formulário e a aprovação da fiscalização para início do serviço.

b) **Segunda Inspeção ou Inspeção de Aprovação:** Inspeção realizada para atestar a qualidade dos serviços realizados pela recuperadora. Com a válvula já recuperada, realizado pré-teste hidrostático e aplicada pintura, a recuperadora deverá solicitar a presença da fiscalização para inspeção, com antecedência mínima de uma semana. Os critérios de aceitação estão definidos no item seguinte.

25.2. Critérios de Aceitação

1) Teste hidrostático, conforme API 598, em 100% das válvulas de aço liga, ferro fundido e bronze e, no mínimo, 50% das válvulas em aço carbono. A válvula deve estar isenta de qualquer lubrificante. Utilizar ar ou água limpa, em temperatura ambiente.

2) A inspeção visual deve ser realizada em 100% das válvulas. Fica a critério da fiscalização o percentual de válvulas em que será realizado o dimensional.

3) Os critérios de aceitação estão apresentados no quadro a seguir, conjuntamente com os dados das tabelas deste capítulo.

Item a Observar	Critério de Avaliação
a) HASTE	• Válvulas esfera com projeto antiexpulsão. • Empenamento da haste, máx. 0,1mm até 3", 0,3 mm até 8" e 0,5 mm p/10" em diante. • Verificar diâmetro mínimo, sendo que na região da rosca o diâmetro pode ser reduzido em até 1,6 mm. • Verificar acabamento na zona de gaxetas, RA 0,8 microns ou melhor. • Rosca deve ser trapezoidal tipo ACME. • Peça única. • Engate entre haste × gaveta não deve possuir folgas excessivas.
	Observações: • Abrir e fechar a válvula, certificando-se de que o volante gira suavemente. • Verificar se a rosca da haste penetra na câmara das gaxetas, com a válvula fechada. • Verificar, com a válvula fechada, que a ponta da haste fique, pelo menos, rente à bucha da haste e no máximo 3 passos de rosca acima.
b) PORCA QUE FIXA O VOLANTE	• Não apresentar corrosão. • A rosca deve estar completa. • O material deverá ser bronze, aço inoxidável ou aço carbono. • Estar devidamente apertada e frenada.
	Observação: • Frenar a porca para evitar que se solte em operação. Consequentemente evita-se a queda do volante.
c) VOLANTE	• Não apresentar corrosão. • Não apresentar bordas quebradas ou trincadas. • Não possuir folgas excessivas no encaixe. • Deve ser raiado, com número de nervuras não superior a 6, possuir setas indicativas do sentido de abertura da válvula incluindo a palavra "ABRE".
	Observação: • Deve permitir o uso de chave de válvulas.
d) PREME-GAXETAS	• Deve ser de aço carbono (rejeitar se for FoFo). • Deve ser construído em peça única (sobreposta e preme-gaxetas) para facilitar sua remoção. • Não deve haver rasgos em lugar de furos. • Não apresentar corrosão.

(Continua)

Item a Observar	Critério de Avaliação
	• Deve estar levemente guiado na câmara de gaxetas, permitindo assim todo seu curso de aperto nas gaxetas.
	Observações: • Curso preme-gaxetas: ½" – 12 mm; ¾" – 20 mm; 1" – 1½" – 25 mm 2" – 30 mm; 3" – 35 mm; 4" – 42 mm 6" – 45 mm; 8" – 50 mm; 10" – 60 mm
e) PARAFUSOS E PORCAS DO PREME-GAXETA	• Não apresentar corrosão. • Não apresentar amassamento na rosca. • Comprimento dos parafusos deve ser tal que permita a substituição das gaxetas com as porcas roscadas a estes. • As porcas devem ser do tipo pesada padrão ANSI B 18.2.2, ou seja, altura da porca igual ao diâmetro do parafuso. • Poderá ser utilizado parafuso tipo estojo. O material deverá ser de especificação ASTM A-307 GrB ou conforme projeto. • Não devem ser aceitos com acabamento superficial galvanizado ou cadmiado.
f) INTERNOS	• Anéis de sede, quando roscados, devem ser removidos. • As sedes da gaveta ou do obturador e dos anéis devem estar lapidadas, isentas de qualquer sulco ou fissura. • O obturador só pode encostar nas sedes do corpo próximo do fechamento total da válvula. • Guias da gaveta não devem apresentar corrosão/erosão e nem folga excessiva (vide quadro). *Tabela:* <table><tr><th>Diâmetro da Válvula</th><th>Folga Máxima</th></tr><tr><td>Até 2"</td><td>1 mm</td></tr><tr><td>3" a 8"</td><td>2 mm</td></tr><tr><td>10" a 24"</td><td>3 mm</td></tr><tr><td>> 24"</td><td>4 mm</td></tr></table> • Dureza mínima: (sedes) 25 HRC quando o material for AISI 410. • 38 HCR quando o material for Stellite. • Superfícies de vedação revestidas com Stellite devem possuir espessura mínima de 1,5 mm. **Observação:** • Verificar possibilidade de a gaveta trancar nas guias ou sedes e não permitir o assentamento correto. (Para esta verificação, a válvula deve ser desmontada e a gaveta colocada manualmente nas guias. Considerar o fluxo do fluido e a gravidade.)

(Continua)

Item a Observar	Critério de Avaliação
g) PARAFUSOS, ESTOJO, CORPO e CASTELO	• Não apresentar corrosão. • Não apresentar amassamento na rosca. • Para materiais corpo/castelo CF8 e CF8M exigem obrigatoriamente parafusos e porcas de inox 304/316. • O comprimento e a bitola devem estar adequados, devendo sobrar pelo menos um fio de rosca de cada lado. • O material deve ser especificado em função do material do corpo e nunca inferior ao ASTM A193 B7 e ASTM A194 GR 2H. • Não devem ser aceitos com acabamento superficial galvanizado ou cadmiado. • Verificar bitola mínima dos parafusos × bitola da válvula de acordo com item 2.2.4 API-600 (quadro abaixo).
	Observação: • A fixação das válvulas deve ser feita através de, pelo menos, 4 parafusos com diâmetro mínimo de 3/8" para válvulas menores do que 1". As demais devem obedecer a tabela abaixo (Ref.: API 600 item 2.2.4). | Tamanho da Válvula | Parafusos | |---|---| | 1" – 2.1/2" | 3" – 8" | | 10" ou maior | 3/8" | | 1/2" | 5/8" |
h) PINO GRAXEIRO	• Válvulas tipo gaveta com diâmetro de 2" e acima devem possuir pino graxeiro para lubrificação da bucha de haste. • Não pode haver amassamento na sede. • A rosca tem que estar em boas condições.
	Observação: • Não havendo pino graxeiro, instalar.
i) CORPO/CASTELO (VGA, VGL, RET)	• Verificar espessura mínima para a válvula em questão. • Efetuar rigorosa inspeção visual das válvulas fundidas conforme a Norma MSS SP-55. • Verificar dimensões da caixa de gaxetas. • Não são permitidas conexões roscadas, e, caso haja, providenciar selagem (exceto aço-liga que deve ser devolvido à REFAP para correção).
	Observação: • Exceção às válvulas esfera, para fins de testes de vedação.

(Continua)

Item a Observar	Critério de Avaliação
j) EXTREMIDADE DAS VÁLVULAS	**Flangeada com ressalto:** • Não pode haver riscos, amassamento e corrosão. • As ranhuras do ressalto devem ser concêntricas, de 125 RMS a 250 RMS, conforme ASME 16.5, item 6.4.4.3. **Flangeada com anel RTJ:** • Não pode haver riscos, amassamento, erosão e corrosão. O canal deverá estar polido. • Número do anel estampado nas bordas do flange. **Encaixe:** | Diâmetro	Diâmetro Interno do Encaixe "A"	Profundidade de "B" mm
---	---	---
1/2"	21,8	
3/4"	27,1	9,5
1"	33,8	12,5
1".1/4"	42,6	12,5
1".1/2"	48,7	12,5
2"	61,0	12,5	 **Chanfrada:** • As extremidades devem ser conforme o croqui abaixo: a) espessura (e) menor ou igual a 19 mm $37,5° \pm 2,5°$ mm "e" $1,6 \pm 0,8$ mm b) Espessura (e) maior do que 19 mm; $10° \pm 1°$ $37,5° \pm 2,5°$ mm "e" 19mm $1,6 \pm 0,8$ mm • A tolerância de espessura na extremidade será de 12,5% da parede do tubo. **Roscada:** • Não deve apresentar corrosão. • Não deve apresentar amassamento.
	Observações: • Havendo imperfeições, consultar tolerância de defeitos conforme ASME B 16.5 – Item 6.4.5 para avaliação. • Verifique as espessuras dos flanges conforme ANSI B 16.5. Anexo I – Tabelas 4, 5, 6 e 7.

(Continua)

Item a Observar	Critério de Avaliação
	• As faces dos flanges deverão ser protegidas com graxa e disco (conforme a Norma N-12). • Em válvulas de fofo, não é permitido flange com ressalto. • Consulte ANSI B 16.25.
k) SENTIDO DE FLUXO (Valvulas Globo e Retenção)	• Marcar com punção uma seta, quando não existir tal identificação.
	Observações: • Não implica rejeição da válvula. • Estando a gaveta totalmente aberta (contravedação) a sua parte inferior deverá tangenciar os anéis de vedação do corpo, permitindo assim fluxo sem turbulência.
l) ABERTURA DE PASSAGEM DE FLUXO, PARA VÁLVULA GAVETA	**Observação:** • A não observância deste item implica rejeição da válvula.
m) ESPAÇAMENTO ENTRE OS FLANGES DO CORPO E DO CASTELO	• Mínimo de 1/16". • As faces dos flanges devem estar paralelas.
n) BUCHA DA HASTE	• A rosca e o encaixe para o volante devem estar em bom estado. • Não aceitar buchas danificadas. • Material deverá ser de bronze, conforme API 600. • Em válvulas gavetas de 3" para cima deve ser possível remover a bucha sem necessidade de desmontar a válvula.
	Observações: • Folga axial bucha × forquilha: Até 0,2 mm. • Folga diametral volante × bucha: Até 0,1mm. • Folga volante × sextavado: Até 0,1mm (não é permitido sextavado com acabamento direto da fundição).
o) BUCHA DA CONTRAVEDAÇÃO	• Toda válvula, se aplicável, independente de bitola e classe de pressão, deve possuir bucha de contravedação com o mesmo material solicitado nos internos. • A fixação da bucha no castelo deve ser por rosca e a estanqueidade deve ser obtida metal contra metal. • Não é aceito soldar buchas roscadas. • Pode ser aceito como alternativa que a bucha seja encaixada, prensada à tampa e posteriormente soldada. • Verificar se a bucha está bem fixa (com aperto adequado da rosca).

(Continua)

Item a Observar	Critério de Avaliação
	Observação: • Para válvulas forjadas é aceito, em substituição à bucha, o enchimento por soldagem.
p) PINTURA, PRESERVAÇÃO E ACONDICIONAMENTO	• Pintura conforme API 600. • Não devem ser aceitas válvulas com falhas na pintura, exceto válvulas em aço inoxidável austenítico que são fornecidas sem pintura. • As válvulas devem ser preservadas e acondicionadas. • Válvulas que apresentem pintura internamente devem ser inspecionadas com maior rigor, pois podem estar ocultando defeitos.
	Observações: • Na preparação da válvula para pintura, jatear padrão AS 2 1/2" (visual). A pintura deve suportar temperaturas de até 120ºC. • Após a realização dos testes hidrostáticos, proteger as sedes, roscas e parafusos com graxa GMA-2 ou similar. • Remover totalmente a água do interior da válvula. • Não aceitar válvula com pintura na sede de vedação e no ressalto dos flanges.
q) GAXETAS	• São aceitas somente gaxetas conforme API 600. • Devem possuir 6 anéis de gaxeta ou 5 com anel lanterna.
	Observações: • Montadas com emendas defasadas em 90° e corte com 45°. • Instalar plaqueta com identificação da gaxeta presa no parafuso do preme-gaxeta.
r) JUNTAS	• São aceitas somente juntas conforme API 600.
	Observações: • Não utilizar graxa para vedação ou fixação da junta. • Instalar plaqueta com identificação da junta utilizada.
s) VÁLVULAS ESFERA	• Devem possuir indicação de posição aberta/fechada na haste, resistente a intempéries sem parafusos ou qualquer regulagem. • Possibilidade de ajuste do preme-gaxeta independente do tipo de acionamento. • Válvulas com engrenamento lateral e indicador de posição por ponteiro devem ter encaixe retangular (para evitar montagens incorretas). • Distância face a face – ver API 6D e BS 5351. • Projeto antiexpulsão da haste.

(Continua)

Item a Observar	Critério de Avaliação
	Observações: • Não devem apresentar sentido preferencial de fluxo. • Válvulas do tipo TRUNNION devem ser duplo bloqueio, para tanto devem possuir orifício plugado na posição J, ver norma MSS SP 45, para teste hidrostático em ambas as sedes. • Com a válvula submetida à máxima pressão diferencial da classe, o esforço do operador deverá ser de, no máximo, 35 kgf.
t) VÁLVULAS RETENÇÃO	• Não devem ser aceitas válvulas com fixação da portinhola na tampa. • O braço da portinhola deve ser de material não inferior ao do corpo. • A válvula na posição vertical deve fechar sozinha. • Sua abertura total não deve ultrapassar seu centro de gravidade ou ficar escondida. • Com a válvula na posição aberta o braço deve encostar no batente apropriado. Não é aceito batente no parafuso, porca, pino ou no próprio obturador.
	Observações: • A fixação pela tampa é imprópria para inspeção da válvula montada na tubulação. • Fixação da porca deve ser por pino. • Folga radial portinhola × parafuso; Folga axial portinhola × braço; Folga radial eixo do braço × braço. • Até 6" = 0,3 mm; Maiores do que 6" = 0,5 mm. • O material da porca, pino e arruela é o mesmo solicitado para os internos da válvula.

25.3. Testes de Vedação

- Executar conforme API 598.
- A finalidade do teste é a identificação de vazamentos e a verificação da integridade mecânica da válvula no teste hidrostático do corpo.

Preparação para testes:

- Efetuar rigorosa limpeza dos internos.
- O fluido utilizado para os testes deve ser ar e água limpa (corpo), isenta de óleo e na temperatura ambiente, sendo permitido o uso de antioxidante e produtos bactericidas.

25.4. Considerações Específicas

- Recuperação com solda no corpo e/ou castelo deve ser realizada conforme procedimento qualificado e executada por soldador qualificado.
- Em aços liga com Cr (Cromo) é proibido trabalho com solda.
- Válvulas de aço liga (C5) de 3" e acima só podem ser recuperadas mediante plaqueta fixada no flange, que significa que estas válvulas foram inspecionadas e aprovadas, salvo aprovação da fiscalização.
- O tipo de junta e gaxeta deve estar identificado na válvula através de plaqueta.
- Em caso de válvulas com extremidade flangeada para junta tipo anel, o n° do anel deve estar estampado na borda de ambos os flanges.

25.5. Relatórios de Recuperação e Plaquetas de Identificação

Todas as válvulas recuperadas devem ser acompanhadas de:

a) Relatório de recuperação, identificando a válvula e detalhando os serviços realizados.

b) Plaqueta metálica, identificando a empresa recuperadora e especificando, no mínimo, os seguintes detalhes:
   - Nome da empresa.
   - Data da recuperação.
   - Tipo de junta utilizada entre corpo × castelo.
   - Tipo de gaxeta.
   - Código da recuperadora (Série).

25.6. Tabelas

25.6.1. Espessura Mínima do Corpo, Tampa e Haste para Válvulas Gaveta, Globo e Retenção

Ref. API 621

Diâmetro	150#		300#		600#		900#	
NPS	Corpo	Diâm. Haste	Corpo	Diâm. Haste	Corpo	Diâm. Haste	Corpo	Diâm. Haste
1	5,08	15,49	5,08	15,49	6,85	15,49	–	–
1.1/2	5,08	17,07	6,4	18,67	7,9	18,67	–	–
2	7,1	18,67	8,3	18,67	9,7	18,67	–	–
2.1/2	8,1	18,67	9,7	18,67	10,4	21,77	–	–
3	8,9	21,77	10,4	21,77	11,2	25,00	17,5	28,12

Ref. API 621 (cont.)

Diâmetro NPS	150#		300#		600#		900#	
	Corpo	Diâm. Haste	Corpo	Diâm. Haste	Corpo	Diâm. Haste	Corpo	Diâm. Haste
4	9,7	25,00	11,2	25,0	14,5	28,12	19,8	31,29
6	10,4	28,12	14,5	31,29	17,5	37,52	24,6	40,67
8	11,2	31,29	16,0	34,37	22,4	40,67	28,7	46,84
10	12,7	34,37	17,5	37,52	25,6	46,84	33,5	53,14
12	14,5	37,52	19,0	40,67	28,7	50,04	39,1	56,34
14	15,3	40,67	20,9	43,74	32,0	56,34	43,0	59,44

25.6.2. Espessura Mínima do Corpo e Castelo para Válvulas Esfera e Borboleta

Ref. API-609 item 4.2 e ASME B.16.34 (medidas em mm)

Diâmetro Nominal	Classes de Pressão				
	150	300	600	900	1.500
1/4	2,54	2,70	3,00	3,30	3,80
3/8	2,70	2,70	3,30	3,50	4,30
1/2	2,70	3,00	3,30	4,00	4,80
3/4	3,00	3,80	4,00	5,00	6,00
1	4,00	4,80	4,80	6,30	7,00
1.1/4	4,80	4,80	4,80	6,60	8,60
1.1/2	4,80	4,80	5,50	7,30	9,90
2	5,50	6,30	6,30	7,80	11,60
2.1/2	5,50	6,30	7,00	9,10	14,20
3	5,50	7,00	7,80	10,60	16,70
4	6,30	7,80	9,60	12,90	21,00
6	7,00	9,60	12,70	18,70	30,70
8	7,80	11,10	16,00	23,60	40,30
10	8,60	12,70	19,50	28,70	49,20
12	9,60	14,20	23,30	34,20	58,60
14	10,60	16,50	26,10	39,60	68,30
16	11,40	18,00	29,90	44,90	77,70
18	12,10	19,80	33,20	49,70	86,80
20	12,90	21,30	37,00	55,10	96,20
24	14,70	24,60	43,60	66,20	115,00

25.6.3. Dimensões para Válvulas Forjadas 600# e 800#
Ref. NBR 13182

Dimensões	Encaixe para Tubo	Espessura do Corpo	Diâmetro da Haste API 602	Profundidade Mínima do Preme-gaxeta	Curso do Preme-gaxeta	Orifício Passagem
1/2"	21,8	4	8,7	15,9	12	9,5
3/4"	27,1	4,8	9,5	15,9	20	12,7
1"	33,8	5,6	11,1	25,4	25	17,5
1".1/2"	47,8	6,1	14,3	28,6	25	30,6
2"	61	11	15,9	28,6	30	36

25.6.4. Dimensões para Válvulas Gaveta 150#

Ref.: ASME B16.10/API600/API602/NBR13182/BS2080

Diâmetro Nominal em Polegadas	Diâmetro da Câmara de Gaxetas	Bitola das Gaxetas	Curso do Preme-gaxeta	Distância Face a Face	Diâmetro Externo do Flange	Espessura Mínima do Flange	Diâmetro Externo do Ressalto	Diâmetro Círculo de Furos	Número de Furos	Diâmetro dos Furos
1 – 1 1/2	32,5	6,3	25	165	127	14,3	73	98	4	15,9
2	32,5	6,3	30	178	152	15,9	92	121	4	19,1
2 – 2 1/2	32,5	6,3	30	190	178	17,5	104,7	140	4	19,1
3	35,7	6,3	35	203	191	19,1	127	152	4	19,1
4	38,9	6,3	42	229	229	23,8	157,1	191	8	19,1
5	45,2	7,9	45	254	254	23,8	182,7	216	8	22,2
6	45,2	7,9	45	267	279	25,4	215,9	241	8	22,2
8	48,4	7,9	50	292	343	28,6	269,8	299	8	22,2
10	51,6	7,9	60	330	406	30,2	323,8	362	12	25,4
12	57,9	9,5	62	356	483	31,8	381	431	12	25,4
14	61,1	9,5	64	381	533	34,9	412,7	476	12	28,6
16	64,3	9,5	66	406	597	36,5	469,9	540	16	28,6
18	67,5	9,5	68	432	635	39,7	533,4	578	16	31,8
20	73,8	11,1	68	457	699	42,9	584,2	635	20	31,8
24	83,3	12,7	68	508	813	47,6	692,1	749	20	34,9

Nota: Tolerâncias face a face: Até 10": ± 1,6 mm – 12" em diante: ± 3,2 mm.

25.6.5. Dimensões para Válvulas Gaveta 300#

Ref. API 600/API602/BS2080

Diâmetro Nominal em Polegadas	Diâmetro da Câmara de Gaxetas	Bitola das Gaxetas	Curso do Preme-gaxeta	Distância Face a Face	Diâmetro Externo do Flange	Espessura Mínima do Flange	Diâmetro Externo do Ressalto	Diâmetro Círculo de Furos	Número de Furos	Diâmetro dos Furos
1 – 1 1/2	32,5	6,3	25	191	156	20,6	73	114	4	22,2
2	32,5	6,3	30	216	165	22,2	92	127	8	22,2
2 – 2 1/2	32,5	6,3	30	241	191	25,4	104,7	149	8	22,2
3	35,7	6,3	35	283	209	28,6	127	168	8	22,2
4	38,9	6,3	42	305	254	31,8	157,1	200	8	22,2
5	48,4	7,9	45	381	279	34,9	182,7	235	8	22,2
6	48,4	7,9	45	403	318	36,5	215,9	270	12	22,2
8	51,6	7,9	50	419	381	41,3	269,8	330	12	25,4
10	57,9	9,5	60	457	445	47,6	323,8	387	16	28,6
12	61,1	9,5	62	502	521	50,8	381	451	16	31,8
14	64,3	9,5	64	762	584	54	412,7	514	20	31,8
16	67,5	9,5	66	838	648	57,2	469,9	572	20	34,9
18	73,8	11,1	68	914	711	60,3	533,4	629	24	34,9
20	77	11,1	68	991	775	63,5	584,2	686	24	34,9
24	89,7	12,7	68	1.143	914	69,9	692,1	813	24	41,3

Nota: Tolerâncias face a face: Até 10": ± 1,6 mm – 12" em diante: ± 3,2 mm.

25.6.6. Dimensões para Válvulas Gaveta 600#
Ref. API600/API602/NBR13182/BS2080

Diâmetro Nominal em Polegadas	Diâmetro da Câmara de Gaxetas	Bitola das Gaxetas	Curso do Preme-gaxeta	Distância Face a Face	Diâmetro Externo do Flange	Espessura Mínima do Flange	Diâmetro Externo do Ressalto	Diâmetro Círculo de Furos	Número de Furos	Diâmetro dos Furos
1 – 1.1/2	–	–	25	241	156	22,2	73	114	4	22,2
2	–	–	30	292	165	25,4	92	127	8	22,2
2 – 2.1/2	35,7	6,3	30	330	191	28,6	104,7	149	8	22,2
3	38,9	6,3	35	356	210	31,8	127	168	8	22,2
4	45,2	7,9	42	432	273	38,1	157,1	216	8	25,4
5	–	–	45	–	330	44,5	182,7	267	12	28,6
6	57,9	9,5	45	558	356	47,6	215,9	292	12	28,6
8	61,1	9,5	50	660	419	55,6	269,8	349	12	31,8
10	67,5	9,5	60	787	508	63,5	323,8	432	16	34,9
12	73,8	11,1	62	838	559	66,7	381	489	20	34,9
14	83,3	12,7	64	889	603	69,9	412,7	527	20	38,1
16	86,5	12,7	66	991	686	76,2	469,9	603	20	41,3
18	89,7	12,7	68	1.092	743	82,6	533,4	654	20	44,5
20	96	12,7	68	1.194	813	88,9	584,2	724	24	44,5
24	105,6	14,3	68	1.397	940	101,6	692,1	838	24	50,8

25. Inspeção em Válvulas

25.6.7. Dimensões para Válvulas Gaveta 900#

Ref. API600/API602/NBR13182/BS2080

Diâmetro Nominal em Polegadas	Diâmetro da Câmara de Gaxetas	Bitola das Gaxetas	Curso do Preme-gaxeta	Distância Face a Face	Diâmetro Externo do Flange	Espessura Mínima do Flange	Diâmetro Externo do Ressalto	Diâmetro Círculo de Furos	Número de Furos	Diâmetro dos Furos	Diâmetro Médio Encaixe para Anel
3	45,2	7,9	35	384	241	38,1	155,57	190	8	25,4	123,83
4	48,2	7,9	42	460	292	44,5	180,97	235	8	31,8	149,22
5	–	5	45	562	349	50,8	215,9	279	8	31,8	180,97
6	61,1	9,5	45	613	381	55,6	241,3	317	12	31,8	211,13
8	67,5	9,5	50	740	470	63,5	307,96	394	12	38,1	269,87
10	77	11,1	60	841	546	69,9	361,9	470	16	38,1	323,85

Nota: Tolerâncias face a face: Até 10": +/– 1,6 mm – 12" em diante: +/– 3,2 mm.

Osmar José Leite da Silva

25.6.8. Distância Face a Face Válvulas Esferas
Ref.: API 600/ASME B-16.10/NBR 13182

Bitola	150# Normal	150# Longo	300# Normal	300# Longo	600# Normal	600# RTJ	900# Normal	900# RTJ	1.500# Normal	1.500# RTJ
1/2"	108	–	139,7	–	185,1	163,6	254	257,2	254	257,2
3/4"	117,5	–	152,4	–	190,5	190,5	254	257,2	254	257,2
1"	127	–	165,1	–	215,9	215,9	254	257,2	254	257,2
1 1/4"	139,7	–	177,8	–	228,6	228,6	279,4	282,6	279,4	282,6
1 1/2"	165,1	–	190,5	–	241,3	241,3	304,8	308	304,8	308
2"	177,8	–	215,9	–	292,1	295,2	368,3	371,5	368,3	371,5
2 1/2"	190,5	–	241,3	–	330,2	330,3	419,1	422,9	419,1	422,3
3"	203,2	–	282,5	–	355,6	358,7	381	384,2	469,9	473,1
4"	228,6	–	304,8	–	431,8	434,9	457,2	460,4	546,1	549,3
5"	355,6	–	381	–	508	–	–	–	–	–
6"	266,7	393,7	403,4	–	558,8	561,9	609,6	612,9	704,8	708
8"	292,1	457,2	419,1	501,7	660,4	663,6	736,6	739,8	831,8	835
10"	330,2	533,4	457,2	568,5	787,4	790,5	838,2	841,4	990,6	993,8
12"	355,6	609,6	501,7	647,7	838,2	941,3	965,2	968,4	1.130,3	1.133,5
14"	381	685,9	571,5	762	889,6	892,1	1.028,7	1.031,9	1.257,3	1.260,5
16"	406,4	762	609,6	838,2	990,6	993,7	1.130,3	1.133,5	1.384,3	1.387,5

Nota: Tolerâncias: 1/2"–10": ± 1,6 mm – 12"–16": ± 3,2 mm.

25.6.9. Válvulas de Aço Forjado – Pressões de Teste (Kg/cm²)

Ref. NBR 12952

Classe	Ensaio	Materiais									
		Wcb	Wc1	Wc6	Wc9	C5	C12	Cf8	Ck20	Cf8m	Cf8c	Cf3
		Fc1/Fc2	Fc1	F11	F22	F5a	F9	F304	F310	F31,6	F34,7	304l
150#	Corpo	30	30	30	30	30	30	30	30	30	30	30
	Vedação	21	21	21	21	21	21	21	21	21	21	21
300#	Corpo	77	77	77	77	77	77	65	77	77	77	65
	Vedação	53	53	53	53	53	53	44	53	53	53	44
400#	Corpo	102	102	102	102	102	102	88	102	102	102	88
	Vedação	77	77	77	77	77	77	58	77	77	77	58
600#	Corpo	153	153	153	153	153	153	132	153	153	153	132
	Vedação	105	105	105	105	105	105	88	105	105	105	88
900#	Corpo	228	228	228	228	228	228	195	228	228	228	195
	Vedação	155	155	155	155	155	155	130	155	155	155	130
1.500#	Corpo	380	380	380	380	380	380	327	380	380	380	327
	Vedação	253	253	253	253	253	253	218	253	253	253	218
2.500#	Corpo	633	633	633	633	633	633	543	633	633	633	543
	Vedação	422	422	422	422	422	422	362	422	422	422	362

Nota: O teste de contravedação deveria ser feito com uma pressão igual a 110% da pressão de trabalho da válvula. Todavia, recomenda-se, nesta rotina, que seja feito à pressão de teste de vedação, que normalmente está situada próxima a este valor.

25.6.10. Válvulas de Bronze e Ferro Fundido – Pressões de Teste

Classe de Pressão	Ensaio	Pressão (Kg/Cm²)	Pressão Psi
100#	Corpo	16	225
	Vedação	10,5	150
125#	Corpo	21	300
	Vedação	14	200
150#	Corpo	32	450
	Vedação	21	300
200#	Corpo	32	450
	Vedação	21	300
250#	Corpo	42	600
	Vedação	21	300
300#	Corpo	63	900
	Vedação	42	600

25.6.11. Válvulas Gaveta, Globo e Retenção – Tempo Mínimo de Duração de Ensaio

Diâmetro Nominal em Polegadas	Duração do Ensaio em Segundos	
	Corpo e Contravedação	Vedação
Até 1 1/2 e menores	30	30
2 a 6	60	60
8 a 12	120	120
14 e maiores	300	120

25.6.12. Válvulas Gaveta, Globo e Retenção – Vazamento Máximo

Ref. NBR 12952

Vazamentos Permitidos no Teste de Vedação	
Diâmetro Nominal (Polegada)	Vazamento Máximo (Gotas/minuto)
Até 1 1/2" e menores	4
2 a 6	12
8 a 12	20
14 e maiores	28

25.6.13. Dimensões para Válvulas Globo, Classe 150#
Ref.: ASME B16.10/ASME B16.5/BS1873

Diâmetro Nominal em Polegada	Distância Face a Face	Diâmetro Externo do Flange	Espessura Mínima do Flange	Diâmetro Externo do Ressalto	Diâmetro Círculo de Furos	Número de Furos	Diâmetro dos Furos
1	127	108	11,2	50,8	79	4	15,8
1,1/2	165	127	14,2	73	99	4	15,8
2	203	152	15,8	92	121	4	19,1
2 – 2 1/2	216	178	17,5	104,7	140	4	19,1
3	241	191	19,1	127	152	4	19,1
4	292	229	23,9	157,1	191	8	19,1
6	406	279	25,4	215,9	241	8	22,2
8	495	343	28,6	269,8	299	8	22,2
10	622	406	30,2	323,8	362	12	25,4
12	698	483	31,8	381	432	12	25,4
14	787	533	34,9	412,8	476	12	28,6
16	914	597	36,5	469,9	540	16	28,6

Nota: Tolerâncias face a face: Até 10": ± 1,6 mm – 12" em diante: ± 3,2 mm.

25.6.14. Dimensões para Válvulas Globo, Classe 300#
Ref.: ASME B16.10/ASME B16.5/BS1873

Diâmetro Nominal em Polegada	Distância Face a Face	Diâmetro Externo do Flange	Espessura Mínima do Flange	Diâmetro Externo do Ressalto	Diâmetro Círculo de Furos	Número de Furos	Diâmetro dos Furos
1	203,2	124	17,5	50,8	89	4	19,1
1, 1/2	228,6	156	20,6	73	114	4	22,2
2	266,7	165	22,4	92	127	8	22,2
2 – 2 1/2	292	191	25,4	104,7	150	8	22,2
3	318	209	28,4	127	168	8	22,2
4	356	254	31,8	157,1	200	8	22,2
6	444	318	36,6	215,9	270	12	22,2
8	533	381	41,1	269,8	330	12	25,4
10	622	445	47,8	323,8	387	16	28,6
12	711	521	50,8	381	451	16	31,7

Nota: Tolerâncias face a face: Até 10": ± 1,6 mm – 12" em diante: ± 3,2 mm.

25.6.15. Dimensões para Válvulas Globo, Classe 600#

Ref. ASME B16.10/ASME B16.5/BS1873

Diâmetro Nominal em Polegada	Distância Face a Face	Diâmetro Externo do Flange	Espessura Mínima do Flange	Diâmetro Externo do Ressalto	Diâmetro Círculo de Furos	Número de Furos	Diâmetro dos Furos
1	216	123	17,5	50,8	89	4	19,1
1.1/2	241	156	22,2	73,2	114,3	4	22,2
2	292	165	25,4	92	127	8	22,2
2.1/2	330	191	28,4	104,6	150	8	22,2
3	356	210	31,8	127	168	8	22,2
4	432	273	38,1	157,1	216	8	25,4
6	559	356	47,8	215,9	292	12	28,6
8	660	419	55,6	269,8	349	12	31,7
10	787	508	63,5	323,8	432	16	34,9
12	838	559	66,5	381	489	20	34,9

Nota: Tolerâncias face a face: Até 10": ± 1,6 mm – 12" em diante: ± 3,2 mm.

25.6.16. Dimensões para Válvulas Globo, Classe 900#

Ref. ASME B16.10/ASME B16.5/BS1873

Diâmetro Nominal em Polegada	Distância Face a Face	Diâmetro Externo do Flange	Espessura Mínima do Flange	Diâmetro Externo do Ressalto	Diâmetro Círculo de Furos	Número de Furos	Diâmetro dos Furos
3	381	241	38,1	127	190,5	8	25,4
4	457	292	44,5	157,1	235	8	31,7
6	610	381	55,6	215,9	279,4	12	31,7
8	737	470	63,5	269,8	393,7	12	38,1
10	838	546	70	323,8	470	16	38,1
12	965	610	79,2	381	533,4	20	38,1

Nota: Tolerâncias face a face: Até 10": ± 1,6 mm – 12" em diante: ± 3,2 mm.

25.6.17. Dimensões para Válvulas Globo, Classe 1.500#
Ref. ASME B16.10/ASME B16.5/BS1873

Diâmetro Nominal em Polegada	Distância Face a Face	Diâmetro Externo do Flange	Espessura Mínima do Flange	Diâmetro Externo do Ressalto	Diâmetro Círculo de Furos	Número de Furos	Diâmetro dos Furos
1	254	149,4	28,4	50,8	101,6	4	25,4
1,1/2	305	177,8	31,2	73,2	124	4	25,4
2	368	215,9	38,1	91,2	165,1	8	25,4
2 – 2.1/2	419	244,3	41,1	104,6	190,5	8	28,6
3	470	266,7	47,8	127	203,2	8	31,7
4	546	311,2	53,8	157,2	241,3	8	34,9
6	705	393,7	82,6	216	317,5	12	38,1
8	832	482,6	91,9	269,7	393,7	12	44,5
10	991	584,2	108	323,9	482,6	12	50,8
12	1.130	673,1	124	381	571,5	16	53,9
14	1.257	749,3	133,4	412,8	635	16	60,3

Nota: Tolerâncias face a face: Até 10": ± 1,6 mm – 12" em diante: ± 3,2 mm.

25.6.18. Juntas de Vedação Padronizadas

Forma	Material	Espessura (mm)	Classe de Pressão	Norma ASME	DN
ANEL PLANO OU LENÇOL	Borracha 50 Pontos	1,6	125	B16.21	1/2 – 12
		3,2			14 – 42
	PTFE	2,0			3/4 – 2
		6.0			1 – 16
	Papelão Hidráulico	1,6	150		1/2 – 10
		3,2			12,42
		1,6	300		2 – 10
		3,2			12 –24
ESPIRALADA	304/Grafoil (Grafite Prensado)	4,5	150	B16.20	1/2 – 24
					1/2 – 24
					1/2 – 30
			300		1/2 –30
					1/2 – 12
					1 – 16
	321/Grafoil				1 – 18
	Monel/PTFE				3/4 – 20
	Monel/Grafoil				3/4 – 20
ANEL OVAL	Aço Carbono 120HB Máx.		600		1/2 – 16
			1.500		1
	5Cr – 0,57 Mo. 130HB Máx.		600		1/2 – 18
			900		2 – 16
	347 – 160HB Máx.		400		1/2 – 10
ANEL	AISI 1020	15	1.500		50 – 150
					1 1/2 – 20
	1.25 Cr – 0,5 Mo.		2.500		50 – 200
					2 – 12

25.6.19. Material das Espiras de Fita Metálica

Material	Marcação por Função	Marcação por Cor	Notação Munsell das Cores
AISI 304	304	Amarelo-escuro	7.5YR7/14
AISI 304L	304L	Amarelo-limão	7.5YB5/16
AISI 309	309	Óxido de Ferro	10R3/6
AISI 309S	309S	Cinza Médio	N5
AISI 309SCb	309SC	Creme	10YR7/6
AISI 310	310	Vinho	5R2/6
AISI 316	316	Verde-jade	7.5G6/4
AISI 316L	316L	Verde-escuro	2.5G4/8
AISI 321	321	Turquesa-claro	7.5BG8/2
AISI 347	347	Azul	2.5PB4/10
AISI 430	430	Bege-sândalo	7.5YRG/2
Monel	MONEL	Laranja	2.5YR6/14
Níquel	NI	Vermelho	5R4/14
Titânio	TI	Púrpura	10P4/10
Carpenter 20	CARP 20	Preto	N1
Inconel 600	INCEL	Ouro (Metalizado)	–
Hastelloy "B"	HASTC	Marrom	2.5YE2/4
Hastelloy "C"	HASTC	Bege-pêssego	7.5YR7/4
Incoloy	INCOY	Rosa-cravo	7.5R7/6
Bronze Fósforo	BFOS	Cobre-metalizado	–
Aço de Baixo Carbono Galvanizado	AC	Alumínio	–
Cobre	CU	Camurça	7.5Y7/2

25.6.20. Flanges 150 LB. F.R.
Ref. ANSI B 16-5-81

Espessura	Ø Nomin.	Juntas Ø Int. mm	Juntas Ø Ext. mm	Parafuso Estojo	Quant.	Chave
1/16"	1/2"	17	46	1/2" × 2.1/4"	4	7/8"
1/16"	3/4"	22	56	1/2" × 2.1/2"	4	7/8"
1/16"	1"	28	66	1/2" × 2.1/2"	4	7/8"
1/16"	1.1/2"	42	85	1/2" × 2.3/4"	4	7/8"
1/16"	2"	54	104	5/8" × 3.1/4"	4	1.1/16"
1/16"	2.1/2"	65	123	5/8" × 3.1/2"	4	1.1/16"
1/16"	3"	80	136	5/8" × 3.1/2"	4	1.1/16"
1/16"	4"	104	174	5/8" × 3.1/2"	8	1.1/16"
1/16"	6"	155	222	3/4" × 4"	8	1.1/4"
1/16"	8"	206	279	3/4" × 4.1/4"	8	1.1/4"
1/16"	10"	256	339	7/8" × 4.1/2"	12	1.7/16"
1/8"	12"	306	409	7/8" × 4.3/4"	12	1.7/16"
1/8"	14"	338	450	1" × 5.1/4"	12	1.5/8"
1/8"	16"	389	514	1" × 5.1/4"	16	1.5/8"
1/8"	18"	440	548	1.1/8" × 5.3/4"	16	1.13/16"
1/8"	20"	491	606	1.1/8" × 6.1/4"	20	1.13/16"
1/8"	24"	592	717	1.1/4" × 6.3/4"	20	2"

Obs.: Juntas com diâmetro interno modificado.

25.6.21. Flanges 300 LB. F.R.
Ref. ANSI B 16-5-81

Espessura	⌀ Nomin.	Juntas		Parafuso Estojo	Quant.	Chave
		⌀ Int. mm	⌀ Ext. mm			
1/16"	1/2"	17	53	1/2" × 2.1/2"	4	7/8"
1/16"	3/4"	22	60	5/8" × 3"	4	1.1/16"
1/16"	1"	28	72	5/8" × 3"	4	1.1/16"
1/16"	1.1/2"	42	94	3/4" × 3.1/2"	4	1.1/4"
1/16"	2"	54	110	5/8" × 3.1/2"	8	1.1/16"
1/16"	2.1/2"	65	130	3/4" × 4"	8	1.1/4"
1/16"	3"	80	149	3/4" × 4.1/4"	8	1.1/4"
1/16"	4"	104	180	3/4" × 4.1/2"	8	1.1/4"
1/16"	6"	155	250	3/4" × 4.3/4"	12	1.1/4"
1/16"	8"	206	307	7/8" × 5.1/2"	12	1.7/16"
1/16"	10"	256	361	1" × 6.1/4"	16	1.5/8"
1/8"	12"	306	422	1.1/8" × 6.3/4"	16	1.13/16"
1/8"	14"	338	485	1.1/8" × 7"	20	1.13/16"
1/8"	16"	389	539	1.1/4" × 7.1/2"	20	2"
1/8"	18"	440	596	1.1/4" × 7.3/4"	24	2"
1/8"	20"	491	653	1.1/4" × 8"	24	2"
1/8"	24"	592	774	1.1/2" × 9"	24	2.3/8"

25.6.22. Tabela Dimensional para Raquetes

ANSI B 16-5

Classe 300 Libras

⌀	A	B	C	(ESP.) D
1/2	25	100	51	1/4
3/4	25	100	64	1/4
1	25	100	70	1/4
1 1/2	25	100	92	1/4
2	25	100	108	1/4
2 1/2	25	100	127	1/4
3	25	100	146	1/4
4	25	100	178	1/4
6	25	100	248	3/8
8	35	135	305	1/2
10	35	135	359	5/8
12	35	135	419	3/4
14	35	135	483	3/4
16	35	150	537	3/4
18	35	150	594	3/4
20	35	150	651	3/4
24	40	175	772	3/4

Classe 150 Libras

⌀	A	B	C	(ESP.) D
1/2	25	100	44	1/4
3/4	25	100	54	1/4
1	25	100	64	1/4
1 1/2	25	100	83	1/4
2	25	100	102	1/4
2 1/2	25	100	121	1/4
3	25	100	133	1/4
4	25	100	168	1/4
6	25	100	219	1/4
8	35	135	276	3/8
10	35	135	337	1/2
12	35	135	403	1/2
14	35	135	448	5/8
16	35	135	511	5/8
18	35	160	546	3/4
20	35	160	603	3/4
24	40	160	714	3/4

25.6.23. Flanges 300 LB. F.R.
Norma ANSI B 16.20

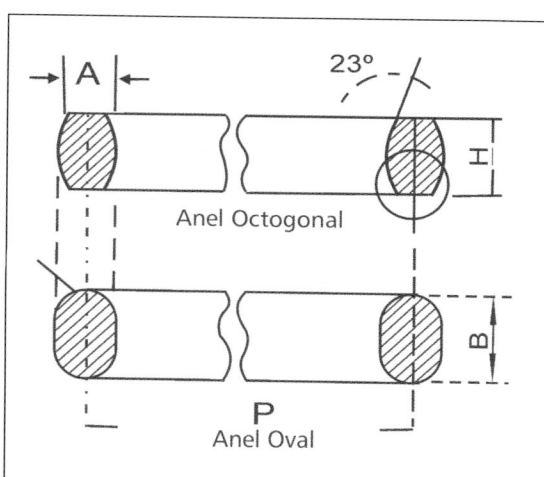

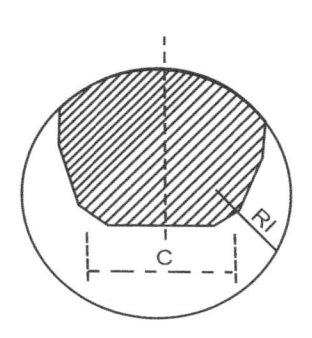

Anel Octogonal

Anel Oval

Raio R_1 1/16" para anéis com largura de 7/8" e menores, 3/32" para anéis com largura de 1" e maiores

Tolerâncias nos Anéis (Em Polegadas)

P – Ovalização no diâmetro	± 0,007"
A – Largura	± 0,008"
B – H altura	1 3/64" – 1/64"
Uniformidade da altura	1 1/64" altura nominal
C – Largura na face plana	± 0,008"
23° Ângulo	± 1/2°
R_1 Raio	± 1/64"

- A variação na altura, em toda a circunferência de um determinado anel, não pode exceder 1/64" dentro dessas tolerâncias.

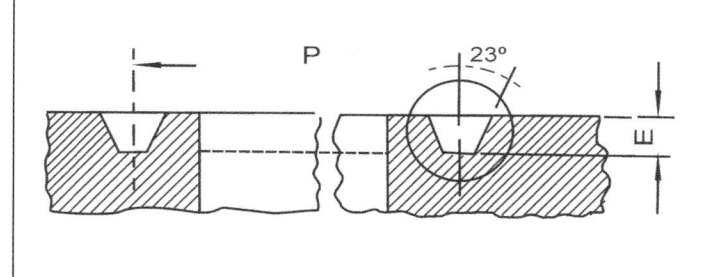

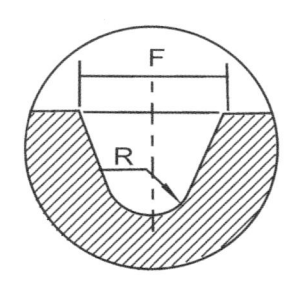

Norma ANSI B 16.20 (Cont.)

Tolerâncias nas Ranhuras (Em Polegadas)	
E – Profundidade	± 1/64"
F – Largura	± 0,008"
P – Diâmetro nominal	± 0,005"
R – Raio no fundo	máximo
23° Ângulo	± 1/2"°

Material do anel	Durezas		Codificação de materiais	
	Dureza máxima		Identificação	Marcação
	Brinell	Rockwell B escola A		
Ferro doce	90	50	D	Ø R5ID
Aço doce	120	68	S	Ø R5IS
Aço 4 – 6% Cr 1/2% Mo	130	72	* F5	Ø R5IFS
Aço Tp 410	170	86	S410	Ø RSIS410
Aço Tp 302	160	83	S304	Ø RSIS304
Aço Tp 316	160	83	S316	Ø RSIS410316
Aço Tp 407	160	83	S47	Ø RSIS347

Notas:

1.* Identificação F5 designa somente requisitos de compositos de composição química conforme ASTMA 162-72

2. A identificação deve estar sinetada no corpo da junta, conforme a seguir:

| 0 | R | 51 | D |
| 1 | 2 | 3 | 4 |

Campo 1 – Logotipo do fabricante.

Campo 2 – Deve aparecer a letra R_1

Campo 3 – Numeração que está relacionada com as dimensões do anel e sua aplicação (Tabelas I e II da ANSI 8. 16.20.

Campo 4 – Código do material da junta 0 ou 5 ou F5.

25.6.24. Materiais Mais Usados

	Material	U.S.A.	Britain
Chapas	**Plate:**		
	Structural	A283	BS.4360
	Boiler quality:		
	Carbon steel	A285 Gr. C	BS.1501-151
	Killed steel		
	High temp.	A515 Gr. 70	BS.1501-221 Gr. 32B
	Killed steel		
	lower temp.	A516 Gr. 70	BS.1501-224 Gr. 32A
	C 1/2 Mo	A204	
	1 Cr 1/2 Mo	A387 Gr. B	BS.1501-620
	1 1/4 Cr 1/2 Mo	A387 Gr. C	BS.1501-621
	2 1/4 Cr 1 Mo	A387 Gr. D	BS.1501-622
	5 Cr 1/2 Mo	A357	BS.1501-625
	12 Cr	A240 TP 405	BS.1501-713
	18 Cr 8 Ni	A240 TP 304	BS.1501-801B
	18 Cr 8 Ni Ti	A240 TP 321	BS.1501-821 Ti
	18 Cr 8 Ni Nb	A240 TP 347	BS.1501-821 Nb
	18 Cr 8 Ni 3 Mo	A240 TP 316	BS.1501-845B
Tubos	**Pipe:**		
	Carbon steel	API 5L	BS.3601
		A53	BS.3601
	Killed C.S.	A106	BS.3602
	Fusion welded	A155	BS.3602 E FW
	Stainless steel	A312 TP 304	BS.3605-801
		A312 TP 321	BS.3605-822 Ti
		A312 TP 347	BS.3605-822 Nb
		A312 TP 316	BS.3605-845
	C 1/2 Mo	A335 Gr. P1	
	1 Cr 1/2 Mo	A335 Gr. P12	BS.3604-620
	1 1/4 Cr 1/2 Mo	A335 Gr. P11	BS.3604-621
	2 1/4 Cr 1 Mo	A335 Gr. P22	BS.3604-622
	5 Cr 1/2 Mo	A355 Gr. P5	BS.3604-625
Fundidos	**Castings:**		
	Carbon steel:		
	General	A27	BS.592
	High temp.	A216	BS.1504-161
	Gray iron	A48.A126	BS.1452
	Ductile iron	A536	BS.2789
	Malleable iron	A197	BS.310
	Alloy steel:		
	C 1/2 Mo	A217 Gr. WC1	BS.1398 Gr. A
	1 1/4 Cr 1/2 Mo	A217 Gr. WC6	BS.1398 Gr. B
	2 1/4 Cr 1 Mo	A217 Gr. WC9	BS.1396 Gr. C
	5 Cr 1/2 Mo	A217 Gr. C5	BS. 1462
	Austenitic:		
	25/12	A297 Gr. HH	BS.4238 Gr. CZ
	25/20	A297 Gr. HK	BS.4238 Gr. FC
	19/39	A297 Gr. HU	BS.4238 Gr. H2C
	13 Cr	A351 Gr. CA15	BS.1504-713
	18/8	A351 Gr. CF8	BS.1504-801
	18/8 Mo	A351 Gr. CF8M	BS.1504-845
	18/8 Nb	A351 Gr. CF8C	BS.1504-821

25.6.24. Materiais Mais Usados (Cont.)

	Material	U.S.A.	Britain
Forjados	**Forgings:**		
	Carbon steel:		
	General	A182	BS.970
	High temp.	A106	BS.1503-161
	Alloy:		
	C 1/2 mo	A181 Gr. F1	BS.1503-240
	1 Cr 1/2 Mo	A182 Gr. F12	BS.1503-620
	2 1/4 Cr 1 Mo	A182 Gr. F22	BS.1503-622
	5 Cr 1/2 Mo	A182 Gr. F5	
	13 Cr	A182 Gr. F6	BS.1503-713
	18/8	A182 Gr. F304	BS.1503-801
	18/8 Ti	A182 Gr. F321	BS.1503-821 Ti
	18/8 Nb	A182 Gr. F347	BS.1503-821 Nb
	18/8 Mo	A182 Gr. F316	BS. 1503-845B
Parafusos	**Bolting:**		
	Carbon steel	A307, A575	BS.970 En 3
	Alloy:		
	Cr Mo	A193 Gr. B7	BS.1750 Gr. B7
	5 Cr 1/2 mo	A193 Gr. B5	BS.1750 Gr. B5
	12 Cr	A193 Gr. B6	BS.1750 Gr. B6
	18/8	A193 Gr. B8	BS.1750 Gr. B8
Porcas	**Nuts:**		
	Carbon steel:		
	General	A307	BS.970 En 3
	Elevated temp.	A194 Gr. 2 or 2H	BS.1750 Gr. 2 or 2H
	Alloy:		
	C Mo	A194 Gr. 4	BS.1750 Gr. 4
	5 Cr 1/2 Mo	A194 Gr. 3	BS.1750 Gr. 3
	12 Cr	A194 Gr. 6	BS.1750 Gr. 6
	18/8	A194 Gr. 8	BS.1750 Gr. 8
	18/8 Cb	A194 Gr. 8C	BS.1750 Gr. 8C
	18/8 Ti	A194 Gr. 8T	BS.1750 Gr. 8T
Tubos para Permutadores	**Exchanger tubes:**		
	Carbon steel		
	Seamless cold		
	Drawn	A179	BS.3059 PD 1 CDS33
	Alloy steel:		
	5 Cr 1/2 Mo	A213 Gr. T5	BS.3601 CD625
	2 1/4 1 Mo	A213 Gr. T22	BS.3604 CD622
	18/8 TI	A213 Gr. TP321	BS.3505-822 TI
	18/8 Nb	A213 Gr. TP347	BS.3605-822 Nb
	Non-ferrous:		
	Admiralty	B111 Alloy No. 443	BS.1464 CZ111
	Al-Brass	B111 Alloy No. 678	BS.1464CA110
	Al-Bronze	B111 Alloy No. 698	BS.1464 CA102
	Cupronickel	B111 Alloy No. 175	BS.1464 CN10
	Monel	B163	BS.3074 NA13

25.6.25. Tabela de Identificação das Padronizações

		Classe (ANSI B16.5)	
Classe de Pressão	1	125	
	2	150	
	3	300	
	4	400	
	6	600	
	9	900	
	15	1500	
	25	2500 ou 320 bar (DIN)	
	30	—	
		Tubos	**Válvulas**
Materiais	A	AC	FF
	A1	AC galvanizado	FF
	AE	AC com revestimento ebonite	FF com revestimento ebonite
	AL	AC com revestimento epoxy	FF com revestimento epoxy
	AV	AC com revestimento PTFE	FF com revestimento de vidro
	B	AC	AC
	B1	AC	AC
	B2	AC	AC
	B3	AC	AC – Al
	B4	AC	AC
	FF	Ferro fundido	—
	F	AL 1,25% Cr 0,5% Mo	AL 5% Cr 0,5% Mo
	H	AL 5% Cr 0,5% Mo	AL 5% Cr 0,5% Mo
	HF	AC	AC
	I	AL 9% Cr 0,5% Mo	AL tipo 304
	L	AL tipo 316	FF com revestimento de vidro
	N	AL tipo 347	AL com revestimento de vidro
	PVC	PVC	—
		Conexões < 2"	**Flanges (acabamento)**
Conexões/Flanges	a	ES	Ressalto ranhurado 1/16"
	b	ES	Ressalto liso, junta tipo anel
	c	ES	Face plana
	d	RO	Face plana
	e	EXC	Ressalto ranhurado 1/4"
	f	RO	Ressalto ranhurado 1/16"

25.6.26. Tabela de Identificação de Válvulas

		Tipo	Norma
Tipo	VGA	Gaveta	
	VES	Esfera	
	VMA	Macho	
	VSA	Diafragma	
	VGL	Globo	
	VRE	Retenção	
		Tipo	**Norma**
Conexões	0	Flangeadas, 1/16" RF	ANSI B16.5 (flanges integrais)
	1	Flangeadas, 1/4" RTD	ANSI B16.5
	2	Flangeadas, FF	ANSI B16.5
	3	Solda de Topo	ANSI B16.25
	4	Encaixe e Solda	ANSI B16.11
	5	Roscadas	ANSI B1.20.1
	6	Encaixe e solda e Rosca	ANSI B16.11 e B1.20.1
	7	Flangeadas, 1/16" RF	ANSI B16.5 (flanges soldados)
		Classe (LB)	**Norma**
Classe de Pressão	0	100	Padrão GEMU
	1	125	API STD 595
	2	150 ou 200	ANSI B16.5 ou padrão DOX
	3	300	ANSI B16.5
	4	400	ANSI B16.5
	6	600	ANSI B16.5
	8	800	BS 5352
	9	900	ANSI B16.5
	15	1500	ANSI B16.5 ou BS 5352
	25	2500	ANSI B16.5
	30	—	—
		Material	**Fundido**	**Forjado**
Material	A	Ferro, Bronze	A-126 ou B-62/61	–
	AE	Ferro com revestimento ebonite	A-126, CIA	–
	AL	Ferro com revestimento epoxi	A-126, CIA	–
	AV	Ferro com revestimento vidro	A-126, CIA	–
	B	Aço-carbono	A-216, WCB	A-105
	F	Aço-liga	A-217, WC6	A-182, F11
	H	Aço-liga	A-217, C5	A-182, F5
	K	Aço Inox, tipo 304	A-351, CF8	A-182, F304
	L	Aço Inox, tipo 316	A-351, CF8M	–
	N	Aço Inox, tipo 347	A-351, CF8C	A-182, F347

Exemplo: VGA–03H. Válvula tipo gaveta, conexões flangeadas com ressalto ranhurado de 1/16", classe de pressão 300 LB, corpo em aço-liga ASTM A–217, grau C5.

25. Inspeção em Válvulas

25.6.27. Fabricação e Montagem – Tolerâncias

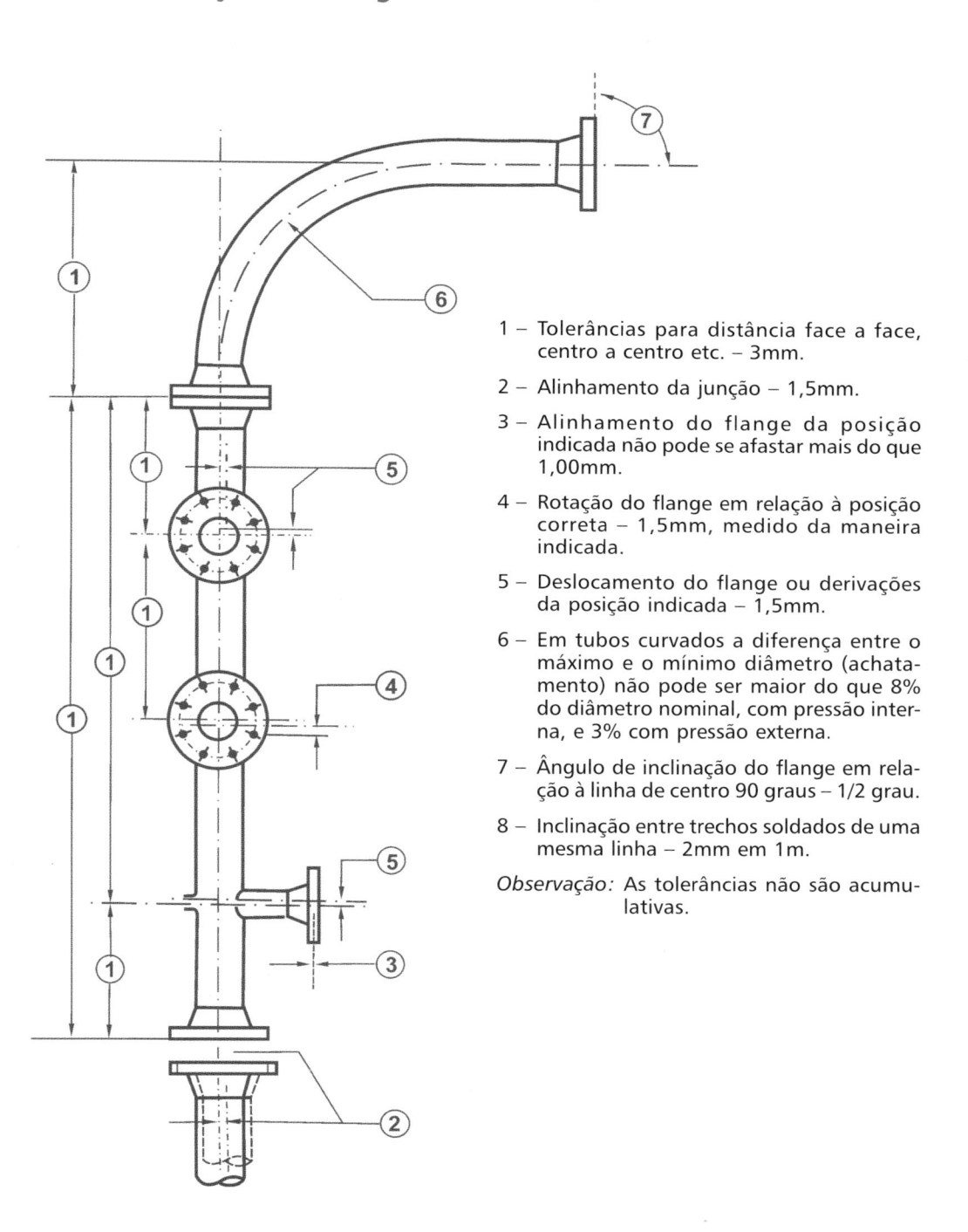

1 – Tolerâncias para distância face a face, centro a centro etc. – 3mm.

2 – Alinhamento da junção – 1,5mm.

3 – Alinhamento do flange da posição indicada não pode se afastar mais do que 1,00mm.

4 – Rotação do flange em relação à posição correta – 1,5mm, medido da maneira indicada.

5 – Deslocamento do flange ou derivações da posição indicada – 1,5mm.

6 – Em tubos curvados a diferença entre o máximo e o mínimo diâmetro (achatamento) não pode ser maior do que 8% do diâmetro nominal, com pressão interna, e 3% com pressão externa.

7 – Ângulo de inclinação do flange em relação à linha de centro 90 graus – 1/2 grau.

8 – Inclinação entre trechos soldados de uma mesma linha – 2mm em 1m.

Observação: As tolerâncias não são acumulativas.

25.6.28. Tabela de Compatibilidade dos Materiais

Aplicação em: (Atmosfera predominante)	Aço carbono	AISI 304	AISI 316	AISI 410	Bronze	Ferro Fundido	Buna "N"	Neoprene	Teflon
Ácido Clorídrico Diluído	C	C	C	C	C	C	–	A	A
Ácido Clorídrico Seco (gás)	B	B	B	B	C	C	–	A	A
Ácido Sulfúrico (10 a 75%)	C	C	C	C	C	C	C	A	A
Água Desmineralizada	–	A	A	–	–	–	–	–	A
Água do Mar	C	B	A	B	A	B	A	A	A
Aguarrás	B	B	B	B	B	B	B	C	A
Álcool Etílico	B	A	A	A	A	B	B	B	A
Álcool Metílico (metanol)	B	A	A	A	B	B	A	B	A
Asfalto	B	A	A	–	A	B	C	C	A
Butadieno	B	A	A	A	A	A	C	C	A
Butano	B	A	A	B	A	B	B	B	A
Chumbo Tetraetila	C	B	B	–	B	–	–	–	A
Condensado	C	A	A	–	A	B	B	B	A
Enxofre	C	B	B	–	C	B	C	C	A
Furfural	B	A	A	A	B	B	C	C	A
GLP	B	B	B	B	A	B	B	B	A
Gasolina C/CTE	A	A	A	A	A	A	C	C	A
Gasolina Reformada	B	A	A	A	B	B	C	C	A
Hidrocarbonetos	A	A	A	A	A	A	C	C	A
Hidrogênio Quente (gás)	B	–	B	–	–	–	A	A	A
Nitrogênio	A	A	A	A	A	A	A	A	A
Óleo Combustível	B	A	A	A	B	B	A	C	A
Óleo Lubrificante	A	A	A	A	A	A	B	B	A
Parafina	B	A	A	A	B	B	A	B	A
Propano	B	A	A	A	A	C	B	B	A
Querosene	B	A	A	A	A	A	B	C	A
Soda Cáustica	B	A	A	B	C	B	B	B	A
Solvente (aromático)	B	A	A	–	A	B	C	B	A
Solvente (hidrocarboneto clorado)	B	B	B	–	B	C	C	C	A
Vapor	A	A	A	A	A	A	C	C	A

A – Recomendado.
B – Recomendado com restrições.
C – Não recomendado.

25. Inspeção em Válvulas

25.6.29. Símbolos Gráficos para Plantas de Tubulações

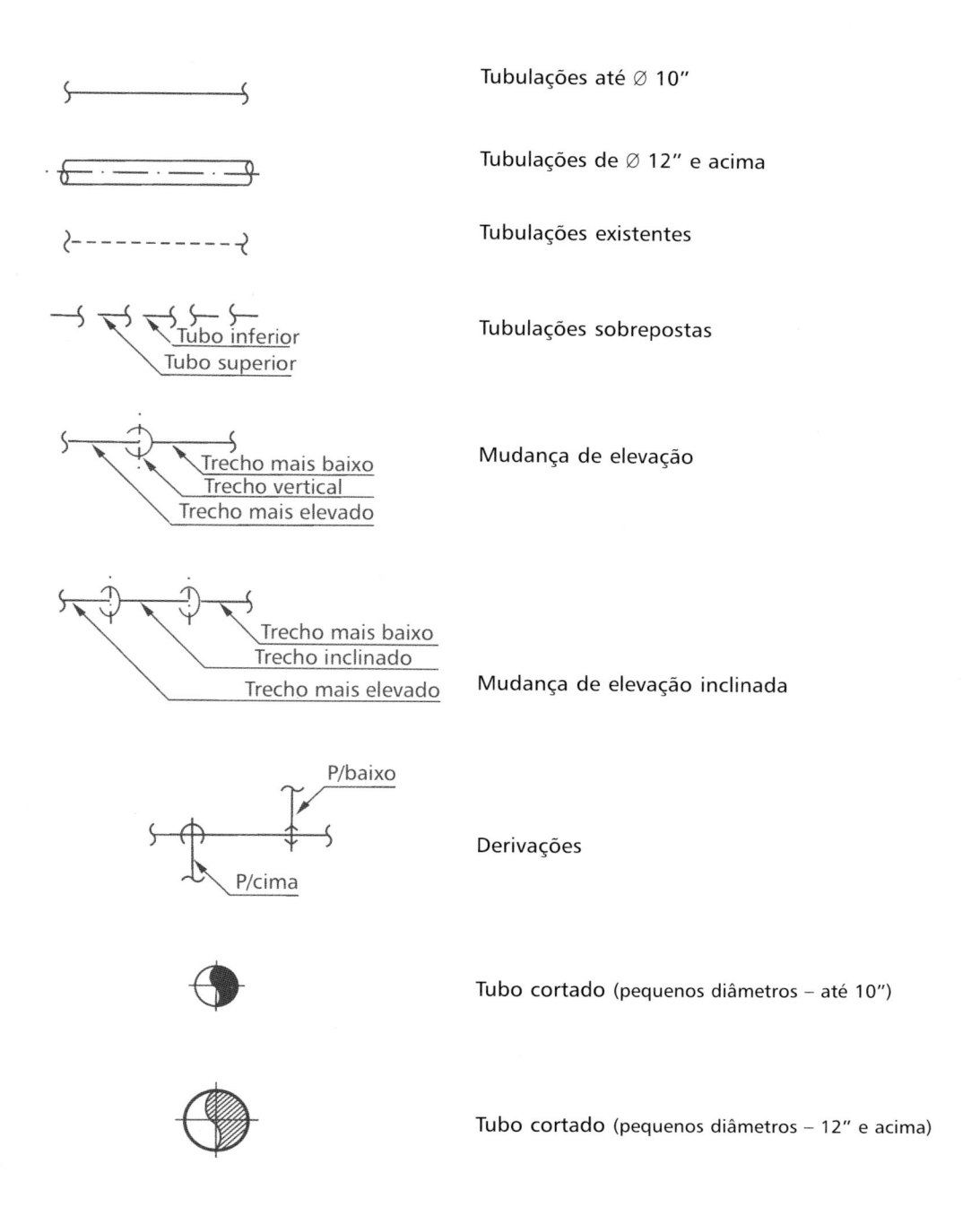

Tubulações até Ø 10"

Tubulações de Ø 12" e acima

Tubulações existentes

Tubulações sobrepostas
- Tubo inferior
- Tubo superior

Mudança de elevação
- Trecho mais baixo
- Trecho vertical
- Trecho mais elevado

Mudança de elevação inclinada
- Trecho mais baixo
- Trecho inclinado
- Trecho mais elevado

Derivações
- P/baixo
- P/cima

Tubo cortado (pequenos diâmetros – até 10")

Tubo cortado (pequenos diâmetros – 12" e acima)

25.6.30. Tabelas de Tubos, Válvulas, Conexões, Vigas, Cabo de Aço
ANSI B 36.10

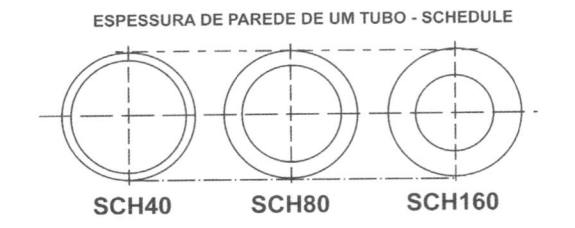

ESPESSURA DE PAREDE DE UM TUBO - SCHEDULE

SCH40   SCH80   SCH160

Diâmetros		Espessura – Parede do Tubo (mm) Schedule – Escala								
Nom.	Externo	5	10	20	30	STD	40	Ext. For.	80	160
1,8"	10	–	1,24	–	–	1,73	1,73	2,41	2,41	–
1,4"	14	–	1,65	–	–	2,23	2,23	3,02	3,02	–
3,8"	17	–	1,65	–	–	2,31	2,31	3,20	3,20	–
1,2"	21	–	2,11	–	–	2,77	2,77	3,73	3,73	4,75
3,4"	27	1,65	2,11	–	–	2,87	2,87	3,91	3,91	5,54
1"	33	1,65	2,77	–	–	3,38	3,38	4,55	4,55	6,35
1 1/4"	42	1,65	2,77	–	–	3,56	3,56	4,85	4,85	6,35
1 1/2"	48	1,65	2,77	–	–	3,68	3,68	5,08	5,08	7,14
2"	60	1,65	2,77	–	–	3,91	3,91	5,54	5,54	8,71
2 1/2"	73	2,11	3,05	–	–	5,16	5,16	7,01	7,01	9,52
3"	89	2,11	3,05	–	–	5,49	5,49	7,62	7,62	11,12
3 1/2"	102	2,11	3,05	–	–	5,74	5,74	8,08	8,08	–
4"	114	2,11	3,05	–	–	6,02	6,02	8,56	8,56	13,49
5"	141	2,77	3,40	–	–	6,55	6,55	9,52	9,52	15,87
6"	168	2,77	3,40	–	–	7,11	7,11	10,97	10,97	18,24
8"	219	2,77	3,76	6,35	7,03	8,18	8,18	12,70	12,70	23,01
10"	273	3,40	4,19	6,35	7,80	9,27	9,27	12,70	15,06	28,57
12"	324	3,96	4,57	6,35	8,38	9,52	10,31	12,70	17,45	33,32
14"	356(14")	–	6,35	7,92	9,52	9,52	11,12	12,70	19,05	35,71
16"	406(16")	–	6,35	7,92	9,52	9,52	12,70	12,70	21,41	40,46
18"	457(18")	–	6,35	7,92	11,12	9,52	14,27	12,70	22,80	45,24
20"	508(20")	–	6,35	9,52	12,70	9,52	15,06	12,70	26,19	49,99
22"	559(22")	–	6,35	–	–	9,52	–	12,70	–	–
24"	610(24")	–	6,35	9,52	14,27	9,52	17,45	12,70	30,94	59,51
26"	660(26")	–	–	–	–	9,52	–	12,70	–	–
30"	762(30")	–	7,92	12,70	15,87	9,52	–	12,70	–	–
34"	864(34")	–	–	–	–	9,52	–	12,70	–	–
36"	914(36")	–	–	–	–	9,52	–	12,70	–	–
42"	1.067(42")	–	–	–	–	9,52	–	12,70	–	–

Dimensões de Tubos

Osmar José Leite da Silva

25.6.31. Flange de Pescoço para Junta de Anéis Tipo (RJ): 300 – 400 – 600 e 900 LB

ANSI B 16.5

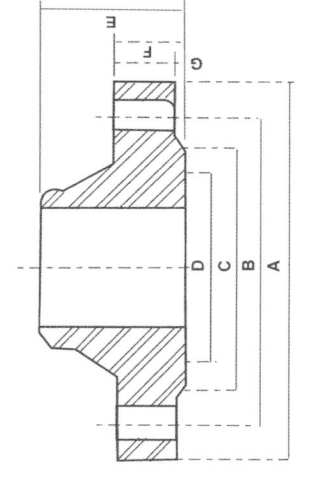

Nota: Dimensões em milímetros, salvo indicação em contrário.

Diâm.	300 LB										400 LB								
	A	B	C	D	E	F	G	Diâm. Furo	Nº Furos	A	B	C	D	E	F	G	Diâm. Furo	Nº Furo
2"	165	127	108	83	62	22	8	3/4"	8	165	127	108	83	73	25	8	3/4"	8
3"	210	168	146	124	71	29	8	7/8"	8	210	168	146	124	83	32	8	7/8"	8
4"	254	200	175	149	78	32	8	7/8"	8	254	200	175	149	89	35	8	1"	8
6"	318	270	241	211	90	37	8	7/8"	12	318	270	241	211	103	41	8	1"	12
8"	381	330	302	270	103	41	8	1"	12	381	330	302	270	117	48	8	1 1/8"	12
10"	445	387	356	324	109	48	8	1 1/8"	16	445	387	356	324	124	54	8	1 1/4"	16
12"	521	451	413	381	122	51	8	1 1/4"	16	521	451	413	381	137	57	8	1 3/8"	16
14"	584	514	457	419	135	54	8	1 1/4"	20	584	514	457	419	149	60	8	1 3/8"	20
16"	648	565	508	470	138	57	8	1 3/8"	20	648	565	508	470	152	63	8	1 1/2"	20
18"	711	629	575	533	151	60	8	1 3/8"	24	711	629	575	533	165	67	8	1 1/2"	24
20"	775	686	635	584	152	63	10	1 3/8"	24	775	686	635	584	168	70	10	1 5/8"	24
24"	914	813	749	692	157	70	11	1 5/8"	24	914	813	749	692	175	76	11	1 7/8"	24

ANSI B 16.5 (Cont.)

Diâm.	600 LB							Diâm. Furo	Nº Furos	900 LB							Diâm. Furo	Nº Furos
	A	B	C	D	E	F	G			A	B	C	D	E	F	G		
2"	165	127	108	83	73	25	8	3/4"	8	216	165	124	95	102	38	8	1"	8
3"	210	168	146	124	83	32	8	7/8"	8	241	190	156	124	102	38	8	1"	8
4"	273	216	175	149	102	38	8	1"	8	292	235	181	149	114	44	8	1 1/4"	8
6"	356	292	241	211	117	48	8	1 1/8"	12	381	318	241	211	140	56	8	1 1/4"	12
8"	409	349	302	270	133	56	8	1 1/4"	12	470	394	308	270	162	63	8	1 1/2"	12
10"	538	432	356	324	152	63	8	1 3/8"	16	546	470	362	324	184	70	8	1 1/2"	16
12"	559	489	413	381	155	67	8	1 3/8"	20	610	533	419	381	200	79	8	1 1/2"	20
14"	603	527	457	419	165	70	8	1 1/2"	20	641	559	467	419	213	86	11	1 5/8"	20
16"	686	603	508	470	178	76	8	1 5/8"	20	705	616	524	470	216	89	11	1 3/4"	20
18"	743	654	575	533	184	83	8	1 3/4"	20	787	686	594	533	229	102	13	2"	20
20"	813	724	635	584	190	89	10	1 3/4"	24	857	749	648	584	248	108	13	2 1/8"	20
24"	940	838	749	692	203	102	11	2"	24	1.041	902	772	692	292	140	16	2 5/8"	20

25.6.32. Flanges de Pescoço (W.N.) e Sobreposto (S.O.) 150 e 300 LB
ANSI B 16.5

Nota: Dimensões em milímetros, salvo indicação em contrário.

150 LB

Diâm.	A	B	C	D	E	F	Diâm. Furo	Nº Furos
2"	152	121	92	64	19	25	3/4"	4
3"	190	152	127	70	24	30	3/4"	4
4"	229	190	157	76	24	33	3/4"	8
6"	279	241	216	89	25	40	7/8"	8
8"	343	298	270	102	29	44	7/8"	8
10"	405	362	324	102	30	49	1"	12
12"	483	432	381	114	32	56	1"	12
14"	533	476	413	127	35	57	1 1/8"	12
16"	597	540	470	127	37	63	1 1/8"	16
18"	635	578	533	140	40	68	1 1/4"	16
20"	698	635	584	145	43	73	1 1/4"	20
24"	813	749	692	152	48	83	1 3/8"	20

300 LB

Diâm.	A	B	C	D	E	F	Diâm. Furo	Nº Furos
2"	165	127	92	70	22	33	3/4"	8
3"	210	168	127	79	29	43	7/8"	8
4"	254	200	157	86	32	48	7/8"	8
6"	318	270	216	98	37	52	7/8"	12
8"	381	330	270	111	41	62	1"	12
10"	445	387	324	117	48	67	1 1/8"	16
12"	521	451	381	130	51	73	1 1/4"	16
14"	584	514	413	143	54	76	1 1/4"	20
16"	648	565	470	146	57	83	1 3/8"	20
18"	711	629	533	159	60	89	1 3/8"	24
20"	775	686	584	162	63	95	1 3/8"	24
24"	914	813	692	168	70	106	1 5/8"	24

SOBREPOSTO (S.O.)

PESCOÇO (W.N.)

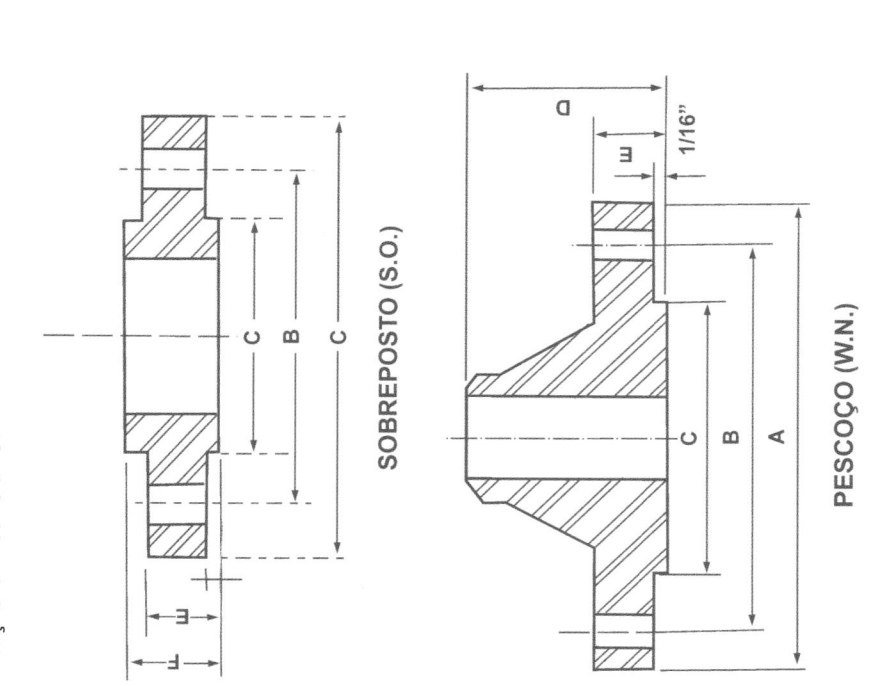

25.6.33. Válvula Macho Flangeada 150 e 300 LB (RF)
ANSI B 16.10

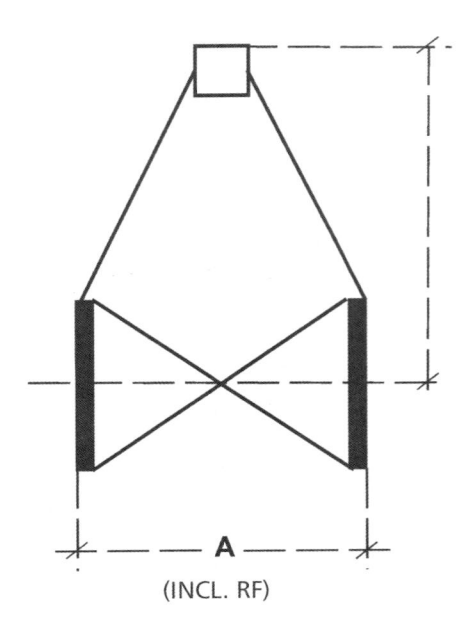

Ø	150 LB		300 LB	
	A	B	A	B
2"	176	206	216	206
3"	203	246	283	246
4"	229	265	305	265
6"	267	391	403	391
8"	292	467	419	467
10"	330	505	457	505
12"	356	513	–	–

150" e 300" RF = 1/16"
400" e 1.500" RF = 1/4"

Nota: **Dimensões em milímetros, salvo indicação em contrário.**

25.6.34. Válvula Gaveta Flangeada (RF): 150 – 300 – 400 – 600 – 900 – 1.500 LB

ANSI B 16-10

Nota: Dimensões em milímetros, salvo indicação em contrário.

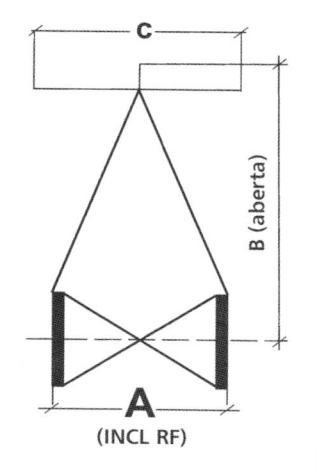

Ø	150 LB			300 LB			400 LB		
	A	B	C	A	B	C	A	B	C
2"	178	400	203	216	457	203	–	–	–
3"	203	527	229	283	591	229	–	–	–
4"	229	654	254	305	718	254	406	781	305
6"	267	895	356	403	978	356	495	1.022	406
8"	292	1.118	406	419	1.194	406	597	1.283	508
10"	330	1.334	457	457	1.435	508	673	1.518	610
12"	356	1.537	457	502	1.632	508	762	1.721	610
14"	381	1.784	559	762	1.911	686	825	1.099	686
16"	405	2.026	610	838	2.057	686	902	2.051	686
18"	432	2.261	686	914	2.324	762	–	–	–
20"	457	2.470	762	991	2.534	914	–	–	–
24"	508	2.864	762	1.143	3.061	914	–	–	–

150 e 300 LB RF = 1/16"

400 a 1.500 LB RF = 1/4"

Ø	600 LB			900 LB			1.500 LB		
	A	B	C	A	B	C	A	B	C
2"	292	464	203	–	–	–	368	362	254
3"	356	654	254	381	692	305	470	711	356
4"	432	800	356	457	800	356	546	838	406
6"	559	1.086	508	610	1.086	508	705	1.194	610
8"	660	1.327	610	737	1.333	610	832	1.397	686
10"	787	1.581	686	838	1.581	686	–	–	–
12"	838	1.778	686	965	1.867	762	–	–	–
14"	889	1.962	762	1.029	1.962	762	–	–	–
16"	991	2.127	762	1.130	2.178	914	–	–	–
18"	1.092	2.381	914	–	–	–	–	–	–
20"	1.194	2.654	914	–	–	–	–	–	–
24"	1.397	3.200	1.067	–	–	–	–	–	–

25.6.35. Válvula Retenção Flangeada (RTJ): 150 – 300 – 400 – 600 – 900 – 1.500 LB

ANSI B 16-10

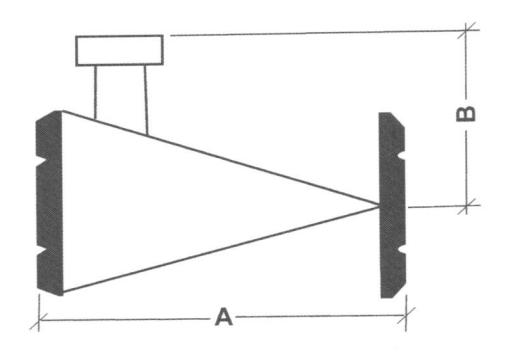

Nota: Dimensões em milímetros, salvo indicação em contrário.

Ø	150 LB		300 LB		400 LB	
	A	B	A	B	A	B
2"	216	127	283	171	–	–
3"	254	152	343	216	–	–
4"	305	178	371	248	410	254
6"	368	229	460	298	498	318
8"	508	260	549	356	600	368
10"	635	308	635	381	676	387
12"	712	349	727	425	765	429
14"	902	–	–	–	–	–
16"	1.004	–	–	–	–	–

Ø	600 LB		900 LB		1.500 LB	
	A	B	A	B	A	B
2"	295	178	–	–	371	248
3"	359	229	384	241	473	286
4"	435	260	480	279	549	337
6"	562	343	613	349	711	400
8"	664	387	740	419	841	464
10"	791	476	–	–	–	–
12"	841	546	–	–	–	–
14"	–	–	–	–	–	–
16"	–	–	–	–	–	–

25.6.36. Válvula Globo Flangeada (RTJ): 150 – 300 – 400 – 600 – 900 – 1.500 LB

ANSI B 16-10

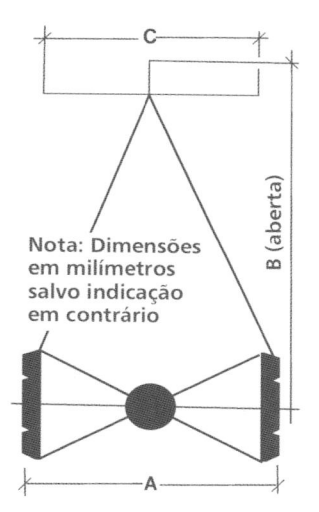

Nota: Dimensões em milímetros, salvo indicação em contrário.

Ø	150 LB			300 LB			400 LB		
	A	B	C	A	B	C	A	B	C
2"	216	349	203	283	451	229	–	–	–
3"	254	419	229	333	521	254	–	–	–
4"	305	502	254	371	629	356	419	641	356
6"	419	622	305	460	756	457	498	794	508
8"	508	660	406	575	927	610	600	972	686

Ø	600 LB			900 LB			1.500 LB		
	A	B	C	A	B	C	A	B	C
2"	295	483	254	–	–	–	371	638	356
3"	359	597	305	384	610	305	473	851	610
4"	435	699	457	460	749	508	–	–	–
6"	562	889	610	613	959	686	–	–	–
8"	–	–	–	–	–	–	–	–	–

Nota: Dimensões em milímetros salvo indicação em contrário

25.6.37. Válvula Globo Flangeada (RF): 150 – 300 – 400 – 600 – 900 – 1.500 LB

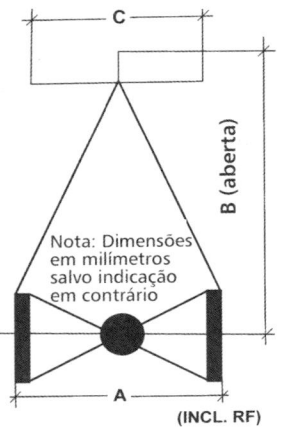

Nota: Dimensões em milímetros, salvo indicação em contrário.

Nota: Dimensões em milímetros salvo indicação em contrário

(INCL. RF)
150 e 300 # RF = 1/16"
400 e 1.500 # RF = 1/4"

Ø	150 LB			300 LB			400 LB		
	A	B	C	A	B	C	A	B	C
2"	203	349	203	267	451	229	–	–	–
3"	241	419	229	318	521	254	–	–	–
4"	292	502	254	356	629	356	406	641	356
6"	408	622	305	445	756	457	495	794	508
8"	495	660	406	559	927	610	597	972	686

Ø	600 LB			900 LB			1.500 LB		
	A	B	C	A	B	C	A	B	C
2"	292	483	254	–	–	–	368	638	356
3"	356	597	305	381	610	305	470	851	610
4"	432	699	457	457	749	508	–	–	–
6"	559	889	610	610	959	689	–	–	–
8"	–	–	–	–	–	–	–	–	–

25.6.38. Válvula Globo Flangeada (RF): 150 – 300 – 400 – 600 – 900 – 1.500 LB

ANSI B 16-10

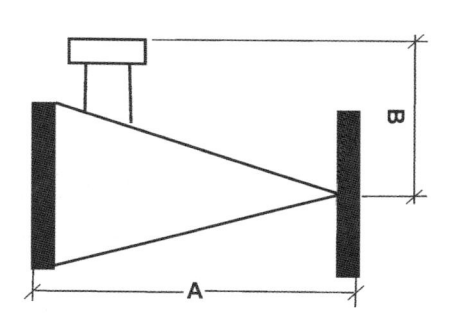

Nota: Dimensões em milímetros, salvo indicação em contrário.

150 e 300 # RF = 1/16"
400 e 1.500 # LB RF = 1/4"

Ø	150 LB		300 LB		400 LB	
	A	B	A	B	A	B
2"	203	127	267	171	–	–
3"	241	152	318	216	–	–
4"	292	178	356	248	406	254
6"	356	229	444	298	495	318
8"	495	260	533	356	597	368
10"	622	308	622	381	673	387
12"	699	349	711	425	762	429
14"	889	–	–	–	–	–
16"	–	–	–	–	–	–

Ø	600 LB		900 LB		1.500 LB	
	A	B	A	B	A	B
2"	292	178	–	–	368	248
3"	356	229	381	241	470	286
4"	432	260	457	279	546	337
6"	559	343	610	349	705	400
8"	660	387	737	419	832	464
10"	787	476	–	–	–	–
12"	838	546	–	–	–	–
14"	–	–	–	–	–	–
16"	–	–	–	–	–	–

25.6.39. Válvula Gaveta Flangeada 150 – 300 – 400 – 600 – 900 – 1.500 LB
ANSI B 16-10

Nota: Dimensões em milímetros, salvo indicação em contrário.

Ø	150 LB			300 LB			400 LB			600 LB			900 LB			1.500 LB		
	A	B	C	A	B	C	A	B	C	A	B	C	A	B	C	A	B	C
2"	190	400	203	232	457	203	–	–	–	295	464	203	–	–	–	371	562	254
3"	216	527	229	298	591	229	–	–	–	359	654	254	384	692	305	473	711	356
4"	241	654	254	321	717	254	410	781	305	435	800	356	460	800	356	549	838	406
6"	279	895	356	419	978	356	496	1.022	406	562	1.086	508	613	1.086	508	711	1.194	610
8"	305	1.118	406	435	1.194	406	600	1.283	508	665	1.327	610	740	1.333	610	841	1.397	686
10"	343	1.333	457	473	1.435	508	676	1.518	610	791	1.581	686	841	1.581	686	–	–	–
12"	368	1.537	457	518	1.632	508	765	1.721	610	841	1.778	686	968	1.867	762	–	–	–
14"	304	1.834	559	778	1.911	686	829	1.899	686	892	1.962	762	1.038	1.962	762	–	–	–
16"	419	2.026	610	854	2.057	686	905	2.051	686	994	2.127	762	1.140	2.178	914	–	–	–
18"	444	2.261	686	930	2.324	762	–	–	–	1.095	2.381	914	–	–	–	–	–	–
20"	470	2.470	762	1.010	2.534	914	–	–	–	1.200	2.654	914	–	–	–	–	–	–
24"	521	2.864	762	1.165	3.061	914	–	–	–	1.407	3.200	1.067	–	–	–	–	–	–

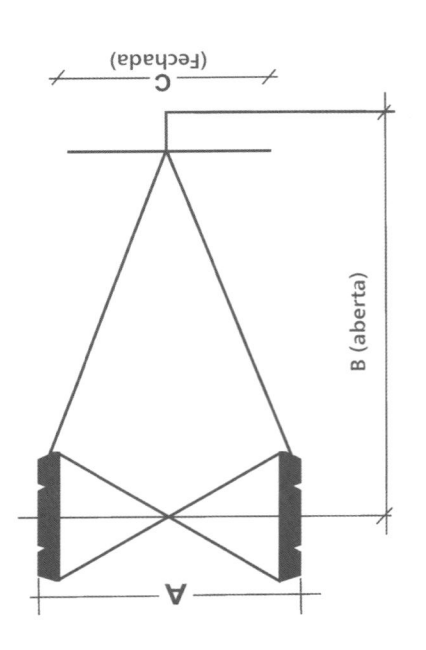

25. Inspeção em Válvulas

25.7. Disposição da Embalagem de Válvulas com Diâmetro

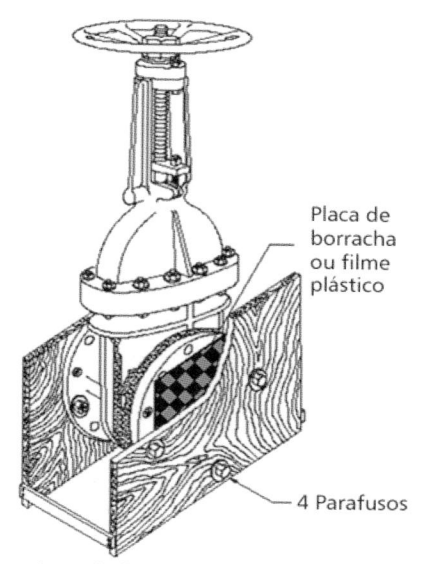

Fig. 25.1 – Válvula embalada

26. Principais Normas de Válvulas

26.1. NORMAS DA ABNT

EB-141

Padroniza dimensões, materiais, construção, condições de trabalho, testes de aceitação etc., dos seguintes tipos de válvulas para a indústria do petróleo e petroquímica:

- Parte I: Válvulas de gaveta, de aço forjado, de 1/2" a 3", das classes 600# a 2.500#, e de aço fundido, de 1/2" a 36", das classes 150# a 2.500#.

- Parte II: Válvulas de esfera, de passagem plena e de passagem reduzida, de 1/2" a 24", das classes 150# a 900#.

- Parte III: Válvulas de macho, tipos curto, regular, venturi e passagem circular, de 1/2" a 24", das classes 150# a 2.500#.

- Parte IV: Válvulas de retenção, tipos portinhola, pistão e esfera, de aço forjado, de 1/2" a 3", das classes 600# a 2.500#, e de aço fundido de 1/2" a 36", das classes 150# a 2.500#.

- Parte V: Válvulas de globo, de aço fundido, de 2" a 16", das classes 150# a 2.500#.

- Parte VI: Válvulas de globo, de aço forjado, de 1/4" a 2", da classe 800#, e de aço fundido das classes 150# a 600#.

Nem todos os tipos e classes abrangem válvulas em todas as faixas de diâmetros acima indicados.

P-PB-37

Válvulas de gaveta e de retenção de ferro fundido, para água e esgotos, até 24", com extremidades flangeadas e para ligações de ponta e bolsa.

26.2. Normas da ASME (American Society Mechanical Engineers)

ASME B.16.10
Dimensões de válvulas flangeadas e para solda de topo, de gaveta, de macho, de esfera, de globo, de retenção e de controle de aço fundido, aço forjado e de ferro fundido, até 24", das classes 150# a 2.500#.

ASME B.16.34
Pressões admissíveis e espessuras mínimas de válvulas de aço fundido e aço forjado, até 30", das classes 150# a 2.500# com extremidades flangeadas ou para solda de topo.

ASME B.16.104
Limites de vazamento para válvulas de controle.

ASME B16.47
Flanges de 24" até 60".

ASME B18.2.2
Square and Hex Nuts.

ASME B1.1 – Norma de Roscas Unificadas em Polegadas
Esta norma define as dimensões das Roscas Unificadas, utilizadas nos prisioneiros/porcas/parafusos e também nos projetos das válvulas.

ASME B1.5 – Norma de Rosca ASME
Esta norma define as dimensões das Roscas ASME, utilizadas nas hastes e buchas de movimento, no sistema de movimentação.

ASME B1.20 – Norma de Rosca de Tubos
Esta norma define as dimensões das roscas NPT, utilizadas nas extremidades das válvulas.

ASME B16.5 – Norma de Flange de Tubulações e Conexões
Esta norma define as dimensões dos flanges das extremidades das válvulas em função da classe de pressão, bitola e tipo de canal. Os flanges de tubulação e conexão definidos nesta norma são da bitola de 1/2" a 24", nas classes de pressão 150, 300, 400, 600, 900, 1.500 e 2.500.

ASME B16.9 – Norma de Conexões de Aço com Extremidades Ponta para Solda (BW)

Esta norma define os tipos de conexões com ponta para solda e dimensões das mesmas nas bitolas de 1/2" a 48".

ASME B16.10 – Norma de Face-a-Face e Entre Faces das Extremidades Flangeadas e da Solda de Topo (BW) das Válvulas

Esta norma define as dimensões do face-a-face e entre faces das extremidades flangeadas e ponta para solda BW das válvulas, em função da bitola da válvula, da classe de pressão e do tipo da válvula e extremidade:

- Classe 150 – bitola 1/4" a 36".
- Classe 300 – bitola 1/2" a 36".
- Classe 600 – bitola 1/2" a 36".
- Classe 900 – bitola 3/4" a 24".
- Classe 1.500 – bitola 1/2" a 24".
- Classe 2.500 – bitola 1/2" a 18".

ASME B16.11 – Normas de Conexões Forjadas com Extremidades

Encaixe para solda (SW) e extremidade rosca NPT.

Esta norma define as dimensões das conexões forjadas em função da bitola e da classe, e também as dimensões do encaixe para solda (SW), utilizadas nas extremidades das válvulas. As dimensões do SW definidas nesta norma são de 1/8" a 4".

ASME B16.20 – Norma de Juntas Metálicas para Flange de Tubulação RTJ, Espiraladas e Jaquetadas

Esta norma define as dimensões das juntas RTJ, espiraladas e jaquetadas, utilizadas nas extremidades das válvulas, e no caso das juntas RTJ utilizadas na ligação corpo/castelo (tampa). Esta norma define as durezas máximas dos materiais das juntas RTJ.

ASME B16.25 – Norma de Extremidades Ponta para Solda (BW)

Esta norma define todas as dimensões das extremidades ponta para solda (BW), com exceção o Schedule da válvula, que para esse tipo de extremidade é definido pelo cliente.

ASME B16.34 – Norma de Válvulas, de Extremidades Flangeadas, Roscadas (NPT), Encaixe para Solda (SW) e Ponta para Solda (BW)

Esta norma é utilizada para válvula gaveta, globo e retenção nas classes 150, 300, 400, 600, 900, 1.500, 2.500 e 4.500, nas bitolas de 1/8" a 50".

- Define a pressão de trabalho em função do material, temperatura e classe de pressão.
- Define a espessura mínima da parede dos corpos e castelos/tampa em função da classe de pressão e bitola. E também a espessura mínima da parede das extremidades SW e NPT na classe de pressão de 150 a 4.500 nas bitolas de 1/8" a 2 1/2".
- Define o cálculo para prisioneiros do corpo/castelo (tampa).
- Define o teste de pressão das válvulas.
- Define dois tipos de classes de pressão: a Standard (normal) e a classe especial. No caso de classe especial, define todos os requisitos para atendimento desta classe.
- Define o procedimento e critério de aceitação de radiografia, partícula magnética, líquidos penetrantes e ultrassom.
- Define dimensões dos ressaltos e posições para *by-pass* e dreno.
- Define o local onde os fundidos (corpos e castelos/bucha de pressão e tampa) deverão ser radiografados.
- Define os grupos de materiais utilizados nas válvulas e a similaridade entre forjados, fundidos, chapas, barras e tubos.

ASME B16.36 – Norma de Flanges com Orifício

Esta norma define as dimensões das flanges com orifício nas bitolas de 1" a 24", nas classes de pressão 300, 400, 600, 900, 1.500 e 2.500.

ASME B18.2.1 – Parafuso de Cabeça Quebrada e Sextavada (em Roscas de Polegadas)

Esta norma define as dimensões dos parafusos das válvulas forjadas.

ASME B36.10M – Norma de Tubo de Aço com ou sem Costura

Esta norma define as dimensões dos tubos de bitolas de 1/8" a 80" em função do Schedule.

ASME B36.19M – Norma de Tubo de Aço Inoxidável com ou sem Costura

Esta norma define as dimensões dos tubos de materiais em aço inoxidável de bitola 1/8" a 30".

ASME B46.1 – Norma de Textura de Superfície (Rugosa, Ondulações e Aspecto Característico de uma Superfície)

Esta norma define a rugosidade da superfície, e também define os parâmetros para especificação da textura da superfície.

ASME II Parte A – Especificação de Materiais Ferrosos

Esta norma define as normas de materiais ferrosos similares ao ASTM.

ASME II Parte B – Especificação de Materiais Não-ferrosos

Esta norma define as normas de materiais não-ferrosos similares ao ASTM.

ASME II Parte C – Especificação para Arames, Varetas e Eletrodos de Material de Adição

Esta norma define as normas de materiais para arames, varetas e eletrodos similares ao AWS.

ASME V – Exames Não-destrutivos

Esta norma tem por finalidade definir os exames não-destrutivos para detecção de descontinuidades superficiais e internas em materiais, solda, componentes e partes fabricados. Os métodos definidos são o exame radiográfico, ultrassônico, por líquido penetrante, por partículas magnéticas, por correntes parasitas e visual e o teste de vazamento.

ASME VIII Div. 1 Volumes 1 e 2 – Vasos de Pressão

Esta norma define os requisitos gerais aplicáveis a todos os vasos de pressão, os métodos utilizados para fabricação como soldagem, forjamento e brasagem, os materiais utilizados na fabricação, tabelas de tensão admissível em função de classe de material, cálculos etc.

ASME IX – Norma para Qualificação do Procedimento de Soldagem e Brasagem e dos Operadores (EPS, PO, PS e QS)

Esta norma define os critérios e a metodologia para qualificação dos procedimentos de soldagem e brasagem dos operadores e os critérios para manutenção dos mesmos.

ASME B31.3 – Processos de Tubulação

Esta norma define os critérios e a metodologia para qualificação dos procedimentos e operadores de soldagem, os critérios para manutenção dos mesmos, tabela de tensão admissível, cálculos, definição de temperatura e tempo de alívio de tensão na solda, medidas do material a ser depositado etc.

26.3. ASTM (American Society Testing of Materials)

A217
Martensitic stainless and alloy steel castings for pressure containing parts suitable for high-temperature service.

A351
Austenitic steel castings for high-temperature service.

A703
Steel Casting, General Requirements, for Pressure Containing Parts.

E125
Reference photographs for magnetic particles indications on ferrous castings.

26.4. Normas API (American Petroleum Institute)

API-6D
Esta norma define as dimensões e materiais e teste de pressão de válvulas gaveta, *through-conduit*, macho, esfera, retenção passagem reduzida e passagem plena, retenção *wafer* nas classes de pressão 150, 300, 400, 600, bitola de 1/2" a 60", classe 900 de bitola 1/2" a 36", classe de pressão 1.500 bitola de 1/2" a 16" e classe de pressão 2.500 de bitola 1/2" a 12".

API-526
Válvulas de segurança de aço, flangeadas, classes 150# a 2.500#.

API 590 – Raquete de Aço
Esta norma define as dimensões das raquetes nas válvulas de bloqueio absoluto.

API-593
Válvulas macho, de ferro dúctil, flangeadas.

API-594
Válvulas de retenção tipo *wafer* de ferro fundido, classes 125# e 250#, e de aço fundido, classes 150# a 2.500#.

API-597
Válvulas de gaveta, tipo "venturi", flangeadas ou para solda de topo.

API-598 – Teste de Válvulas

Esta norma define os requisitos e critérios de aceitação para teste de corpo e vedação de válvulas.

API-599

Válvulas de macho, de aço, flangeadas ou para solda de topo, classes 150# a 2.500#.

API-600

Válvulas de gaveta de aço, flangeadas ou para solda de topo, classes 150# a 2.500#.

API-600

Esta norma define dimensões, materiais e teste de pressão das válvulas gavetas fundidas nas classes de pressão 150, 300, 600, 900, 1.500 de bitolas de 1" a 24" e na classe de pressão 2.500 de bitolas de 1" a 12".

API-602

Válvulas de gaveta de aço compacta – extremidades flangeadas, roscadas, encaixe para solda, solda de topo e extremidade estendida.

Esta norma define dimensões, materiais e teste de pressão das válvulas gavetas completas nas classes de pressão de 150 a 1.500 e bitolas de 1/4" a 4".

API-603

Válvulas de gaveta leves, classe 150# resistentes à corrosão.

API-604

Válvulas de gaveta e de macho, de ferro nodular, classes 150# e 300#.

API-606

Válvulas de gaveta, de aço forjado, de pequeno diâmetro, com corpo estendido.

API-6FA, 6FC e 607 – Teste de Válvula *Fire-Safe*

Estas normas definem os requisitos e critérios de aceitação para teste de protótipo de válvula *fire-safe* (teste de simulação de incêndio na válvula).

API-608 – Válvula Esfera de Metal – Com Extremidades Flangeadas, Roscadas (NPT), Encaixe para Solda e Solda de Topo

Esta norma define dimensões, materiais e teste de pressão de válvula esfera flangeada e solda de topo nas classes de pressão 150 a 300 de 1/2" a 12" e roscadas (NPT) e encaixe para soldas nas classes de pressão 150, 300 e 600 de 1/2" a 2".

API-609

Válvulas borboleta de ferro fundido, classe 125#, e de aço fundido, classe 150#.

26.5. Normas do BSI (British Standards Institution)

BS-5146

Inspeção e testes de válvulas de aço para as indústrias de petróleo, petroquímica e indústrias afins.

BS-5159

Válvulas de esfera de ferro fundido e de aço para serviços gerais.

BS-5351

Válvulas de esfera de aço para as indústrias de petróleo, petroquímicas e indústrias afins.

BS-1868

Steel check valves (flanged and butt-welding ends) for the petroleum, petrochemical and allied industries.

BS-5351

Steel ball valves for Petroleum, Petrochemical and Allied Industries.

BS-5352

Specification for steel wedge gate, globe and check valves 50mm and smaller for Petroleum, Petrochemical and Allied Industries.

BS-1414 – Norma de Válvula Gaveta com Extremidades Flangeadas e Solda de Topo (BW)

Esta norma define as dimensões, materiais para o projeto e teste de pressão de válvula gaveta fundida nas bitolas 1" a 42" nas classes de pressão 150, 300, nas bitolas de 1" a 24" nas classes de pressão 400, 600, 900 e 1.500 e nas bitolas 1" a 12" na classe de pressão 2.500.

BS-1868 – Norma de Válvula Retenção com Extremidades Flangeadas e Solda de Topo (BW)

Esta norma define as dimensões e materiais para o projeto e teste de pressão de válvulas retenção fundida nas bitolas 1/2" a 24" nas classes de pressão 150, 300, 400, 600, 900 e 1.500 e nas bitolas 1/2" a 12" na classe de pressão 2.500.

26. Principais Normas de Válvulas

BS1873 – Norma de Válvulas Globo e Globo não Retorno com Extremidades Flangeadas e Solda de Topo (BW)

Esta norma define as dimensões e materiais para o projeto e teste de pressão de válvula globo fundida nas bitolas 1/2" a 16" na classe de pressão 150, nas bitolas de 1/2" a 12" nas classes de pressão 300, 400, 600 e 2.500 e nas bitolas de 1/2" a 14" nas classes de pressão 900 e 1.500.

BS2080 – Norma de Face a Face, Centro a Face e Entrefaces das Extremidades Flangeadas e Solda de Topo (BW)

Esta norma define as dimensões do face a face, centro a face e entrefaces das extremidades flangeadas e solda de topo (BW) das válvulas, em função da bitola da válvula, classe de pressão e do tipo de válvula e extremidade.

- Classes 150 e 300, Bitola 3/8" a 42".
- Classes 600, 900 e 1.500, Bitola 1/2" a 24".
- Classe 2.500, Bitola 1" a 12".

BS3293 – Flange de Tubulação em Aço Carbono

Esta norma define as dimensões por flanges na classe de pressão 150 nas bitolas 26" a 48" e nas classes de pressão 300, 400 e 600 nas bitolas 26" a 36".

BS5352 – Norma de Válvula Gaveta, Globo e Retenção de Bitolas de 2" e Menores

Esta norma foi cancelada e substituída pelo ISO 15761. Ela define dimensões, materiais e teste de pressão nas válvulas gaveta, globo e retenção nas classes 150 a 1.500 nas bitolas 1/2" a 4".

BS5159 – Válvula Esfera de Aço Carbono e Ferro Fundido

Esta norma define dimensões, materiais e teste de pressão das válvulas esferas nas classes 150 a 600 nas bitolas de 1/4" a 24".

BS6755 – Parte 1: Teste de Válvula

Esta norma define os requisitos e critérios de aceitação para teste de corpo e vedação de válvula.

BS6755 – Parte 2: Teste de Válvula *Fire-Safe*

Esta norma define os requisitos e critérios de aceitação para teste de protótipo de válvula *fire-safe* (teste de simulação de incêndio na válvula).

BS4504 – Flange Circular para Tubulação, Válvulas e Conexões

Esta norma define as dimensões e os materiais dos flanges nas bitolas 1/4" a 60" na classe de pressão 150.

26.6. MSS (MANUFACTURES STANDARDIZATION SOCIETY)

MSS-SP-6 – Acabamento da Superfície de Contato dos Flanges de Tubulação e Conexões e das Extremidades de Válvulas Flangeadas

Esta norma define o acabamento da superfície de contato da junta com o flange da tubulação e dos flanges de extremidades de válvulas e conexões.

MSS-SP-25 – Sistemática de Marcação para Válvulas, Conexões, Flanges e Uniões

Esta norma define a sistemática para marcação no corpo e nas plaquetas de identificação, com base no material, fabricante, bitola, classe de pressão e também a terminologia dos materiais.

MSS-SP-43 – Conexões de Aço Inoxidável de Ponta para Solda (BW)

Esta norma define as dimensões, tolerâncias e marcação das conexões de aço inoxidável de 1/2" a 24".

MSS-SP-44 – Flanges de Aço para Tubulação

Esta norma define as dimensões de flange de 12" a 60" nas classes 150, 300, 600 e 900.

MSS-SP-45 – Conexões de *By-Pass* e Dreno

Esta norma define as dimensões e posição dos ressaltos no corpo/castelo (tampa) para utilização de *by-pass* e dreno.

MSS-SP-55 – Norma de Qualidade para Válvulas, Flanges, Conexões e outros Componentes de Aço Fundido

Método Visual para Avaliação de Superfícies Irregulares. Esta norma define fotografias para inspeção visual de componentes fundidos, onde as mesmas estabelecem critério de aceitação.

MSS-SP-61 – Norma de Teste de Pressão em Válvulas de Aço

Esta norma define os requisitos e critério de aceitação para teste de corpo e vedação das válvulas de aço.

MSS-SP-72 – Válvulas Esferas com Extremidades Flangeadas ou Solda de Topo para Serviços Gerais

Esta norma define algumas dimensões para projeto e teste de pressão de válvulas esferas de uso geral na bitola de 1/2" a 36" nas classes 150 a 900.

MSS-SP-80 – Válvulas Gaveta, Globo, Angular e Retenção de Bronze

Esta norma define dimensões e materiais para projeto e teste de pressão de válvulas em bronze classes 125, 150, 200, 300, 350 e nas bitolas 1/8" a 3".

MSS-SP-82 – Método para Teste de Pressão em Válvulas
Esta norma define os métodos de teste de corpo e vedação de válvulas.

MSS-SP-83 – União de Aço para Tubo SW e NPT Classe 3.000
Esta norma define as dimensões das uniões de 1/2" a 3" na classe 3.000 em material forjado de aço carbono e aço inoxidável.

MSS-SP-84 – Válvulas de Extremidade SW e NPT
Esta norma foi cancelada e substituída pela ASME B16.34.

MSS-SP-91 – Guia para Operação Manual de Válvulas
Esta norma determina a máxima força aplicada no volante e alavanca de válvulas.

MSS-SP 117 – Válvula Gaveta e Globo com Fole
Esta norma define os ciclos, os materiais e o teste que as válvulas de fole deverão sofrer.

26.7. NORMAS DE VÁLVULAS DE SEGURANÇA

API-RP-576 (ed. 1992)
Inspection of Pressure-Rilieving Devices.

N-2269 (ed. 1989)
Verificação, calibração e teste de válvula de segurança e alívio.

Código ASME
- Seção I – Caldeiras e Fornos (ed. 1992).
- Seção VIII – Vasos de Pressão de Processo (ed. 1992).

API STANDARD 527 (ed. 1991)
Vedação comercial de válvulas de segurança e/ou alívio com assentamento metal/metal.

Guia API para Inspeção de Equipamentos de Refinaria, Cap. XVI (ed. 1985) – Dispositivos de Alívio de Pressão.

Manuais dos fabricantes.

Recomendações Prévias das Válvulas de Segurança.

OSMAR JOSÉ LEITE DA SILVA

26.8. Proteção de Tanques

API 2000 5ª EDIÇÃO
Venting Atmospheric and Low-Pressure Storage Tanks.

API 620:2002 10ª EDIÇÃO
Design and Construction of Large, Welded, Low-Pressure Storage Tanks.

API 650:2001 10ª EDIÇÃO
Welde Steel Tanks for Oil Storage TRbF 20 – Technische Regelin fur Brennbare Flussigkeiten.

ISO 28300:2008
Petroleum, Petrochemical and Natural Gas Industries – Venting Atmospheric and Low-Pressure Storage Tanks.

EN 12874:2000
Flame Arresters – Performance Requiriments, Test Methods and Limits for USE.

ISO 16852:2008
Flame Arresters – Performance Requiriments, Test Methods and Limits for USE.

Referências Bibliográficas

CROSBY, Philip B. Tradução Áurea Weisenberg. *Qualidade é Investimento*. 3ª ed. Rio de Janeiro: José Olympio, 1991.

GHIZZE, Antônio. *Manual Técnico de Tubulação Industrial*. São Paulo: IBRASA, 1998.

KARDEC, Alan; XAVIER, Julio Aquino Nascif. *Manutenção: Função Estratégica*. Rio de Janeiro: Qualitymark, 2001.

KLETZ, Trevor A. Tradução Antonio Gomes de Mattos Junior e Antonio Gomes de Mattos Neto. *O Que Deu Errado?: Casos de Desastres em Indústrias Químicas, Petroquímicas e Refinarias*. São Paulo: Pearson Makron Books, 1993.

LEITE, Luiz Fernando. *Inovação: o Combustível do Futuro*. Rio de Janeiro: Qualitymark/Petrobras, 2005.

LESTER, Milard. *Safety Relief Valves Protecting Life and Property*, www.valveworkl.net/srv/types.asp.hitma group.

LLORY, Michel. Tradução Alda Porto. *Acidentes Industriais: O Custo do Silêncio?* Rio de Janeiro: Multiação Editorial Ltda., 1998.

MIGUELES, Carmen Pires; LAFRAIA, João Ricardo Barusso; SOUZA, Gustavo Costa de. *Criando o Hábito da Excelência: Compreendendo a Força da Cultura na Formação da Excelência em SMS*. Rio de Janeiro: Qualitymark/Petrobras, 2006.

MIRSSHAWKA, Victor. *Manutenção Preventiva: Caminhando para Zero Defeito*. São Paulo: Makron, McGraw-Hill, 1991.

OREDA: *Offshore Reliability Data Handbook*. 3ª Ed. Det Norske. Veritas Industri Norge como DNV Technica, Noruega, 1997.

SILVA, Osmar José Leite da. Dispositivo para Manutenção de Válvula Macho de Grande Diâmetro com Sede Metal-Metal. *Revista Petro & Química*, Editora Vatele, janeiro, 2004.

SILVA, Osmar José Leite da. As Maiores Válvulas do Mundo no Setor de Petróleo e Gás. *Revista Petro & Química*, Editora Vatele, outubro, 2004.

SILVA, Osmar José Leite da. Curso de Válvulas Industriais para Operadores de Processo. Refinaria Presidente Bernardes; Cubatão, 100 pgs., abril, 2005.

SILVA, Osmar José Leite da. Tropicalização de Acionamentos de Válvulas de Bloqueio no Setor de Petróleo e Gás. *Revista Petro & Química*, Editora Vatele; maio, 2005.

SILVA, Osmar José Leite da. *Manutenção de Válvulas Industriais*. Refinaria Presidente Bernardes; Cubatão, 338 pgs., setembro, 2005.

SILVA, Osmar José Leite da. Válvulas de Alta Performance de Unidades de Craqueamento Catalítico. Refinaria Presidente Bernardes; Cubatão, outubro, 2005.

SILVA, Osmar José Leite da. Válvulas de Segurança do Setor Petroquímico, Protegendo Vidas, Patrimônio e a Produção. *Revista Petro & Química*, Editora Vatele; maio, 2006.

SILVA, Osmar José Leite da. Apostila Curso Manutenção e Inspeção de Válvulas de Segurança. Refinaria Presidente Bernardes; Cubatão, 102 pgs., abril, 2006.

SILVA, Osmar José Leite da. Manutenção de Válvulas. *Revista Manutenção y Qualidade*, Editora Novo Polo, 2007.

SILVA, Osmar José Leite da. Quando Tudo Falha. *Revista Manutenção y Qualidade*, Editora Novo Polo, julho, 2007.

SILVA, Osmar José Leite da. Curso de Formação de Técnicos de Equipamentos, Módulo Válvulas Industriais. Universidade Petrobras, 320 páginas, agosto, 2007.

SILVA, Osmar José Leite da. PSV's: Dimensionamento, Inspeção e Manutenção. Universidade Petrobras, 116 páginas, outubro, 2007.

SILVA, Osmar José Leite da. O Desafio é a Nossa Energia. *Revista Manutenção y Qualidade*, Editora Novo Polo, dezembro, 2007.

SILVA, Osmar José Leite da. Componentes de uma Válvula de Segurança. *Revista Manutenção y Qualidade*, Editora Novo Polo, setembro, 2007.

SILVA, Osmar José Leite da. Válvulas de Segurança: Eficácia na Inspeção e Manutenção Através de Método Estatístico para Aumento da Confiabilidade. Conferência Internacional sobre Tecnologia de Equipamentos. Salvador, Brasil, junho, 2007.

SILVA, Osmar José Leite da. Brazilian device for lapidating large diameter non-lubricated metal seated Plug valves for the Oil & Gás segment. Valve World Asia 2007 Conference. Shangai, China, outubro, 2007.

SILVA, Osmar José Leite da. *Válvulas Industriais*. Universidade Petrobras, 350 páginas, novembro, 2007.

SILVA, Osmar José Leite da. Válvulas de Alta Performance. *Revista Manutenção y Qualidade*, Editora Novo Polo, janeiro, 2008.

SKOUSEN, Philip L. *Valve Handbook*. 2ª Ed. McGraw-Hill Handbooks, 2004.

TELLES, Pedro C. Silva. *Tubulações Industriais: Materiais, Projeto, Montagem*. Rio de Janeiro: LTC – Livros Técnicos e Científicos Editora S.A., 2003.

ULANSKI, Wayne. *Valve and Actuator Technology*. New Jersey: McGraw-Hill, 1991.

ZAPPE, R. W. *Valve Selection Handbook*. Huston: Gulf Publishing Company, 1987.

Aplicação de Sistemas de Segurança Instrumentada para o Process Industries, ANSI/ ISA-84,01-1996 ISA, ISA, Research Triangle Park, NC (1996).

Segurança funcional dos sistemas eléctricos/electrónicos programáveis segurança sistemas conexos, IEC 61508, a International Electrotechnical Commission, Genebra, Suíça (1999).

SUMMERS, AE. *Understanding Safety Integrity Levels*. Controle de Engenharia site (fevereiro 2000).

26. Principais Normas de Válvulas

API RECOMMENDED PRACTICE 520; Sizing, Selection, and Installation of Pressure-Relieving Device in Refineries.

ISO 4126-1; International Standard Part 1 Safety valves.

Safety device for for protection against excessive fissure.

API STANDARD 526; Flanged Steel Pressure Relief Valves

API RECOMMENDED PRACTICE 553- REFINERY CONTROL VALVES

MSS SP-6; Standard Finishes for Contact Faces of Pipe Flanges and Connecting-End Flanges of Valves and Fittings.

API RP 520 (Recommended Practice for Design and Installation of Pressure Relieving System); que é a metodologia para o dimensionamento de processo para o calculo da vazão requerida.

API RP 2000 (Venting Atmosspheric and Low-Pressure Storage Tanks) atende os Tanque Atmosféricos de baixa pressão dando as vazões para o dimensionamentos das válvula de alívios e vácuo e inclusive os corta chamas.

API STD 521: Para o dimensionamento do orifício requerido em in^2 (polegada)

Sobre o Autor

Osmar José Leite da Silva – Coordenador de Manutenção e Inspeção das usinas de biodiesel da Petrobras Biocombustíveis.

Como instrutor convidado da Universidade Petrobras desenvolveu o conteúdo programático de diversos cursos desta entidade.

Com vinte cinco anos de Petrobras nas áreas de Equipamentos Dinâmicos, Estáticos e Planejamento de Manutenção, tendo realizado Paradas de Manutenção (*Turnarounds*) nas seguintes refinarias: ERG – Energia Ricardo Garrone na cidade de Siracusa (Itália); na PRSI – Pasadena Refinery System, Inc. – Houston/Texas, U.S.A.; RECAP – Refinaria de Capuava (São Paulo); REVAP – Refinaria Henrique Lage (São Paulo); REDUC – Refinaria Duque de Caxias (Rio de Janeiro); REPAR – Refinaria Presidente Getulio Vargas (Paraná); REPLAN – Refinaria de Paulínia; SIX – Industrialização do Xisto (Paraná).

Foi agraciado três vezes com o "Prêmio Inventor da Petrobras" pelo desenvolvimento de métodos e equipamentos inovadores para o aumento da confiabilidade das refinarias nacionais. Esses projetos foram patenteados pela Petrobras em 2004, 2007 e 2009.

Vários dos seus trabalhos foram selecionados e premiados em grandes Congressos e Seminários realizados no Brasil pelas seguintes entidades: IBP – Instituto Brasileiro de Petróleo, ABRAMAN – Associação Brasileira de Manutenção, ABENDE – Associação Brasileira de Ensaios Não-Destrutivos e Petrobras. Foi o primeiro especialista brasileiro a ter um projeto selecionado para apresentação no *Valve World Asia Conference e Exhibition*, realizado em outubro de 2007 em Xangai (China).

Publicou diversos artigos técnicos em revistas especializadas relacionados à sua especialidade, escreve para uma coluna fixa "Confiabilidade de Válvulas" para a revista *Manutenção y Qualidade*, que tem circulação em todo Brasil e países vizinhos.

Nos últimos anos vem atuando como instrutor de vários cursos de formação técnica no âmbito da Petrobras como em outras instituições.

Não é o crítico que conta: nem o homem que mostra onde o valente tropeçou ou quem faz a obra poderia ter feito melhor. O crédito pertence ao homem que está realmente na refrega; cujo rosto fica manchado de pó, suor e sangue; que luta bravamente; que erra e não corresponde ao esperado vez após vez, porque não existe esforço sem erro; que tenta realizar a obra; que conhece o grande entuasiasmo, a grande devoção, e se entrega a uma causa digna; quem na pior das hipóteses, mesmo que falhe, terá falhado enquanto dava tudo de si.

Muito melhor é ousar grandes coisas, obter triunfos gloriosos embora tingidos de fracasso, do que se enfileirar com aqueles pobres de ânimo que nem desfrutam nem sofrem muito porque vivem no crepúsculo cinzento que desconhece vitória ou derrota.

Theodore Roosevelt
10 de abril de 1899

QUALITYMARK EDITORA

Entre em sintonia com o mundo

QualityPhone:

0800-0263311

Ligação gratuita

Qualitymark Editora
Rua Teixeira Júnior, 441 – São Cristóvão
20921-405 – Rio de Janeiro – RJ
Tels.: (21) 3094-8400/3295-9800
Fax: (21) 3295-9824
www.qualitymark.com.br
e-mail: quality@qualitymark.com.br

Dados Técnicos:

• Formato:	17,5×24,5cm
• Mancha:	14×21cm
• Fontes Títulos:	Humnst777 Blk BT
• Fontes Texto:	CG Omega
• Corpo:	11
• Entrelinha:	13
• Total de Páginas:	504
• 2ª Edição:	Junho/2010
• Gráfica:	Vozes